ERGEBNISSE DER MATHEMATIK UND IHRER GRENZGEBIETE

UNTER MITWIRKUNG DER SCHRIFTLEITUNG DES „ZENTRALBLATT FÜR MATHEMATIK“

HERAUSGEGEBEN VON

P. R. HALMOS · R. REMMERT · B. SZŐKEFALVI-NAGY

UNTER MITWIRKUNG VON

L. V. AHLFORS · R. BAER · F. L. BAUER · R. COURANT · A. DOLD
J. L. DOOB · S. EILENBERG · M. KNESER · T. NAKAYAMA
H. RADEMACHER · F. K. SCHMIDT · B. SEGRE · E. SPERNER

REDAKTION P. R. HALMOS

NEUE FOLGE · BAND 32

REIHE:

MODERNE FUNKTIONENTHEORIE

BESORGT VON

L. V. AHLFORS

SPRINGER-VERLAG
BERLIN · GÖTTINGEN · HEIDELBERG
1963

IDEALE RÄNDER RIEMANNSCHER FLÄCHEN

VON

CORNELIU CONSTANTINESCU

UND

AUREL CORNEA

SPRINGER-VERLAG
BERLIN · GÖTTINGEN · HEIDELBERG
1963

Library of Congress Catalog Card Number 63-18679

Printed in Germany

Druck der Brühlschen Universitätsdruckerei Gießen

Dem Andenken an unseren

Professor

S. STOILOW

Inhaltsverzeichnis

Einleitung

Die Einführung der idealen Ränder in der Theorie der Riemannschen Flächen soll der Erweiterung der Sätze aus der Funktionentheorie auf den Fall der beliebigen Riemannschen Flächen dienen, und zwar jener Sätze, die sich auf die relativen Ränder der schlichten Gebiete beziehen, wie z. B. das Dirichletsche Problem, das Poissonsche Integral, die Sätze von FATOU-NEVANLINNA, BEURLING, PLESSNER, RIESZ. Außerdem bieten sie ein wertvolles Untersuchungsmittel — mit einer starken intuitiven Basis — für verschiedene Probleme der Riemannschen Flächen und ermöglichen eine einfachere und durchsichtigere Beweisführung. Diese doppelte Funktion der idealen Ränder führt zu ihrer Einteilung in zwei Kategorien. Die erste Kategorie besteht aus einfacheren und natürlicheren idealen Rändern, die im Fall der genügend regulären schlichten Gebiete mit den relativen Rändern zusammenfallen. Sie erlauben die Ausdehnung der obenerwähnten klassischen Sätze aus der Funktionentheorie auf den Fall der Riemannschen Flächen, führen zu eleganten Aussagen, sind aber im allgemeinen unbequem zu handhaben. Die idealen Ränder der zweiten Kategorie sind sehr kompliziert, führen aber zu einfacheren Beweisen. Sie sind in einigen Klassifikationsfragen sehr wertvoll.

Bei den Untersuchungen der Riemannschen Flächen spielen die Klassen HB, HD eine wichtige Rolle, denn viele wesentliche Eigenschaften der Riemannschen Flächen widerspiegeln sich in diesen Klassen. Bei der Behandlung dieser Klassen ist ein starker Parallelismus zu vermerken, der zu einer Art von Dualität geführt hat. Viele Sätze über die Klassen HB, HD haben eine doppelte Aussage, die sich eine aus der anderen durch Vertauschung der assoziierten Begriffe vom Typus B und D ergibt; diese Tatsache ist auch für ihre Beweise gültig.

Nicht jeder ideale Rand kann zur Behandlung eines gegebenen Problems benutzt werden. Es kommen nur diejenigen in Betracht, die zu dem respektiven Problem in einer natürlichen Beziehung stehen. Das tritt im Fall der Probleme vom Typus B und Typus D besonders deutlich hervor und verursacht eine ganz klare Einteilung der idealen Ränder in solche vom Typus B und Typus D. Auf Grund dieser Tatsachen scheint es also natürlich, 4 Klassen von idealen Rändern einzuführen, die paarweise auf folgende Art gruppiert sind: ideale Ränder, die der Ausdehnung der Sätze über schlichte Gebiete dienen sollen (der Martinsche und Kuramochische ideale Rand), und ideale Ränder, die zur Vereinfachung verschiedener Beweise benutzt werden sollen (der Wienersche und Roydensche

sche ideale Rand); ideale Ränder vom Typus B (der Martinsche und der Wienersche ideale Rand) und ideale Ränder vom Typus D (der Kuramochische und Roydensche ideale Rand). Diese Klassifikation ist selbstverständlich unvollständig, aber diese Arbeit ist vornehmlich der Untersuchung dieser vier idealen Ränder gewidmet. Unter diesen Rändern nimmt der Kuramochische ideale Rand eine besondere Stellung dadurch ein, daß seine Punkte auch als Punkte einer Mannigfaltigkeit — in einem verallgemeinerten Sinn — betrachtet werden können, auf der man eine Potentialtheorie entwickeln kann, die die wesentlichen Eigenschaften der klassischen Potentialtheorie besitzt.

Es wird vorausgesetzt, daß der Leser mit den Grundlagen der Funktionentheorie vertraut ist und wenigstens eine der Monographien über die Theorie der Riemannschen Flächen gelesen hat, wie z. B. R. Nevanlinna: Uniformisierung; A. Pfluger: Theorie der Riemannschen Flächen; L. V. Ahlfors u. L. Sario: Riemann surfaces. Wir wollen jedoch nur von einigen elementaren Tatsachen dieser Theorien Gebrauch machen: das Poissonsche Integral, das Spiegelungsprinzip, die normalen Familien, das Harnacksche Prinzip, die Greenschen und Stokeschen Formeln wie auch die Existenz einer normalen Ausschöpfung für nichtkompakte Riemannsche Flächen. Ebenso bedienen wir uns der verschiedenen Sätze über reelle Funktionen, Topologie, Integrale und Hilberträume. Einige von ihnen, die uns als weniger bekannt schienen, wurden in einem speziellen Abschnitt bewiesen.

Eine besonders wichtige Rolle in der Theorie der idealen Ränder spielen die superharmonischen Funktionen, die Potentiale und das Dirichletsche Problem. Es wird nicht vorausgesehen, daß der Leser nähere Kenntnisse über diese Probleme besitzt. Die ersten 5 Abschnitte sind diesen Problemen gewidmet. Da sie lediglich nur als Hilfsmittel betrachtet werden, haben wir nur das für dieses Buch unbedingt Notwendige dargelegt ohne bibliographische Hinweise. Bei der Bearbeitung dieser Probleme haben wir von dem „Seminar Stoilow 1959/60 — Potentialtheorie auf Riemannschen Flächen[1]" intensiv Gebrauch gemacht. Wir kommen auf die Potentialtheorie im Abschnitt 17 wieder zurück, wo sie vollständiger und in einem allgemeineren Rahmen, und zwar auf der Kuramochischen Kompaktifizierung, untersucht wird.

Eine Kompaktifizierung einer Riemannschen Fläche R ist ein kompakter Raum R^*, der R als dichten Teilraum enthält. Die Menge $\Delta = R^* - R$ heißt der ideale Rand der Kompaktifizierung R^*. Im 8. Abschnitt werden einige allgemeine Probleme betrachtet, die für alle idealen Ränder gültig sind, und zwar: das Dirichletsche Problem, der harmonische Rand und ein Satz von der Art des Satzes der Gebrüder Riesz. Um einen idealen

[1] In rumänischer Sprache.

Rand einzuführen, verfährt man auf folgende Weise: Man nimmt eine Klasse Q von reellen stetigen Funktionen auf der Riemannschen Fläche R und betrachtet jene Kompaktifizierung R_Q^* von R, die durch folgende Eigenschaften charakterisiert ist; alle Funktionen aus Q sind auf R^* stetig fortsetzbar, und die Klasse der so fortgesetzten Funktionen trennt die Punkte von $\Delta_Q = R_Q^* - R$. Dieses allgemeine Kompaktifizierungsverfahren wird in Abschnitt 9 gegeben. Man erhält die Wienersche (bzw. Roydensche) Kompaktifizierung, wenn man im obigen Kompaktifizierungsverfahren als Klasse Q die Klasse der stetigen Wienerschen (bzw. Dirichletschen) Funktionen nimmt, die im Abschnitt 6 (bzw. 7) definiert und untersucht wurden. Assoziiert mit diesen Kompaktifizierungen definiert man die Fatouschen (bzw. Dirichletschen) Abbildungen als jene analytischen Abbildungen Riemannscher Flächen, die in stetigen Abbildungen ihrer Wienerschen (bzw. Roydenschen) Kompaktifizierungen fortgesetzt werden können. In Abschnitt 10 werden diese Abbildungen sowie ihre Beziehungen zu den von M. Heins eingeführten Abbildungen vom Typus Bl untersucht. Die Wienerschen und Roydenschen idealen Ränder erweisen sich als besonders nützlich in der Charakterisierung der Klassen der Riemannschen Flächen, die mittels der Klassen HB und HD definiert werden, sowie auch in der Feststellung ihrer Haupteigenschaften. Der 11. Abschnitt wurde einer gründlichen Untersuchung dieser Klassen gewidmet.

Eine simultane Darlegung des Martinschen und Kuramochischen idealen Randes war nicht möglich, da die für sie erforderlichen Untersuchungsmethoden verschieden sind. Es gelingt jedoch, für den Martinschen Satz über die Existenz und Eindeutigkeit der kanonischen Integraldarstellungen im Fall des Martinschen und Kuramochischen idealen Randes einen gemeinsamen Beweis zu bringen (Abschnitt 12). Mit der Definition und dem Studium des Martinschen (bzw. Kuramochischen) idealen Randes beschäftigt sich der Abschnitt 13 (bzw. 16). Der 15. Abschnitt enthält nur Hilfsmaterial; er spielt für den Kuramochischen idealen Rand dieselbe Rolle wie die Abschnitte 1. und 4. für den Martinschen idealen Rand. Der 14. (bzw. 18.) Abschnitt behandelt das Verhalten der analytischen Abbildungen Riemannscher Flächen auf dem Martinschen (bzw. Kuramochischen) idealen Rand. Die hier bewiesenen Sätze können als Verallgemeinerungen der Sätze von Fatou-Nevanlinna, Plessner, Riesz, Beurling angesehen werden. Die Herleitung der klassischen Sätze aus diesen allgemeineren wird im Abschnitt 19 durchgeführt, der sich mit dem Randverhalten der analytischen Abbildungen des Einheitskreises in beliebigen Riemannschen Flächen beschäftigt.

Die ganze Theorie ist auch auf allgemeinere Mannigfaltigkeiten anwendbar. Insbesondere ist das für die nichtorientierbaren Riemannschen Flächen gültig. Der Leser kann sogar annehmen, daß das Buch auch diesen Fall miteinschließt, nur muß er dann die ungeraden Differentialformen zweiter Ordnung benutzen. Eine andere Möglichkeit der Ausdehnung bieten die Riemannschen Mannigfaltigkeiten sowie auch jeder beliebige Raum, auf dem man in genügender Weise eine Theorie der superharmonischen Funktionen entwickeln kann. Auch in diesem Fall zeigt sich der zweite Aspekt der Kuramochischen Kompaktifizierung; es gibt nämlich auf ihr eine natürliche Struktur, die die Entwicklung einer Potentialtheorie erlaubt.

Die vorliegende Arbeit ist auf Grund einer Anregung von Herrn Professor L. V. Ahlfors entstanden, dem wir an dieser Stelle unseren besonderen Dank aussprechen.

Bukarest, im Mai 1962

Corneliu Constantinescu
Aurel Cornea

0. Hilfsbegriffe und Bezeichnungen

Die Aufgabe des vorliegenden Abschnittes ist es, kurze Hinweise auf einige von uns in diesem Buch benutzte Begriffe und Sätze aus der Topologie und Integraltheorie zu geben, die weniger verbreitet zu sein scheinen. Bei dieser Gelegenheit wollen wir auch den genauen Sinn einiger Ausdrücke feststellen, denen in der Literatur verschiedene Bedeutungen verliehen wurden.

Wir sagen, daß eine Klasse Q von reellen Funktionen ein *Verband* ist, falls zu je zwei Funktionen $f_1, f_2 \in Q$ eine kleinste (bzw. eine größte) Majorante (bzw. Minorante) in Q existiert. Wenn diese Majorante (bzw. Minorante) die Funktion $max(f_1, f_2)$ [bzw. $min(f_1, f_2)$] ist, so nennen wir Q *einen Verband in bezug auf max, min.* Ist außerdem Q ein reeller Vektorraum, so heißen wir Q einen *Vektorverband.*

Ist X ein lokal kompakter Raum[1] und f eine Funktion auf X, so nennen wir die abgeschlossene Hülle der Menge $\{x \in X \mid f(x) \neq 0\}$ den *Träger* von f. Wir bezeichnen mit $C(X) = C$ [bzw. $C_0(X) = C_0$] die Klasse der stetigen beschränkten Funktionen (bzw. mit kompakten Trägern) auf X. $C(X)$ selbst wird immer als ein mit der Topologie der gleichmäßigeren Konvergenz versehener topologischer Raum betrachtet.

Hilfssatz 0.1. (Stone). *Sei X ein kompakter Raum und $\mathcal{M}$ ein Vektorverband in bezug auf max, min aus $C(X)$, so daß für je zwei verschiedene Punkte $x_1, x_2 \in X$ zwei verschiedene Funktionen $f_1, f_2 \in \mathcal{M}$ existieren, für die*

$$f_1(x_1)\, f_2(x_2) - f_1(x_2)\, f_2(x_1) \neq 0$$

ist. Dann ist $\mathcal{M}$ in $C(X)$ dicht.

Wegen der angegebenen Eigenschaft existiert für je zwei Punkte $x_1, x_2 \in X$ und je zwei reelle Zahlen α_1, α_2 eine Funktion aus $\mathcal{M}$, die in x_i $(i = 1, 2)$ gleich α_i ist.

Sei $f \in C(X)$ und $\varepsilon > 0$. Für jedes Paar (x, y) von Punkten aus X bezeichnen wir mit f_{xy} eine Funktion aus $\mathcal{M}$, die in x gleich $f(x)$ und in y gleich $f(y)$ ist, und mit G_{xy} die Menge $\{x' \in X \mid f_{xy}(x') < f(x') + \varepsilon\}$. Für jedes $x \in X$ bildet die Familie $\{G_{xy}\}_{y \in X}$ eine offene Überdeckung von X. Sie enthält eine endliche Überdeckung $\{G_{x y_i}\}_i$ von X. Die Funktion

$$f_x = \min_i f_{x y_i}$$

gehört zu $\mathcal{M}$ und

$$f_x < f + \varepsilon, \quad f_x(x) = f(x) .$$

---

[1] In diesem Buch ist ein lokal kompakter Raum stets ein Hausdorffscher Raum.

Wir setzen

$$G_x = \{y \in X \mid f_x(y) > f(y) - \varepsilon\}.$$

Die Familie $\{G_x\}_{x \in X}$ ist eine offene Überdeckung von X. Es sei $\{G_{x_i}\}_i$ eine endliche Überdeckung von X und

$$f_0 = \max_i f_{x_i}.$$

Der Hilfssatz ist bewiesen, da f_0 zu $\mathcal{M}$ gehört und $|f - f_0| < \varepsilon$ ist.

Ein reeller Vektorraum von reellen Funktionen heißt eine *Algebra*, wenn er gleichzeitig mit zwei Funktionen auch ihr Produkt enthält.

Hilfssatz 0.2. *Sei X eine Menge und $\mathcal{M}$ eine Algebra von reellen beschränkten Funktionen auf X. Die Menge $\bar{\mathcal{M}}$ der Grenzfunktionen der gleichmäßig konvergenten Folgen aus $\mathcal{M}$ ist ein Vektorverband in bezug auf max, min.*

Sei t eine reelle Zahl, $-1 \leqq t \leqq 1$, und

$$p_n(t) = 1 + \sum_{i=1}^{n} (-1)^i \frac{\frac{1}{2}(\frac{1}{2}-1)\cdots(\frac{1}{2}-i+1)}{i!}(1-t^2)^i.$$

Es ist bekannt, daß die Folge $\{p_n\}$ gleichmäßig auf dem Segment $\{-1 \leqq t \leqq 1\}$ gegen $\sqrt{1-(1-t^2)} = |t|$ konvergiert.

Offenbar ist $\bar{\mathcal{M}}$ eine Algebra. Sei $f \in \bar{\mathcal{M}}$ und $\alpha = \sup|f|$. Dann konvergiert $\left\{\alpha\left(p_n\left(\frac{f}{\alpha}\right) - p_n(0)\right)\right\}_n$ gleichmäßig gegen $|f|$. $|f|$ gehört also zu $\bar{\mathcal{M}}$, denn $\alpha\left(p_n\left(\frac{f}{\alpha}\right) - p_n(0)\right)$ gehört zu $\bar{\mathcal{M}}$.

Sei $f_1, f_2 \in \bar{\mathcal{M}}$. Aus

$$\max(f_1, f_2) = \frac{1}{2}(f_1 + f_2 + |f_1 - f_2|),$$

$$\min(f_1, f_2) = \frac{1}{2}(f_1 + f_2 - |f_1 - f_2|)$$

erkennt man, daß $\max(f_1, f_2)$, $\min(f_1, f_2)$ zu $\bar{\mathcal{M}}$ gehört.

Sei X ein lokal kompakter Raum. Wir bezeichnen mit $\mathfrak{B}$ (bzw. $\mathfrak{B}_0$) die kleinste Klasse $\mathfrak{C}$ von Teilmengen von X, die folgende Eigenschaften besitzt: a) $\mathfrak{C}$ enthält die kompakten Mengen (bzw. kompakten Mengen vom Typus G_δ); b) aus $A, B \in \mathfrak{C}$ folgt $A - B \in \mathfrak{C}$; c) aus $A_n \in \mathfrak{C}$ folgt $\bigcup_{n=1}^{\infty} A_n \in \mathfrak{C}$. Die Mengen aus $\mathfrak{B}$ (bzw. $\mathfrak{B}_0$) heißen *Borelsche* (bzw. *Bairesche*) *Mengen*. Eine reelle Funktion f heißt *Borelsche* (bzw. *Bairesche*) *Funktion*, wenn für jede reelle Zahl α $\{x \in X \mid f(x) > \alpha, f(x) \neq 0\}$ eine Borelsche (bzw. Bairesche) Menge ist. Ist X metrisierbar, so ist jede Borelsche Funktion auch eine Bairesche Funktion. Eine reelle nichtnegative Funktion μ auf $\mathfrak{B}$ heißt *(reguläres Borelsches) Maß* auf X, wenn sie folgende Bedingungen erfüllt: a) ist $\{A_n\}$ eine Folge von paarweise punktfremden Borelschen Mengen, so ist

$$\mu\left(\bigcup_{n=1}^{\infty} A_n\right) = \sum_{n=1}^{\infty} \mu(A_n) ;$$

b) für jede kompakte Menge K ist $\mu(K)$ endlich; c) für jede Borelsche Menge A ist

$$\mu(A) = \sup \mu(K) ,$$

wo K die Klasse der kompakten Mengen durchläuft, die in A enthalten sind. Sei μ ein Maß auf X. Wir nennen *Träger* von μ die Menge der Punkte, für die alle Borelschen Umgebungen ein positives μ-Maß haben; offenbar ist der Träger eine abgeschlossene Menge. Ist A eine Borelsche Menge, so daß für jede Borelsche Menge B $\mu(B - A) = 0$ ist, so sagen wir, daß *μ ein Maß auf A* ist. Es sei μ ein Maß und A eine Borelsche Menge; die Funktion $B \to \mu(B \cap A)$ auf $\mathfrak{B}$ ist ein Maß (auf A), das wir *die Einschränkung von μ auf A* nennen. Eine Menge A heißt vom *μ-Maß Null*, wenn für jedes $\varepsilon > 0$ eine offene Borelsche Menge $G \supset A$ existiert, so daß $\mu(G) < \varepsilon$ ist. Eine Menge A heißt *μ-meßbar*, wenn man eine Borelsche Menge B finden kann, so daß $(A - B) \cup (B - A)$ vom μ-Maß Null ist. Eine reelle Funktion f heißt *μ-meßbar*, wenn für jede reelle Zahl α die Menge $\{x \in X \mid f(x) > \alpha, f(x) \neq 0\}$ μ-meßbar ist. Eine μ-meßbare Funktion heißt *μ-summierbar*, wenn $\int |f| \, d\mu < \infty$ ist.

Sind μ, ν zwei Maße und ist $\mu(A) = 0$ für jede Borelsche Menge A, für die $\nu(A) = 0$ ist, so sagen wir, daß *μ absolut stetig in bezug auf ν* ist. Ist X kompakt und μ in bezug auf ν absolut stetig, so gibt es eine nichtnegative ν-summierbare Funktion f, so daß

$$\mu(A) = \int_A f \, d\nu$$

für jede Borelsche Menge A ist. Wir bezeichnen $f = \frac{d\mu}{d\nu}$ oder $d\mu = f \, d\nu$.

Für jedes Maß μ ist das Funktional

$$f \to \int f \, d\mu$$

linear und positiv auf $C_0(X)$. Man beweist, daß auch umgekehrt, für jedes lineare positive Funktional L auf $C_0(X)$ ein Maß μ existiert, so daß

$$L(f) = \int f \, d\mu$$

für jedes $f \in C_0(X)$ ist. Eine reelle Funktion μ auf $\mathfrak{B}$ heißt *verallgemeinertes Maß*, falls zwei Maße μ', μ'' existieren, so daß

$$\mu(A) = \mu'(A) - \mu''(A)$$

für jedes $A \in \mathfrak{B}$ ist, für welches nicht beide Zahlen unendlich sind.

Eine Klasse T von positiven Funktionen aus $C_0(X)$ heißt *total*, wenn folgendes zutrifft: ist f eine Funktion aus $C_0(X)$, U eine Umgebung des Trägers von f und $\varepsilon > 0$, so existiert ein f_0, das eine lineare Kombination von Funktionen aus T mit den Trägern in U ist, so daß $|f - f_0| < \varepsilon$ ist. Seien μ, ν zwei Maße; ist T eine totale Klasse und

$$\int f\, d\mu = \int f\, d\nu$$

für alle Funktionen aus T, so ist $\mu = \nu$.

Hilfssatz 0.3. *Ist X ein lokal kompakter Raum mit abzählbarer Basis, so existiert eine abzählbare totale Klasse auf X.*

Sei $\{U_n\}$ eine abzählbare Basis. Wir nehmen für jedes Paar (m, n) von natürlichen Zahlen, für welches $\overline{U}_m \subset U_n$ gilt, und für jede rationale positive Zahl α eine stetige Funktion $f_{mn\alpha}$ auf X, so daß

$$0 \leqq f_{mn\alpha} \leqq \alpha\,, \qquad f_{mn\alpha} = 0 \quad \text{auf} \quad X - U_n,$$
$$f_{mn\alpha} = \alpha \quad \text{auf} \quad \overline{U}_m$$

ist. Sei T die Klasse der Funktionen $f \in C_0(X)$, die in der Form

$$f = \sup_{1 \leqq i \leqq j} f_{m_i n_i \alpha_i}$$

darstellbar sind. Offenbar ist T eine abzählbare Teilklasse von $C_0(X)$.

Sei f eine nicht negative Funktion aus $C_0(X)$. f ist die obere Grenze der Funktionen aus T, die nicht größer als f sind. Da T abzählbar ist, so gibt es eine nichtabnehmende Folge aus T, die gegen f konvergiert. Da f stetig ist, ist die Konvergenz gleichmäßig. Für jedes $\varepsilon > 0$ existiert also eine Funktion f_0 aus T, deren Träger im Träger von f enthalten ist, so daß $|f - f_0| < \varepsilon$ ist. Ist f beliebig, so ist das obige Rationament für $max(f, 0)$, $min(f, 0)$ gültig.

Wir sagen, daß die Folge $\{\mu_n\}$ von Maßen *gegen das Maß μ konvergiert*, wenn

$$\lim_{n \to \infty} \int f\, d\mu_n = \int f\, d\mu$$

für jedes $f \in C_0(X)$ ist.

Hilfssatz 0.4. *Es sei $\{\mu_n\}$ eine Folge von Maßen auf dem lokal kompakten Raum X und T eine totale Klasse. Ist für jedes $f \in T$ die Folge $\{\int f\, d\mu_n\}$ eine Cauchysche Folge, so konvergiert $\{\mu_n\}$ gegen ein Maß μ.*

Sei T' die Klasse der linearen Kombinationen von T. Offenbar existiert für jede kompakte Menge K aus X eine nichtnegative Funktion f_K aus T', die auf K nicht kleiner als 1 ist.

Sei $f \in C_0(X)$ und U eine relativ kompakte Umgebung des Trägers von f. Für jede natürliche Zahl i sei f_i eine Funktion aus T', dessen

Träger in U liegt und für die $|f - f_i| < \frac{1}{i}$ ist. Wir haben

$$\left|\int f\,d\mu_m - \int f\,d\mu_n\right| \leqq \left|\int f\,d\mu_m - \int f_i\,d\mu_m\right| + \left|\int f_i\,d\mu_m - \int f_i\,d\mu_n\right| +$$

$$+ \left|\int f_i\,d\mu_n - \int f\,d\mu_n\right| \leqq \frac{1}{i}\left(\int f_{\overline{U}}\,d\mu_m + \int f_{\overline{U}}\,d\mu_n\right) + \left|\int f_i\,d\mu_m - \int f_i\,d\mu_n\right|,$$

$$\overline{\lim_{m,n\to\infty}} \left|\int f\,d\mu_m - \int f\,d\mu_n\right| \leqq \frac{2}{i} \lim_{m\to\infty} \int f_{\overline{U}}\,d\mu_m$$

$$\overline{\lim_{m,n\to\infty}} \left|\int f\,d\mu_m - \int f\,d\mu_n\right| = 0\,.$$

Die Folge $\{\int f\,d\,\mu_n\}$ ist also eine Cauchysche Folge.

$$f \to \lim_{n\to\infty} \int f\,d\mu_n$$

ist ein lineares positives Funktional auf $C_0(X)$. Es gibt also ein Maß μ, so daß

$$\lim_{n\to\infty} \int f\,d\mu_n = \int f\,d\mu$$

für jedes $f \in C_0(X)$ ist. $\{\mu_n\}$ konvergiert also gegen μ.

Satz 0.1. *Sei X ein lokal kompakter Raum mit abzählbarer Basis. Ist $\{\mu_n\}$ eine Folge von Maßen auf X, so daß für jede kompakte Menge K die Folge $\{\mu_n(K)\}$ beschränkt ist, so gibt es dann eine Teilfolge $\{\mu_{n_k}\}$, die gegen ein Maß μ konvergiert.*

Sei T eine abzählbare totale Klasse auf X (Hilfssatz 0.3). Für jedes $f \in T$ ist die Folge $\{\int f\,d\mu_n\}$ beschränkt. Da T abzählbar ist, kann man mittels des Diagonalverfahrens eine Teilfolge $\{\mu_{n_k}\}$ finden, so daß für alle $f \in T$ die Folgen $\{\int f\,d\mu_{n_k}\}$ konvergent sind. Der Satz ergibt sich jetzt aus dem vorangehenden Hilfssatz.

Sei R eine Riemannsche Fläche. Wir bezeichnen mit $C_0^n(R) = C_0^n$ $(n = 1, 2\ldots)$ [bzw. $C_0^\infty(R) = C_0^\infty$] die Klasse der n-mal (bzw. beliebig oft) stetig differenzierbaren Funktionen aus $C_0(R)$.

Hilfssatz 0.5. *Die nichtnegativen Funktionen aus C_0^∞ bilden eine totale Klasse.*

Sei f eine Funktion aus C_0, K der Träger von f, G eine relativ kompakte Umgebung von K und $\varepsilon > 0$. Es gibt eine Funktion $f_0 \in C_0^\infty$ mit dem Träger in G, $0 \leqq f_0 \leqq 1$, die auf K gleich 1 ist. Da die Klasse C_0^∞ eine Algebra ist, so folgt aus dem Hilfssatz 0.2, daß die Klasse der Grenzfunktionen der gleichmäßig konvergenten Folgen aus C_0^∞ ein Vektorverband ist. Es ergibt sich daraus, unter Benutzung des Hilfssatzes 0.1., daß die Klasse der Einschränkungen auf $\overline{G}$ der Funktionen aus C_0^∞ in $C(\overline{G})$ dicht ist. Es gibt also eine Funktion $f' \in C_0^\infty$, so daß $|f - f'| < \varepsilon$ auf $\overline{G}$ ist. Dann ist $f' f_0$ eine Funktion aus C_0^∞ mit dem Träger in G, und wir haben überall $|f - f' f_0| < \varepsilon$. Sei

$$\alpha = \sup |f'|, \quad f_1 = \alpha f_0, \quad f_2 = f_1 - f' f_0\,.$$

Offenbar gehören f_1, f_2 zu C_0^∞, haben den Träger in G, sind nichtnegativ und $|f - (f_1 - f_2)| < \varepsilon$, womit der Beweis schließt.

Es sei $\mathfrak{c} = a\,dx + b\,dy$ eine Differentialform auf R. Der *Träger* von $\mathfrak{c}$ ist die abgeschlossene Hülle der Menge der Punkte, in denen $\mathfrak{c}$ nicht Null ist. Wir sagen, daß $\mathfrak{c}$ *lokalsummierbar* [bzw. *n-mal differenzierbar* ($0 \leqq n < \infty$) bzw. *beliebig oft differenzierbar*] ist, wenn a und b lokal summierbar (bzw. n-mal stetig differenzierbar bzw. beliebig oft differenzierbar) sind. Mit $*\mathfrak{c}$ bezeichnen wir die Differentialform $-b\,dx + a\,dy$. Ist $\mathfrak{c}' = a'\,dx + b'\,dy$ eine zweite Differentialform, so bedeutet $\mathfrak{c} \wedge \mathfrak{c}'$ die Differentialform zweiter Ordnung $(a b' - a' b)\,dx\,dy$. Ist $\mathfrak{c}$ 1-mal differenzierbar, so setzt man $d\mathfrak{c} = \left(\frac{\partial b}{\partial x} - \frac{\partial a}{\partial y}\right) dx\,dy$. Es sei $w = v\,dx\,dy$ eine Differentialform zweiter Ordnung; wir bezeichnen mit

$$\int w = \iint v\,dx\,dy$$

ihr Integral auf R, falls w integrierbar ist.

1. Superharmonische Funktionen

In vorliegender Arbeit wird durchweg eine Riemannsche Fläche mit R bezeichnet. Eine *parametrische Kreisscheibe* auf R ist ein Paar (V, φ), wo V ein einfach zusammenhängendes Gebiet auf R und φ eine analytische Funktion auf einer Umgebung von $\overline{V}$ ist, derart, daß φ die Menge $\overline{V}$ eineindeutig auf den Kreis $\{|z| \leqq 1\}$ abbildet. $\varphi^{-1}(0)$ heißt *das Zentrum* der Kreisscheibe (V, φ). Gewöhnlich identifizieren wir $\overline{V}$ mit $\{|z| \leqq 1\}$, lassen φ wegfallen und sagen einfach *die Kreisscheibe* V. Die Benennung *reelle Funktion* wird für eine Funktion benutzt, die auch die Werte $\pm\infty$ annehmen kann; falls diese Werte ausgeschlossen sind, so werden wir den Ausdruck *endliche reelle Funktion* gebrauchen.

Eine reelle Funktion s auf einer Riemannschen Fläche R heißt **superharmonisch,** *wenn sie folgende Bedingungen erfüllt:*

a) *es ist* $-\infty < s(a) \leqq +\infty$ *für jedes* $a \in R$, *und* $s \not\equiv +\infty$,

b) *s ist nach unten halbstetig,*

c) *für jedes* $a \in R$ *gibt es eine parametrische Kreisscheibe* (V, φ), *die a als Zentrum hat, derart, daß für jedes* $0 < r \leqq 1$

$$s(a) \geqq \frac{1}{2\pi} \int_0^{2\pi} s(\varphi^{-1}(r e^{i\theta}))\,d\theta$$

ist.

Es sei betont, daß in c) nur die Existenz einer einzigen Kreisscheibe (V, φ) mit der angegebenen Eigenschaft verlangt wird. Aus a), b) folgt sofort, daß eine superharmonische Funktion auf jeder kompakten Menge nach unten beschränkt ist; das in c) vorkommende Integral hat somit immer einen Sinn (und ist endlich oder gleich $+\infty$). Aus b), c) ergibt sich ferner

$$s(a) = \lim_{r\to 0} \frac{1}{2\pi} \int_0^{2\pi} s(\varphi^{-1}(r\, e^{i\theta}))\, d\theta \, .$$

Eine reelle Funktion s auf R heißt **subharmonisch**, *wenn —s superharmonisch ist.* Ist eine reelle Funktion gleichzeitig superharmonisch und subharmonisch, so ist sie offenbar harmonisch und umgekehrt. Ist f eine reelle Funktion auf R und G eine offene Menge von R, so sagen wir, daß *f auf G superharmonisch* (bzw. *subharmonisch, harmonisch*) *ist,* wenn die Einschränkung von f auf jeder zusammenhängenden Komponente von G superharmonisch (bzw. subharmonisch, harmonisch) ist.

Satz 1.1. *Erreicht eine superharmonische Funktion ihr Minimum, so ist sie konstant.*

Es sei s eine superharmonische Funktion, α ihr Minimum, und F die Menge der Punkte $a \in R$, wo s den Wert α annimmt. Da s nach unten halbstetig ist, ist F abgeschlossen. Es sei $a \in F$ und (V, φ) die in der Definition der superharmonischen Funktionen vorkommende parametrische Kreisscheibe. Dann haben wir

$$\alpha = s(a) \geqq \frac{1}{2\pi} \int_0^{2\pi} s(\varphi^{-1}(r e^{i\theta}))\, d\theta$$

für jedes $r \leqq 1$. Da α das Minimum von s darstellt und s nach unten halbstetig ist, so folgt, daß s überall in V gleich α ist. Die Menge F ist also gleichzeitig offen und abgeschlossen und, da sie nichtleer ist, fällt sie mit R zusammen.

Aus dem Satz folgert man unmittelbar, daß *auf einer kompakten Riemannschen Fläche jede superharmonische Funktion konstant ist.*

Wir sagen, daß *eine Punktfolge $\{a_n\}$ auf R gegen den idealen Rand von R konvergiert,* und bezeichnen das mit $a_n \to$ *id Rd R*, falls jede kompakte Menge von R nur endlich viele Punkte a_n enthält.

Satz 1.2. (Minimumprinzip). *Es sei s eine superharmonische Funktion auf R und*

$$\alpha = \varliminf_{a\to \mathrm{id\,Rd}\,R} s(a)\, .$$

Dann ist, für jedes $a \in R$,

$$\alpha \leqq s(a)\, .$$

Es sei $\alpha' = \inf s$. Wäre $\alpha' < \alpha$, so könnte man eine Punktfolge $\{a_n\}$ auf R finden, die gegen einen Punkt $a_0 \in R$ konvergiert, derart, daß

$$\lim_{n\to\infty} s(a_n) = \alpha'$$

ist. Da s nach unten halbstetig ist, so ist

$$s(a_0) = \alpha' ;$$

aus dem Satz 1.1 ergibt sich dann, daß s konstant gleich α' sein muß, was widersprechend ist.

Satz 1.3. *Es sei s eine reelle Funktion auf R, die die Bedingungen a), b) aus der Definition der superharmonischen Funktionen erfüllt. s ist dann und nur dann superharmonisch, wenn für jedes Gebiet $G \subset R$ und jede auf G harmonische Funktion u, für die*

$$\underline{\lim}_{a \to id\,Rd\,G} (s(a) - u(a)) \geqq 0$$

gilt, $s \geqq u$ auf G ist[1].

Wir zeigen zuerst, daß die Bedingung notwendig ist. Die Funktion $s - u$ ist auf G superharmonisch, und die Beziehung $s \geqq u$ folgt aus dem Minimumprinzip.

Wir nehmen jetzt an, daß s die Bedingungen des Satzes erfüllt. Es sei $a \in R$ und (V, φ) eine parametrische Kreisscheibe, die a als Zentrum hat. Da s auf dem Rand von V nach unten halbstetig ist, so gibt es eine zunehmende Folge $\{f_n\}$ von stetigen Funktionen auf dem Rand von V, die gegen s konvergieren. Wir bezeichnen mit u_n die harmonische Funktion auf V, die auf $\overline{V}$ stetig fortsetzbar und auf dem Rand von V gleich f_n ist. Sie kann mittels der Poissonschen Formel dargestellt werden:

$$u_n(b) = \frac{1}{2\pi} \int_0^{2\pi} f_n(\varphi^{-1}(e^{i\theta}))\, Re \left(\frac{e^{i\theta} + \varphi(b)}{e^{i\theta} - \varphi(b)}\right) d\theta ,$$

und wir erhalten

$$s(a) \geqq u_n(a) = \frac{1}{2\pi} \int_0^{2\pi} f_n(\varphi^{-1}(e^{i\theta}))\, d\theta .$$

Für $n \to \infty$ ergibt sich

$$s(a) \geqq \frac{1}{2\pi} \int_0^{2\pi} s(\varphi^{-1}(e^{i\theta}))\, d\theta .$$

Nimmt man die parametrische Kreisscheibe $\left(\varphi^{-1}(\{|z| < r\}), \frac{\varphi}{r}\right)$ anstelle von (V, φ) so erhält man

$$s(a) \geqq \frac{1}{2\pi} \int_0^{2\pi} s(\varphi^{-1}(r e^{i\theta}))\, d\theta .$$

Bemerkung. Aus diesem Satz ist ersichtlich, daß man den Ausdruck „*für jedes $a \in R$ gibt es eine parametrische Kreisscheibe* (V, φ)" in der Bedingung c) der Definition der superharmonischen Funktionen mit

[1] In der Beziehung $a \to id\,Rd\,G$ ist G als Reimannsche Fläche betrachtet.

dem Ausdruck „*für jedes* $a \in R$ *und jede parametrische Kreisscheibe* (V, φ)“ ersetzen kann. Gleichfalls erkennt man, daß anstelle der Bedingung c) folgende Bedingung treten kann: *Für jede Kreisscheibe* V *und* $z \in V$ *ist*

$$s(z) \geqq \frac{1}{2\pi} \int_0^{2\pi} s(e^{i\theta})\, Re\left(\frac{e^{i\theta}+z}{e^{i\theta}-z}\right) d\theta .$$

Wir sagen, daß eine Menge $A \subset R$ einen *verschwindenden Flächeninhalt* hat, wenn für jede Kreisscheibe V die Menge $A \cap V$ ein verschwindendes (Lebesguesches) Flächenmaß hat; ferner, daß eine Eigenschaft *fast überall* erfüllt ist, falls sie in jedem Punkt von R erfüllt ist, bis auf eine Menge von verschwindendem Flächeninhalt. Eine reelle Funktion heißt *lokal summierbar*, wenn ihre Einschränkung auf jeder Kreisscheibe bezüglich dem Flächenmaß summierbar ist.

Folgesatz 1.1. *Sind* s_1, s_2 *zwei superharmonische Funktionen auf* R *und ist* $s_1 \leqq s_2$ *fast überall auf einer offenen Menge* $G \subset R$, *so ist* $s_1 \leqq s_2$ *überall auf* G.

Sei V eine Kreisscheibe in G. Es gibt eine Folge $\{r_n\}$ von positiven Zahlen, die gegen Null konvergiert, so daß auf $\{|z| = r_n\}$ die Ungleichung

$$s_1(z) \leqq s_2(z)$$

gilt, bis auf eine Menge von verschwindendem linearem Maß. Dann ist

$$s_1(0) = \lim_{n\to\infty} \frac{1}{2\pi} \int_0^{2\pi} s_1(r_n e^{i\theta})\, d\theta \leqq \lim_{n\to\infty} \frac{1}{2\pi} \int_0^{2\pi} s_2(r_n e^{i\theta})\, d\theta = s_2(0) .$$

Folgesatz 1.2. *Jede superharmonische Funktion ist lokal summierbar und somit fast überall endlich.*

Sei $a \in R$ ein Punkt, wo s endlich ist. Für jedes $b \in R$ existiert ein einfach zusammenhängendes Gebiet G, das a und b enthält. Man kann dann eine Kreisscheibe V konstruieren, die a als Zentrum hat und b enthält. Dann ist

$$\frac{1}{2\pi} \iint_V s\, dx\, dy = \frac{1}{2\pi} \int_0^1 \left(\int_0^{2\pi} s(r e^{i\theta})\, d\theta \right) r\, dr \leqq$$

$$\leqq \int_0^1 s(a)\, r\, dr = \frac{s(a)}{2} < \infty .$$

Satz 1.4. *Sind* s_1, s_2 *superharmonische Funktionen und* α *eine positive Zahl, so sind auch* αs_1, $s_1 + s_2$, $\min(s_1, s_2)$ *superharmonische Funktionen.*

Dieser Satz ergibt sich unmittelbar aus der Bemerkung, die nach dem Satz 1.3 folgt und aus dem Folgesatz 1.2.

Satz 1.5. *Ist $\mathcal{S}$ eine nach oben gerichtete Klasse*[1] *von superharmonischen Funktionen, so ist die obere Grenze von $\mathcal{S}$ entweder superharmonisch oder identisch $+\infty$. Sind alle Funktionen von $\mathcal{S}$ auf einer offenen Menge G harmonisch und ist die obere Grenze von $\mathcal{S}$ nicht identisch $+\infty$, so ist sie auf G harmonisch.*

Sei s_0 die obere Grenze von $\mathcal{S}$; wir nehmen an, daß s_0 nicht identisch unendlich ist. Sie ist offenbar nach unten halbstetig. Sei V eine Kreisscheibe und $\mathcal{F}$ die Klasse der stetigen Funktionen f auf $\overline{V}$, $f < s_0$. Für jedes $f \in \mathcal{F}$ gibt es ein $s \in \mathcal{S}$, $f < s$, auf $\overline{V}$, denn $\overline{V}$ ist kompakt. Daraus folgt für jedes $z \in V$

$$\frac{1}{2\pi}\int_0^{2\pi} s_0(e^{i\theta})\, Re\left(\frac{e^{i\theta}+z}{e^{i\theta}-z}\right) d\theta = \sup_{f\in\mathcal{F}} \frac{1}{2\pi}\int_0^{2\pi} f(e^{i\theta})\, Re\left(\frac{e^{i\theta}+z}{e^{i\theta}-z}\right) d\theta$$

$$= \sup_{s\in\mathcal{S}} \frac{1}{2\pi}\int_0^{2\pi} s(e^{i\theta})\, Re\left(\frac{e^{i\theta}+z}{e^{i\theta}-z}\right) d\theta \leqq \sup_{s\in\mathcal{S}} s(z) = s_0(z)\,.$$

Für die letzte Behauptung des Satzes nehmen wir $\overline{V} \subset G$; dann kann man in der obigen Beziehung das Gleichheitszeichen setzen.

Aus diesem Satz ergibt sich, daß wenn eine Reihe von positiven superharmonischen Funktionen in einem Punkt konvergiert, so ist sie fast überall konvergent und ihre Summe ist superharmonisch.

Eine nichtleere Klasse $\mathcal{S}$ von superharmonischen Funktionen heißt **Perronsche Klasse**, *wenn sie folgende Bedingungen erfüllt:*

a) *$\mathcal{S}$ ist nach unten gerichtet,*

b) *für jeden Punkt von R gibt es eine Kreisscheibe V, die diesen Punkt enthält, so daß für jedes $s \in \mathcal{S}$ ein $s' \in \mathcal{S}$ existiert, dessen Einschränkung auf V die Funktion*

$$z \to \frac{1}{2\pi}\int_0^{2\pi} s(e^{i\theta})\, Re\left(\frac{e^{i\theta}+z}{e^{i\theta}-z}\right) d\theta$$

minoriert,

c) *es gibt eine subharmonische Minorante von $\mathcal{S}$.*

Folgesatz 1.3. (Perron). *Die untere Grenze einer Perronschen Klasse ist eine harmonische Funktion.*

Sei $\mathcal{S}$ eine Perronsche Klasse, u die untere Grenze von $\mathcal{S}$ und V eine Kreisscheibe, die in der Bedingung b) genannt wurde. Aus c) folgt $u \not\equiv -\infty$. Wir bezeichnen mit $\mathcal{S}_V$ die Klasse der harmonischen Funktionen auf V

$$z \to \frac{1}{2\pi}\int_0^{2\pi} s(e^{i\theta})\, Re\left(\frac{e^{i\theta}+z}{e^{i\theta}-z}\right) d\theta\,,$$

[1] d. h. für $s_1, s_2 \in \mathcal{S}$ existiert ein $s \in \mathcal{S}$, $s \geqq s_1$, $s \geqq s_2$.

wo $s \in \mathscr{S}$. Gemäß a) ist $\mathscr{S}_V$ nach unten gerichtet. Wegen b) ist die untere Grenze von $\mathscr{S}_V$ gleich der Einschränkung von u auf V, und somit ist u harmonisch.

Im folgenden geben wir einige Methoden zur Konstruktion von superharmonischen Funktionen, die uns später nützlich sein werden.

Hilfssatz 1.1. *X sei ein lokal kompakter Raum und μ ein Maß auf X. Ist für jedes $x \in X$ s_x eine nichtnegative superharmonische Funktion auf R und $(x, a) \to s_x(a)$ eine Borelsche Funktion auf $X \times R$, so ist die Funktion s,*

$$s(a) = \int_X s_x(a)\, d\mu(x)\,,$$

entweder identisch unendlich oder superharmonisch auf R. Im letzteren Fall ist s auf einer offenen Menge G harmonisch, falls alle s_x auf G harmonisch sind.

Nach dem Hilfssatz von Fatou ist s nach unten halbstetig. Es sei $s \not\equiv +\infty$, V eine Kreisscheibe und $z \in V$. Aus

$$s(z) = \int s_x(z)\, d\mu(x) \geqq \int \left(\frac{1}{2\pi} \int_0^{2\pi} s_x(e^{i\theta})\, Re\left(\frac{e^{i\theta}+z}{e^{i\theta}-z}\right) d\theta\right) d\mu(x)$$

$$= \frac{1}{2\pi} \int_0^{2\pi} \left(\int s_x(e^{i\theta}) d\mu(x)\right) Re\left(\frac{e^{i\theta}+z}{e^{i\theta}-z}\right) d\theta = \frac{1}{2\pi} \int_0^{2\pi} s(e^{i\theta})\, Re\left(\frac{e^{i\theta}+z}{e^{i\theta}-z}\right) d\theta$$

ergeben sich sofort alle Behauptungen des Hilfssatzes.

Hilfssatz 1.2. *Sei s eine superharmonische Funktion, G eine offene Menge und s' eine nach unten halbstetige Funktion, die auf G superharmonisch ist. Ist $s' \leqq s$ und s' gleich s auf $R - G$, so ist s' superharmonisch.*

Da die Bedingungen a), b) aus der Definition der superharmonischen Funktionen offensichtlich erfüllt sind, so bleibt nur noch, die Bedingung c) zu untersuchen. Es genügt, diese in den Randpunkten von G zu verifizieren. Es sei $a \in Rd\,G$ und V eine Kreisscheibe, die a als Zentrum hat. Für jedes $0 < r \leqq 1$ haben wir

$$s'(0) = s(0) \geqq \frac{1}{2\pi} \int_0^{2\pi} s(re^{i\theta})\, d\theta \geqq \frac{1}{2\pi} \int_0^{2\pi} s'(re^{i\theta})\, d\theta\,.$$

Bemerkung. Sei s eine superharmonische Funktion und V eine Kreisscheibe. Wir bezeichnen mit s_{R-V} die Funktion, die auf $R - V$ gleich s und auf V gleich

$$\frac{1}{2\pi} \int_0^{2\pi} s(e^{i\theta})\, Re\left(\frac{e^{i\theta}+z}{e^{i\theta}-z}\right) d\theta$$

ist. Auf Grund der Eigenschaften des Poissonschen Integrals und aus dem Satz 1.3 ergibt sich, daß s_{R-V} die Bedingungen von s' im Hilfssatz 1.2 erfüllt. *s_{R-V} ist also eine superharmonische Funktion.*

Satz 1.6. *Eine superharmonische Funktion, die eine subharmonische Minorante besitzt, hat eine größte subharmonische Minorante, die harmonisch ist.*

Sei s eine superharmonische Funktion. Die obige Bemerkung läßt erkennen, daß die Klasse der superharmonischen Majoranten von $-s$ eine Perronsche Klasse ist. Der Satz ergibt sich nun aus dem Perronschen Satz.

2. Die Klasse *HP*

Wir bezeichnen mit $HP(R) = HP$ die Klasse der harmonischen Funktionen auf R, die als Differenz zweier nichtnegativer harmonischer Funktionen darstellbar sind. HP ist ein reeller Vektorraum, der noch mit einer Ordnungsrelation versehen ist. Eine harmonische Funktion u gehört dann und nur dann zu HP, wenn $|u|$ eine harmonische Majorante besitzt.

Es seien u_1, u_2 zwei Funktionen aus HP. Die Klasse der superharmonischen (bzw. subharmonischen) Funktionen, die nicht kleiner (bzw. nicht größer) als u_1 und u_2 sind, ist nichtleer und bildet eine Perronsche Klasse. Laut des Perronschen Satzes ist die untere (bzw. obere) Grenze dieser Klasse harmonisch und die kleinste (bzw. größte) harmonische Funktion, die nicht kleiner (bzw. nicht größer) als u_1 und u_2 ist. Wir bezeichnen sie mit $u_1 \vee u_2$ (bzw. $u_1 \wedge u_2$). HP ist also ein Vektorverband (espace de RIESZ) in bezug auf $\vee$, $\wedge$. Es sei $\{u_\iota\}_{\iota \in I}$ eine Familie aus HP; besitzt die Familie eine Majorante (bzw. Minorante), so erkennt man wie oben, daß sie eine kleinste Majorante (bzw. größte Minorante) besitzt. Wir bezeichnen sie mit $\bigvee_{\iota \in I} u_\iota$ (bzw. $\bigwedge_{\iota \in I} u_\iota$). Die Operationen $\vee$, $\wedge$ sind offenbar kommutativ und assoziativ und wir haben für $\alpha \geqq 0$

$$u + \bigvee_{\iota \in I} u_\iota = \bigvee_{\iota \in I} (u + u_\iota), \qquad u + \bigwedge_{\iota \in I} u_\iota = \bigwedge_{\iota \in I} (u + u_\iota)\,,$$

$$-\bigvee_{\iota \in I} u_\iota = \bigwedge_{\iota \in I} (-u_\iota)\,,$$

$$\alpha \left(\bigvee_{\iota \in I} u_\iota\right) = \bigvee_{\iota \in I} \alpha u_\iota\,, \qquad \alpha \left(\bigwedge_{\iota \in I} u_\iota\right) = \bigwedge_{\iota \in I} \alpha u_\iota\,.$$

Wir bedienen uns folgender Eigenschaften von $\vee$, $\wedge$:[1]

a) $u_1 \vee u_2 + u_1 \wedge u_2 = u_1 + u_2$.

Beweis: $u_1 \vee u_2 - (u_1 + u_2) = (u_1 - (u_1 + u_2)) \vee (u_2 - (u_1 + u_2))$ $= (-u_2) \vee (-u_1) = -(u_2 \wedge u_1)$

b) $u \vee \left(\bigwedge_{\iota \in I} u_\iota\right) = \bigwedge_{\iota \in I} (u \vee u_\iota), \quad u \wedge \left(\bigvee_{\iota \in I} u_\iota\right) = \bigvee_{\iota \in I} (u \wedge u_\iota)\,.$

[1] Diese Eigenschaften sind auf einem beliebigen Vektorverband gültig. Siehe Bourbaki-Algèbre (Groupes et corps ordonnés) et Integration (Espaces de RIESZ).

Beweis: $\bigwedge_{\iota\in I}(0\vee u_\iota) \geqq 0 \vee \left(\bigwedge_{\iota\in I} u_\iota\right) = \bigwedge_{\iota\in I} u_\iota - 0 \wedge \left(\bigwedge_{\iota\in I} u_\iota\right)$

$$= \bigwedge_{\iota\in I}(0\vee u_\iota + 0\wedge u_\iota) - \bigwedge_{\iota\in I}(0\wedge u_\iota) \geqq$$

$$\geqq \bigwedge_{\iota\in I}\left(0\vee u_\iota + \bigwedge_{\varkappa\in I}(0\wedge u_\varkappa)\right) - \bigwedge_{\varkappa\in I}(0\wedge u_\varkappa)$$

$$= \bigwedge_{\iota\in I}(0\vee u_\iota) + \bigwedge_{\varkappa\in I}(0\wedge u_\varkappa) - \bigwedge_{\varkappa\in I}(0\wedge u_\varkappa) = \bigwedge_{\iota\in I}(0\vee u_\iota)\,,$$

$$u \vee \left(\bigwedge_{\iota\in I} u_\iota\right) = u + 0 \vee \left(\bigwedge_{\iota\in I}(u_\iota - u)\right) = u + \bigwedge_{\iota\in I}(0\vee(u_\iota - u))$$

$$= \bigwedge_{\iota\in I}(u + 0\vee(u_\iota - u)) = \bigwedge_{\iota\in I}(u\vee u_\iota)\,.$$

Partikulare Aussagen von b) sind

$$u\vee(u_1\wedge u_2) = (u\vee u_1)\wedge(u\vee u_2), \quad u\wedge(u_1\vee u_2) = (u\wedge u_1)\vee(u\wedge u_2),$$

$$u \vee \lim_{n\to\infty} u_n = \lim_{n\to\infty} u\vee u_n\,, \qquad u\wedge \lim_{n\to\infty} u_n = \lim_{n\to\infty} u\wedge u_n\,,$$

wo $\{u_n\}$ eine konvergente monotone Folge ist.

c) $u\vee(-u) \geqq 0$.

Beweis: $2(u\vee(-u)) \geqq u - u \geqq 0$.

Hilfssatz 2.1. *Es seien $u, v_1, \ldots, v_n$ nichtnegative harmonische Funktionen, $u \leqq \sum_{i=1}^{n} v_i$. Man kann n nichtnegative harmonische Funktionen $u_1, \ldots, u_n$ finden, so daß $u_i \leqq v_i$, $u = \sum_{i=1}^{n} u_i$ ist.*

Es genügt den Fall $n = 2$ zu betrachten; der allgemeine Fall läßt sich dann unter Benutzung des Induktionsverfahrens durchführen. Wir setzen

$$u_1 = (u - v_2)\vee 0\,, \qquad u_2 = u - u_1\,.$$

Es ist

$$u_1 \leqq v_1 \vee 0 = v_1\,,$$

$$u_2 = u - (u - v_2)\vee 0 = u - (u - v_2) + (u - v_2)\wedge 0 \leqq v_2\,.$$

Man folgert daraus sofort, daß für nichtnegative harmonische Funktionen $u, u_1, \ldots, u_n$,

$$u \wedge \sum_{i=1}^{n} u_i \leqq \sum_{i=1}^{n} u\wedge u_i$$

ist.

Die Funktionen $u, v \in HP$ heißen **fremd**, *wenn*

$$(u\vee(-u))\wedge(v\vee(-v)) = 0$$

ist. Die Funktionen $u\vee 0$, $u\wedge 0$ sind fremd, denn

$$(u\vee 0)\wedge(-(u\wedge 0)) = (u\vee 0)\wedge((-u)\vee 0) = (u\wedge(-u))\vee 0$$
$$= -(((-u)\vee u)\wedge 0) = 0\,.$$

Hilfssatz 2.2. *Sind die nichtnegativen harmonischen Funktionen $u_1, \ldots, u_n$ paarweise fremd, so ist*

$$\sum_{i=1}^{n} u_i = \bigvee_{i=1}^{n} u_i \,.$$

Für $n = 2$ fällt diese Gleichheit mit der Gleichheit a) zusammen. Angenommen, daß der Hilfssatz für n bewiesen ist, bringen wir nun den Beweis für $n + 1$. Wir haben

$$\sum_{i=1}^{n+1} u_i = \sum_{i=1}^{n} u_i + u_{n+1} = \bigvee_{i=1}^{n} u_i + u_{n+1} = \left(\bigvee_{i=1}^{n} u_i\right) \vee u_{n+1} + \left(\bigvee_{i=1}^{n} u_i\right) \wedge u_{n+1}$$

$$= \bigvee_{i=1}^{n+1} u_i + \bigvee_{i=1}^{n} (u_i \wedge u_{n+1}) = \bigvee_{i=1}^{n+1} u_i \,.$$

Wir nennen einen linearen Teilraum Y von HP *linearen Teilverband*, wenn aus $u_1, u_2 \in Y$ $u_1 \vee u_2, u_1 \wedge u_2 \in Y$ folgt. *Eine Teilklasse von HP heißt* **monoton**, *wenn sie alle Grenzfunktionen ihrer monotonen Folgen enthält. Für $Y \subset HP$ nennen wir die* **monotone Hülle** *von Y die kleinste monotone Klasse, die Y enthält, und bezeichnen sie mit MY. Eine Klasse $Y \subset HP$ heißt* **hereditär**, *wenn aus $u \in Y$, $v \in HP$, $v \vee (-v) \leqq u \vee (-u)$ die Beziehung $v \in Y$ folgt.*

Hilfssatz 2.3. *Ist Y in bezug auf eine von den Operationen $+$, $\wedge$, $\vee$ abgeschlossen, so ist auch MY in bezug auf diese Operation abgeschlossen.*

Wir nehmen zuerst an, daß Y in bezug auf $+$ abgeschlossen ist, und bezeichnen mit Y' (bzw. Y'') die Klasse der Funktionen $u \in MY$, für die $u + v \in MY$ für jedes $v \in Y$ (bzw. $v \in MY$) ist. Y' und Y'' sind monotone Klassen und $Y' \supset Y$. Daraus erhalten wir der Reihe nach $Y' = MY$, $Y'' \supset Y$, $Y'' = MY$ und MY ist in bezug auf $+$ abgeschlossen. Ähnlich verläuft der Beweis für die Operationen $\vee$, $\wedge$.

Ist α eine reelle Zahl und $\alpha Y \subset Y$, so ist auch $\alpha MY \subset MY$. Daraus und aus dem obigen Hilfssatz folgt, daß, *wenn Y ein Kegel (bzw. linearer Teilraum, linearer Teilverband) ist, so ist auch MY ein Kegel (bzw. linearer Teilraum, linearer Teilverband).*

Für $Y \subset HP$ bezeichnen wir mit $\perp Y$ die Klasse der zu Y fremden Funktionen.

Satz 2.1. *$\perp Y$ ist ein monotoner hereditärer linearer Teilverband, und $\perp\perp Y$ ist der kleinste monotone hereditäre lineare Teilverband, der Y enthält. Jede Funktion $u \in HP$ ist in eindeutiger Weise in der Form $u = v + w$, $v \in \perp\perp Y$, $w \in \perp Y$ darstellbar, und aus $u \geqq 0$ folgt $v \geqq 0$, $w \geqq 0$.*

Aus der Beziehung

$$\perp Y = \bigcap_{u \in Y} \perp \{u\}$$

erkennt man, daß, um die erste Behauptung des Satzes zu beweisen, es genügt, den Fall $Y = \{u\}$ zu betrachten. $\perp\{u\}$ ist offensichtlich monoton und hereditär. Es sei $u_1, u_2 \in \perp\{u\}$. Aus

$$0 \leqq (u \vee (-u)) \wedge \big((u_1 \vee u_2) \vee (-(u_1 \vee u_2))\big) \leqq$$
$$\leqq (u \vee (-u)) \wedge \big((u_1 \vee (-u_1)) \vee (u_2 \vee (-u_2))\big)$$
$$= \big((u \vee (-u)) \wedge (u_1 \vee (-u_1))\big) \vee \big((u \vee (-u)) \wedge (u_2 \vee (-u_2))\big) = 0,$$
$$0 \leqq (u \vee (-u)) \wedge ((u_1 - u_2) \vee (u_2 - u_1)) \leqq$$
$$\leqq (u \vee (-u)) \wedge (u_1 \vee (-u_1) + u_2 \vee (-u_2)) \leqq$$
$$\leqq (u \vee (-u)) \wedge (u_1 \vee (-u_1)) + (u \vee (-u)) \wedge (u_2 \vee (-u_2)) = 0$$

erfahren wir, daß auch $u_1 \vee u_2$, $u_1 - u_2$ zu $\perp\{u\}$ gehören. Daraus folgt der Reihe nach, daß auch $-u_2$, $u_1 + u_2$, $u_1 \wedge u_2$ zu $\perp\{u\}$ gehören. Es sei α eine positive Zahl und $v \in \perp\{u\}$. Dann ist

$$0 \leqq (u \vee (-u)) \wedge (\alpha v \vee (-\alpha v)) \leqq$$
$$\leqq max(\alpha, 1) \big((u \vee (-u)) \wedge (v \vee (-v))\big) = 0\,.$$

Das zeigt, daß die erste Behauptung unseres Hilfssatzes vollständig zutrifft.

Wir bezeichnen mit Y' den kleinsten monotonen hereditären linearen Teilverband, der Y enthält. Offensichtlich ist $Y' \subset \perp\perp Y$. Es sei u eine nichtnegative harmonische Funktion, v die größte Minorante von u aus Y' (die Existenz von v ergibt sich aus der Monotonie von Y') und $w = u - v$. Wir wollen zeigen, daß w zu $\perp Y$ gehört. Sei $v_1 \in Y$ und $v_2 = (v_1 \vee (-v_1)) \wedge w$; es ist $v_2 \leqq v_1 \vee (-v_1)$ und somit $v_2 \in Y', v + v_2 \in Y'$. Aus $v_2 \leqq w$ folgt $v + v_2 \leqq u$ und $v_2 = 0$. Da v_1 beliebig gewählt war, gehört w zu $\perp Y$. Es sei $u \in \perp\perp Y$, $u \geqq 0$ und $u = v + w$ mit $v \in Y'$, $w \in \perp Y$. Aus $w = u - v$ folgt $w \in \perp\perp Y$ und $w = 0$, d. h. $u \in Y'$ und die zweite Behauptung des Satzes folgt sofort. Diese Betrachtungen zeigen auch, daß jedes $u \in HP$ in der Form $u = v + w$, $v \in \perp\perp Y$, $w \in \perp Y$ darstellbar ist. Die Eindeutigkeit dieser Zerlegung folgt aus der Tatsache, daß $\perp Y \cap \perp\perp Y = \{0\}$ ist.

Satz 2.2 *Es möge u eine positive harmonische Funktion und v eine HP-Funktion sein. Die Komponente von v in $\perp\perp\{u\}$ in der Zerlegung $HP = \perp\perp\{u\} \oplus \perp\{u\}$ ist gleich*

$$\lim_{m \to \infty} \lim_{n \to \infty} (-mu) \vee ((nu) \wedge v)\,.$$

Sei zuerst $v \geqq 0$ und

$$w = \lim_{n \to \infty} (v - (nu) \wedge v) \wedge u\,.$$

Wegen

$$0 \leqq w \leqq (v - (nu) \wedge v) \wedge u\,,$$

ist

$$w + (nu) \wedge v \leqq v\,,$$
$$w + (nu) \wedge v \leqq (n+1)\,u\,,$$

woraus

$$w + (nu) \wedge v \leqq ((n+1)\,u) \wedge v\,,$$
$$w + \lim_{n\to\infty} (nu) \wedge v \leqq \lim_{n\to\infty} ((n+1)\,u) \wedge v\,,$$
$$w = 0$$

folgt. $v - \lim_{n\to\infty} (nu) \wedge v$ gehört also zu $\perp\{u\}$. Aus dem vorangehenden Satz erkennt man, daß $\lim_{n\to\infty} (nu) \wedge v$ zu $\perp\perp\{u\}$ gehört, und der Satz ist für nichtnegative Funktionen bewiesen.

Sei jetzt v beliebig und $v' = v \vee 0$, $v'' = -(v \wedge 0)$. Dann ist

$$((nu) \wedge v') - v'' = (nu - v'') \wedge v \leqq (nu) \wedge v = ((nu) \wedge v) + v'' - v''$$
$$= ((nu + v'') \wedge v') - v'' \leqq (nu) \wedge v' + v'' \wedge v' - v'' = ((nu) \wedge v') - v'',$$
$$(nu) \wedge v = ((nu) \wedge v') - v''$$

Ähnlich beweist man die Gleichheit

$$(-mu) \vee ((nu) \wedge v) = (nu) \wedge v' - (mu) \wedge v''$$

und der Satz ergibt sich sofort aus dieser Beziehung.

Sei $u > 0$. *Die Funktionen aus* $\perp\perp\{u\}$ *(bzw.* $\perp\{u\}$*) werden* ***u*-quasibeschränkte** *(bzw.* ***u*-singuläre***) Funktionen genannt. Für* $u = 1$ *sagen wir einfach* **quasibeschränkt** *und* **singulär** (M. Parreau).

Folgesatz 2.1. *Jede HP-Funktion ist eindeutig als Summe einer u-quasibeschränkten und einer u-singulären Funktion darstellbar. Die u-quasibeschränkte Komponente der Funktion* $v \in HP$ *ist gleich*

$$\lim_{m\to\infty} \lim_{n\to\infty} (-mu) \vee ((nu) \wedge v)\,.$$

(M. Parreau (1952) [1]).

3. Das Dirichletsche Problem

Man nennt eine Riemannsche Fläche **parabolisch**, *wenn alle positiven superharmonischen Funktionen konstant sind, und* **hyperbolisch** *im entgegengesetzten Falle. Ein Gebiet auf einer Riemannschen Fläche heißt parabolisch (bzw. hyperbolisch), wenn das Gebiet, als Riemannsche Fläche betrachtet, parabolisch (bzw. hyperbolisch) ist.* Wir werden das Dirichletsche Problem nur für hyperbolische Gebiete entwickeln.

G sei ein hyperbolisches Gebiet auf R und f eine reelle Funktion auf dem Rand von G (wir nennen sie *Randfunktion* von G). Mit $\bar{\mathscr{S}}_f^{G,R} = \bar{\mathscr{S}}_f^G$

$= \overline{\mathscr{S}}_f$ (bzw. $\underline{\mathscr{S}}_f^{G,R} = \underline{\mathscr{S}}_f^G = \underline{\mathscr{S}}_f$) bezeichnen wir die Klasse der nach unten beschränkten superharmonischen (bzw. nach oben beschränkten subharmonischen) Funktionen s, für die

$$\varliminf_{G \ni a \to id\,Rd\,R} s(a) \geqq 0 \quad \left(\text{bzw.} \varlimsup_{G \ni a \to id\,Rd\,R} s(a) \leqq 0\right)$$

und für jedes $b \in Rd\,G$

$$\varliminf_{G \ni a \to b} s(a) \geqq f(b) \quad \left(\text{bzw.} \varlimsup_{G \ni a \to b} s(a) \leqq f(b)\right)$$

gilt. Für $\bar{s} \in \overline{\mathscr{S}}_f^G$, $\underline{s} \in \underline{\mathscr{S}}_f^G$ erhält man aus dem Minimumprinzip $\underline{s} \leqq \bar{s}$. *Sind die Klassen $\overline{\mathscr{S}}_f^G$, $\underline{\mathscr{S}}_f^G$ nichtleer, so bezeichnen wir mit $\overline{H}_f^{G,R} = \overline{H}_f^G = \overline{H}_f$ (bzw. $\underline{H}_f^{G,R} = \underline{H}_f^G = \underline{H}_f$) die untere (bzw. obere) Grenze von $\overline{\mathscr{S}}_f^G$ (bzw. $\underline{\mathscr{S}}_f^G$). Da $\overline{\mathscr{S}}_f^G$, $\underline{\mathscr{S}}_f^G$ Perronsche Klassen sind, so sind $\overline{H}_f^G$, $\underline{H}_f^G$ harmonische Funktionen und $\underline{H}_f^G \leqq \overline{H}_f^G$.*

Sei R ein Teilgebiet einer größeren Riemannschen Fläche R', G ein Gebiet von R ($G \subset R \subset R'$) und f eine Funktion, die auf dem relativen Rand von G bezüglich R definiert ist. Wir bezeichnen mit f' die Funktion die in den Randpunkten von G bezüglich R gleich f und in den Randpunkten von G bezüglich R', die nicht in R enthalten sind, gleich Null ist. Dann ist offenbar $\overline{\mathscr{S}}_f^{G,R} = \overline{\mathscr{S}}_{f'}^{G,R'}$, $\underline{\mathscr{S}}_f^{G,R} = \underline{\mathscr{S}}_{f'}^{G,R'}$. Sind diese Klassen nichtleer, so haben wir also $\overline{H}_f^{G,R} = \overline{H}_{f'}^{G,R'}$, $\underline{H}_f^{G,R} = \underline{H}_{f'}^{G,R'}$.

Hilfssatz 3.1. *Sei G ein hyperbolisches Gebiet und f eine Randfunktion von G, für die $\overline{\mathscr{S}}_f^G$, $\underline{\mathscr{S}}_f^G$ nichtleer sind. Es gibt eine nichtnegative harmonische Funktion s auf G, so daß für jedes $\varepsilon > 0$, $\overline{H}_f^G + \varepsilon s \in \overline{\mathscr{S}}_f^G$, $\underline{H}_f^G - \varepsilon s \in \underline{\mathscr{S}}_f^G$.*

Sei $a \in G$ und $\{s_n\}$ ein Folge aus $\overline{\mathscr{S}}_f^G$ mit

$$s_n(a) < \overline{H}_f^G(a) + \frac{1}{2^n}.$$

Die Funktion

$$s' = \sum_{n=1}^{\infty} (s_n - \overline{H}_f^G)$$

ist eine nichtnegative superharmonische Funktion auf G. Für $m > \frac{1}{\varepsilon}$ haben wir

$$\overline{H}_f^G + \varepsilon s' \geqq \overline{H}_f^G + \frac{1}{m} \sum_{n=1}^{m} (s_n - \overline{H}_f^G) = \frac{1}{m} \sum_{n=1}^{m} s_n\,,$$

und somit gehört $\overline{H}_f^G + \varepsilon s'$ zu $\overline{\mathscr{S}}_f^G$. Ähnlich konstruiert man eine nichtnegative superharmonische Funktion s'', so daß für jedes $\varepsilon > 0$ $\underline{H}_f^G - \varepsilon s''$ zu $\underline{\mathscr{S}}_f^G$ gehört. Die Funktion $s = s' + s''$ erfüllt offenbar die Bedingungen des Hilfssatzes.

Ist $\overline{H}_f^G = \underline{H}_f^G$, so nennen wir f (in bezug auf G) **resolutiv**, *und bezeichnen diese Funktion mit $H_f^{G,R} = H_f^G = H_f$; sie heißt die* **(normierte) Lösung** *des Dirichletschen Problems auf G mit f als Randfunktion.* Sei G eine offene Menge, deren zusammenhängende Komponenten G_ι hyperbolisch sind, f eine reelle Funktion, die auf einer den Rand von G enthaltenden Menge definiert ist, und f_ι die Einschränkung von f auf RdG_ι. Ist für jedes ι f_ι in bezug auf G_ι resolutiv, so sagen wir, daß f in bezug auf G resolutiv ist, und bezeichnen mit $H_f^{G,R} = H_f^G = H_f$ die Funktion auf G, die auf G_ι gleich $H_{f_\iota}^{G_\iota}$ ist.

Satz 3.1. *Sind f_1, f_2 resolutive Funktionen und α_1, α_2 reelle Zahlen, so sind $\alpha_1 f_1 + \alpha_2 f_2$*[1]*, $max\,(f_1, f_2)$, $min\,(f_1, f_2)$ resolutive Funktionen, und wir haben*

$$H_{\alpha_1 f_1 + \alpha_2 f_2} = \alpha_1 H_{f_1} + \alpha_2 H_{f_2},\ H_{max(f_1,f_2)} = H_{f_1} \vee H_{f_2},\ H_{min(f_1,f_2)} = H_{f_1} \wedge H_{f_2}.$$

Es sei $\{f_n\}$ eine monotone Folge von resolutiven Funktionen; die Funktion $\lim\limits_{n\to\infty} f_n$ ist dann und nur dann resolutiv, wenn die Folge $\{H_{f_n}\}$ konvergent ist. In diesem Fall haben wir

$$H_{\lim\limits_{n\to\infty} f_n} = \lim_{n\to\infty} H_{f_n}.$$

Für ein beliebiges f ist $\overline{H}_{-f} = -\underline{H}_f$. Ist f resolutiv, so ist

$$H_{-f} = -H_f;$$

es genügt also den Fall $\alpha_1, \alpha_2 \geqq 0$ zu betrachten.

Seien s_i $(i = 1,2)$ die superharmonischen Funktionen des Hilfssatzes 3.1 bezüglich f_i. Dann ist

$$\begin{aligned}
&\alpha_1 H_{f_1} + \alpha_2 H_{f_2} - \varepsilon(s_1 + s_2) \leqq \underline{H}_{\alpha_1 f_1 + \alpha_2 f_2} \leqq \overline{H}_{\alpha_1 f_1 + \alpha_2 f_2} \leqq \\
&\qquad\qquad \leqq \alpha_1 H_{f_1} + \alpha_2 H_{f_2} + \varepsilon(s_1 + s_2), \\
&H_{f_1} \vee H_{f_2} \leqq \underline{H}_{max(f_1,f_2)}, \\
&max(H_{f_1}, H_{f_2}) + \varepsilon(s_1 + s_2) \leqq H_{f_1} \vee H_{f_2} + \varepsilon(s_1 + s_2) \in \overline{\mathscr{S}}_{max\,(f_1,\,f_2)}, \\
&\overline{H}_{max(f_1,f_2)} \leqq H_{f_1} \vee H_{f_2} + \varepsilon(s_1 + s_2),
\end{aligned}$$

woraus die erste Behauptung folgt.

Um die letztere Behauptung zu beweisen, nehmen wir zuerst an, daß die Folge $\{f_n\}$ nichtabnehmend und die Folge $\{H_{f_n}\}$ konvergent sei. Es sei s_n die superharmonische Funktion des Hilfssatzes 3.1 bezüglich f_n. Wir können eine Folge $\{\varepsilon_n\}$ von positiven Zahlen wählen, so daß

$$s = \sum_{n=1}^{\infty} \varepsilon_n s_n$$

eine superharmonische Funktion ist. Dann gehört $\lim\limits_{n\to\infty} H_{f_n} + \varepsilon s$ zu $\overline{\mathscr{S}}_{\lim\limits_{n\to\infty} f_n}$ und somit ist

$$\lim_{n\to\infty} H_{f_n} \leqq \underline{H}_{\lim\limits_{n\to\infty} f_n} \leqq \overline{H}_{\lim\limits_{n\to\infty} f_n} \leqq \lim_{n\to\infty} H_{f_n} + \varepsilon s.$$

[1] Mit der Konvention $+\infty - \infty = -\infty + \infty = 0 \cdot \infty = 0$.

Da ε beliebig war, ist $\lim_{n\to\infty} f_n$ resolutiv und

$$H_{\lim\limits_{n\to\infty} f_n} = \lim_{n\to\infty} H_{f_n}.$$

Ist die Folge $\{H_{f_n}\}$ divergent, so ist $\bar{\mathcal{S}}_{\lim\limits_{n\to\infty} f_n}$ leer und $\lim_{n\to\infty} f_n$ nicht resolutiv.

Bemerkung. Zwei resolutive Funktionen f_1, f_2 heißen äquivalent, wenn $H_{f_1} = H_{f_2}$ ist. Identifiziert man die äquivalenten Funktionen, so ist die Klasse der resolutiven Funktionen ein Vektorverband (bezüglich *max, min*) und $f \to H_f$ bildet ihn isomorph auf einer Teilmenge des Vektorverbandes HP ab.

Hilfssatz 3.2. *Seien $G' \subset G$ zwei offene Mengen und f eine bezüglich G resolutive Funktion. Die Funktion f' die auf $G \cap Rd\,G'$ gleich H_f^G und auf $Rd\,G \cap Rd\,G'$ gleich f ist, ist bezüglich G' resolutiv, und*

$$H_{f'}^{G'} = H_f^G$$

auf G'.

Es genügt den Fall G, G' zusammenhängend zu betrachten. Ist s die superharmonische Funktion des Hilfssatzes 3.1 bezüglich f, so haben wir auf G'

$$H_f^G - \varepsilon s \leqq \underline{H}_{f'}^{G'} \leqq \overline{H}_{f'}^{G'} \leqq H_f^G + \varepsilon s.$$

Sei G eine offene Menge, a ein Randpunkt von G und $\{a_n\}$ eine Punktfolge aus G, die gegen a konvergiert. *Eine positive superharmonische Funktion s auf G heißt ein* **Barrier** *(in G) für die Folge $\{a_n\}$, wenn*

$$\lim_{n\to\infty} s(a_n) = 0$$

und wenn für jede Umgebung U des Punktes a

$$\inf_{b\in G-U} s(b) > 0$$

ist. Ist s ein Barrier für jede Punktfolge aus G, die gegen a konvergiert, so heißt s **Barrier** *(in G) für den Punkt a.*

Hilfssatz 3.3. *Sei G eine offene Menge und a ein Randpunkt von G. Reduziert sich die zusammenhängende Komponente der Komplementarmenge von G, die den Punkt a enthält, nicht auf den Punkt a, so existiert ein Barrier für a.*

Wir bezeichnen mit F die zusammenhängende Komponente der Menge $R - G$, die den Punkt a enthält, und mit V eine Kreisscheibe, die a als Zentrum hat, und so beschaffen ist, daß $z = 1 \in F$ ist. Seien $\{G_j\}$ die zusammenhängenden Komponenten der Menge $V - F$. In jedem G_j ist die Funktion $\log z$ eindeutig. Ist $Rd\,G_j \cap Rd\,V \neq \phi$, so nehmen wir einen Punkt $z_j \in Rd\,G_j \cap Rd\,V$ und bezeichnen mit w_j denjenigen Zweig auf G_j der Funktion $\log z$ für den

$$-\pi \leqq Im\, w_j(z_j) < \pi$$

ist. Wir definieren jetzt s^V auf folgende Weise: auf $G - V$ soll s^V gleich 1 auf denjenigen G_j, für die $Rd\,G_j \cap Rd\,V = \phi$ ist, soll s^V gleich 0 und auf den übrigen G_j soll s^V gleich

$$0 < \frac{1}{\pi} \arg \frac{w_j(z) - 3\pi i}{w_j(z) + 3\pi i} < 1$$

sein. Man überzeugt sich leicht, daß s^V eine superharmonische Funktion, $0 \leqq s^V \leqq 1$, und

$$\lim_{G \ni b \to a} s^V(b) = 0$$

ist. Nimmt man eine abnehmende Folge $\{V_n\}$ von Kreisscheiben, deren Durchschnitt gleich $\{a\}$ ist, so ist $\sum_{n=1}^{\infty} \frac{1}{2^n} s^{V_n}$ ein Barrier für a.

Hilfssatz 3.4. *Es sei G eine offene Menge, a ein Randpunkt von G und $\{a_n\}$ eine Punktfolge aus G, die gegen a konvergiert. Existiert eine positive superharmonische Funktion s auf G, für die $\{s(a_n)\}$ gegen Null konvergiert, so ist auch ein Barrier für $\{a_n\}$ vorhanden.*

Wir können annehmen, daß die zusammenhängende Komponente der Komplementarmenge von G, die den Punkt a enthält, nur aus dem Punkt a besteht, denn der entgegengesetzte Fall wurde im Hilfssatz 3.3 gelöst. Dann kann man eine abnehmende Folge $\{G_m\}$ von Jordanschen Gebieten konstruieren, deren Ränder in G enthalten sind, und für die $\overline{G}_{m+1} \subset G_m$, $\bigcap_{m=1}^{\infty} G_m = \{a\}$ gilt. Es sei

$$\alpha_m = \inf_{b \in Rd\,G_m} s(b) .$$

Wenn wir mit s_m die Funktion auf G, die auf $G - G_m$ gleich α_m und auf $G \cap G_m$ gleich $\min(s, \alpha_m)$ bezeichnen, so ist s_m superharmonisch (Hilfssatz 1.2) und positiv, und es gilt

$$\lim_{n \to \infty} s_m(a_n) = 0 .$$

Die Funktion

$$s_0 = \sum_{m=1}^{\infty} \frac{1}{\alpha_m m^2} s_m$$

ist superharmonisch und positiv auf G. Wir haben

$$\overline{\lim_{n \to \infty}}\, s_0(a_n) \leqq \sum_{m=1}^{k} \frac{1}{\alpha_m m^2} \overline{\lim_{n \to \infty}}\, s_m(a_n) + \sum_{m=k+1}^{\infty} \frac{1}{m^2} = \sum_{m=k+1}^{\infty} \frac{1}{m^2} ,$$

und somit

$$\lim_{n \to \infty} s_0(a_n) = 0 .$$

Sei U eine Umgebung von a. Für ein genügend großes m ist $G_m \subset U$, und somit ist

$$s_0 \geqq \frac{1}{m^2} > 0$$

auf $G - U$. Die Funktion s_0 ist demnach ein Barrier für $\{a_n\}$.

Sei G eine offene Menge, deren zusammenhängende Komponenten hyperbolisch sind, und a ein Randpunkt von G. Eine Punktfolge $\{a_n\}$ *aus G, die gegen a konvergiert, heißt* **regulär**, *wenn für jede beschränkte Randfunktion f*

$$\underline{lim}_{Rd\,G \ni b \to a} f(b) \leqq \underline{lim}_{n \to \infty} \underline{H}_f^G(a_n)$$

ist. Der Randpunkt a heißt **regulär**, *falls jede Punktfolge aus G, die gegen a konvergiert, regulär ist.*

Ist $\{a_n\}$ regulär, so ist auch

$$\overline{lim}_{n \to \infty} \overline{H}_f^G(a_n) \leqq \overline{lim}_{Rd\,G \ni b \to a} f(b)\,.$$

Ist f beschränkt und in a stetig und $\{a_n\}$ regulär, so konvergieren $\{\overline{H}_f^G(a_n)\}$, $\{\underline{H}_f^G(a_n)\}$ gegen $f(a)$.

Ein Beispiel eines nicht regulären Randpunktes liefert der Punkt $z = 0$ im Gebiet $G = \{0 < |z| < 1\}$, $R = \{|z| < \infty\}$. Ist f gleich 0 auf $\{|z| = 1\}$ und gleich 1 in $z = 0$, so gehört $\varepsilon \log \frac{1}{|z|}$ zu $\overline{\mathscr{S}}_f$ und folglich ist

$$\underline{H}_f \leqq \overline{H}_f = 0\,,$$

$$\underline{lim}_{z \to 0} \underline{H}_f(z) = 0 < 1 = f(0)\,.$$

Hilfssatz 3.5. *G sei eine offene Menge, deren zusammenhängende Komponenten hyperbolisch sind, a ein Randpunkt von G und* $\{a_n\}$ *eine Punktfolge aus G, die gegen a konvergiert.* $\{a_n\}$ *ist dann und nur dann regulär, wenn ein Barrier für* $\{a_n\}$ *existiert.*

Sei s ein Barrier für $\{a_n\}$ und f eine beschränkte Randfunktion. Wir setzen

$$\alpha = \inf f\,, \qquad \alpha_0 = \min(\alpha, 0)\,, \qquad \beta = \underline{lim}_{b \to a} f(b)\,.$$

Ist $\alpha_0 = \beta$, so gehört die Konstante β zu $\underline{\mathscr{S}}_f$ und folglich ist

$$\underline{lim}_{n \to \infty} \underline{H}_f(a_n) \geqq \beta\,.$$

Im entgegengesetzten Fall sei β' eine reelle Zahl, $\alpha_0 < \beta' < \beta$. Es gibt eine Umgebung U von a derart, daß

$$f > \beta'$$

auf $U \cap Rd\,G$ ist. Wir setzen

$$\alpha' = \inf_{b \in G - U} s(b) > 0\,.$$

Die subharmonische Funktion $\beta' - \frac{\beta' - \alpha_0}{\alpha'} s$ gehört zu $\mathcal{S}_f$ und deshalb ist

$$\underline{\lim}_{n\to\infty} \underline{H}_f(a_n) \geqq \beta' - \frac{\beta' - \alpha_0}{\alpha'} \overline{\lim}_{n\to\infty} s(a_n) = \beta' .$$

Da β' beliebig gewählt war, ist $\underline{\lim}_{n\to\infty} \underline{H}_f(a_n) \geqq \beta$.

Wir nehmen jetzt an, daß $\{a_n\}$ regulär sei. Wegen des Hilfssatzes **3.3** genügt es, den Fall zu betrachten, wenn die zusammenhängende Komponente von $R - G$, die a enthält, nur aus a besteht. Es gibt dann nur eine zusammenhängende Komponente G_0 von G, die a auf dem Rand hat.

Sei $\{f_m\}$ eine nichtzunehmende Folge von stetigen Funktionen auf dem Rand von G_0, $0 \leqq f_m \leqq 1$, $f_m(a) = 1$ und $\lim_{m\to\infty} f_m(b) = 0$ für $b \neq a$. Ist für alle m $\underline{H}_{f_m}^{G_0} = 1$, so haben wir

$$1 = \underline{H}_{f_m}^{G_0} \leqq \overline{H}_{f_m}^{G_0} \leqq 1 ,$$

und f_m sind resolutive Funktionen. Aus dem Satz **3.1** ergibt sich, daß auch $f = \lim_{m\to\infty} f_m$ resolutiv und $H_f^{G_0} = 1$ ist. Es sei V eine Kreisscheibe in R, die a als Zentrum hat und deren Rand in G_0 liegt, und $\underline{s}$ eine subharmonische Funktion aus $\mathcal{S}_f^{G_0}$, die auf $Rd\,V$ positiv ist. Wir setzen

$$\alpha = \sup_{b \in Rd\,V} \underline{s}(b) .$$

Die Funktion $\varepsilon \log \frac{1}{|z|} + \alpha - \underline{s}(z)$ ist auf $V \cap G_0$ superharmonisch und nach unten beschränkt. Aus dem Minimumprinzip ergibt sich, daß sie nichtnegativ ist. Es ist also $\underline{s} \leqq \alpha$ auf $V \cap G_0$. Ebenso aus dem Minimumprinzip folgt, daß $\underline{s} \leqq \alpha$ auf $G_0 - V$ ist. Die Funktion $\underline{s}$ erreicht ihr Maximum auf dem Rand von V, d. h. im Inneren von G_0 und $\underline{s}$ muß konstant sein (Satz **1.1**), was widersprechend ist. Es gibt also ein m, so daß $\underline{H}_{f_m} < 1$ ist. Sei $\{V_n\}$ eine abnehmende Folge von Kreisscheiben, deren Rand in G_0 liegt, und deren Durchschnitt gleich $\{a\}$ ist. Die Funktion s, die auf G_0 gleich $1 - \underline{H}_{f_m}$ auf den zusammenhängenden Komponenten von G, die außerhalb V_1 liegen, gleich **1** und auf den zusammenhängen Komponenten von G, die in $V_n - V_{n+1}$ liegen, gleich $\frac{1}{n}$ ist, ist eine positive superharmonische Funktion, für die $\{s(a_n)\}$ gegen Null konvergiert. Auf Grund des Hilfssatzes **3.4** existiert also ein Barrier für $\{a_n\}$.

Bemerkung. *Seien G, G' zwei offene Mengen, $a \in Rd\,G \cap Rd\,G'$ und U eine Umgebung von a, für die $U \cap G = U \cap G'$ ist. Ist $\{a_n\}$ eine Punktfolge von $G \cap G'$, die gegen a konvergiert, so ist die Regularität von $\{a_n\}$ bezüglich G gleichbedeutend mit der Regularität bezüglich G'.* Sei $\{a_n\}$ regulär in bezug auf G, s ein Barrier für $\{a_n\}$ als Punktfolge von G und $\alpha = \inf_{b \in G - U} s(b)$.

Die Funktion s', die auf $G' \cap U$ gleich $min(s, \alpha)$ und auf $G' - U$ gleich α ist, ist ein Barrier für $\{a_n\}$ als Punktfolge von G'.

Hilfssatz 3.6. *Ist s eine positive superharmonische Funktion auf R, deren größte harmonische Minorante Null ist, so gibt es eine positive superharmonische Funktion s', so daß für jede Punktfolge $\{a_n\}$, die gegen den idealen Rand von R konvergiert und für die*

$$\underline{lim}_{n\to\infty} s(a_n) > 0$$

ist, $\{s'(a_n)\}$ gegen unendlich konvergiert.

Sie $\{R_n\}$ eine normale Ausschöpfung von R und s_n die Funktion, die auf $R - R_n$ gleich s und auf R_n gleich $\underline{H}_s^{R_n}$ ist. Da der Rand von R_n nur aus Kontinua besteht, sind alle Randpunkte von R_n regulär (Hilfssatz 3.3 und 3.5), und s_n ist somit nach unten halbstetig. Gemäß dem Hilfssatz 1.2 ist s_n superharmonisch. Die Folge $\{s_n\}$ ist offenbar nichtzunehmend, und ihre Grenzfunktion ist eine nichtnegative harmonische Minorante von s und somit Null. Indem man zu einer Teilfolge der Folge $\{R_n\}$ übergeht, kann also angenommen werden, daß die Reihe

$$s' = \sum_{n=1}^{\infty} s_n$$

eine superharmonische Funktion ist. Man verifiziert leicht, daß s' die im Hilfssatz angegebene Eigenschaft besitzt.

Satz 3.2. *Die stetigen beschränkten Funktionen sind resolutiv.*

Sei G ein hyperbolisches Gebiet und f eine stetige beschränkte positive Randfunktion von G. Wir nehmen an, daß auf G eine positive superharmonische Funktion s existiert, deren größte harmonische Minorante Null ist, und es sei s' die Funktion des vorangehenden Hilfssatzes bezüglich s. Wir nehmen einen Punkt $a \in RdG$, $\varepsilon > 0$ und eine gegen a konvergente Punktfolge $\{a_n\}$ aus G, für die

$$\lim_{n\to\infty} (\underline{H}_f^G(a_n) + \varepsilon s'(a_n)) = \underline{lim}_{G\ni b\to a} (\underline{H}_f^G(b) + \varepsilon s'(b))$$

ist. Indem man zu einer Teilfolge übergeht, kann man annehmen, daß $\{s(a_n)\}$ konvergent sei. Ist der Grenzwert dieser Folge nicht Null, so ist

$$\underline{lim}_{G\ni b\to a} (\underline{H}_f^G(b) + \varepsilon s'(b)) \geqq \varepsilon \lim_{n\to\infty} s'(a_n) = \infty \geqq f(a)\,.$$

Im entgegengesetzten Fall ist $\{a_n\}$ eine reguläre Punktfolge (Hilfssatz 3.5) und wir erhalten

$$\underline{lim}_{G\ni b\to a} (\underline{H}_f^G(b) + \varepsilon s'(b)) \geqq \lim_{n\to\infty} \underline{H}_f^G(a_n) \geqq f(a)\,.$$

Daraus erkennt man, daß $\underline{H}_f^G + \varepsilon s'$ zu $\overline{\mathscr{S}}_f^G$ gehört,

$$\underline{H}_f^G \leqq \overline{H}_f^G \leqq \underline{H}_f^G + \varepsilon s'$$

ist, und f ist resolutiv. Im allgemeinen Fall setzt man $f = f^+ - f^-$.

Es bleibt also nur zu zeigen, daß man auf G eine positive superharmonische Funktion s finden kann, deren größte harmonische Minorante Null ist. Es sei nämlich s_0 eine nichtkonstante positive superharmonische Funktion und $\inf s_0 < \alpha < \sup s_0$. Die Funktion $\min(s_0, \alpha)$ ist superharmonisch und nicht harmonisch. Sei u ihre größte harmonische Minorante. $s = \min(s_0, \alpha) - u$ besitzt die beanspruchten Eigenschaften.

Sei G ein hyperbolisches Gebiet, $a \in G$ und $C_0(R)$ die Klasse der stetigen beschränkten Funktionen mit kompakten Trägern auf R. R ist ein lokal kompakter Raum und das Funktional

$$f \to H_f^G(a)$$

ist auf $C_0(R)$ linear und positiv. Es gibt somit ein Maß $\omega_a^{G,R} = \omega_a^G = \omega_a = \omega$ auf R, derart, daß

$$\omega_a^G(R) \leqq 1$$

und für jedes $f \in C_0(R)$

$$H_f^G(a) = \int f \, d\omega_a^G$$

ist. *Wir nennen* ω_a^G *das* **harmonische Maß** *von* G *in* a. Man erkennt sofort, daß der Träger von ω_a^G auf dem Rand von G liegt.

Satz 3.3. *Es sei G ein hyperbolisches Gebiet und f eine Randfunktion. f ist dann und nur dann resolutiv, wenn ein $a \in G$ existiert, derart, daß f ω_a^G-summierbar ist. Dann ist für jeden Punkt $a \in G$ f ω_a^G-summierbar und*

$$H_f^G(a) = \int f \, d\omega_a^G .$$

Sei zuerst f eine nach unten halbstetige nach unten beschränkte Funktion. Dann gibt es eine zunehmende Folge $\{f_n\}$ von stetigen beschränkten Funktionen, die gegen f konvergiert. Ist f resolutiv, so folgt aus dem Satz 3.1

$$H_f(a) = \lim_{n\to\infty} H_{f_n}(a) = \lim_{n\to\infty} \int f_n \, d\omega_a = \int f \, d\omega_a ,$$

und f ist folglich ω_a-summierbar für jeden $a \in G$. Mittels desselben Satzes läßt sich erkennen, daß im entgegengesetzten Fall

$$\int f \, d\omega_a = \lim_{n\to\infty} \int f_n \, d\omega_a = \lim_{n\to\infty} H_{f_n}(a) = \infty$$

ist. Ist also f nicht resolutiv, so ist f für kein $a \in G$ ω_a-summierbar.

Sei jetzt f eine beschränkte Funktion. Ist $s \in \overline{\mathscr{S}}_f$, so ist die Funktion

$$f'(a) = \underline{\lim}_{G \ni b \to a} s(b)$$

eine nach unten halbstetige nach unten beschränkte Randfunktion. Da s zu $\overline{\mathscr{S}}_{f'}$ gehört, ist f' resolutiv und

$$s(a) \geqq H_{f'}(a) = \int f' \, d\omega_a .$$

Wir haben also

$$\overline{H}_f(a) = \inf_{f'} \int f' \, d\omega_a ,$$

wo f' die Klasse der nach unten halbstetigen nach unten beschränkten Randfunktionen, die f majorieren, durchläuft. Ähnlich beweist man die Gleichheit

$$\underline{H}_f(a) = \sup_{f'} \int f' \, d\omega_a ,$$

wo f' die Klasse der nach oben halbstetigen nach oben beschränkten Randfunktionen, die f minorieren, durchläuft. Daraus ergeben sich alle Behauptungen des Satzes für beschränkte Funktionen.

Sei f eine beliebige Funktion. Ist f resolutiv oder ist f für ein $a \in G$ ω-summierbar, so ergeben sich mittels des Satzes 3.1 folgende Gleichheiten

$$\begin{aligned}\int f \, d\omega_a &= \lim_{n\to\infty} \lim_{m\to\infty} \int \max(\min(f, n), -m) \, d\omega_a \\ &= \lim_{n\to\infty} \lim_{m\to\infty} H_{\max(\min(f,n),-m)}(a) = H_f(a) ,\end{aligned}$$

und damit ist der Satz bewiesen.

In dem Fall, wo G der Einheitskreis $\{|z| < 1\}$ ist, können wir leicht das harmonische Maß berechnen. Für jede stetige beschränkte Randfunktion f von G ist

$$H_f^G(z) = \frac{1}{2\pi} \int_0^{2\pi} f(e^{i\theta}) \, Re\left(\frac{e^{i\theta} + z}{e^{i\theta} - z}\right) d\theta .$$

Daraus ergibt sich

$$\frac{d\omega_z^G}{d\theta} = \frac{1}{2\pi} Re\left(\frac{e^{i\theta} + z}{e^{i\theta} - z}\right) .$$

Das Dirichletsche Problem erlaubt uns die größte harmonische Minorante einer superharmonischen Funktion zu konstruieren. Es sei nämlich s eine superharmonische Funktion auf einer hyperbolischen Riemannschen Fläche, die eine subharmonische Minorante besitzt, und $\{R_n\}$ eine normale Ausschöpfung von R. s ist bezüglich R_n resolutiv, denn sie ist nach unten halbstetig, auf dem Rand von R_n nach unten beschränkt und $\mathscr{S}_s^{R_n} \neq \phi$. Wir haben offenbar $H_s^{R_n} \leqq s$. Daraus und aus dem Hilfssatz 3.2 ergibt sich auf R_n

$$H_s^{R_{n+1}} = H_{H_s^{R_{n+1}}}^{R_n} \leqq H_s^{R_n} .$$

Sei s' eine subharmonische Minorante von s. Die Folge $\{H_s^{R_n}\}$ ist nichtabnehmend und ihre Grenzfunktion u nicht kleiner als s'. Außerdem ist u nicht größer als s. Da u harmonisch ist, ist u die größte harmonische Minorante von s.

Hilfssatz 3.7. *Ist R hyperbolisch und G ein Gebiet in R, für welches $R - G$ kompakt ist, so ist $H_f^G < 1$.*

Sei s eine positive nichtkonstante superharmonische Funktion auf R. Da

$$\alpha = \inf_{a \in R - G} s(a) > \inf s$$

ist, so gehört $\frac{1}{\alpha} s$ zu $\mathscr{S}_1^G$, und wir haben

$$H_1^G \leqq \frac{1}{\alpha} s, \qquad \inf H_1^G \leqq \frac{1}{\alpha} \inf s < 1 .$$

Hilfssatz 3.8. *Sei R hyperbolisch, V eine Kreisscheibe in R, und s' eine superharmonische Funktion auf einer Umgebung von $\overline{V}$. Es gibt eine positive superharmonische Funktion s auf R, für die $s - s'$ auf V harmonisch ist.*

Seien V_1, V_2 zwei Kreisscheiben in R, $\overline{V} \subset V_1$, $\overline{V}_1 \subset V_2$, so daß s auf einer Umgebung von $\overline{V}_2$ definiert ist. Man kann annehmen, durch Addition einer Konstante, daß s' auf V_2 positiv ist. Ebenso kann man annehmen, daß s' auf $V_2 - \overline{V}$ harmonisch ist und auf $Rd\, V_2$ verschwindet; die Funktion, die auf $\overline{V}$ gleich s' und auf $V_2 - \overline{V}$ gleich $H_f^{V_2 - \overline{V}}$ ist (wo f gleich s auf $Rd\, V$ und gleich 0 auf $Rd\, V_2$ ist), erfüllt nämlich diese Bedingungen (Hilfssatz 1.2).

Sei $u = H_1^{R - \overline{V}_1}$ und v gleich $H_u^{V_2}$. Aus dem vorangehenden Hilfssatz ergibt sich $u < 1$, und $v < u$ auf $V_2 - \overline{V}_1$. Für ein genügend großes α ist $\alpha(u - v) \geqq s'$ auf $V_2 - \overline{V}_1$. Sei s gleich αu auf $R - V_2$ und gleich $s' + \alpha v$ auf V_2. Mittels des Hilfssatzes 1.2 ist zu ersehen, daß s auf $R - \overline{V}_1$ superharmonisch ist. Da s auf V_2 offenbar superharmonisch ist, ist s superharmonisch. $s - s'$ ist auf V gleich αv und somit harmonisch.

Eine Menge $A \subset R$ heißt **polar**, *wenn für jedes hyperbolische Gebiet G in R eine positive superharmonische Funktion auf G existiert, die in allen Punkten von $A \cap G$ unendlich ist. Offenbar ist jede Teilmenge einer polaren Menge und die Vereinigung abzählbar vieler polaren Mengen wieder polar. Ist R ein Teilgebiet einer größeren Riemannschen Fläche R', $A \subset R \subset R'$, so ist A bezüglich R' dann und nur dann polar, wenn A bezüglich R polar ist.* Ist A bezüglich R' polar, so ist offenbar A auch bezüglich R polar. Sei umgekehrt A polar bezüglich R und G' ein hyperbolisches Gebiet auf R'. Wir nehmen zuerst an, daß $A \cap G'$ in einer Kreisscheibe V enthalten ist, $\overline{V} \subset R \cap G'$, und s' sei eine positive superharmonische Funktion auf $R \cap G'$, die auf $A \cap G'$ unendlich ist. Gemäß dem Hilfssatz 3.8 existiert dann eine positive superharmonische Funktion s auf G' die auf $A \cap G'$ unendlich ist. Da $A \cap G'$ als Vereinigung abzählbar vieler Mengen, die in einer Kreisscheibe obiger Art enthalten sind, darstellbar ist, kann man eine positive superharmonische Funktion auf G' konstruieren, die in $A \cap G'$ unendlich ist, und A' ist bezüglich R' polar.

Die Menge der Punkte, wo eine superharmonische Funktion unendlich ist, ist polar. Sei s eine superharmonische Funktion $A = \{a \in R \mid s(a) = \infty\}$ und $\{R_n\}$ eine normale Ausschöpfung von R. Auf R_n ist s nach unten beschränkt und somit ist $A \cap R_n$ bezüglich R_n polar. Laut obiger Betrachtungen sind die Mengen $A \cap R_n$, $A = \bigcup_{n=1}^{\infty} (A \cap R_n)$ bezüglich R polar.

Eine polare Menge hat einen verschwindenden Flächeninhalt (Folgesatz 1.2) *und enthält kein Kontinuum:* Ist K ein Kontinuum und polar, so gibt es eine Kreisscheibe V, für die $V - K$ nicht zusammenhängend ist, und eine superharmonische Funktion s auf V, die auf K gleich ∞ ist. Ist s' gleich ∞ auf einer zusammenhängenden Komponente G von $V - K$ und gleich s auf $V - G$, so ist s' superharmonisch, wie man leicht verifizieren kann, was widersprechend ist, denn s' ist unendlich auf einer Menge von positivem Flächeninhalt.

Ein hyperbolisches Gebiet G heißt vom Typus SO_{HB} (R. Bader-M. Parreau, 1951 [1]; T. Kuroda, 1953 [1]), *wenn $H_1^G = 1$ ist.* Jedes relativ kompakte Gebiet ist vom Typus SO_{HB}; der Hilfssatz 3.7 zeigt, daß, *falls R hyperbolisch und $R - G$ kompakt ist, ist G nicht vom Typus SO_{HB}. Alle hyperbolischen Gebiete einer parabolischen Riemannschen Fläche sind vom Typus SO_{HB}.* Sei G ein hyperbolisches Gebiet auf einer parabolischen Riemannschen Fläche R. Wäre $H_1^G < 1$, so würde ein $s \in \overline{\mathscr{S}}_1^G$ existieren, so daß s in wenigstens einem Punkt kleiner als 1 ist. Die Funktion s', die auf $R - G$ gleich 1 und auf G gleich $min(s, 1)$ ist, ist superharmonisch auf R (Hilfssatz 1.2), positiv und nicht konstant, was widersprechend ist.

Ist G ein hyperbolisches Gebiet, a ein Punkt aus G und A eine polare Menge, so ist $\omega_a^G(A) = 0$. Es sei V eine Kreisscheibe, $\overline{V} \subset G$, s eine positive superharmonische Funktion auf $R - \overline{V}$, die auf $A - \overline{V}$ unendlich ist, $B = \{b \in RdG \mid s(b) = \infty\}$ und f die charakteristische Funktion von B. Da B eine Borelsche Menge ist, ist f resolutiv. Sei $\underline{s} \in \underline{\mathscr{S}}_f^G$ und

$$\alpha = \sup_{b \in \overline{V}} \underline{s}(b)\,.$$

Für jedes $\varepsilon > 0$ ist wegen des Minimumprinzips $\varepsilon s + max(\alpha, 0) \geqq \underline{s}$ auf $G - \overline{V}$. Daraus ergibt sich $\underline{s} \leqq max(\alpha, 0)$. Wäre $\underline{s}$ in einem Punkt positiv, so würde $\underline{s}$ sein Maximum in $\overline{V}$ erreichen, was widersprechend ist. $\underline{s}$ ist also nichtpositiv und $H_f^G = 0$,

$$\omega_a^G(A) \leqq \omega_a^G(B) = H_f^G(a) = 0\,.$$

Ist R hyperbolisch und K eine kompakte Menge in R, für die $H_1^{R-K} = 0$ ist, so ist K polar. Es gibt eine superharmonische positive Funktion s auf $R - K$, so daß für jedes $\varepsilon > 0$ εs zu $\overline{\mathscr{S}}^{R-K}$ gehört (Hilfssatz 3.1).

Es ist also

$$\lim_{R-K\ni a\to K} s(a) = \infty\,.$$

Setzt man s auf K gleich unendlich, so erhält man eine positive superharmonische Funktion auf R, die auf K unendlich ist.

Wir sagen, daß eine Eigenschaft **quasi überall** *erfüllt ist, wenn sie überall, bis auf eine polare Menge, gültig ist. Eine Eigenschaft, die quasi überall erfüllt ist, ist auch fast überall erfüllt.*

4. Potentialtheorie

Die Potentialtheorie spielt eine wichtige Rolle in verschiedenen Problemen der Theorie der Riemannschen Flächen. Als natürlichster Kern, Potentiale zu bilden, zeigt sich die Greensche Funktion. Im folgenden geben wir eine kurze Übersicht, mit Hinweisen auf Beweise, der für dieses Buch notwendigen Eigenschaften dieser Funktion.

Sei $a \in R$ und $\mathcal{S}_a^R$ die Klasse der positiven superharmonischen Funktionen, die auf jeder Kreisscheibe V mit a als Zentrum nicht kleiner als $\log\frac{1}{|z|}$ sind. Ist $\mathcal{S}_a^R \neq \phi$, so ist R hyperbolisch. Sei umgekehrt R hyperbolisch, V eine Kreisscheibe, die a als Zentrum hat. Dem Hilfssatz 3.8 gemäß gibt es eine positive superharmonische Funktion s auf R, für die $s - \log\frac{1}{|z|}$ auf V harmonisch ist. s gehört also zu $\mathcal{S}_a^R$, welches nichtleer ist. *Für eine hyperbolische Riemannsche Fläche R nennt man die* **Greensche Funktion** *von R mit dem Pol in a die untere Grenze von* $\mathcal{S}_a^R$ *und bezeichnet sie* $g_a^R = g_a = g$. Sie ist offenbar positiv.

Die Greensche Funktion ist durch folgende Eigenschaften charakterisiert:

a) g_a *ist harmonisch bis auf den Punkt a, wo sie eine positive logarithmische Singularität mit dem Koeffizienten 1 besitzt;*

b) *ist G ein Gebiet,* $a \notin \bar{G}$, *so ist auf G* $g_a = H_{g_a}^G$.

Zu a) bemerken wir vorerst, daß außerhalb a $\mathcal{S}_a^R$ eine Perronsche Klasse ist. Sei s gleich g_a außerhalb V und gleich $H_{g_a}^V + \log\frac{1}{|z|}$ auf V. Aus $s \leqq g_a$ folgt, daß s superharmonisch ist (Hilfssatz 1.2). s gehört also zu $\mathcal{S}_a^R$ und somit ist s gleich g_a. Für b) sei zuerst $G = R - \overline{V}$. Gemäß dem Hilfssatz 1.2 ist die Funktion, die auf $\overline{V}$ gleich g_a und auf G gleich $H_{g_a}^G$ ist, superharmonisch. Da sie nicht größer als g_a ist, fällt sie mit g_a zusammen. Zum Beweis des allgemeinen Falles nehmen wir V so, daß $G \subset R - \overline{V}$ ist. Die Behauptung folgt jetzt mittels des Hilfssatzes 3.2. Besitzt die Funktion g' die Eigenschaften a), b), so ist laut a) $g' - g_a$ auf R harmonisch und gemäß b) erreicht sie ihr Minimum in R. $g' - g_a$ ist also gleich einer Konstante α und auf Grund der Eigenschaft b) ist $\alpha = H_\alpha^{R-\overline{V}}$, $\alpha = 0$ (Hilfssatz 3.7).

Sei V eine Kreisscheibe mit a als Zentrum und h_a die konjugierte harmonische Funktion von g_a auf $V - \{a\}$. Sie ist nicht eindeutig, aber $e^{-(g_a + i h_a)}$ ist eine eindeutige analytische Funktion auf V, die in a eine einfache Nullstelle hat. Für α genügend groß ist $(\{b \in R \mid g_a(b) > \alpha\}, e^{\alpha - (g_a + i h_a)})$ eine parametrische Kreisscheibe mit a als Zentrum.

Sei $\{R_n\}$ eine Ausschöpfung von R. Offenbar ist $\{g_a^{R_n}\}$ eine nichtabnehmende Folge. Ist R parabolisch, so ist

$$\lim_{n \to \infty} g_a^{R_n} = \infty ;$$

ist R hyperbolisch, so ist

$$\lim_{n \to \infty} g_a^{R_n} = g_a^R .$$

Ist G ein hyperbolisches Gebiet, so ergibt sich aus b), daß für alle regulären Randpunkte a_0 von G

$$\lim_{b \to a_0} g_a^G(b) = 0$$

gilt. Hat insbesondere G analytischen Rand, so kann g_a^G auf RdG harmonisch fortgesetzt werden, mit dem Wert Null.

Eine wichtige Eigenschaft der Greenschen Funktion ist ihre Symmetrie: $g_a(b) = g_b(a)$. Sei zuerst R ein relativ kompaktes Gebiet mit analytischem Rand auf einer anderen Riemannschen Fläche, $a, b \in R$,

$$\gamma_a = \{a' \in R \mid g_a(a') = \alpha\} , \qquad \gamma_b = \{a' \in R \mid g_b(a') = \alpha\} ,$$

wo α genügend groß ist. Unter Benutzung der Greenschen Formel ergibt sich unmittelbar

$$0 = \int_{\gamma_a \cup \gamma_b} (g_a * d g_b - g_b * d g_a) = 2\pi g_a(b) - 2\pi g_b(a) .$$

Für ein beliebiges R bedienen wir uns einer normalen Ausschöpfung $\{R_n\}$. Wir haben

$$g_a^R(b) = \lim_{n \to \infty} g_a^{R_n}(b) = \lim_{n \to \infty} g_b^{R_n}(a) = g_b^R(a) .$$

Aus der Symmetrie und dem Harnackschen Satz ergibt sich, daß die Funktion $(a, b) \to g_a(b)$ für $a \neq b$ stetig ist.

Sei f eine zweimal stetig differenzierbare Funktion mit kompaktem Träger. Gemäß der Greenschen Formel ist

$$\int_{\{g_a = \alpha\}} (f * d g_a - g_a * d f) = - \int_{\{g_a < \alpha\}} g_a \, d * d f .$$

Da aber

$$\int_{\{g_a = \alpha\}} f * d g_a = \int_0^{2\pi} f(e^{-\alpha + i\theta}) \, d\theta , \quad (z = r e^{i\theta} = e^{-(g_a + i h_a)})$$

$$\int_{\{g_a = \alpha\}} g_a * d f = - \alpha \int_{\{g_a > \alpha\}} d * d f = - \alpha \iint_{\{|z| < e^{-\alpha}\}} \Delta f \, dx \, dy$$

ist, so folgert man für $\alpha \to \infty$

$$f(a) = -\frac{1}{2\pi}\int g_a\, d * df.$$

Potentiale werden nur auf hyperbolische Riemannsche Flächen eingeführt. *Sei μ ein Maß auf R, derart, daß die Funktion*

$$a \to \int g_a\, d\mu$$

nicht identisch unendlich ist. Wir nennen diese Funktion das vom Maß μ erzeugte **Potential,** *und bezeichnen sie mit p^μ. p^μ ist eine nichtnegative superharmonische Funktion und harmonisch außerhalb des Trägers von μ* (Hilfssatz 1.1).

Ist f eine zweimal stetig differenzierbare Funktion mit kompaktem Träger, so ergibt sich aus der obigen Formel, daß f als Differenz zweier Potentiale darstellbar ist: $f = p^\mu - p^\nu$. Man kann nämlich als μ (bzw. ν) den positiven Teil von $-\frac{1}{2\pi} d * df$ $\left(\text{bzw. } \frac{1}{2\pi} d * df\right)$ nehmen. Dann sind die Träger von μ, ν im Träger von f enthalten.

Eine zweimal stetig differenzierbare Funktion f ist dann und nur dann superharmonisch, wenn $d * df$ nichtpositiv ist. Sei $d * df$ nichtpositiv, V eine Kreisscheibe, f_0 eine zweimal stetig differenzierbare Funktion mit kompaktem Träger, die auf V gleich 1 ist. Dann ist ff_0 zweimal stetig differenzierbar und hat einen kompakten Träger. Laut der obigen Bemerkung ist $ff_0 = p^\mu - p^\nu$, wo μ (bzw. ν) der positive Teil von $-\frac{1}{2\pi} d * d(ff_0)$ $\left(\text{bzw. } \frac{1}{2\pi} d * d(ff_0)\right)$ ist. Auf V ist ff_0 gleich f und somit ist $\nu(V) = 0$. p^ν ist also auf V harmonisch und f ist auf V superharmonisch. Es sei jetzt umgekehrt f superharmonisch. Wäre $d * df$ positiv, so würde sich aus obigen Betrachtungen ergeben, daß f subharmonisch ist, was zu einem Widerspruch führt.

Sei $a \in R$ und α genügend groß, damit $G = \{b \in R \mid g_a(b) > \alpha\}$ relativ kompakt sei. Dann ist für $b \notin \overline{G}$

$$p^{\omega_a^G}(b) = \int g_b\, d\omega_a^G = H_{g_b}^G(a) = g_b(a)$$

und für $b \in G$

$$p^{\omega_a^G}(b) = \int g_b\, d\omega_a^G = H_{g_b}^G(a) = g_b(a) - g_b^G(a) = H_{g_a}^G(b) = \alpha .$$

Die Funktionen $p^{\omega_a^G}$ und $min(g_a, \alpha)$ sind außerhalb RdG gleich. Da sie superharmonisch sind und RdG einen verschwindenden Flächeninhalt hat, so ist

$$min(g_a, \alpha) = p^{\omega_a^G} .$$

Hilfssatz 4.1. *Ist f eine zweimal stetig differenzierbare Funktion mit kompaktem Träger, so ist für jedes Potential p^μ*

$$\int f d\mu = -\frac{1}{2\pi}\int p^\mu\, d * df .$$

Integriert man mit μ die Gleichheit

$$f(a) = -\frac{1}{2\pi} \int g_a \, d * df ,$$

so ergibt sich die Beziehung mittels des Fubinischen Satzes.

Bemerkung. *Ist p^μ zweimal stetig differenzierbar, so ist für jede stetige Funktion f mit kompaktem Träger*

$$\int f \, d\mu = -\frac{1}{2\pi} \int f \, d * dp^\mu .$$

Die Greensche Formel gibt nämlich für $f \in C_0^2$

$$\int f \, d * dp^\mu = \int p^\mu \, d * df ,$$

woraus die Gleichheit für $f \in C_0^2$ folgt. Für $f \in C_0$ nehmen wir eine Folge $\{f_n\}$ aus C_0^2, die gegen f gleichmäßig konvergiert, so daß die Träger von f_n in einer kompakten Menge enthalten sind. Dann ist

$$\int f \, d\mu = \lim_{n\to\infty} \int f_n \, d\mu = \lim_{n\to\infty} -\frac{1}{2\pi} \int f_n \, d * dp^\mu = -\frac{1}{2\pi} \int f \, d * dp^\mu .$$

Satz 4.1. *Ist die Differenz zweier Potentiale p^μ, p^ν auf einer offenen Menge G harmonisch, so fallen die Einschränkungen von μ und ν auf G zusammen.*

Sei f eine zweimal stetig differenzierbare Funktion, deren Träger kompakt und in G enthalten ist. Gemäß dem vorangehenden Hilfssatz ist

$$\int f \, d\mu - \int f \, d\nu = \frac{1}{2\pi} \int (p^\nu - p^\mu) \, d * df = \frac{1}{2\pi} \int_G f \, d * d(p^\nu - p^\mu) = 0 .$$

Der Satz folgt jetzt aus dem Hilfssatz 0.5.

Folgesatz 4.1. *Ist das Potential p^μ auf einer offenen Menge G harmonisch, so ist $\mu(G) = 0$.*

Folgesatz 4.2. *Aus $p^\mu = p^\nu$ folgt $\mu = \nu$.*

Satz 4.2. *Besitzt die Folge $\{p^{\mu_n}\}$ eine superharmonische Majorante, und ist sie fast überall auf R konvergent, so existiert ein Maß μ, derart, daß $\{\mu_n\}$ gegen μ konvergiert. Konvergiert außerdem $\{p^{\mu_n}\}$ fast überall gegen ein Potential p^ν, so konvergiert $\{\mu_n\}$ gegen ν.*

Sei ψ die Grenzfunktion der Folge $\{p^{\mu_n}\}$ (ψ ist nur fast überall auf R definiert) und f eine zweimal stetig differenzierbare Funktion mit kompaktem Träger. Da jede superharmonische Funktion lokal summierbar ist, ist auch ψ lokal summierbar und

$$-\frac{1}{2\pi} \int \psi \, d * df = \lim_{n\to\infty} -\frac{1}{2\pi} \int p^{\mu_n} \, d * df = \lim_{n\to\infty} \int f \, d\mu_n .$$

Mittels der Hilfssätze 0.5 und 0.4 erkennt man, daß $\{\mu_n\}$ gegen ein Maß μ

konvergiert. Ist ψ fast überall gleich p^ν, so haben wir

$$\lim_{n\to\infty} \int f\, d\mu_n = -\frac{1}{2\pi} \int p^\nu\, d * df = \int f\, d\nu\,,$$

und $\{\mu_n\}$ konvergiert gegen ν.

Satz 4.3 (Das lokale Maximumprinzip). *Ist μ ein Maß mit dem Träger in der abgeschlossenen Menge F, so gilt in jedem Punkt $a_0 \in F$*

$$\overline{\lim_{R-F\ni a\to a_0}}\; p^\mu(a) \leqq \overline{\lim_{F\ni a\to a_0}}\; p^\mu(a)\,.$$

Wir können annehmen, daß $\mu(\{a_0\}) = 0$ sei; andernfalls wäre $p^\mu(a_0) = \infty$ und die Ungleichung würde auf triviale Weise bestehen. Sei V eine Kreisscheibe, die a_0 als Zentrum hat. Für $(z, \zeta) \in V \times V$ setzen wir

$$u(z, \zeta) = g_z(\zeta) - \log\frac{1}{|z-\zeta|}\;;$$

u ist eine beschränkte Funktion. Sei $\varepsilon > 0$; es gibt eine Zahl $\alpha > 0$, so daß für $V_\alpha = \{|z| \leqq \alpha\}$

$$\mu(V_\alpha) < \varepsilon$$

ist. Für jedes $z \in V_\alpha$ bezeichnen wir mit $\zeta(z)$ einen Punkt aus $F \cap V_\alpha$, für den

$$|z - \zeta(z)| = \inf_{\zeta\in F\cap V_\alpha} |z-\zeta|$$

ist. Gehört ζ zu $F \cap V_\alpha$, so haben wir

$$|\zeta - \zeta(z)| \leqq |\zeta - z| + |z - \zeta(z)| \leqq 2|\zeta - z|\,,$$

$$\log\frac{1}{|\zeta - z|} \leqq \log\frac{1}{|\zeta - \zeta(z)|} + \log 2\,.$$

Daraus folgert man

$$g_z(\zeta) \leqq \log\frac{1}{|\zeta - \zeta(z)|} + \log 2 + \beta \leqq g_{\zeta(z)}(\zeta) + \log 2 + 2\beta\,,$$

wo β die obere Grenze von $|u(z, \zeta)|$, $(z, \zeta) \in V \times V$ ist. Mittels einer Integration ergibt sich

$$\begin{aligned} p^\mu(z) &= \int_{V_\alpha} g_z\, d\mu + \int_{R-V_\alpha} g_z\, d\mu \leqq \int_{V_\alpha} g_{\zeta(z)}\, d\mu + \varepsilon(\log 2 + 2\beta) + \int_{R-V_\alpha} g_z\, d\mu \\ &= p^\mu(\zeta(z)) + \varepsilon(\log 2 + 2\beta) + \int_{R-V_\alpha} (g_z - g_{\zeta(z)})\, d\mu\,, \end{aligned}$$

und somit ist

$$\begin{aligned} \overline{\lim_{z\to 0}}\, p^\mu(z) &\leqq \overline{\lim_{z\to 0}}\, p^\mu(\zeta(z)) + \varepsilon(\log 2 + 2\beta) \leqq \\ &\leqq \overline{\lim_{F\ni z\to 0}}\; p^\mu(z) + \varepsilon(\log 2 + 2\beta)\,, \end{aligned}$$

da $\zeta(z) \to 0$ für $z \to 0$. Wenn man beachtet, daß ε beliebig gewählt wurde, so ergibt sich aus dieser Beziehung die gesuchte Ungleichung.

Folgesatz 4.3 (Stetigkeitsprinzip von EVANS-VASILESCU). *Sei p^μ ein Potential, F der Träger von μ und $a \in F$. Ist die Einschränkung von p^μ auf F stetig in a, so ist p^μ stetig in a.*

Wir haben

$$p^\mu(a) \leqq \underline{\lim}_{b\to a} p^\mu(b) \leqq \overline{\lim}_{b\to a} p^\mu(b) = \overline{\lim}_{F\ni b\to a} p^\mu(b) = p^\mu(a)\,.$$

Hilfssatz 4.2. *Sei p^μ ein Potential. Es gibt eine nichtabnehmende Folge $\{F_n\}$ von abgeschlossenen Mengen mit folgenden Eigenschaften: bezeichnet man mit μ_n die Einschränkung von μ auf F_n, so ist p^{μ_n} stetig, $p^{\mu_n} \uparrow p^\mu$ und $\mu(R - F_n) \downarrow 0$* (M. KISHI, 1957 [1]).

Sei $\{R_m\}$ eine normale Ausschöpfung von R, $\{f_n\}$ eine zunehmende Folge von stetigen positiven Funktionen, die gegen p^μ konvergiert, und für jedes $\varepsilon > 0$

$$G_n(\varepsilon) = \left\{a \in R \mid \frac{p^\mu(a)}{1 + p^\mu(a)} - \frac{f_n(a)}{1 + f_n(a)} > \varepsilon\right\}.$$

Die Mengen $G_n(\varepsilon)$ sind offen, und für jedes ε ist $\{G_n(\varepsilon)\}_n$ eine nichtzunehmende Folge, deren Durchschnitt leer ist. Es ist also

$$\lim_{n\to\infty} \mu(G_n(\varepsilon) \cap R_m) = 0\,.$$

Für jedes m wählen wir n_m so, daß

$$\mu\left(G_{n_m}\left(\frac{1}{m}\right) \cap R_m\right) < \frac{1}{2^m}$$

ist, und bezeichnen

$$G_n = \bigcup_{m=n+1}^{\infty} \left(G_{n_m}\left(\frac{1}{m}\right) \cap R_m\right), \qquad F_n = R - G_n\,.$$

Die Folge $\left\{\frac{f_n}{1 + f_n}\right\}$ konvergiert gleichmäßig gegen $\frac{p^\mu}{1 + p^\mu}$ auf jeder kompakten Menge aus F_n. Das besagt, daß die Einschränkung von $\frac{p^\mu}{1 + p^\mu}$ und p^μ auf F_n stetig ist. Wir bezeichnen mit ν_n die Einschränkung von μ auf G_n. Aus

$$p^\mu = p^{\mu_n} + p^{\nu_n}$$

folgt, da p^{μ_n}, p^{ν_n} nach unten halbstetig sind, daß die Einschränkung von p^{μ_n} auf F_n stetig ist. Aus dem Stetigkeitsprinzip von EVANS-VASILESCU sieht man, daß p^{μ_n} stetig ist. Nun haben wir

$$\mu(G_n) \leqq \sum_{n=m+1}^{\infty} \mu\left(G_{n_m}\left(\frac{1}{m}\right) \cap R_m\right) < \frac{1}{2^n}\,.$$

Satz 4.4. *Ist das Potential p^μ endlich und s eine positive superharmonische Funktion, die quasi überall auf dem Träger von μ nicht kleiner als p^μ ist, so ist $s \geqq p^\mu$.*

Wir nehmen zuerst an, daß der Träger F von μ kompakt ist. Es seien $\{F_n\}$ die Folge des Hilfssatzes von Kishi, μ_n die Einschränkung von μ auf F_n, $\{R_m\}$ eine normale Ausschöpfung von R, $F \subset R_1$, und s' eine positive superharmonische Funktion die auf $\{a \in F \mid s(a) < p^\mu(a)\}$ unendlich ist. Für $\varepsilon > 0$ ist $s + \varepsilon s' \geqq p^{\mu_n}$ auf F_n. Die Funktion

$$a \to s(a) + \varepsilon\, s'(a) - \int g_a^{R_m}\, d\mu_n$$

ist auf $R_m - F_n$ superharmonisch und alle ihre Randwerte sind nichtnegativ. Sie ist also nichtnegativ und wir haben

$$p^\mu(a) = \lim_{n\to\infty} p^{\mu_n}(a) = \lim_{n\to\infty} \lim_{m\to\infty} \int g_a^{R_m}\, d\mu_n \leqq s(a) + \varepsilon\, s'(a)\,.$$

Da ε beliebig ist, ist p^μ quasi überall auf R nicht größer als s. Aus dem Folgesatz 1.1 ergibt sich $p^\mu \leqq s$.

Ist F nicht kompakt, so ist

$$p^\mu(a) = \lim_{m\to\infty} \int_{R_m} g_a\, d\mu \leqq s(a)$$

Folgesatz 4.4 (Das Frostmansche Maximumprinzip). *Ein Potential p^μ erreicht sein Maximum längs des Trägers von μ.*

Hilfssatz 4.3 (Gauss-Frostman). *Gegeben seien eine kompakte Menge K und eine stetige beschränkte Funktion f auf K. Für jedes Maß ν auf K setzen wir*

$$\Phi(\nu) = \iint g_a(b)\, d\nu(a)\, d\nu(b) - 2\int f\, d\nu\,.$$

Es gibt ein Maß μ auf K, für welches Φ sein Minimum erreicht, und wir haben $p^\mu \leqq f$ auf dem Träger von μ und $p^\mu \geqq f$ quasi überall auf K.

Wir setzen

$$\alpha = \inf \Phi \leqq 0\,, \quad \alpha_1 = \inf_{a\in K,\, b\in K} g_a(b) > 0, \quad \alpha_2 = \sup f < \infty\,.$$

Offenbar ist $\Phi(\nu) \geqq \alpha_1 \nu^2(K) - 2\alpha_2 \nu(K)$ und somit

$$\alpha \geqq -\frac{\alpha_2^2}{\alpha_1} > -\infty\,.$$

Sei $\{\mu_n\}$ eine Folge von Maßen auf K, für die $\{\Phi(\mu_n)\}$ gegen α konvergiert. Aus

$$\Phi(\mu_n) \geqq \alpha_1\, \mu_n^2(K) - 2\alpha_2\, \mu_n(K)$$

erkennt man, daß $\{\mu_n(K)\}$ beschränkt ist. Indem man zu einer Teilfolge übergeht (Satz 0.1) kann man annehmen, daß $\{\mu_n\}$ gegen ein Maß μ auf K konvergiert.

Wir setzen für $\beta > 0$

$$\psi_n(a) = \int \min(g_a(b), \beta)\, d\mu_n(b)\,, \quad \psi(a) = \int \min(g_a(b), \beta)\, d\mu(b)\,.$$

ψ_n, ψ sind stetige beschränkte Funktionen, und $\{\psi_n\}$ konvergiert gleichmäßig gegen ψ. Daraus folgt

$$\overline{\lim_{n\to\infty}} |\int \psi_n \, d\mu_n - \int \psi \, d\mu| \leqq \overline{\lim_{n\to\infty}} |\int \psi_n \, d\mu_n - \int \psi \, d\mu_n| + $$
$$+ \overline{\lim_{n\to\infty}} |\int \psi \, d\mu_n - \int \psi \, d\mu| = 0 ,$$

$$\int \psi \, d\mu = \lim_{n\to\infty} \int \psi_n \, d\mu_n \leqq \underline{\lim_{n\to\infty}} \iint g_a(b) \, d\mu_n(a) \, d\mu_n(b) ,$$

$$\iint g_a(b) \, d\mu(a) \, d\mu(b) = \lim_{\beta\to\infty} \iint \min(g_a(b), \beta) \, d\mu(a) \, d\mu(b) \leqq$$
$$\leqq \underline{\lim_{n\to\infty}} \iint g_a(b) \, d\mu_n(a) \, d\mu_n(b) .$$

Wir können also schließen, daß

$$\alpha \leqq \Phi(\mu) \leqq \lim_{n\to\infty} \Phi(\mu_n) = \alpha .$$

ist. Ist für ein $a \in K$ $f(a) < p^\mu(a)$, so muß diese Ungleichung in einer Umgebung U von a gelten. Es sei ν die Einschränkung von μ auf U. für jedes ε, $0 < \varepsilon \leqq 1$, ist $\mu - \varepsilon\nu$ ein Maß und deshalb haben wir

$$\Phi(\mu) \leqq \Phi(\mu - \varepsilon\nu) .$$

Aus $p^\nu \leqq p^\mu$ folgt ferner

$$\int p^\nu \, d\nu \leqq \int p^\mu \, d\nu = \iint g_a(b) \, d\mu(a) \, d\nu(b) = \int p^\nu \, d\mu \leqq \int p^\mu \, d\mu < \infty .$$

Die obige Ungleichung ist dann in der Form

$$\int p^\mu \, d\mu - 2\int f \, d\mu \leqq \int p^\mu \, d\mu - 2\varepsilon \int p^\mu \, d\nu + \varepsilon^2 \int p^\nu \, d\nu - 2\int f \, d\mu + 2\varepsilon \int f \, d\nu ,$$

$$\int (f - p^\mu) \, d\nu + \frac{\varepsilon}{2} \int p^\nu \, d\nu \geqq 0$$

darstellbar. Da $f - p^\mu$ auf U negativ ist, so muß $\mu(U) = \nu(U) = 0$, und a gehört folglich dem Träger von μ nicht an. Auf dem Träger von μ ist somit $p^\mu \leqq f$.

Es sei $\varepsilon > 0$ und K_ε die Menge der Punkte $a \in K$, für die

$$f(a) \geqq p^\mu(a) + \varepsilon$$

ist; K_ε ist kompakt. Wäre K_ε nicht polar, so müßte ein Punkt $a_0 \in R - K_\varepsilon$ existieren, so daß

$$H_1^{R-K_\varepsilon}(a_0) > 0$$

ist. Sei G die zusammenhängende Komponente von $R - K_\varepsilon$, die a_0 enthält und $\nu = \omega_{a_0}^G$. ν ist ein Maß auf $Rd\,G \subset K$ und

$$p^\nu(a) = \int g_a \, d\omega_{a_0}^G = H_{g_a}^G(a_0) \leqq g_a(a_0) ,$$

$$\int p^\nu \, d\nu \leqq \int g_a(a_0) \, d\nu(a) < \infty, \qquad \int p^\nu \, d\mu \leqq \int g_a(a_0) \, d\mu(a) < \infty .$$

Da für $\beta > 0$ $\mu + \beta\nu$ ein Maß auf K ist, ist

$$\Phi(\mu) \leqq \Phi(\mu + \beta\nu) .$$

Diese Ungleichung gibt

$$\int p^\mu\, d\mu - 2\int f\, d\mu \leqq \int p^\mu\, d\mu + 2\,\beta\int p^\mu\, d\nu + \\ + \beta^2\int p^\nu\, d\nu - 2\int f\, d\mu - 2\beta\int f\, d\nu\,,$$

$$0 \leqq \int (p^\mu - f)\, d\nu + \frac{\beta}{2}\int p^\nu\, d\nu\,.$$

Für $\beta \to 0$ erhalten wir

$$0 \leqq \int (p^\mu - f)\, d\nu \leqq -\varepsilon\,\nu(K_\varepsilon)\,,$$

$$0 < H_1^{R-K_\varepsilon}(a_0) = \nu(K_\varepsilon) = 0$$

Das besagt, daß K_ε eine polare Menge ist. Es ist somit $p^\mu \geqq f$ quasi überall auf K.

Satz 4.5 (Frostman). *Sei s eine positive superharmonische Funktion und K eine kompakte Menge. Es gibt ein und nur ein Maß μ auf K, das folgende Eigenschaften besitzt:*

a) $p^\mu \leqq s$,

b) $p^\mu = s$ *quasi überall auf K und überall im Inneren von K,*

c) p^μ *ist die untere Grenze der Klasse der positiven superharmonischen Funktionen, die quasi überall auf K nicht kleiner als s sind.*

Daß höchstens ein Maß diese Eigenschaften besitzen kann, folgt aus c) und Folgesatz 4.2.

Sei $\{f_n\}$ eine nichtabnehmende Folge von stetigen beschränkten Funktionen auf K, die gegen s konvergiert, und μ_n das Maß des vorangehenden Hilfssatzes bezüglich f_n. Dann ist quasi überall auf dem Träger von μ_n

$$p^{\mu_n} \leqq f_n \leqq f_{n+1} \leqq p^{\mu_{n+1}}\,, \qquad p^{\mu_n} \leqq f_n \leqq s$$

und somit (Satz 4.4)

$$p^{\mu_n} \leqq p^{\mu_{n+1}}\,, \qquad p^{\mu_n} \leqq s\,.$$

Die Folge $\{p^{\mu_n}\}$ ist also nichtabnehmend und besitzt eine superharmonische Majorante. Gemäß dem Satz 4.2 konvergiert $\{\mu_n\}$ gegen ein Maß μ. Wir haben

$$p^\mu \leqq \lim_{n\to\infty} p^{\mu_n} \leqq s\,.$$

Sei $a \in R$, α genügend groß, damit $G = \{b \in R \mid g_a(b) > \alpha\}$ relativ kompakt sei, und $\nu = \omega_a^G$. Wir haben

$$\int p^\nu\, d\mu_n = \int p^{\mu_n}\, d\nu \leqq \int p^{\mu_{n+1}}\, d\nu = \int p^\nu\, d\mu_{n+1}\,,$$

$$\int p^\nu\, d\mu_n \leqq \lim_{n\to\infty}\int p^\nu\, d\mu_n = \int p^\nu\, d\mu \leqq \int g_a\, d\mu = p^\mu(a)\,,$$

$$p^{\mu_n}(a) = \int g_a\, d\mu_n = \lim_{\alpha\to\infty}\int \min(g_a, \alpha)\, d\mu_n \leqq p^\mu(a)\,,$$

$$p^\mu(a) = \lim_{n\to\infty} p^{\mu_n}(a)\,.$$

Es ist also quasi überall auf K

$$s \geqq p^{\mu} \geqq \lim_{n\to\infty} f_n = s .$$

Aus dem Folgesatz 1.1 ergibt sich $s = p^{\mu}$ im Inneren von K.

Sei s' eine positive superharmonische Funktion, die quasi überall auf K nicht kleiner als s ist. Dann ist quasi überall auf dem Träger von μ_n

$$s' \geqq f_n \geqq p^{\mu_n}$$

und folglich (Satz 4.4)

$$s' \geqq p^{\mu_n}, \qquad s' \geqq p^{\mu} .$$

Folgesatz 4.5. *Aus $p^{\mu} \leqq p^{\nu}$ folgt $\mu(R) \leqq \nu(R)$.*

$\{R_n\}$ sei eine normale Ausschöpfung von R und μ_n das Maß des Frostmanschen Satzes bezüglich $\overline{R}_n$ und der Funktion $s = 1$. Wir haben

$$\mu(R) = \lim_{n\to\infty} \mu(R_n) \leqq \lim_{n\to\infty} \int p^{\mu_n}\, d\mu = \lim_{n\to\infty} \int p^{\mu}\, d\mu_n \leqq$$

$$\leqq \lim_{n\to\infty} \int p^{\nu}\, d\mu_n = \lim_{n\to\infty} \int p^{\mu_n}\, d\nu \leqq \int d\nu = \nu(R) .$$

Satz 4.6. (Riesz) *Jede superharmonische Funktion, die eine subharmonische Minorante besitzt, ist in eindeutiger Weise als Summe einer harmonischen Funktion und eines Potentials darstellbar. Die harmonische Funktion ist die größte subharmonische Minorante der superharmonischen Funktion.*

Die Eindeutigkeit folgt aus dem Satz 4.1. Es sei erstens s eine positive superharmonische Funktion und $\{R_n\}$ eine normale Ausschöpfung von R. Wir bezeichnen mit μ_n das im Frostmanschen Satz eindeutig bestimmte Maß in bezug auf s und $\overline{R}_n$. Da $p^{\mu_{n+1}} = p^{\mu_n}$ auf R_n ist, so ergibt sich aus dem Satz 4.1, daß die Einschränkungen von μ_{n+1} und μ_n auf R_n zusammenfallen. Hieraus folgt ohne weiteres, daß die Folge $\{\mu_n\}$ gegen ein bestimmtes Maß μ konvergiert, dessen Einschränkung auf R_n mit der Einschränkung von μ_n auf R_n gleich ist. Es ist daher

$$p^{\mu} \leqq \lim_{n\to\infty} p^{\mu_n} = s .$$

Aus

$$s - p^{\mu} = s - \int_{R_n} g\, d\mu - \int_{R-R_n} g\, d\mu = s - \int_{R_n} g\, d\mu_n - \int_{R-R_n} g\, d\mu$$

$$= s - p^{\mu_n} + \int_{R-R_n} g\, d\mu_n - \int_{R-R_n} g\, d\mu$$

sieht man, daß $s - p^{\mu}$ auf R_n harmonisch ist; da n beliebig gewählt wurde, ist $s - p^{\mu}$ harmonisch. Jede nichtnegative superharmonische Funktion ist also die Summe einer nichtnegativen harmonischen Funktion und eines Potentials. Sei jetzt s eine superharmonische Funktion, die eine subharmonische Minorante besitzt. Gemäß dem Satz 1.6 gibt es eine größte subharmonische Minorante u von s, und diese ist harmonisch. $s - u$ ist eine positive superharmonische Funktion. Wir haben

$$s - u = v + p^{\mu},$$

wo v eine nichtnegative harmonische Funktion ist. Aus

$$u + v \leqq u + v + p^{\mu} = s$$

sieht man, daß $u + v$ eine harmonische Minorante von s ist, woraus $v = 0$ folgt.

Folgesatz 4.6. *Eine nichtnegative superharmonische Funktion ist dann und nur dann ein Potential, wenn ihre größte harmonische Minorante Null ist.*

Folgesatz 4.7. *Sei X ein lokal kompakter Raum, μ ein Maß auf X und für jedes $x \in X$ μ_x ein Maß auf R, so daß die Funktion*

$$(a, x) \to p^{\mu_x}(a)$$

eine Borelsche Funktion auf $R \times X$ ist. Ist für ein $a_0 \in R$ die Funktion $x \to p^{\mu_x}(a_0)$ μ-summierbar, so gibt es ein Maß ν auf R, für welches

$$p^{\nu} = \int p^{\mu_x}\, d\mu(x)$$

ist. Der Träger von ν ist in der abgeschlossenen Hülle der Vereinigung der Träger von μ_x enthalten.

Gemäß dem Hilfssatz 1.1 ist die Funktion

$$s = \int p^{\mu_x}\, d\mu(x)$$

eine superharmonische Funktion. Sei $\{R_n\}$ eine normale Ausschöpfung von R und $a \in R$. Wir haben

$$\lim_{n\to\infty} H_s^{R_n}(a) = \lim_{n\to\infty} \int s\, d\omega_a^{R_n} = \lim_{n\to\infty} \int \left(\int p^{\mu_x}\, d\mu(x)\right) d\omega_a^{R_n}$$

$$= \lim_{n\to\infty} \int \left(\int p^{\mu_x}\, d\omega_a^{R_n}\right) d\mu(x) = \int \left(\lim_{n\to\infty} \int p^{\mu_x}\, d\omega_a^{R_n}\right) d\mu(x) = 0\,.$$

Hieraus ist ersichtlich, daß s ein Potential p^{ν} ist. Außerhalb der abgeschlossenen Hülle der Vereinigung der Träger von μ_x ist p^{ν} harmonisch, woraus sich die letzte Behauptung des Folgesatzes ergibt.

Satz 4.7. *Die Menge der nichtregulären Randpunkte einer offenen Menge ist polar und vom Typus K_σ*[1].

Es sei G ein hyperbolisches Gebiet, V eine Kreisscheibe, $\overline{V} \subset G$ und $R_0 = R - \overline{V}$. Ist K eine kompakte Menge aus $R - G$, und μ das Maß des Frostmanschen Satzes bezüglich K, $s = 1$ und der hyperbolischen Fläche R_0, so ist p^{μ} quasi überall auf K gleich 1 und

$$\lim_{a \to Rd\, V} p^{\mu}(a) = 0\,.$$

[1] d. h. sie ist als Vereinigung abzählbar vieler kompakter Mengen darstellbar.

Es ist somit $p^\mu < 1$ auf G. Die Funktion s, die auf G gleich $1 - p^\mu$ und auf V gleich 1 ist, ist superharmonisch und positiv auf G. Sei a ein Randpunkt von G, wo p^μ gleich 1 ist. Dann ist

$$\overline{\lim_{G \ni b \to a}}\, s(b) = 1 - \underline{\lim_{G \ni b \to a}}\, p^\mu(b) = 0\,,$$

und a ist regulär (Hilfssatz 3.4 und Hilfssatz 3.5). Die Menge der nichtregulären Randpunkte von G, die zu K gehören, ist somit polar und, da sie gleich

$$\bigcup_{n=1}^{\infty} \left\{a \in K \cap Rd\,G \mid p^\mu(a) \leqq \frac{n-1}{n}\right\}$$

ist, erkennt man, daß sie vom Typus K_σ ist. Die Behauptung des Satzes folgt jetzt aus der Tatsache, daß $R - G$ als Vereinigung abzählbar vieler kompakter Mengen darstellbar ist. Sei jetzt G offen, $\{G_n\}$ die zusammenhängenden Komponente von G und A (bzw. A_n) die Menge der nichtregulären Randpunkte von G (bzw. G_n). Da $A = \bigcup_{n=1}^{\infty} A_n$ ist, ist A eine polare Menge vom Typus K_σ.

Es sei s eine positive superharmonische Funktion und F eine abgeschlossene Menge. *Wir bezeichnen mit* $s_F^R = s_F$ *die untere Grenze der Klasse der positiven superharmonischen Funktionen, die quasi überall auf* F *nicht kleiner als* s *sind.* Laut des Frostmanschen Satzes ist für F kompakt s_F ein Potential.

Satz 4.8. s_F *ist superharmonisch, auf* $R - F$ *gleich* H_s^{R-F} *und gleich* s *auf* F *bis auf die nichtregulären Randpunkte von* $R - F$. *Die Abbildung* $(s, F) \to s_F$ *hat folgende Eigenschaften:*

a) *aus* $F \subset F'$ *und* $s \leqq s'$ *folgt* $s_F \leqq s'_{F'}$;

b) *sind* $\{s_n\}, \{F_n\}$ *zunehmende Folgen,* $F - \bigcup_{n=1}^{\infty} F_n$ *polar und* $\lim_{n\to\infty} s_n = s$ *quasi überall auf* F, *so ist* $(s_n)_{F_n} \uparrow s_F$;

c) *konvergiert* s_n *gleichmäßig auf* F *gegen* s, *so konvergiert* $(s_n)_F$ *gleichmäßig auf* R *gegen* s_F;

d) *ist* $F \subset F'$, *so ist* $s_F = (s_{F'})_F = (s_F)_{F'}$;

e) $(\alpha s + \alpha' s')_F = \alpha s_F + \alpha' s'_F \quad (\alpha, \alpha' \geqq 0)$;

f) $s_{F \cap F'} + s_{F \cup F'} \leqq s_F + s_{F'}$.

Bezeichnet f die Funktion, die auf F gleich s und auf $R - F$ gleich H_s^{R-F} ist, und ist s' die Funktion

$$s'(a) = \underline{\lim_{b \to a}}\, f(b)\,,$$

so ist offensichtlich s' nichtnegativ und nach unten halbstetig. Wir wollen zeigen, daß sie superharmonisch ist. Sei V eine Kreisscheibe. Wir haben auf $V \cap F$

$$H_f^V \leqq H_s^V \leqq s = f\,.$$

Es sei f' die Funktion, die auf $R - V$ gleich f und auf V gleich H_f^V ist. Dann haben wir auf $V - F$ (Hilfssatz 3.2)

$$H_f^V = H_{f'}^{V-F} \leqq H_f^{V-F} = H_f^{R-F} = H_s^{R-F} = f.$$

Es ist also auf V

$$H_{s'}^V \leqq H_f^V \leqq f,$$

und s' ist superharmonisch. Auf F außerhalb der nichtregulären Randpunkte von $R - F$, d. h. quasi überall auf F (Satz 4.7), ist $s' = s$; somit ist $s' \geqq s_F$.

Sei $s'' \geqq s$ quasi überall auf F und A die Menge von F, wo s'' kleiner als s ist. Da A polar ist, so gibt es eine positive superharmonische Funktion s_0, die in A unendlich ist. Für $\varepsilon > 0$ gehört die Einschränkung von $s'' + \varepsilon s_0$ auf jeder zusammenhängenden Komponente G von $R - F$ zu $\overline{\mathscr{S}}_s^G$ und daher ist auf $R - F$

$$s' = H_s^{R-F} \leqq s'' + \varepsilon s_0 .$$

Da diese Ungleichung auch auf F gültig ist, ist sie überall auf R gültig. Daraus folgert man der Reihe nach

$$s' \leqq s'' \text{ (Folgesatz 1.1)}, \; s' \leqq s_F , \; s' = s_F .$$

Auf F außerhalb den nichtregulären Randpunkten von $R - F$ ist $s_F = s' = s$. *a*) folgt unmittelbar aus der Definition, b) ergibt sich aus der Tatsache, daß $\lim\limits_{n \to \infty} (s_n)_{F_n}$ positiv superharmonisch und quasi überall auf F gleich s ist. Für c) genügt die offensichtliche Bemerkung, daß, falls $s \leqq s' + \varepsilon$ auf F gilt, so gilt auch $s_F \leqq s'_F + \varepsilon$ auf R. Um die Eigenschaft d) festzustellen, bemerken wir zuerst, daß $s_{F'} \leqq s$ und somit $(s_{F'})_F \leqq s_F$ ist. Die Funktion $(s_{F'})_F$ ist aber superharmonisch positiv und quasi überall auf F gleich s; daraus folgt $(s_{F'})_F \geqq s_F$. Da $(s_F)_{F'}$ superharmonisch positiv und quasi überall auf F gleich s ist, so ist $(s_F)_{F'} \geqq s_F$. Die Behauptung e) folgt für s, s' beschränkt und F kompakt aus dem Frostmanschen Satz. Sie wird mittels b) auf den allgemeinen Fall ausgedehnt. Für f) nehmen wir zuerst an, daß F, F' kompakt sind und s beschränkt ist. Wir bezeichnen mit μ, μ', μ_0, μ_1 die Maße des Frostmannschen Satzes bezüglich s und $F, F', F \cap F', F \cup F'$. Quasi überall auf $F \cup F'$ ist

$$p^{\mu_0} + p^{\mu_1} \leqq p^{\mu} + p^{\mu'} .$$

Diese Ungleichung gilt dann überall auf R (Satz 4.4) und wir haben

$$s_{F \cap F'} + s_{F \cup F'} \leqq s_F + s_{F'} .$$

Mittels b) wird diese Beziehung auf den allgemeinen Fall ausgedehnt.

Satz 4.9. *Sei X ein lokal kompakter Raum, μ ein Maß auf X für jedes $x \in X$ s_x eine nichtnegative superharmonische Funktion auf R, so* *daß* $(a, x) \to s_x(a)$ *eine Borelsche Funktion auf* $R \times X$ *ist, und* F *eine abgeschlossene Menge in* R. *Ist für ein* a_0 *die Funktion* $x \to s_x(a_0)$ μ-*summierbar, so ist für jedes* $a \in R$ $x \to s_{xF}(a)$ *eine Borelsche Funktion und*

$$(\int s_x \, d\mu(x))_F = \int s_{xF} \, d\mu(x) .$$

Für einen inneren Punkt a von F oder einen regulären Randpunkt von $R - F$ ist $s_x(a) = s_{xF}(a)$ und die Beziehung ist evident.

Sei $\mathscr{B}$ die Klasse der nichtnegativen Borelschen Funktionen f auf $F \times X$, für die die Funktion ($\omega_a = \omega_a^G$, $a \in G$, G Komponente von $R - F$)

$$\bar{f}(a, x) = \int f(b, x) \, d\omega_a(b)$$

eine Borelsche Funktion auf $(R - F) \times X$ ist. Ist f stetig beschränkt und mit kompaktem Träger, so ist $\bar{f}$ stetig. Daraus ergibt sich, daß, falls f nach unten halbstetig ist, auch $\bar{f}$ nach unten halbstetig ist. $\mathscr{B}$ enthält somit die nach unten halbstetigen Funktionen, und, da sie gleichzeitig mit einer monotonen Folge auch ihre Grenzfunktion enthält, fällt sie mit der Klasse der nichtnegativen Borelschen Funktionen zusammen.

Sei $a \in R - F$. Wir haben

$$\int s_{xF}(a) \, d\mu(x) = \int (\int s_x(b) \, d\omega_a(b)) \, d\mu(x)$$
$$= \int (\int s_x(b) \, d\mu(x)) \, d\omega_a(b) = (\int s_x \, d\mu(x))_F (a) .$$

Sei a ein nichtregulärer Randpunkt von $R - F$. Da die zusammenhängende Komponente von F, die a enthält, nur aus diesem Punkt besteht, kann man eine Folge von Kreisscheiben $\{V_n\}$ nehmen, so daß a das Zentrum von V_n, $F \cap Rd\, V_n = \phi$ und $\bigcap_{n=1}^{\infty} V_n = \{a\}$ ist. Dann ist

$$s_{xF}(a) = \lim_{n \to \infty} \int s_{xF}(b) \, d\omega_a^{V_n}(b) ,$$

woraus man erkennt, daß $x \to s_{xF}(a)$ eine Borelsche Funktion ist. Wir haben

$$\int s_{xF}(a) \, d\mu(x) = \lim_{n \to \infty} \int (\int s_{xF}(b) \, d\omega_a^{V_n}(b)) \, d\mu(x)$$
$$= \lim_{n \to \infty} \int (\int s_{xF}(b) \, d\mu(x)) \, d\omega_a^{V_n}(b)$$
$$= \lim_{n \to \infty} \int (\int s_x \, d\mu(x))_F (b) \, d\omega_a^{V_n}(b) = (\int s_x \, d\mu(x))_F (a) .$$

5. Energie und Kapazität

Für zwei Potentiale p^μ, p^ν setzen wir

$$\langle \mu, \nu \rangle = \int p^\mu \, d\nu = \int p^\nu \, d\mu , \qquad \|\mu\|^2 = \langle \mu, \mu \rangle .$$

Wir nennen $\|\mu\|^2$ *die* **Energie** *von* p^μ *oder von* μ. Ist p^μ beschränkt und

$\mu(R) < \infty$, so hat p^μ endliche Energie. Ist G ein Gebiet und $a \in G$, so hat ω_a^G endliche Energie, denn

$$p^{\omega_a^G}(b) = H_{g_b}^G(a) = (g_b)_{R-G}(a) .$$

Aus $p^\mu \leqq p^\nu$ folgt

$$\|\mu\|^2 = \int p^\mu \, d\mu \leqq \int p^\nu \, d\mu = \langle\mu, \nu\rangle = \int p^\mu \, d\nu \leqq \int p^\nu \, d\nu = \|\nu\|^2 ,$$

d. h. die Energie von μ ist nicht größer als die Energie von ν.

Hilfssatz 5.1. *Ist A eine polare Menge und μ ein Maß mit endlicher Energie, so ist $\mu(A) = 0$.*

Sei s eine positive superharmonische Funktion, die auf A unendlich ist,

$$B = \{a \in R \mid s(a) = \infty\} , \qquad B_n = \{a \in B \mid p^\mu(a) \leqq n\}.$$

Da μ endliche Energie hat, ist

$$\mu\left(B - \bigcup_{n=1}^{\infty} B_n\right) = 0 .$$

Sei K eine beliebige kompakte Menge aus B_n und ν die Einschränkung von μ auf K. Da $p^\nu \leqq n$ auf K ist, folgt aus dem Satz 4.4 $p^\nu \leqq \varepsilon s$ für jedes positive ε. Es ist also $p^\nu = 0$,

$$\mu(K) = \nu(K) = 0 , \qquad \mu(B_n) = 0 ,$$

$$\mu\left(\bigcup_{n=1}^{\infty} B_n\right) = 0 , \qquad \mu(A) \leqq \mu(B) = 0 .$$

Satz 5.1. (Energieprinzip.) *Sind μ, ν zwei Maße, so ist*

$$\langle\mu, \nu\rangle \leqq \|\mu\| \, \|\nu\| .$$

Wir wollen den Beweis von R. E. Edwards, 1958 [1], verfolgen. Sei K eine kompakte Menge und f eine stetige positive beschränkte Funktion, $f \leqq p^\mu$. Wir bezeichnen mit ν' die Einschränkung von ν auf K und mit μ' das Maß auf K, für welches das Funktional

$$\Phi(\lambda) = \|\lambda\|^2 - 2 \int f \, d\lambda$$

sein Minimum in der Klasse aller Maße auf K erreicht (Hilfssatz 4.3). Da quasi überall auf dem Träger von μ' $p^{\mu'} = f$ ist, und μ' endliche Energie hat, ist

$$\int f \, d\mu' = \int p^{\mu'} \, d\mu' .$$

Für $\alpha > 0$ haben wir

$$\Phi(\alpha\nu') \geqq \Phi(\mu') = - \|\mu'\|^2 ,$$

woraus

$$\alpha^2 \|\nu'\|^2 - 2\alpha \int f \, d\nu' + \|\mu'\|^2 \geqq 0$$

folgt. Diese Ungleichung ist trivial für $\alpha \leqq 0$ und wir erhalten

$$\int f\, d\nu' \leqq \|\mu'\|\, \|\nu'\| \leqq \|\mu\|\, \|\nu\| ,$$

$$\langle \mu, \nu\rangle = \sup_{K,f} \int f\, d\nu' \leqq \|\mu\|\, \|\nu\| .$$

Folgesatz 5.1. *Es seien μ, ν zwei Maße mit endlicher Energie. Dann hat auch $\mu + \nu$ endliche Energie, und es ist*

$$\|\mu + \nu\| \leqq \|\mu\| + \|\nu\| .$$

Wir haben

$$\|\mu + \nu\|^2 = \|\mu\|^2 + 2\langle\mu, \nu\rangle + \|\nu\|^2 \leqq (\|\mu\| + \|\nu\|)^2 .$$

Hilfssatz 5.2. *Ist $\{p^{\mu_n}\}$ eine nichtzunehmende Folge von Potentialen mit endlicher Energie, die gegen Null konvergiert, so konvergiert auch $\{\|\mu_n\|\}$ gegen Null. Insbesondere konvergiert $\{\|\omega_a^{R_n}\|\}$ gegen Null für jede Ausschöpfung $\{R_n\}$ von R.*

Man hat

$$\lim_{n\to\infty} \|\mu_n\|^2 = \lim_{n\to\infty} \int p^{\mu_n}\, d\mu_n \leqq \lim_{n\to\infty} \int p^{\mu_1}\, d\mu_n = \lim_{n\to\infty} \int p^{\mu_n}\, d\mu_1 = 0 .$$

Hilfssatz 5.3. *Sei $\mathscr{P}$ eine nach oben gerichtete Klasse von Potentialen, deren Energie gleichmäßig beschränkt ist. Dann ist die obere Grenze von $\mathscr{P}$ ein Potential p^μ, mit*

$$\|\mu\| = \sup_{p^\nu \in \mathscr{P}} \|\nu\| .$$

Sei s die obere Grenze von $\mathscr{P}$. Aus dem Satz 1.5 ist schon bekannt, daß s entweder identisch unendlich oder superharmonisch ist. Es sei $\{R_n\}$ eine normale Ausschöpfung von R. Dann ist

$$\int s\, d\omega_a^{R_n} = \sup_{p^\nu \in \mathscr{P}} \int p^\nu\, d\omega_a^{R_n} = \sup_{p^\nu \in \mathscr{P}} \langle \nu, \omega_a^{R_n}\rangle \leqq \|\omega_a^{R_n}\| \sup_{p^\nu \in \mathscr{P}} \|\nu\| < \infty .$$

Daraus erkennt man erstens, daß s nicht identisch unendlich ist, und zweitens, daß

$$\lim_{n\to\infty} H_s^{R_n} = 0$$

ist. s ist also ein Potential p^μ.

Wir haben

$$\|\mu\|^2 = \int p^\mu\, d\mu = \sup_{p^\lambda \in \mathscr{P}} \int p^\lambda\, d\mu = \sup_{p^\lambda \in \mathscr{P}} \int p^\mu\, d\lambda = \sup_{p^\lambda \in \mathscr{P}} \sup_{p^\nu \in \mathscr{P}} \int p^\nu\, d\lambda$$

$$= \sup_{p^\lambda \in \mathscr{P}} \sup_{p^\nu \in \mathscr{P}} \int p^\lambda\, d\nu \leqq \sup_{p^\nu \in \mathscr{P}} \int p^\nu\, d\nu = \sup_{p^\nu \in \mathscr{P}} \|\nu\|^2 \leqq \|\mu\|^2 .$$

Sei K eine kompakte Menge. Die **Kapazität** *von K ist die reelle Zahl*

$$C(K) = \sup_{p^\mu \leqq 1} \mu(K) .$$

Satz 5.2. (Gleichgewichtsprinzip). *Für jede kompakte Menge K gibt es in eindeutiger Weise ein Maß $\varkappa^K$ auf K, so daß $p^{\varkappa^K} \leqq 1$, $p^{\varkappa^K} = 1$ quasi überall auf K und*

$$C(K) = \varkappa^K(K) = \|\varkappa^K\|^2$$

ist.

Man nennt $\varkappa^K$ (bzw. $p^{\varkappa^K}$) die **Gleichgewichtsverteilung** *(bzw. das* **Gleichgewichtspotential***) von K.*

$\varkappa^K$ ist das Maß des Frostmanschen Satzes bezüglich K und $s = 1$. Entsprechend der Definition der Kapazität ist $\varkappa^K(K) \leqq C(K)$. Sei μ ein Maß mit $p^\mu \leqq 1$ und ν die Einschränkung von μ auf K. Quasi überall auf K ist

$$p^{\varkappa^K} = 1 \geqq p^\mu \geqq p^\nu .$$

Dann ist (Satz 4.4) $p^{\varkappa^K} \geqq p^\nu$ auf R. Aus dem Folgesatz 4.5 ergibt sich nun

$$\mu(K) = \nu(R) \leqq \varkappa^K(R) = \varkappa^K(K) .$$

Satz 5.3. *Es ist:*

a) $C(K) \leqq C(K')$ *für* $K \subset K'$;

b) $C(K \cup K') + C(K \cap K') \leqq C(K) + C(K')$;

c) *für jedes K und $\varepsilon > 0$ existiert eine offene Menge $G \supset K$ derart, daß aus $K \subset K' \subset G$, $C(K') \leqq C(K) + \varepsilon$ folgt.*

Die Beziehung a) ist evident. Laut des Satzes 4.8f) ist

$$1_{K \cup K'} + 1_{K \cap K'} \leqq 1_K + 1_{K'}, \qquad p^{\varkappa^{K \cup K'} + \varkappa^{K \cap K'}} \leqq p^{\varkappa^K + \varkappa^{K'}} .$$

Unter Verwendung des Folgesatzes 4.5 erhalten wir

$$C(K \cup K') + C(K \cap K') = \varkappa^{K \cup K'}(R) + \varkappa^{K \cap K'}(R) \leqq$$
$$\leqq \varkappa^K(R) + \varkappa^{K'}(R) = C(K) + C(K') .$$

Sei $\{G_n\}$ eine Folge von offenen relativ kompakten Mengen, $G_n \supset \overline{G}_{n+1}$, $\bigcap_{n=1}^{\infty} G_n = K$. Wäre c) für K nicht gültig, so könnte man ein $\varepsilon > 0$ finden, so daß für jedes n eine kompakte Menge K_n existiert mit $K \subset K_n \subset G_n$, $C(K_n) \geqq C(K) + \varepsilon$. Wir können annehmen, daß die Folge $\{\varkappa^{K_n}\}_n$ gegen ein Maß μ konvergiert (Satz 0.1). μ ist ein Maß auf K und

$$p^\mu \leqq \underline{\lim}_{n \to \infty} p^{\varkappa^{K_n}} \leqq 1 .$$

Hieraus folgert man die widersprechende Beziehung

$$C(K) \geqq \mu(K) = \mu(\overline{G}_1) = \lim_{n \to \infty} \varkappa_{K_n}(\overline{G}_1) = \lim_{n \to \infty} C(K_n) \geqq C(K) + \varepsilon .$$

Für eine offene Menge G nennt man die Kapazität von G die Zahl

$$C(G) = \sup_{K \subset G} C(K) .$$

Für eine beliebige Menge A nennt man die **(äußere) Kapazität** *von A die Zahl*

$$C(A) = \inf_{G \supset A} C(G) .$$

Gemäß dem vorangehenden Satz c) ist die äußere Kapazität einer kompakten Menge gleich ihrer Kapazität.

Hilfssatz 5.4. *Es ist*

$$C\left(\bigcup_{n=1}^{\infty} A_n\right) \leqq \sum_{n=1}^{\infty} C(A_n) .$$

Seien G_n offene Mengen und K eine kompakte Menge in $\bigcup_{n=1}^{\infty} G_n$. Es gibt eine natürliche Zahl m, so daß

$$K \subset \bigcup_{n=1}^{m} G_n$$

ist. Man kann m kompakte Mengen $K_1, \ldots, K_m$ finden, so daß

$$K_n \subset G_n \qquad (n = 1, \ldots, m) ,$$

$$K \subset \bigcup_{n=1}^{m} K_n$$

ist. Man hat

$$C(K) \leqq C\left(\bigcup_{n=1}^{m} K_n\right) \leqq \sum_{n=1}^{m} C(K_n) \leqq \sum_{n=1}^{\infty} C(G_n) ,$$

$$C\left(\bigcup_{n=1}^{\infty} G_n\right) \leqq \sum_{n=1}^{\infty} C(G_n) .$$

Sei $\varepsilon > 0$ und für jedes n $G_n \supset A_n$ eine offene Menge, $C(G_n) < C(A_n) + \frac{\varepsilon}{2^n}$. Dann ist

$$C\left(\bigcup_{n=1}^{\infty} A_n\right) \leqq C\left(\bigcup_{n=1}^{\infty} G_n\right) \leqq \sum_{n=1}^{\infty} C(G_n) \leqq \sum_{n=1}^{\infty} C(A_n) + \varepsilon .$$

Aus diesem Hilfssatz ist ersichtlich, daß *die Vereinigung abzählbar vieler Mengen von der Kapazität Null auch von der Kapazität Null ist.*

Hilfssatz 5.5. *G sei eine offene Menge mit endlicher Kapazität. Es gibt in eindeutiger Weise ein Maß $\varkappa^G$ auf $\overline{G}$, so daß $p^{\varkappa^G} \leqq 1$, $p^{\varkappa^G} = 1$ auf G und $\varkappa^G(R) = C(G)$ ist. $p^{\varkappa^G}$ ist die untere Grenze der Klasse der positiven superharmonischen Funktionen, die auf G nicht kleiner als 1 sind.*

Die Eindeutigkeit von $\varkappa^G$ folgt aus der letzten Behauptung des Hilfssatzes. Es sei $\mathscr{P}$ die Klasse der Potentiale $p^{\varkappa^K}$, wo K eine kompakte Menge aus G ist. Da

$$\|\varkappa^K\|^2 = C(K) \leqq C(G) < \infty$$

ist, so ergibt sich aus dem Hilfssatz 5.3, daß ein Maß $\varkappa^G$ existiert, so daß

$p^{\varkappa^G}$ die obere Grenze von $\mathscr{P}$ ist. Wir haben $p^{\varkappa^G} \leqq 1$, $p^{\varkappa^G} = 1$ auf G und

$$C(G) = \sup_{K \subset G} C(K) = \sup_{K \subset G} \|\varkappa^K\|^2 = \|\varkappa^G\|^2 \leqq \varkappa^G(R)\,.$$

Sei K' eine beliebige kompakte Menge aus R. Dann ist

$$\varkappa^G(K') \leqq \int p^{\varkappa^{K'}} d\varkappa^G = \int p^{\varkappa^G} d\varkappa^{K'} = \sup_{K \subset G} \int p^{\varkappa^K} d\varkappa^{K'}$$

$$= \sup_{K \subset G} \int p^{\varkappa^{K'}} d\varkappa^K \leqq \sup_{K \subset G} \varkappa^K(R) = \sup_{K \subset G} C(K) = C(G)\,,$$

$$\varkappa^G(R) = \sup_{K' \subset R} \varkappa^G(K') \leqq C(G)\,.$$

Die letzte Behauptung ist evident.

Bemerkung. *Ist F eine abgeschlossene Menge mit endlicher Kapazität, so ist 1_F ein Potential.* Ist nämlich $G \supset F$ eine offene Menge mit endlicher Kapazität, so ist $p^{\varkappa^G} \geqq 1_F$ und 1_F ist ein Potential. Indem man eine abgeschlossene Menge F', $F \subset F' \subset G$ nimmt, deren zusammenhängende Komponenten nur Kontinua sind, *ist $1_{F'}$ ein stetiges Potential, dessen Energie beliebig nahe der Kapazität von F liegt, und auf F gleich 1 ist.*

Hilfssatz 5.6. *Eine Menge einer hyperbolischen Riemannschen Fläche ist genau dann polar, wenn ihre Kapazität verschwindet.*

Sei A eine polare relativ kompakte Menge, G eine offene relativ kompakte Menge, die A enthält, und s eine positive superharmonische Funktion, die auf A unendlich ist. Wir setzen

$$G_n = \{a \in G \mid s(a) > n\};$$

G_n ist offen. Es sei a ein Punkt aus R, wo s endlich ist und

$$\alpha = \inf_{b \in G} g_a(b) > 0\,.$$

Wir haben

$$\alpha\, C(G_n) = \alpha \varkappa^{G_n}(R) \leqq \int g_a\, d\varkappa^{G_n} = p^{\varkappa^{G_n}}(a) \leqq \frac{s(a)}{n}\,,$$

$$C(A) \leqq C(G_n) \leqq \frac{s(a)}{n\alpha}\,, \qquad C(A) = 0\,.$$

Die Restriktion, daß A relativ kompakt ist, kann mittels der Bemerkung des Hilfssatzes 5.4 entfernt werden.

Es sei jetzt umgekehrt A eine Menge von der Kapazität Null und $\{G_n\}$ eine Folge von offenen Mengen, die A enthalten und $C(G_n) < \frac{1}{2^n}$. Das Maß

$$\mu = \sum_{n=1}^{\infty} \varkappa^{G_n}$$

ist endlich und p^μ ist in jedem Punkt von A unendlich.

Bemerkung. *Aus dem Beweis folgt, daß für jede polare Menge ein Potential mit endlicher Energie existiert, das in A unendlich ist.*

Eine reelle Funktion auf einer hyperbolischen Riemannschen Fläche R heißt **quasistetig,** *wenn für jedes $\varepsilon > 0$ eine offene Menge G von der Kapazität kleiner als ε existiert, so daß die Einschränkung von f auf $R - G$ stetig ist.*

Hilfssatz 5.7. *f ist genau dann quasistetig, wenn eine positive superharmonische Funktion s existiert, so daß für jedes α die Einschränkung von f auf $\{a \in R \mid s(a) \leqq \alpha\}$ stetig ist.*

Sei f quasistetig, G_n eine offene Menge, $C(G_n) < \frac{1}{2^n}$, so daß die Einschränkung von f auf $R - G_n$ stetig ist, und

$$s = \sum_{n=1}^{\infty} p^{\varkappa G_n}.$$

Wir haben für $m > \alpha$

$$\{a \in R \mid s(a) \leqq \alpha\} \subset \bigcup_{n=1}^{m} (R - G_n),$$

und die Einschränkung von f auf $\{a \in R \mid s(a) \leqq \alpha\}$ ist stetig.

Sei umgekehrt s eine positive superharmonische Funktion mit der angegebenen Eigenschaft, $\{R_n\}$ eine normale Ausschöpfung von R, a ein Punkt, wo s endlich ist und

$$\beta_n = \inf_{b \in R_n} g_a(b).$$

Sei $\varepsilon > 0$ und

$$G_n = \left\{b \in R_n \mid s(b) > \frac{2^n s(a)}{\beta_n \varepsilon}\right\}.$$

Wir haben $\beta_n \varepsilon s \geqq 2^n s(a) p^{\varkappa G_n}$ und

$$C(G_n) = \varkappa^{G_n}(R) \leqq \int \frac{g_a}{\beta_n} d\varkappa^{G_n} = \frac{1}{\beta_n} p^{\varkappa G_n}(a) \leqq \frac{\beta_n \varepsilon s(a)}{\beta_n 2^n s(a)} = \frac{\varepsilon}{2^n}.$$

Es sei

$$G = \bigcup_{n=1}^{\infty} G_n;$$

die Kapazität von G ist höchstens ε und die Einschränkung von f auf $R - G$ ist stetig.

Aus diesem Hilfssatz erkennt man, daß die Einschränkung einer quasistetigen Funktion auf einem beliebigen Gebiet quasistetig ist. Wir sagen, daß *eine reelle Funktion f auf einer (nicht unbedingt hyperbolischen) Riemannschen Fläche* **quasistetig** *ist, wenn ihre Einschränkung auf jedem hyperbolischen Gebiet quasistetig ist.*

Sei f eine nichtnegative quasistetige Funktion und s eine positive superharmonische Funktion, so daß für jedes α die Einschränkung von f auf $\{a \in R \mid s(a) \leqq \alpha\}$ stetig ist. Dann ist $f + s$ nach unten halbstetig.

Es sei $a \in R$, $\alpha > 0$ beliebig und $F_\alpha = \{b \in R \mid s(b) \leqq \alpha\}$. Dann ist

$$\underline{\lim}_{F_\alpha \ni b \to a} (f(b) + s(b)) \geqq f(a) + s(a)\,, \quad \underline{\lim}_{F_\alpha \not\ni b \to a} (f(b) + s(b)) \geqq \alpha\,,$$

$$\underline{\lim}_{b \to a} (f(b) + s(b)) \geqq \min(f(a) + s(a), \alpha)\,, \quad \underline{\lim}_{b \to a} (f(b) + s(b)) \geqq f(a) + s(a)\,.$$

Eine quasistetige Funktion ist quasi überall gleich einer Borelschen Funktion. Es genügt, diese Behauptung für beschränkte quasistetige Funktionen auf hyperbolischen Riemannschen Flächen zu beweisen. Sei f eine Funktion dieser Art und s eine positive superharmonische Funktion, so daß für jedes α die Einschränkung von f auf $\{a \in R \mid s(a) \leqq \alpha\}$ stetig ist. Dann ist $f + \frac{s}{n}$ nach unten halbstetig und f quasi überall gleich $\lim_{n\to\infty}\left(f + \frac{s}{n}\right)$. *Ist f eine quasistetige Funktion, G ein hyperbolisches Gebiet und $a \in G$, so ist f ω_a^G-meßbar, denn die polaren Mengen sind vom ω_a^G-Maß Null.*

Hilfssatz 5.8. *Ist f eine quasistetige beschränkte Funktion, G eine offene Menge, deren zusammenhängende Komponenten hyperbolisch sind, so ist die Funktion f_0, die auf $R - G$ gleich f und auf G gleich H_f^G ist, quasistetig.*

Sei G_0 ein hyperbolisches Gebiet auf R und s eine positive superharmonische Funktion auf G_0, so daß für jedes α die Einschränkung von f auf $\{a \in G_0 \mid s(a) \leqq \alpha\}$ stetig ist; weiter sei p ein Potential auf G_0, das in den nichtregulären Randpunkten von G, die in G_0 liegen, unendlich ist. Wir wollen beweisen, daß für jedes α die Einschränkung von f_0 auf $\{a \in G_0 \mid s(a) + p(a) \leqq \alpha\}$ stetig ist. Es genügt zu zeigen, daß für einen Randpunkt a von G, der in G_0 liegt, und eine Folge $\{a_n\}$ aus G, die gegen a konvergiert, und für die $s(a_n) + p(a_n) \leqq \alpha$ ist

$$\lim_{n\to\infty} f_0(a_n) = f_0(a)$$

ist. Es sei $\varepsilon > 0$ und f' die Funktion, die auf G_0 gleich $f_0 + \varepsilon s$ und auf $R - G_0$ gleich f_0 ist. Man hat

$$f_0(a_n) = H_f^G(a_n) = H_{f_0}^{G \cap G_0}(a_n) \geqq H_{f'}^{G \cap G_0}(a_n) - \varepsilon\alpha\,.$$

Da a regulärer Randpunkt von $G \cap G_0$ und die Einschränkung von f' auf $G_0 - G$ nach unten beschränkt und in a nach unten halbstetig ist, so ist

$$\underline{\lim}_{n\to\infty} f_0(a_n) \geqq \underline{\lim}_{n\to\infty} H_{f'}^{G \cap G_0}(a_n) - \varepsilon\alpha \geqq f'(a) - \varepsilon\alpha \geqq f_0(a) - \varepsilon\alpha\,.$$

ε ist aber beliebig, und wir erhalten

$$\underline{\lim}_{n\to\infty} f_0(a_n) \geqq f_0(a)\,.$$

Ähnlich geht der Beweis für

$$\overline{\lim_{n\to\infty}} f_0(a_n) \leqq f_0(a) .$$

Hilfssatz 5.9. *Sind zwei quasistetige Funktionen fast überall gleich, so sind sie quasi überall gleich.*

Es genügt zu beweisen, daß eine quasistetige Funktion f, die auf einer hyperbolischen Riemannschen Fläche R fast überall Null ist, sogar quasi überall Null ist. Sei

$$A = \{a \in R \mid f(a) \neq 0\} .$$

Es gibt eine offene Menge G, $C(G) < \varepsilon$, so daß die Einschränkung von f auf $R - G$ stetig ist. Wir bezeichnen mit G' die Menge der Punkte, die eine Umgebung U besitzen, derart, daß $U - G$ einen verschwindenden Flächeninhalt hat. G' ist eine offene Menge, die G enthält. K sei eine kompakte Menge in G'. Fast überall auf G' ist

$$p^{\varkappa^K} \leqq 1 = p^{\varkappa^G} .$$

Hieraus folgt (Folgesatz 1.1), daß überall auf G' und somit überall auf K $p^{\varkappa^K} \leqq p^{\varkappa^G}$ ist. Aus dem Satz 4.4 ergibt sich $p^{\varkappa^K} \leqq p^{\varkappa^G}$. Es ist also

$$C(K) = \varkappa^K(R) \leqq \varkappa^G(R) = C(G) < \varepsilon ,$$
$$C(G') = \sup_{K \subset G'} C(K) < \varepsilon .$$

Sei $a \in R - G'$. Wäre $f(a) \neq 0$, so gäbe es eine Umgebung U von a, so daß auf $U - G$ f nicht Null ist, und wir stoßen auf einen Widerspruch, denn $U - G$ hat einen positiven Flächeninhalt. Es ist also $A \subset G'$, $C(A) = 0$.

Satz 5.4 (Cartan). *Jede superharmonische Funktion ist quasistetig.*

Es genügt, den Satz für hyperbolische Flächen und Potentiale zu beweisen. Sei p^μ ein Potential und $\varepsilon > 0$. Laut des Hilfssatzes von Kishi kann man eine nichtabnehmende Folge $\{F_n\}$ von abgeschlossenen Mengen finden, so daß, falls μ_n die Einschränkung von μ auf F_n bezeichnet, p^{μ_n} stetig und

$$\mu(R - F_n) < \frac{\varepsilon}{n\, 2^n}$$

ist. Wir setzen

$$G_n = \left\{a \in R \mid p^\mu(a) - p^{\mu_n}(a) > \frac{1}{n}\right\}, \qquad G = \bigcup_{n=1}^{\infty} G_n .$$

Wir haben $p^{\varkappa^{G_n}} \leqq p^{n(\mu-\mu_n)}$. Aus dem Folgesatz 4.5 ergibt sich

$$C(G_n) = \varkappa^{G_n}(R) \leqq n\mu(R - F_n) < \frac{\varepsilon}{2^n} ,$$
$$C(G) \leqq \sum_{n=1}^{\infty} C(G_n) < \varepsilon .$$

Die Einschränkung von p^μ auf $R - G$ ist stetig, denn $\{p^{\mu_n}\}$ konvergiert auf $R - G$ gleichmäßig gegen p^μ.

6. Wienersche Funktionen

Die idealen Ränder, die in der vorliegenden Arbeit betrachtet werden, erhält man durch Kompaktifizierung der Riemannschen Flächen bezüglich bestimmter Klassen von stetigen Funktionen, und zwar: ist uns eine Klasse Q von stetigen Funktionen auf einer Riemannschen Fläche R gegeben, so nehmen wir den kleinsten kompakten Raum R_Q^*, der R enthält und auf dem die Funktionen aus Q stetig fortgesetzt werden können; $R_Q^* - R$ ist der ideale Rand von R bezüglich Q. Eine wichtige Eigenschaft eines idealen Randes ist, daß die auf ihm stetigen beschränkten Funktionen resolutiv für das Dirichletsche Problem sind. Damit diese Eigenschaft bestehe, ist notwendig und hinreichend, daß die Funktionen aus Q eine bestimmte Eigenschaft der „Harmonisierbarkeit" besitzen, die wir in diesem Abschnitt untersuchen werden. Wir nennen Wienersche Funktionen die Funktionen, die diese Eigenschaft besitzen. Der ideale Rand, den man mittels der Kompaktifizierung bezüglich der Klasse aller Wienerschen Funktionen erhält — im folgenden als Wienerscher idealer Rand bezeichnet — ist der größte ideale Rand, für den das Dirichletsche Problem ein Interesse darstellt.

Sei R eine hyperbolische Riemannsche Fläche und f eine reelle Funktion auf R. Wir bezeichnen mit $\overline{\mathscr{W}}_f^R$ (bzw. $\underline{\mathscr{W}}_f^R$) die Klasse der superharmonischen (bzw. subharmonischen) Funktionen s auf R, für die eine kompakte Menge K_s existiert, so daß $s \geqq f$ (bzw. $s \leqq f$) auf $R - K_s$ ist. Sind $\overline{\mathscr{W}}_f^R$, $\underline{\mathscr{W}}_f^R$ nichtleer, so bezeichnen wir mit $\overline{h}_f^R$ (bzw. $\underline{h}_f^R$) die untere (bzw. obere) Grenze von $\overline{\mathscr{W}}_f^R$ (bzw. $\underline{\mathscr{W}}_f^R$). Diese Funktionen sind offenbar harmonisch und $\underline{h}_f^R \leqq \overline{h}_f^R$.

Hilfssatz 6.1. *Ist f eine reelle Funktion, für die $\overline{\mathscr{W}}_f^R$, $\underline{\mathscr{W}}_f^R$ nichtleer sind, so gibt es ein Potential p, so daß für jedes $\varepsilon > 0$ $\overline{h}_f^R + \varepsilon p \in \overline{\mathscr{W}}_f^R$, $\underline{h}_f^R - \varepsilon p \in \underline{\mathscr{W}}_f^R$ ist.*

In der Tat: Es sei $\{s_n\}$ eine Folge aus $\overline{\mathscr{W}}_f^R$, für die die Reihe $\sum_{n=1}^{\infty} (s_n - \overline{h}_f^R)$ konvergent ist. Wir nehmen eine normale Ausschöpfung $\{R_n\}$ von R mit $R_n \supset K_{s_j}$ für $j \leqq 2n$. Die Reihe $p = \sum_{n=1}^{\infty} (s_n - \overline{h}_f^R)_{\overline{R}_n}$ ist offenbar ein Potential. Für $\varepsilon > 0$, $m \geqq \frac{1}{\varepsilon}$, $j \geqq 1$ und $a \in R_{m+2j} - R_{m+j}$ haben wir

$$\overline{h}_f^R(a) + \varepsilon p(a) \geqq \overline{h}_f^R(a) + \\ + \frac{1}{m} \sum_{n=m+2j}^{2m+2j} (s_n - \overline{h}_f^R)_{\overline{R}_n}(a) = \frac{1}{m} \sum_{n=m+2j}^{2m+2j} s_n(a) \geqq f(a) .$$

Daraus folgt sofort $\overline{h}_f^R + \varepsilon p \in \overline{\mathscr{W}}_f^R$. Ähnlicherweise bildet man ein Potential für die Klasse $\underline{\mathscr{W}}_f^R$, und die Summe dieser Potentiale erfüllt unsere Bedingung.

Eine reelle Funktion f auf einer hyperbolischen Riemannschen Fläche heißt **harmonisierbar**, *wenn $\overline{\mathscr{W}}_f^R, \underline{\mathscr{W}}_f^R$ nichtleer sind und $\overline{h}_f^R = \underline{h}_f^R$ ist. Wir setzen dann $h_f^R = \overline{h}_f^R = \underline{h}_f^R$* (oder einfach $h_f = h_f^R$). Jede superharmonische Funktion s auf einer hyperbolischen Riemannschen Fläche, die eine subharmonische Minorante besitzt, ist harmonisierbar und h_s ist die größte harmonische Minorante von s.

Hilfssatz 6.2. *Sei f eine nichtnegative harmonisierbare Funktion und F eine abgeschlossene Menge. Ist außerhalb einer kompakten Menge quasi überall auf F $f = 0$, so ist $(h_f)_F$ ein Potential.*

Es sei p ein Potential, für welches $h_f - p$ zu $\underline{\mathscr{W}}_f^R$ gehört. Es gibt dann eine kompakte Menge K, so daß quasi überall auf $F - K$

$$h_f - p \leqq f = 0$$

ist. Es ist dann

$$(h_f)_F \leqq (h_f)_K + p\,,$$

und $(h_f)_F$ ist ein Potential.

Hilfssatz 6.3. *Sei f eine beschränkte quasistetige Funktion auf einer beliebigen Riemannschen Fläche R und G ein SO_{HB}-Gebiet auf R. Die Einschränkung von f auf G ist harmonisierbar und wir haben $H_f^G = h_f^G$.*

Seien K_1, K_2 zwei kompakte punktfremde Mengen aus $R - G$, so daß $R_i = R - K_i$ $(i = 1{,}2)$ eine hyperbolische Riemannsche Fläche darstellt. Da die Einschränkung von f auf R_i quasistetig ist, gibt es eine positive superharmonische Funktion s_i auf R_i, so daß für jedes α die Einschränkung von f auf $\{a \in R_i \mid s_i(a) \leqq \alpha\}$ stetig ist (Hilfssatz 5.7). Da $H_1^G = 1$ ist, so gibt es eine positive superharmonische Funktion s auf G, so daß für jedes $\varepsilon > 0$ $1 - \varepsilon s$ zu $\underline{\mathscr{S}}_1^G$ gehört (Hilfssatz 3.1). Daraus folgert man sofort die Beziehung

$$\lim_{G \ni a \to id\, R d\, R} s(a) = \infty\,.$$

Da f resolutiv ist (s. Seite 52), so gibt es auch eine superharmonische Funktion s' auf G, so daß für jedes $\varepsilon > 0$, $H_f^G + \varepsilon s' \in \overline{\mathscr{S}}_f^G$ ist. Man erkennt sofort, daß die Funktion $H_f^G + \varepsilon(s + s' + s_1 + s_2 + 1)$ zu der Klasse $\overline{\mathscr{W}}_f^G$ gehört. Es ist also $\overline{h}_f^G \leqq H_f^G$. Ähnlich beweist man die Ungleichung $\underline{h}_f^G \geqq H_f^G$. Die Behauptung des Hilfssatzes folgt unmittelbar aus diesen Ungleichungen.

Sei R eine beliebige Riemannsche Fläche und f eine reelle Funktion auf R. *f heißt* **Wienersche Funktion,** *wenn sie folgende Bedingungen erfüllt;*

a) *f ist quasistetig,*

b) *für jedes hyperbolische Gebiet $G \subset R$ ist die Einschränkung von f auf G harmonisierbar, und die Einschränkung von $|f|$ auf G besitzt eine superharmonische Majorante.*

Wir bezeichnen mit $W(R) = W$ die Klasse der Wienerschen Funktionen auf R.

Ist f eine Wienersche Funktion und G eine offene Menge auf R, deren zusammenhängende Komponenten G_i hyperbolisch sind, so bezeichnen wir mit h_f^G die Funktion auf G, die auf G_i gleich $h_f^{G_i}$ ist. *Jede positive superharmonische Funktion ist eine Wienersche Funktion.* Aus dem Hilfssatz 6.3 folgt, daß *jede beschränkte quasistetige Funktion auf einer parabolischen Riemannschen Fläche eine Wienersche Funktion ist.*

Satz 6.1. *W ist ein Vektorverband (in bezug auf max, min). Ist R hyperbolisch, so ist $f \to h_f$ ein linearer positiver*[1] *Operator von W auf HP und wir haben*

$$h_{max(f_1,f_2)} = h_{f_1} \vee h_{f_2}, \quad h_{min(f_1,f_2)} = h_{f_1} \wedge h_{f_2}.$$

Offensichtlich ist W ein reeller Vektorraum und der Operator $f \to h_f$ linear und positiv. h_f gehört zu HP, denn $|f|$ besitzt eine superharmonische Majorante. Sei $f_1, f_2 \in W$; $max(f_1, f_2)$ ist offenbar quasistetig. Sei G ein hyperbolisches Gebiet auf R und p_i $(i = 1, 2)$ das Potential auf G des Hilfssatzes 6.1 bezüglich f_i und G. Für $\varepsilon > 0$ gehört $h_{f_1}^G \vee h_{f_2}^G + \varepsilon(p_1 + p_2)$ zu $\overline{\mathscr{W}}_{max(f_1,f_2)}$, und somit ist

$$\bar{h}_{max(f_1,f_2)}^G \leqq h_{f_1}^G \vee h_{f_2}^G.$$

Aus

$$\underline{h}_{max(f_1,f_2)}^G \geqq h_{f_i}^G$$

folgt

$$\underline{h}_{max(f_1,f_2)}^G \geqq h_{f_1}^G \vee h_{f_2}^G.$$

Daraus ergibt sich, daß $max(f_1, f_2)$ eine Wienersche Funktion ist, so wie auch die erste Beziehung des Satzes.

Aus der Positivität des Operators $f \to h_f$ ergibt sich

$$sup\, h_f \leqq sup\, f.$$

Wir bezeichnen für eine hyperbolische Riemannsche Fläche R mit $W_0(R) = W_0$ den Kern des Operators $f \to h_f$, d. h. die Menge $\{f \in W \mid h_f^R = 0\}$, und nennen die Funktionen aus W_0 **Wienersche Potentiale**. Eine positive superharmonische Funktion ist genau dann ein Wienersches Potential, wenn sie ein Potential ist.

Hilfssatz 6.4. *Das Modul eines Wienerschen Potentials wird von einem Potential majoriert. Umgekehrt wird das Modul einer quasistetigen Funktion außerhalb einer kompakten Menge von einem Potential majoriert, und ist sie auf jeder kompakten Menge beschränkt, so ist sie ein Wienersches Potential.*

Sei f ein Wienersches Potential und s eine superharmonische Majorante von $|f|$. Es gibt ein Potential $p \in \overline{\mathscr{W}}_f^R$, d. h. $p \geqq f$ außerhalb einer kompakten Menge K. Dann ist $s_K + p \geqq f$, und $s_K + p$ ist ein Potential. Die erste

[1] d. h. aus $f \geqq 0$ folgt $h_f \geqq 0$.

Behauptung folgt jetzt aus der Tatsache, daß auch $-f$ ein Wienersches Potential ist.

Sei jetzt f eine quasistetige Funktion, deren Modul außerhalb einer kompakten Menge vom Potential p majoriert wird, und die auf jeder kompakten Menge beschränkt ist. Es ist nur zu zeigen, daß ihre Einschränkung auf einem beliebigen Gebiet G harmonisierbar ist. Es sei s eine positive superharmonische Funktion, so daß für jedes α die Einschränkung von f auf $\{a \in R \mid s(a) \leqq \alpha\}$ stetig ist, $\{R_n\}$ eine normale Ausschöpfung von R und $\bar{s} \in \bar{\mathscr{S}}_f^G$. Dann gehört $\bar{s} + \varepsilon s + (p)_{R-R_n} + \varepsilon$ zu $\bar{\mathscr{W}}_f^G$. Daraus folgt zuerst

$$\bar{h}_f^G \leqq H_f^G + (p)_{R-R_n}$$

und dann $\bar{h}_f^G \leqq H_f^G$. Ähnlicherweise ergibt sich die Beziehung $\underline{h}_f^G \geqq H_f^G$.

Bemerkung. Wir haben sogar bewiesen, daß jede harmonisierbare Funktion f, für die $h_f = 0$ ist, und deren Modul eine superharmonische Majorante besitzt, von einem Potential majoriert wird. Eine beschränkte quasistetige harmonisierbare Funktion ist somit eine Wienersche Funktion.

Hilfssatz 6.5. *Sei f eine beschränkte Wienersche Funktion und G eine offene Menge mit hyperbolischen Komponenten. Die Funktion, die auf $R - G$ gleich f und auf G gleich H_f^G ist, ist eine Wienersche Funktion.*

Sei $f \geqq 0$ und R hyperbolisch. Sei $f = u + f_0$, $u \in HB$, $f_0 \in W_0$ und f' (bzw. f_0') die Funktion, die auf $R - G$ gleich f (bzw. f_0) und auf G gleich H_f^G (bzw. $H_{f_0}^G$) ist. Gemäß dem Hilfssatz 5.8 sind diese Funktionen quasistetig. Sei p ein Potential, das $|f_0|$ majoriert; dann majoriert p auch $|f_0'|$ und aus $f' = u_{R-G} + f_0'$ erkennt man, daß f' eine Wienersche Funktion ist. Für R parabolisch siehe die Hilfssätze 5.8, 6.3.

Satz 6.2. *Ist R eine hyperbolische Riemannsche Fläche, $\{R_n\}$ eine Ausschöpfung von R mit relativ kompakten Gebieten und f eine quasistetige harmonisierbare Funktion auf R, so ist*

$$h_f^R = \lim_{n\to\infty} H_f^{R_n} .$$

Sei $s \in \bar{\mathscr{W}}_f^R$ und K eine kompakte Menge auf R, so daß $s \geqq f$ auf $R - K$ ist. Ist K in R_n enthalten, so gehört die Einschränkung von s auf R_n zu $\bar{\mathscr{S}}_f^{R_n}$. Daraus folgt

$$\overline{\lim_{n\to\infty}}\, H_f^{R_n} \leqq s\,, \qquad \overline{\lim_{n\to\infty}}\, H_f^{R_n} \leqq h_f^R\,.$$

Ähnlich beweist man die Ungleichung

$$\underline{\lim_{n\to\infty}}\, H_f^{R_n} \geqq h_f^R\,.$$

Eine Wienersche Funktion erfüllt offenbar die Bedingungen dieses Satzes und besitzt somit auch die dort angegebene Eigenschaft. Unter gewissen zusätzlichen Bedingungen charakterisiert diese Eigenschaft die Wienersche Funktionen. Da sie in der Theorie der idealen Ränder eine wichtige Rolle spielt, werden wir sie etwas näher untersuchen.

Sei R eine hyperbolische Riemannsche Fläche und f eine reelle Funktion auf R. Wir sagen, daß f die **Eigenschaft** (V) (bzw. (V_0)) besitzt, im Fall, daß f stetig und endlich ist, $|f|$ eine superharmonische Majorante besitzt und für jede Ausschöpfung $\{G_n\}$ von R mit offenen relativ kompakten Mengen die Folge $\{H_f^{G_n}\}$ konvergiert (bzw. gegen Null konvergiert). Man könnte sich in dieser Definition auf Ausschöpfungen mit relativ kompakten Gebieten beschränken; in der Tat, sei a ein fixierter Punkt und R_n die zusammenhängende Komponente von G_n, die a enthält. Dann ist $H_f^{G_n}(a) = H_f^{R_n}(a)$.

Aus dem Satz 6.2 ist ersichtlich, daß jede stetige endliche harmonisierbare Funktion, deren Modul von einer superharmonischen Funktion majoriert wird, die Eigenschaft (V) besitzt.

Hilfssatz 6.6. *Sei f eine stetige reelle Funktion auf einer hyperbolischen Riemannschen Fläche R. f besitzt dann und nur dann die Eigenschaft (V) (bzw. (V_0)), wenn $|f|$ diese Eigenschaft besitzt. Besitzt $|f|$ die Eigenschaft (V) (bzw. (V_0)), und ist h die Grenzfunktion der Folge $\{H_{|f|}^{G_n}\}$, wo $\{G_n\}$ eine Ausschöpfung von R mit offenen relativ kompakten Mengen ist, so ist h_F ein Potential, mit $F = \{a \in R \mid f(a) = 0\}$.*

Sei $\{R_n\}$ eine Ausschöpfung von R mit relativ kompakten offenen Mengen, $R_0 = \phi$ und s eine superharmonische Majorante von $|f|$. Wir setzen für $n \geqq m \geqq 0$

$$G_{mn} = R_m \cup (R_n - F)\,, \quad G_m = R_m \cup (R - F)\,,$$

$$u_{mn} = H^{G_{mn}}_{max(f,0)}\,, \qquad v_{mn} = H^{G_{mn}}_{max(-f,0)}\,.$$

Aus

$$u_{mn} \leqq u_{nn} \leqq s\,, \qquad v_{mn} \leqq v_{nn} \leqq s$$

sieht man, daß die Folgen $\{u_{mn}(a)\}_n$, $\{v_{mn}(a)\}_n$, $(m = 0, 1, \ldots)$, $\{u_{nn}(a)\}$, $\{v_{nn}(a)\}$ beschränkt sind. Man kann also annehmen, indem man zu einer Teilfolge der Folge $\{R_n\}$ übergeht, daß die Folgen $\{u_{mn}\}_n$, $\{v_{mn}\}_n$, $(m = 0, 1, \ldots)$ $\{u_{nn}\}$, $\{v_{nn}\}$ konvergieren. Wir setzen

$$u_m = \lim_{n\to\infty} u_{mn}\,, \quad v_m = \lim_{n\to\infty} v_{mn}\,.$$

Da die Folgen $\{u_m\}$, $\{v_m\}$ nichtabnehmend und in einem Punkt beschränkt sind, sind sie konvergent; sei

$$u = \lim_{m\to\infty} u_m\,, \quad v = \lim_{m\to\infty} v_m\,.$$

Wir definieren u_m und v_m auch auf $F - R_m$, und zwar

$$u_m(b) = \overline{\lim_{G_m \ni a \to b}}\ u_m(a)\,, \quad v_m(b) = \overline{\lim_{G_m \ni a \to b}}\ v_m(a)$$

für $b \in Rd(F - R_m)$ und

$$u_m(b) = v_m(b) = 0$$

für $b \in (F - R_m) - Rd\,(F - R_m)$. Die Funktionen u_m, v_m sind subharmonisch. Offenbar sind sie nach oben halbstetig. Wir setzen

$$\alpha_m = sup\,\{u_{m+1,n}(a) \mid n > m,\ a \in \overline{R}_m\} \leqq \sup_{a \in R_m} H_s^{R_{m+1}}(a) < \infty\,.$$

Sei m eine natürliche Zahl, b ein relativer Randpunkt von G_m, n_0 eine natürliche Zahl, für die $b \in R_{n_0}$ ist, und f_0 die Funktion, die auf $G_m \cap Rd\,R_{n_0}$ gleich α_{n_0} und auf $\overline{R}_{n_0} \cap Rd\,G_m$ gleich 0 ist. Dann ist für jedes $n > n_0$ – laut des Hilfssatzes 3.2 –

$$u_{mn} \leqq H_{f_0}^{G_{m n_0}}$$

auf $G_{m n_0}$, denn es ist

$$u_{mn} \leqq u_{n_0+1,n} \leqq \alpha_{n_0} = f_0$$

auf $G_m \cap Rd\,R_{n_0}$. Daraus folgt

$$u_m \leqq H_{f_0}^{G_{m n_0}}$$

auf $G_{m n_0}$ und

$$u_m(b) = \overline{lim}_{G_m \ni a \to b}\, u_m(a) < \infty\,.$$

Ist b für das Dirichletsche Problem regulär, so ist

$$\lim_{G_m \ni a \to b} u_m(a) = 0\,.$$

Sei V eine Kreisscheibe und s_0 eine positive superharmonische Funktion auf V, die unendlich in den nichtregulären Randpunkten von $V \cap G_m$ ist. Für jedes $\varepsilon > 0$ ist auf $V \cap G_m$ – laut des Minimumprinzips –

$$H_{u_m}^V + \varepsilon s_0 \geqq u_m\,.$$

Daraus folgert man

$$H_{u_m}^V \geqq u_m$$

auf V und u_m ist subharmonisch.

Aus $u_{0n} \leqq u_{mn}$ auf G_{0n} folgt

$$u_0 \leqq u_m \leqq u\,, \qquad h_{u_0}^R \leqq u\,.$$

Es sei m eine wohlbestimmte natürliche Zahl. Auf G_{0n} ist

$$u_{mn} \leqq u_{0n} + \alpha_m\, 1_{\overline{R}_m}\,.$$

Daraus ergibt sich

$$u_m \leqq u_0 + \alpha_m\, 1_{\overline{R}_m} \leqq h_{u_0}^R + \alpha_m\, 1_{\overline{R}_m}\,.$$

Da $h_{u_m}^R$, $h_{u_0}^R$ harmonische Funktionen sind und $\alpha_m\, 1_{\overline{R}_m}$ ein Potential ist, so ist

$$u_m \leqq h_{u_m}^R \leqq h_{u_0}^R\,,$$

$$u = \lim_{m \to \infty} h_{u_m}^R \leqq h_{u_0}^R \leqq u\,, \qquad u = h_{u_0}^R\,.$$

Der Beweis für $v = h^R_{v_0}$ verläuft ähnlicherweise.

Wir haben

$$u_{mn} \leqq u_{nn}\,, \qquad v_{mn} \leqq v_{nn}$$

und somit

$$u_m \leqq \lim_{n\to\infty} u_{nn}\,, \qquad v_m \leqq \lim_{n\to\infty} v_{nn}\,,$$

$$u = \lim_{m\to\infty} u_m \leqq \lim_{n\to\infty} u_{nn}\,, \qquad v = \lim_{m\to\infty} v_m \leqq \lim_{n\to\infty} v_{nn}\,.$$

Wir nehmen zuerst an, daß $|f|$ die Eigenschaft (V) besitzt. Dann ist

$$h = \lim_{m,n\to\infty} H^{G_{mn}}_{|f|} = \lim_{m\to\infty}\lim_{n\to\infty} H^{G_{mn}}_{|f|} = \lim_{m\to\infty}\lim_{n\to\infty}(u_{mn} + v_{mn})$$

$$= \lim_{m\to\infty}(u_m + v_m) = u + v \leqq \lim_{n\to\infty}(u_{nn} + v_{nn}) = \lim_{n\to\infty} H^{R_n}_{|f|} = h\,.$$

Aus dieser Beziehung folgt

$$u = \lim_{n\to\infty} u_{nn}\,, \qquad v = \lim_{n\to\infty} v_{nn}\,.$$

$h - (u_0 + v_0)$ ist eine nichtnegative superharmonische Funktion, für die $h^R_{h-(u_0+v_0)} = 0$ gilt. Sie ist also ein Potential p^μ. Da aber $u_0 + v_0$ quasi überall auf F Null ist, ist $h_F \leqq h - (u_0 + v_0)$ und folglich ist auch h_F ein Potential. Da p^μ endlich ist, F den Träger von μ enthält, und h_F quasi überall auf F p^μ majoriert, so ist (Satz 4.4)

$$h_F \geqq h - (u_0 + v_0)\,.$$

Es ist also

$$h_F = h - (u_0 + v_0)\,.$$

$u_0 + v_0$ hängt also von der Ausschöpfung $\{R_n\}$ nicht ab. Da aber in jedem Punkt von $R - F$ wenigstens eine Funktion von u_0 und v_0 verschwindet, so sind auch u_0 und v_0 von der Ausschöpfung $\{R_n\}$ nicht abhängig. Dasselbe gilt dann für $u = h^R_{u_0}$, $v = h^R_{v_0}$ und f besitzt die Eigenschaft (V).

Wir nehmen jetzt an, daß f die Eigenschaft (V_0) besitzt. Dann ist

$$0 = \lim_{m,n\to\infty} H^{G_{mn}}_f = \lim_{m\to\infty}\lim_{n\to\infty} H^{G_{mn}}_f = \lim_{m\to\infty}\lim_{n\to\infty}(u_{mn} - v_{mn})$$

$$= \lim_{m\to\infty} u_m - \lim_{m\to\infty} v_m = h^R_{u_0} - h^R_{v_0}\,.$$

Es ist aber

$$u_0 + v_0 = \max(u_0, v_0)$$

und folglich mittels des Satzes 6.1

$$2h^R_{u_0} = h^R_{u_0} + h^R_{v_0} = h^R_{\max(u_0, v_0)} = h^R_{u_0} \vee h^R_{v_0} = h^R_{u_0}\,,$$

$$h^R_{u_0} = h^R_{v_0} = 0\,.$$

Wir nehmen an, daß man die Folge $\{R_n\}$ so wählen kann, daß

$$\lim_{n\to\infty} u_{nn} > 0$$

ist. Dann ist

$$\lim_{n\to\infty} v_{nn} = \lim_{n\to\infty} - H_f^{R_n} + \lim_{n\to\infty} u_{nn} > 0 .$$

Sei a_0 ein fixierter Punkt aus R und $G^+ = \{a \in R \mid f(a) > 0\}$. Es gibt ein m_0, so daß für $m \geqq m_0$

$$v_{mm}(a_0) > \frac{1}{2} \lim_{n\to\infty} v_{nn}(a_0)$$

ist. Für $n \geqq m$ ist dann

$$u_{mn}(a_0) \geqq H_{max(f,0)}^{R_m\cup(R_n\cap G^+)}(a_0) = H_f^{R_m\cup(R_n\cap G^+)}(a_0) + H_{max(-f,0)}^{R_m\cup(R_n\cap G^+)}(a_0) \geqq$$

$$\geqq H_f^{R_m\cup(R_n\cap G^+)}(a_0) + v_{mm}(a_0) > H_f^{R_m\cup(R_n\cap G^+)}(a_0) + \frac{1}{2} \lim_{n\to\infty} v_{nn}(a_0) .$$

Daraus ergibt sich

$$u_m(a_0) \geqq \overline{\lim_{n\to\infty}}\, H_f^{R_m\cup(R_n\cap G^+)}(a_0) + \frac{1}{2} \lim_{n\to\infty} v_{nn}(a_0) ,$$

$$0 = h_{u_0}^R(a_0) = \lim_{m\to\infty} u_m(a_0) \geqq \lim_{m\to\infty} \overline{\lim_{n\to\infty}}\, H_f^{R_m\cup(R_n\cap G^+)}(a_0) + \frac{1}{2} \lim_{n\to\infty} v_{nn}(a_0)$$

$$= \lim_{m,n\to\infty} H_f^{R_m\cup(R_n\cap G^+)}(a_0) + \frac{1}{2} \lim_{n\to\infty} v_{nn}(a_0) = \frac{1}{2} \lim_{n\to\infty} v_{nn}(a_0) > 0$$

und wir sind auf einen Widerspruch gestoßen. Hieraus folgt, daß $|f|$ die Eigenschaft (V_0) besitzt.

Wir nehmen jetzt an, daß f die Eigenschaft (V) besitzt und setzen $f_0 = f - (u - v)$. Aus den obigen Betrachtungen sieht man, daß $|f_0|$ die Eigenschaft (V_0) besitzt. Aus

$$|u - v| - |f_0| \leqq |f| \leqq |u - v| + |f_0|$$

folgt

$$H_{|u-v|}^{R_n} - H_{|f_0|}^{R_n} \leqq H_{|f|}^{R_n} \leqq H_{|u-v|}^{R_n} + H_{|f_0|}^{R_n} .$$

Die Folge $\{H_{|u-v|}^{R_n}\}$ ist konvergent, und deshalb ist auch die Folge $\{H_{|f|}^{R_n}\}$ konvergent und $|f|$ besitzt die Eigenschaft (V).

Besitzen f_1, f_2 die Eigenschaft (V), so besitzt auch $max(f_1, f_2)$ (bzw. $min(f_1, f_2)$) diese Eigenschaft und

$$\lim_{n\to\infty} H_{max(f_1,f_2)}^{R_n} \qquad \left(bzw.\ \lim_{n\to\infty} H_{min(f_1,f_2)}^{R_n}\right)$$

ist die kleinste harmonische Majorante (bzw. größte harmonische Minorante) von

$$\lim_{n\to\infty} H_{f_1}^{R_n}, \qquad \lim_{n\to\infty} H_{f_2}^{R_n} .$$

Wir bezeichnen

$$f_{i0} = f_i - \lim_{n\to\infty} H_{f_i}^{R_n} \qquad (i = 1, 2) .$$

Die Behauptung folgt aus

$$max\left(\lim_{n\to\infty} H_{f_1}^{R_n}, \lim_{n\to\infty} H_{f_2}^{R_n}\right) - |f_{10}| - |f_{20}| \leqq max(f_1, f_2) \leqq$$

$$\leqq max\left(\lim_{n\to\infty} H_{f_1}^{R_n}, \lim_{n\to\infty} H_{f_2}^{R_n}\right) + |f_{10}| + |f_{20}| .$$

Hilfssatz 6.7. *Sei f eine nichtnegative Funktion auf R, die die Eigenschaft (V_0) besitzt, s eine nichtnegative superharmonische Funktion und $F = \{a \in R \mid s(a) \leqq f(a)\}$. Dann ist s_F ein Potential.*

Sei $s = u + p$ die Rieszsche Zerlegung von s und $F_0 = \{a \in R \mid u(a) \leqq f(a)\}$. Es ist $F \subset F_0$ und somit

$$s_F \leqq s_{F_0} = u_{F_0} + p_{F_0} \leqq u_{F_0} + p .$$

Es genügt also zu zeigen, daß u_{F_0} ein Potential ist.

Die Funktion $f_0 = min(u, f)$ besitzt die Eigenschaft (V_0), und deshalb hat $u - f_0$ die Eigenschaft (V) und für jede normale Ausschöpfung $\{R_n\}$ von R ist $u = \lim_{n\to\infty} H_{u-f_0}^{R_n}$. Da F_0 gerade die Menge der Nullstellen der Funktion $u - f_0$ ist, so ist u_{F_0} nach dem Hilfssatz 6.6 ein Potential.

Hilfssatz 6.8. *Das Modul einer Funktion, die die Eigenschaft (V_0) besitzt, wird von einem Potential majoriert.*

Gemäß dem Hilfssatz 6.6 genügt es, den Hilfssatz 6.8 für eine nichtnegative Funktion f, die die Eigenschaft (V_0) besitzt, zu beweisen. Es sei s eine superharmonische Majorante von f und $F_n = \left\{a \in R \mid \frac{s(a)}{2^n} \leqq f(a)\right\}$. Nach dem Hilfssatz 6.7 ist $\frac{1}{2^n} s_{F_n}$ ein Potential und demnach ist auch

$$s_0 = \sum_{n=1}^{\infty} \frac{1}{2^n} s_{F_n}$$

ein Potential. Wir wollen zeigen, daß $s_0 \geqq f$ ist. Für quasi alle Punkte $a \in F_{m+1} - F_m$ ist

$$f(a) < \frac{1}{2^m} s(a) = \sum_{n=m+1}^{\infty} \frac{1}{2^n} s_{F_n}(a) \leqq s_0(a) .$$

Es ist also $f \leqq s_0$ für quasi alle Punkte von $\bigcup_{n=1}^{\infty} F_n$. Für $a \notin \bigcup_{n=1}^{\infty} F_n$ ist entweder $f(a) = 0$ und somit $f(a) \leqq s_0(a)$ oder $f(a) \neq 0$ und $s(a) = \infty$. Die Ungleichung $f \leqq s_0$ gilt folglich quasi überall, und daraus folgert man $f \leqq s_0$ überall.

Satz 6.3. *Jede Funktion f, die die Eigenschaft (V) besitzt, ist eine Wienersche Funktion.*

Wir setzen

$$u = \lim_{n\to\infty} H_f^{R_n} ,$$

wo $\{R_n\}$ eine normale Ausschöpfung von R bedeutet. u ist offenbar eine Wienersche Funktion, und $f - u$ besitzt die Eigenschaft (V_0). Nach den Hilfssätzen 6.8 und 6.4 ist $f - u$ ein Wienersches Potential.

Wir geben jetzt eine im folgenden sehr oft benutzte Methode, um Wienersche Funktionen zu konstruieren.

Hilfssatz 6.9. *Sei F eine abgeschlossene Menge, s eine positive superharmonische Funktion, so daß s_F ein Potential ist, und f eine quasistetige Funktion mit $|f| \leqq s$, die auf jeder kompakten Menge beschränkt ist. Sind die Einschränkungen von f auf den zusammenhängenden Komponenten von $R - F$ Wienersche Funktionen (bzw. Wienersche Potentiale), so ist f eine Wienersche Funktion (bzw. ein Wienersches Potential).*

Es genügt den Fall $f \geqq 0$ zu betrachten. Sei p ein Potential, das in den nichtregulären Randpunkten von $R - F$ unendlich ist.

Wir nehmen zuerst an, daß die Einschränkungen von f auf den zusammenhängenden Komponenten $\{G_n\}$ von $R - F$ Wienersche Potentiale sind. Sei p_n ein Potential auf G_n, welches die Einschränkung von f auf G_n majoriert. Die Funktion s_0, die auf F gleich $p + s$ und auf jedes G_n gleich $p + s_F + min(s - s_F, p_n)$ ist, ist superharmonisch (Hilfssatz 1.2). Sie majoriert f, und deshalb ist $\overline{h}_f^R \leqq s_0$ und somit auf G_n

$$\overline{h}_f^R \leqq p + s_F + p_n \,.$$

Daraus folgt $\overline{h}_f^R \leqq p + s_F$ auf G_n. Da diese Ungleichung auch auf F gültig ist, bleibt sie in Kraft auf R. $p + s_F$ ist aber ein Potential, und folglich ist $\overline{h}_f^R = 0$. Es gibt dann ein Potential, das außerhalb einer kompakten Menge K größer als f ist (Hilfssatz 6.1) und f ist ein Wienersches Potential (Hilfssatz 6.4 und die nach ihm folgende Bemerkung).

Sei jetzt f gleich Null auf F, s' eine positive superharmonische Funktion, so daß für jedes α die Einschränkung von f auf $\{a \in R \mid s'(a) \leqq \alpha\}$ stetig ist, G eine zusammenhängende Komponente von $R - F$, a ein regulärer Randpunkt von G und V, V' zwei Kreisscheiben, die a enthalten, $\overline{V}' \subset V$. Wir bezeichnen mit f' die Funktion, die auf $R - F$ gleich s und auf F gleich 0 ist, und mit s_1 die Funktion auf $R-F$, die auf $R - F - V$ gleich s und auf $V - F$ gleich $H_{f'}^{V - \overline{V}' \cap F}$ ist. Für jedes $\varepsilon > 0$ gehört die Einschränkung auf G von $s_1 + \varepsilon s' + \varepsilon$ zu $\overline{\mathscr{W}}_f^G$, woraus

$$h_f^G \leqq s_1 + \varepsilon s' + \varepsilon \,, \qquad h_f^G \leqq s_1 \,,$$

auf G folgt. Es sei f_0 die Funktion, die auf F gleich 0 und auf jeder zusammenhängenden Komponente G von $R - F$ gleich h_f^G ist. Wir haben $f_0 \leqq s_1$ auf $R - F$, und somit ist f_0 beschränkt auf $\overline{V}'$ und

$$\lim_{R - F \ni b \to a} f_0(b) = 0 \,.$$

Daraus erkennt man, daß die Funktion $f_0 - p$ subharmonisch ist. $f_0 - p$ und f_0 sind also Wienersche Funktionen. Die Funktion $f - f_0$

ist quasistetig, beschränkt auf jeder kompakten Menge und ihre Einschränkungen auf allen zusammenhängenden Komponenten von $R - F$ sind Wienersche Potentiale. Aus den obigen Betrachtungen ist ersichtlich, daß $f - f_0$, und somit auch f, eine Wienersche Funktion ist.

Sei jetzt f beliebig und f_1 gleich f auf F und gleich H_f^G auf jeder zusammenhängenden Komponente G von $R - F$. Aus dem obigen Beweis sieht man, daß $f - f_1$ eine Wienersche Funktion ist. Nun ist aber f_1 von s_F majoriert und folglich ist f_1 ein Wienersches Potential.

Hilfssatz 6.10. *Sei f eine Wienersche Funktion, die quasi überall auf einer abgeschlossenen Menge F verschwindet. Sind die Einschränkungen von f auf den zusammenhängenden Komponenten von $R - F$ Wienersche Potentiale, so ist f ein Wienersches Potential.*

Da $|f| - h_{|f|}$ ein Wienersches Potential ist, existiert ein Potential p, $|f| - h_{|f|} \leqq p$. $h_{|f|} + p$ ist also eine superharmonische Majorante für $|f|$, und auf Grund des Hilfssatzes 6.2 ist $(h_{|f|} + p)_F = (h_{|f|})_F + p_F$ ein Potential, und die Behauptung folgt jetzt aus dem vorangehenden Hilfssatz.

Für spätere Anwendungen (Hilfssatz 14.3) ist es zweckmäßig, eine partikulare Eigenschaft der Wienerschen Funktionen zu geben.

Satz 6.4. *Sei s eine positive superharmonische Funktion, f eine stetige Funktion und $F_\alpha = \{a \in R \mid f(a) = \alpha\}$. Ist fs eine Wienersche Funktion, so ist s_{F_α} ein Potential, bis auf abzählbar viele α. Umgekehrt, ist f beschränkt und s_{F_α} ein Potential für eine dichte Menge von α, so ist fs eine Wienersche Funktion.*

Sei fs eine Wienersche Funktion

$$\alpha_1 < \alpha_2 , \qquad \alpha = \frac{\alpha_1 + \alpha_2}{2} ,$$

$$f_1 = max\left(\frac{\alpha - f}{\alpha - \alpha_1}, 0\right), \qquad f_2 = max\left(\frac{f - \alpha}{\alpha_2 - \alpha}, 0\right).$$

Aus

$$f_1 s = max\left(\frac{\alpha s - fs}{\alpha - \alpha_1}, 0\right), \qquad f_2 s = max\left(\frac{fs - \alpha s}{\alpha_2 - \alpha}, 0\right)$$

sieht man, daß $f_i s$ $(i = 1, 2)$ Wienersche Funktionen sind. Sei p_i ein Potential, so daß

$$h_{f_i s} + p_i \geqq f_i s$$

ist. Da $f_i s$ gleich s auf F_{α_i} ist, haben wir

$$s_{F_{\alpha_i}} \leqq h_{f_i s} + p_i ,$$

$$min(s_{F_{\alpha_1}}, s_{F_{\alpha_2}}) \leqq min(h_{f_1 s}, h_{f_2 s}) + p_1 + p_2 .$$

Es ist aber

$$h_{min(h_{f_1 s}, h_{f_2 s})} = h_{f_1 s} \wedge h_{f_2 s} = h_{min(f_1 s, f_2 s)} = h_0 = 0 ,$$

und somit ist $min(s_{F_{\alpha_1}}, s_{F_{\alpha_2}})$ ein Potential. Daraus ergibt sich, daß

$\{h_{s_{F_\alpha}}\}_\alpha$ eine Familie von paarweise fremden harmonischen Funktionen ist. Es ist also (Hilfssatz 2.2)

$$\sum_\alpha h_{s_{F_\alpha}} = \bigvee_\alpha h_{s_{F_\alpha}} \leqq s$$

und nur abzählbar viele Funktionen $h_{s_{F_\alpha}}$ können von Null verschieden sein.

Für den zweiten Teil des Satzes genügt es, den Fall $0 < f < 1$ und $s = u$ harmonisch zu betrachten. Sei Z die Menge der Zahlen α, für die u_{F_α} ein Potential ist. Seien $\{\alpha_i\}_{0 \leqq i \leqq n}$ Zahlen aus Z,

$$0 = \alpha_0 < \alpha_1 < \ldots < \alpha_n = 1\,,$$

$$\alpha_i - \alpha_{i-1} < \varepsilon \qquad (i = 1, \ldots, n)$$

$$A_i = \{a \in R \mid \alpha_{i-1} \leqq f(a) \leqq \alpha_i\} \qquad (i = 1, \ldots, n)\,.$$

$$B_i = \{a \in R \mid \alpha_{i-1} < f(a) < \alpha_i\}$$

Quasi überall auf $R - B_i$ ist u_{A_i} gleich $u_{F_{\alpha_{i-1}} \cup F_{\alpha_i}}$ und folglich kleiner als $u_{F_{\alpha_{i-1}}} + u_{F_{\alpha_i}}$. Daraus ergibt sich, daß $(u_{A_i})_{R-B_i}$ ein Potential ist. Wir haben quasi überall auf R

$$\sum_{i=1}^{n} \alpha_{i-1}(u_{A_i} - (u_{A_i})_{R-B_i}) \leqq fu \leqq \sum_{i=1}^{n} \alpha_i u_{A_i}\,,$$

$$\sum_{i=1}^{n} (u_{A_i} - (u_{A_i})_{R-B_i}) \leqq u\,.$$

Es ist also

$$\sum_{i=1}^{n} \alpha_{i-1} h_{u_{A_i}} \leqq \underline{h}_{fu} \leqq \overline{h}_{fu} \leqq \sum_{i=1}^{n} \alpha_i h_{u_{A_i}}\,,$$

$$\sum_{i=1}^{n} h_{u_{A_i}} \leqq u\,, \quad \overline{h}_{fu} - \underline{h}_{fu} \leqq \varepsilon \sum_{i=1}^{n} h_{u_{A_i}} \leqq \varepsilon u\,,$$

und fu ist harmonisierbar. fu besitzt also die Eigenschaft (V) (Satz 6.2) und ist somit eine Wienersche Funktion.

Folgesatz 6.1. *Sei f eine stetige Funktion und $F_\alpha = \{a \in R \mid f(a) = \alpha\}$. Ist f eine Wienersche Funktion, so ist 1_{F_α} ein Potential bis auf abzählbar viele α. Ist f beschränkt, 1_{F_α} ein Potential für eine dichte Menge von α, so ist f eine Wienersche Funktion.*

7. Dirichletsche Funktionen

Dieser Abschnitt soll dem Studium der Klasse der Funktionen mit endlichem Dirichletschen-Integral gewidmet sein. Beschränkt man sich nur auf stetig differenzierbare Funktionen, so bestehen gewisse Schwierigkeiten, denn erstens ist dieser Raum nicht vollständig (für die natürliche Norm) und zweitens sind viele der vorkommenden Funktionen in ihm nicht enthalten. Deshalb muß man diese Klasse erweitern und verallgemeinerte Differentiale einführen. Solche Differentiale wurden bereits seit längerer Zeit in der Mathematik eingeführt, z. B. mittels der Distributionen von L. SCHWARTZ oder der Flüsse (courents) von DE RHAM. Jedoch überschreiten diese Theorien bei weitem die Anforderungen vorliegender Arbeit. Darum haben wir uns auf die Einführung eines verallgemeinerten Differentials beschränkt, das soweit wie möglich einfach und dennoch genügend allgemein für die Entwicklung der Theorie sei. Der von uns eingeschlagene Weg nähert sich demjenigen von H. L. ROYDEN, 1952 [2].

Wir bezeichnen mit $C_0^\infty(R) = C_0^\infty$ (bzw. $\mathfrak{C}_0^\infty(R) = \mathfrak{C}_0^\infty$) die Klasse der beliebig oft differenzierbaren Funktionen (bzw. Differentialformen) mit kompakten Trägern auf R. Sei f eine lokal summierbare Funktion. Wir sagen, daß f **im verallgemeinerten Sinn differenzierbar** *ist, wenn eine lokal summierbare Differentialform* $\mathfrak{c}$ *existiert, so daß für jedes* $\mathfrak{c}_0 \in \mathfrak{C}_0^\infty$

$$\int \mathfrak{c} \wedge \mathfrak{c}_0 = -\int f\, d\mathfrak{c}_0$$

ist. $\mathfrak{c}$ *heißt* **verallgemeinertes Differential** *von* f. $\mathfrak{c}$ *ist, bis auf eine Menge vom verschwindenden Flächeninhalt, eindeutig bestimmt, und wir bezeichnen sie mit* df. *Für eine Klasse* A *von im verallgemeinerten Sinn differenzierbaren Funktionen setzen wir* $dA = \{df \mid f \in A\}$. Ist f stetig differenzierbar, so folgt sofort aus der Stokesschen Formel

$$df = \frac{\partial f}{\partial x} dx + \frac{\partial f}{\partial y} dy .$$

Sind f_1, f_2 im verallgemeinerten Sinn differenzierbar und α_1, α_2 reelle Zahlen, so ist auch $\alpha_1 f_1 + \alpha_2 f_2$ im verallgemeinerten Sinn differenzierbar und

$$d(\alpha_1 f_1 + \alpha_2 f_2) = \alpha_1\, df_1 + \alpha_2\, df_2 .$$

Wir sagen, daß *eine reelle lokal summierbare Funktion* f *eine* **Tonellische Funktion** *ist, wenn für jede Kreisscheibe* V *für fast alle* y, $-1 < y < 1$, *die Funktion* $x \to f(x, y)$ *eine absolutstetige Funktion ist, und* $\frac{\partial f}{\partial x}$ *fast überall auf* $\{|z| < 1\}$ *definiert und summierbar ist.* Nimmt man anstelle der Kreisscheibe (V, φ) die Kreisscheibe $(V, i\varphi)$, so sieht man, daß auch für fast alle x, $-1 < x < 1$, die Funktion $y \to f(x, y)$ eine absolutstetige Funktion und $\frac{\partial f}{\partial y}$ auf $\{|z| < 1\}$ summierbar ist.

Jede Tonellische Funktion f *ist im verallgemeinerten Sinn differenzierbar, und für jede Kreisscheibe* V *ist* $df = \frac{\partial f}{\partial x} dx + \frac{\partial f}{\partial y} dy$. Sei $\mathfrak{c}$ die Differentialform, die auf jeder Kreisscheibe fast überall gleich $\frac{\partial f}{\partial x} dx + \frac{\partial f}{\partial y} dy$ ist, und sei $\mathfrak{c}_0 = a_0\, dx + b_0\, dy \in \mathfrak{C}_0^\infty$ mit dem Träger in einer Kreisscheibe V.

Wir haben

$$\int f\,d\mathfrak{c}_0 = \iint\limits_{\{|z|<1\}} f\left(\frac{\partial b_0}{\partial x} - \frac{\partial a_0}{\partial y}\right) dx\,dy$$

$$= \int\limits_{-1}^{+1}\left(\int\limits_{-\sqrt{1-y^2}}^{+\sqrt{1-y^2}} f\frac{\partial b_0}{\partial x}\,dx\right)dy - \int\limits_{-1}^{+1}\left(\int\limits_{-\sqrt{1-x^2}}^{+\sqrt{1-x^2}} f\frac{\partial a_0}{\partial y}\,dy\right)dx$$

$$= \int\limits_{-1}^{+1}\left(-\int\limits_{-\sqrt{1-y^2}}^{+\sqrt{1-y^2}} \frac{\partial f}{\partial x}\,b_0\,dx\right)dy - \int\limits_{-1}^{+1}\left(-\int\limits_{-\sqrt{1-x^2}}^{+\sqrt{1-x^2}} \frac{\partial f}{\partial y}\,a_0\,dy\right)dx$$

$$= -\iint\limits_{\{|z|<1\}}\left(\frac{\partial f}{\partial x}\,b_0 - \frac{\partial f}{\partial y}\,a_0\right)dx\,dy = -\int \mathfrak{c}\wedge\mathfrak{c}_0\,.$$

Mittels einer Teilung der Einheit erweitert man diese Beziehung für jedes $\mathfrak{c}_0 \in \mathfrak{C}_0^\infty$, woraus die Behauptung folgt.

Ist f quasistetig und im verallgemeinerten Sinn differenzierbar, so ist f eine Tonellische Funktion. Es genügt diese Behauptung auf $R = \{|z| < 1\}$ zu beweisen. Für jedes $\varepsilon > 0$ gibt es eine offene Menge G mit $C(G) < \varepsilon$, so daß die Einschränkung von f auf $R - G$ stetig ist. Sei G' die Projektion von G auf der y-Achse. Ihre Kapazität ist kleiner als ε[1]. Sei ν das Lebesguesche Maß auf der y-Achse. Wir haben

$$p^\nu(iy') = \int g_{iy'}(iy)\,d\nu(y) \leqq \int\limits_{-1}^{+1} \log\frac{2}{|y-y'|}\,dy = \int\limits_0^{1+y'} \log\frac{2}{t}\,dt + \int\limits_0^{1-y'} \log\frac{2}{t}\,dt$$

$$= \left[t\log\frac{2}{t}\right]_0^{1+y'} + \left[t\log\frac{2}{t}\right]_0^{1-y'} + \int\limits_0^{1+y'} dt + \int\limits_0^{1-y'} dt \leqq 2\log 2 + 2 < 4\,,$$

und somit

$$\nu(G') = \int p^{\varkappa^{G'}}\,d\nu = \int p^\nu\,d\varkappa^{G'} \leqq 4\varkappa^{G'}(G') \leqq 4\varepsilon$$

Da ε beliebig ist, gibt es eine Menge A vom Lebesgueschen Maß Null auf der y-Achse, so daß für $y \notin A$ $x \to f(x, y)$ stetig ist.

Wir setzen $df = a\,dx + b\,dy$, wo a und b als Borelsche Funktionen gewählt wurden. Dann ist für fast alle y die Funktion $x \to a(x, y)$ summierbar; für diese y und $-\sqrt{1-y^2} < x < +\sqrt{1-y^2}$ bezeichnen wir

$$f_1(x, y) = f(x, y) - \int\limits_{-\sqrt{1-y^2}}^{x} a(t, y)\,dt\,.$$

f_1 ist fast überall auf $\{|z| < 1\}$ definiert und summierbar. Sei b_0 eine beliebig oft differenzierbare Funktion auf $\{|z| < 1\}$ mit kompaktem Träger.

[1] Es ist nämlich $\log\left|\frac{1-(x+iy)(\xi-i\eta)}{(x+iy)-(\xi+i\eta)}\right| \geqq \log\left|\frac{1-y\eta}{y-\eta}\right|$. Siehe auch den Beweis des Hilfssatzes 19.1.

Für die Differentialform $\mathfrak{c}_0 = b_0\, dy$ haben wir

$$\iint\limits_{\{|z|<1\}} f_1 \frac{\partial b_0}{\partial x}\, dx\, dy = \iint\limits_{\{|z|<1\}} f \frac{\partial b_0}{\partial x}\, dx\, dy - \iint\limits_{\{|z|<1\}} \frac{\partial b_0}{\partial x} \left(\int\limits_{-\sqrt{1-y^2}}^{x} a(t,y)\, dt \right) dx\, dy$$

$$= \int f\, d\mathfrak{c}_0 - \int\limits_{-1}^{+1} \left(\int\limits_{-\sqrt{1-y^2}}^{+\sqrt{1-y^2}} \frac{\partial b_0}{\partial x} \left(\int\limits_{-\sqrt{1-y^2}}^{x} a(t,y)\, dt \right) dx \right) dy$$

$$= -\int df \wedge \mathfrak{c}_0 + \int\limits_{-1}^{+1} \left(\int\limits_{-\sqrt{1-y^2}}^{+\sqrt{1-y^2}} a\, b_0\, dx \right) dy = 0\,.$$

Sei f_2 (bzw. f_0) eine beliebig oft differenzierbare Funktion auf $\{|z| < 1\}$ (bzw. auf $\{-1 < x < 1\}$) mit dem Träger in $\{|z| < \alpha\}$, $\alpha < 1$ (bzw. in $\{-\sqrt{1-\alpha^2} < x < +\sqrt{1-\alpha^2}\}$). Wir nehmen noch an, daß

$$\int\limits_{-1}^{+1} f_0(x)\, dx = 1$$

ist, und setzen für $|z| < 1$

$$b_0(x,y) = \int\limits_{-\sqrt{1-y^2}}^{x} f_2(t,y)\, dt - \int\limits_{-\sqrt{1-y^2}}^{x} f_0(t)\, dt \int\limits_{-\sqrt{1-y^2}}^{+\sqrt{1-y^2}} f_2(t,y)\, dt\,.$$

b_0 ist eine beliebig oft differenzierbare Funktion, deren Träger kompakt ist, und es ist

$$f_2(x,y) = \frac{\partial b_0}{\partial x}(x,y) + f_0(x) \int\limits_{-\sqrt{1-y^2}}^{+\sqrt{1-y^2}} f_2(t,y)\, dt\,.$$

Daraus folgert man

$$\iint\limits_{\{|z|<1\}} f_1 f_2\, dx\, dy = \iint\limits_{\{|z|<1\}} f_1(x,y)\, f_0(x) \left(\int\limits_{-\sqrt{1-y^2}}^{+\sqrt{1-y^2}} f_2(t,y)\, dt \right) dx\, dy$$

$$= \int\limits_{-1}^{+1} \left(\int\limits_{-\sqrt{1-y^2}}^{+\sqrt{1-y^2}} f_1(x,y)\, f_0(x)\, dx \right) \left(\int\limits_{-\sqrt{1-y^2}}^{+\sqrt{1-y^2}} f_2(t,y)\, dt \right) dy\,.$$

Setzt man

$$f_3(y) = \int\limits_{-\sqrt{1-y^2}}^{+\sqrt{1-y^2}} f_1(x,y)\, f_0(x)\, dx\,,$$

so kann man schreiben

$$\iint\limits_{\{|z|<1\}} f_1 f_2\, dx\, dy = \iint\limits_{\{|z|<1\}} f_3 f_2\, dx\, dy\,.$$

Da f_2 beliebig war, so ergibt sich daraus

$$f_1 = f_3\,, \qquad f(x, y) = f_3(y) + \int\limits_{-\sqrt{1-y^2}}^{x} a(t, y)\,dt$$

fast überall in $\{|z| < \alpha\}$. Da f_3 nur von y abhängt, so sieht man, daß für fast alle y, $-\alpha < y < \alpha$, die Funktion $x \to f(x, y)$ für $-\sqrt{\alpha^2 - y^2} < x < +\sqrt{\alpha^2 - y^2}$ absolutstetig ist, denn wir wissen, daß sie für fast alle y stetig ist. Da α beliebig war, ist für fast alle y, $-1 < y < +1$, die Funktion $x \to f(x, y)$, für $-\sqrt{1 - y^2} < x < +\sqrt{1 - y^2}$ absolutstetig. Außerdem ist $\frac{\partial f}{\partial x}$ fast überall definiert und gleich a. In der Tat, sei

$$\overline{l}_n(x, y) = \sup_{0<|h|<\frac{1}{n}} \frac{f(x+h, y) - f(x, y)}{h}\,, \quad \underline{l}_n(x, y) = \inf_{0<|h|<\frac{1}{n}} \frac{f(x+h, y) - f(x, y)}{h}\,.$$

$\overline{l}_n$, $\underline{l}_n$ sind meßbare Funktionen, denn $\{(x, y) \mid \overline{l}_n(x, y) > \alpha\}$ ist die Projektion der Borelschen Menge

$$\left\{(x, y, h) \mid \frac{f(x+h, y) - f(x, y)}{h} > \alpha, \qquad 0 < |h| < \frac{1}{n}\right\}$$

und somit im Lebesgueschen Sinn meßbar. Da die Folgen $\{\overline{l}_n\}$, $\{\underline{l}_n\}$ monoton sind, sind auch ihre Grenzfunktionen meßbar. Die Menge

$$\{(x, y) \mid \lim_{n\to\infty} \overline{l}_n(x, y) = \lim_{n\to\infty} \underline{l}_n(x, y) = a(x, y)\}$$

ist folglich meßbar. Für fast alle y, $-1 < y < 1$ ist die Beziehung

$$\lim_{n\to\infty} \overline{l}_n(x, y) = \lim_{n\to\infty} \underline{l}_n(x, y) = a(x, y)$$

fast überall auf $\left\{-\sqrt{1 - y^2} < x < +\sqrt{1 - y^2}\right\}$ gültig, und die Behauptung ist bewiesen. Dann ergibt sich, daß $\frac{\partial f}{\partial x}$ lokal summierbar ist. Wir haben also bewiesen, daß f eine Tonellische Funktion ist. Aus dem Beweis ergibt sich auch, daß *eine Tonellische Funktion, deren verallgemeinertes Differential verschwindet, fast überall gleich einer Konstante ist.*

Hilfssatz 7.1. *Sind f_1, f_2 Tonellische Funktionen, so ist auch $f = \max(f_1, f_2)$ eine Tonellische Funktion, und fast überall auf R ist*

$$df = \begin{cases} df_1 & \text{auf } \{a \in R \mid f_1(a) > f_2(a)\} \\ df_2 & \text{auf } \{a \in R \mid f_1(a) < f_2(a)\} \\ df_1 = df_2 & \text{auf } \{a \in R \mid f_1(a) = f_2(a)\}\,. \end{cases}$$

Wir nehmen zuerst $f_2 = 0$. Es sei V eine Kreisscheibe und

$$A^+ = \{z \mid f_1(z) > 0\}\,, \quad A^- = \{z \mid f_1(z) < 0\}\,, \quad A^0 = \{z \mid f_1(z) = 0\},$$

$$E = \{y \mid x \to f_1(x, y) \quad \text{ist absolutstetig}\}$$

$$B = \left\{z \mid y \in E \text{ und } \frac{\partial f_1}{\partial x} \text{ ist in } z \text{ definiert}\right\}, \quad B^0 = \left\{z \in B \mid \frac{\partial f_1}{\partial x}(z) = 0\right\}.$$

Alle diese Mengen sind meßbar und $\{|z| < 1\} - B$ hat einen verschwindenden Flächeninhalt. f ist offenbar lokal summierbar und für $y \in E$ ist $x \to f(x, y)$ absolutstetig. Sei $x_0 + iy_0 \in B \cap A^+$. Auf einer Umgebung von x_0 sind die Funktionen $x \to f_1(x, y_0)$, $x \to f(x, y_0)$ gleich und somit ist $\frac{\partial f}{\partial x}$ in $x_0 + iy_0$ definiert und gleich $\frac{\partial f_1}{\partial x}$. Es sei $x_0 + iy_0 \in B \cap A^-$. Auf einer Umgebung von x_0 ist $x \to f(x, y_0)$ Null und folglich ist $\frac{\partial f}{\partial x}$ in $x_0 + iy_0$ definiert und gleich Null. Sei $x_0 + iy_0 \in B^0 \cap A^0$. Es ist

$$\overline{\lim_{0 \neq h \to 0}} \left|\frac{f(x_0 + h, y_0) - f(x_0, y_0)}{h}\right| \leqq \overline{\lim_{0 \neq h \to 0}} \left|\frac{f_1(x_0 + h, y_0)}{h}\right| = 0\,,$$

und daher ist $\frac{\partial f}{\partial x}$ in $x_0 + iy_0$ definiert und gleich Null. Der Durchschnitt der Menge $(B - B^0) \cap A^0$ mit der Geraden $y = y_0 \in E$ ist eine Menge, die nur isolierte Punkte besitzt, und deshalb hat $(B - B^0) \cap A^0$ einen verschwindenden Flächeninhalt. $\frac{\partial f}{\partial x}$ ist also fast überall auf $B \cap A^0$ definiert und Null. $\frac{\partial f}{\partial x}$ ist fast überall auf $\{|z| < 1\}$ definiert und gleich $\frac{\partial f_1}{\partial x}$ auf A^+ und fast überall gleich 0 auf $A^- \cup A^0$. f ist also eine Tonellische Funktion, denn $\frac{\partial f}{\partial x}$ ist summierbar. In dem Beweis haben wir auch gezeigt, daß fast überall auf $\{a \in R \mid f_1(a) = 0\}$ $d f_1$ gleich Null ist.

Für den allgemeinen Fall genügt es zu bemerken, daß

$$f = \frac{1}{2}(f_1 + f_2 + max(f_1 - f_2, 0) + max(f_2 - f_1, 0))$$

ist.

Hilfssatz 7.2. *Es seien f_1, f_2 Tonellische Funktionen, F eine abgeschlossene Menge, auf der $f_1 = f_2$ ist, G_1, G_2 offene punktfremde Mengen mit $G_1 \cup G_2 = R - F$ und f die Funktion, die auf G_i gleich f_i $(i = 1, 2)$ und auf F gleich $f_1 = f_2$ ist. Dann ist f eine Tonellische Funktion und fast überall auf F ist $d f = d f_1 = d f_2$.*

Es genügt den Beweis für $f_2 = 0$ durchzuführen. Sei V eine Kreisscheibe und y so gewählt, daß $x \to f_1(x, y)$ absolutstetig ist. Wir nehmen zwei Punkte $z_1 = x_1 + iy$, $z_2 = x_2 + iy$ auf V. Liegt einer dieser Punkte auf F oder sind beide in demselben G_i enthalten, so ist

$$|f(x_1, y) - f(x_2, y)| \leqq |f_1(x_1, y) - f_1(x_2, y)|\,.$$

Ist $z_1 \in G_1$ und $z_2 \in G_2$, so gibt es einen Punkt $z_0 = x_0 + iy \in F$, der zwischen diesen Punkten liegt, und wir haben

$$|f(x_1, y) - f(x_2, y)| \leqq |f_1(x_1, y) - f_1(x_0, y)| + |f_1(x_0, y) - f_1(x_2, y)|\,.$$

Daraus erkennt man, daß $x \to f(x, y)$ absolutstetig ist. Für $x_0 + iy \in F$ haben wir

$$\overline{\lim_{x_0 \neq x \to x_0}} \left|\frac{f(x, y)}{x - x_0}\right| \leqq \overline{\lim_{x_0 \neq x \to x_0}} \left|\frac{f_1(x, y)}{x - x_0}\right|\,.$$

Daraus und aus dem vorangehenden Hilfssatz ist zu ersehen, daß $\frac{\partial f}{\partial x}$ fast überall auf F definiert und gleich Null ist (Hilfssatz 7.1). Fast überall auf G_1 (bzw. G_2) ist $\frac{\partial f}{\partial x}$ definiert und gleich $\frac{\partial f_1}{\partial x}$ (bzw. 0). f ist also eine Tonellische Funktion, und fast überall auf F ist $df = df_1 = 0$.

Wir wollen zeigen, daß *jede superharmonische Funktion eine Tonellische Funktion ist.* Da diese Eigenschaft lokal ist, genügt es, sie für den Fall $R = \{|z| < 1\}$ für Potentiale p^μ, μ mit kompaktem Träger K, zu beweisen. Es ist schon bekannt, daß ein Potential lokal summierbar ist (Folgesatz 1.2). Wir wollen zuerst zeigen, daß für fast alle $z = x + iy$ die Funktion $\zeta \to \left|\frac{\partial g_z}{\partial x}(\zeta)\right|$ μ-summierbar ist und die Funktion

$$z \to \int \left|\frac{\partial g_z}{\partial x}(\zeta)\right| d\mu(\zeta)$$

im Lebesgueschen Sinn summierbar ist. Da

$$\frac{\partial g_z}{\partial x}(\zeta) + \frac{x-\xi}{|z-\zeta|^2} = \frac{\partial}{\partial x}\left(g_z(\zeta) - log\frac{1}{|z-\zeta|}\right) = \frac{\partial}{\partial x}\log|1 - z\bar{\zeta}| \quad (\zeta = \xi + i\eta)$$

auf $\{|z| < 1\} \times K$ stetig und beschränkt fortsetzbar ist, genügt es zu zeigen, daß die Funktion $\frac{|x-\xi|}{|z-\zeta|^2}$ dieselben Eigenschaften besitzt. Es ist

$$\frac{|x-\xi|}{|z-\zeta|^2} \leqq \frac{1}{|z-\zeta|}$$

und somit

$$\iint\limits_{\{|z|<1\}} \frac{|x-\xi|}{|z-\zeta|^2}\,dx\,dy \leqq \iint\limits_{\{|z|<1\}} \frac{dx\,dy}{|z-\zeta|} \leqq \iint\limits_{\{|z-\zeta|<2\}} \frac{dx\,dy}{|z-\zeta|} = 4\pi,$$

$$\int\left(\iint\limits_{\{|z|<1\}} \frac{|x-\xi|}{|z-\zeta|^2}\,dx\,dy\right)d\mu(\zeta) \leqq 4\pi\,\mu(\{|z|<1\}) < \infty$$

und die Behauptung folgt aus dem Fubinischen Satz. Sei b_0 eine unendlich oft differenzierbare Funktion auf $\{|z| < 1\}$ mit kompaktem Träger. Wir haben

$$\begin{aligned}\iint\limits_{\{|z|<1\}} p^\mu(z)\frac{\partial b_0}{\partial x}(x,y)\,dx\,dy &= \iint\limits_{\{|z|<1\}}\left(\int g_z(\zeta)\,d\mu(\zeta)\right)\frac{\partial b_0}{\partial x}(x,y)\,dx\,dy\\ &= \int\left(\iint\limits_{\{|z|<1\}} g_z(\zeta)\frac{\partial b_0}{\partial x}(x,y)\,dx\,dy\right)d\mu(\zeta)\\ &= \int\left(-\iint\limits_{\{|z|<1\}}\frac{\partial g_z}{\partial x}(\zeta)\,b_0(x,y)\,dx\,dy\right)d\mu(\zeta)\\ &= -\iint\limits_{\{|z|<1\}}\left(\int\frac{\partial g_z}{\partial x}(\zeta)\,d\mu(\zeta)\right)b_0(x,y)\,dx\,dy\,.\end{aligned}$$

Daraus erkennt man, daß p^μ im verallgemeinerten Sinn differenzierbar und

$$dp^\mu = \left(\int \frac{\partial g_z}{\partial x}(\zeta)\, d\mu(\zeta)\right) dx + \left(\int \frac{\partial g_z}{\partial y}(\zeta)\, d\mu(\zeta)\right) dy$$

ist. Da p^μ quasistetig ist, ist p^μ eine Tonellische Funktion.

Ist für zwei Potentiale p, p' $dp = dp'$, so sind p, p' gleich. Denn $p - p'$ ist fast überall eine Konstante α. p und $p' + \alpha$ sind zwei superharmonische Funktionen, die fast überall gleich sind. Folglich sind sie überall gleich und aus dem Satz von RIEZS folgt $\alpha = 0$.

Für jedes Potential p^μ und $f \in C_0^\infty$ ist (Hilfssatz 4.1)

$$\int dp^\mu \wedge * df = -\int p^\mu d * df = 2\pi \int f\, d\mu .$$

Wir sagen, daß eine lokal summierbare Differentialform $\mathfrak{c}$ *exakt* ist, wenn für jedes $f_0 \in C_0^\infty$

$$\int df_0 \wedge \mathfrak{c} = 0$$

ist. Ist $\mathfrak{c}$ stetig differenzierbar, so ist $\mathfrak{c}$ exakt dann und nur dann, wenn $d\mathfrak{c} = 0$ ist. *Ist f im verallgemeinerten Sinn differenzierbar, so ist df exakt.* In der Tat, für $f \in C_0^\infty$ haben wir

$$\int df_0 \wedge df = \int f\, d\,df_0 = 0 .$$

Hilfssatz 7.3 (H. WEYL). *Sind für eine Differentialform $\mathfrak{c}$, $\mathfrak{c}$ und $*\,\mathfrak{c}$ exakt, so existiert auf jeder Kreisscheibe V eine harmonische Funktion u, so daß fast überall auf V $du = \mathfrak{c}$ ist*

Wir setzen für jedes $\varepsilon > 0$

$$\varrho_\varepsilon(z) = \begin{cases} \alpha_\varepsilon e^{\frac{1}{|z|^2-\varepsilon^2}} & \text{für} \quad |z| < \varepsilon \\ 0 & \text{für} \quad |z| \geqq \varepsilon , \end{cases}$$

und wählen α_ε so, daß

$$\iint_{\{|z|<\infty\}} \varrho_\varepsilon(z)\, dx\, dy = 1$$

ist. Offenbar ist $\varrho_\varepsilon \in C_0^\infty$ auf $\{|z| < \infty\}$. Es sei

$$\mathfrak{c} = a\, dx + b\, dy ,$$

$$\mathfrak{c}_\varepsilon = a_\varepsilon dx + b_\varepsilon dy ,$$

wo

$$a(z) = b(z) = 0 \quad \text{für} \quad |z| \geqq 1$$

und

$$a_\varepsilon(z) = \iint_{\{|\zeta|<\infty\}} a(\zeta)\, \varrho_\varepsilon(z-\zeta)\, d\xi\, d\eta ,$$

$$b_\varepsilon(z) = \iint_{\{|\zeta|<\infty\}} b(\zeta)\, \varrho_\varepsilon(z-\zeta)\, d\xi\, d\eta$$

gesetzt wurde. a_ε und b_ε gehören zu C_0^∞ und wir haben für $|z| < 1 - \varepsilon$

$$\frac{\partial b_\varepsilon}{\partial x} - \frac{\partial a_\varepsilon}{\partial y} = \iint\limits_{\{|\zeta|<\infty\}} \left(b(\zeta)\frac{\partial \varrho_\varepsilon}{\partial x}(z-\zeta) - a(\zeta)\frac{\partial \varrho_\varepsilon}{\partial y}(z-\zeta)\right) d\xi\, d\eta$$

$$= \iint\limits_{\{|\zeta|<\infty\}} \left(-b(\zeta)\frac{\partial \varrho_\varepsilon}{\partial \xi}(z-\zeta) + a(\zeta)\frac{\partial \varrho_\varepsilon}{\partial \eta}(z-\zeta)\right) d\xi\, d\eta = \int \mathfrak{c} \wedge d\varrho_{\varepsilon z} = 0\,,$$

wo $\varrho_{\varepsilon z}$ die Funktion $\zeta \to \varrho_\varepsilon(z-\zeta)$ ist. Daraus folgt, daß $\mathfrak{c}_\varepsilon$ auf $\{|z| < 1 - \varepsilon\}$ exakt ist. Ähnlicherweise zeigt man, daß auch $*\,\mathfrak{c}_\varepsilon$ auf $\{|z| < 1 - \varepsilon\}$ exakt ist. a_ε und b_ε erfüllen die Cauchy-Riemannschen Gleichungen und sind somit harmonische Funktionen in $\{|z| < 1 - \varepsilon\}$. Sie hängen von ε nicht ab, denn für $|z| < 1 - \varepsilon - \varepsilon'$ ist

$$\begin{aligned}
a_\varepsilon(z) &= \iint\limits_{\{|\zeta|<\infty\}} a_\varepsilon(\zeta)\, \varrho_{\varepsilon'}(z-\zeta)\, d\xi\, d\eta \\
&= \iint\limits_{\{|\zeta|<\infty\}} \Bigg(\iint\limits_{\{|w|<\infty\}} a(w)\, \varrho_\varepsilon(\zeta - w)\, du\, dv\Bigg) \varrho_{\varepsilon'}(z-\zeta)\, d\xi\, d\eta \\
&= \iint\limits_{\{|\zeta|<\infty\}} \Bigg(\iint\limits_{\{|Z|<\infty\}} a(\zeta - Z)\, \varrho_\varepsilon(Z)\, dX\, dY\Bigg) \varrho_{\varepsilon'}(z-\zeta)\, d\xi\, d\eta \\
&= \iint\limits_{\{|Z|<\infty\}} \Bigg(\iint\limits_{\{|\zeta|<\infty\}} a(\zeta - Z)\, \varrho_{\varepsilon'}(z-\zeta)\, d\xi\, d\eta\Bigg) \varrho_\varepsilon(Z)\, dX\, dY \\
&= \iint\limits_{\{|Z|<\infty\}} \Bigg(\iint\limits_{\{|w|<\infty\}} a(w)\, \varrho_{\varepsilon'}(z - Z - w)\, du\, dv\Bigg) \varrho_\varepsilon(Z)\, dX\, dY \\
&= \iint\limits_{\{|Z|<\infty\}} a_{\varepsilon'}(z - Z)\, \varrho_\varepsilon(Z)\, dX\, dY = a_{\varepsilon'}(z)\,.
\end{aligned}$$

Ähnlich zeigt man, daß

$$b_\varepsilon(z) = b_{\varepsilon'}(z)$$

ist. Es sei jetzt f eine stetige Funktion mit dem Träger in $\{|z| < 1\}$. Wir haben

$$\begin{aligned}
&\Bigg|\iint\limits_{\{|z|<\infty\}} a_\varepsilon f\, dx\, dy - \iint\limits_{\{|z|<\infty\}} a f\, dx\, dy\Bigg| \\
&= \Bigg|\iint\limits_{\{|z|<\infty\}} \Bigg(\iint\limits_{\{|\zeta|<\infty\}} a(\zeta)\, \varrho_\varepsilon(z-\zeta)\, f(z)\, d\xi\, d\eta\Bigg) dx\, dy - \\
&- \iint\limits_{\{|z|<\infty\}} \Bigg(\iint\limits_{\{|\zeta|<\infty\}} a(z)\, \varrho_\varepsilon(\zeta - z)\, f(z)\, d\xi\, d\eta\Bigg) dx\, dy\Bigg| \\
&= \Bigg|\iint\limits_{\{|z|<\infty\}} \Bigg(\iint\limits_{\{|\zeta|<\infty\}} a(\zeta)\, \varrho_\varepsilon(z-\zeta)\, (f(z) - f(\zeta))\, d\xi\, d\eta\Bigg) dx\, dy\Bigg| \leqq \\
&\leqq \iint\limits_{\{|z|<\infty\}} \Bigg(\iint\limits_{\{|\zeta|<\infty\}} |a(\zeta)|\, \varrho_\varepsilon(z-\zeta)\, \mathfrak{o}(\varepsilon)\, d\xi\, d\eta\Bigg) dx\, dy \\
&= \mathfrak{o}(\varepsilon) \iint\limits_{\{|\zeta|<\infty\}} |a(\zeta)|\, d\xi\, d\eta\,,
\end{aligned}$$

wo

$$\mathfrak{o}(\varepsilon) = \sup_{|z-\zeta|<\varepsilon} |f(z) - f(\zeta)|\,.$$

ist. Da

$$\lim_{\varepsilon \to 0} \mathfrak{v}(\varepsilon) = 0$$

ist, erhalten wir

$$\lim_{\varepsilon \to 0} \iint_{\{|z| < \infty\}} a_\varepsilon f \, dx \, dy = \iint_{\{|z| < \infty\}} a f \, dx \, dy .$$

Wir haben aber gesehen, daß

$$\iint_{\{|z| < \infty\}} a_\varepsilon f \, dx \, dy$$

von ε nicht abhängt, wenn ε genügend klein ist. Es ist also

$$\iint_{\{|z| < \infty\}} a_\varepsilon f \, dx \, dy = \iint_{\{|z| < \infty\}} a f \, dx \, dy .$$

Da f beliebig war, ist fast überall $a = a_\varepsilon$. Ähnlich beweist man, daß fast überall $b = b_\varepsilon$ ist. Es genügt jetzt eine harmonische Funktion u zu nehmen, für die $du = a_\varepsilon \, dx + b_\varepsilon \, dy$ ist.

Sind $\mathfrak{c}$, $\mathfrak{c}'$ zwei Differentialformen und A eine Borelsche Menge, so setzen wir

$$\langle \mathfrak{c}, \mathfrak{c}' \rangle_A = \int_A \mathfrak{c} \wedge * \mathfrak{c}', \qquad \|\mathfrak{c}\|_A^2 = \langle \mathfrak{c}, \mathfrak{c} \rangle_A ,$$

wenn die Integrale endlich sind. Für $A = R$ lassen wir den Index A fallen. Wir bezeichnen mit $\mathfrak{C}_D$ die Klasse der Differentialformen $\mathfrak{c}$, für die $\mathfrak{c} \wedge * \mathfrak{c}$ summierbar ist. *Die Bilinearform* $\langle \mathfrak{c}, \mathfrak{c}' \rangle$ *ist ein Skalarprodukt, das* (wie aus der Theorie der quadrat-summierbaren Funktionen bekannt ist) $\mathfrak{C}_D$ *zu einem (vollständigen) Hilbertraum macht, wenn man zwei Differentialformen, die fast überall gleich sind, identifiziert.* Für jedes $\mathfrak{A} \subset \mathfrak{C}_D$ soll $\overline{\mathfrak{A}}$ (bzw. $* \mathfrak{A}$) die abgeschlossene Hülle von $\mathfrak{A}$ im Hilbertraum (bzw. die Menge $\{* \mathfrak{c} \mid \mathfrak{c} \in \mathfrak{A}\}$) bezeichnen. Weiter bezeichnen wir

$$\mathfrak{C}_{HD} = \{\mathfrak{c} \in \mathfrak{C}_D \mid \mathfrak{c} \quad \text{und} \quad * \mathfrak{c} \quad \text{sind exakt}\} ,$$
$$d C_0^\infty = \{df \mid f \in C_0^\infty\}$$

Satz 7.1. *Die Teilräume* $\mathfrak{C}_{HD}$, $\overline{dC_0^\infty}$, $\overline{* dC_0^\infty}$ *von* $\mathfrak{C}_{HD}$ *sind orthogonal, und* $\mathfrak{C}_D$ *ist ihre direkte Summe, d. h. jedes* $\mathfrak{c} \in \mathfrak{C}_D$ *ist eindeutig in der Form*

$$\mathfrak{c} = \mathfrak{c}_1 + \mathfrak{c}_2 + \mathfrak{c}_3$$

darstellbar, mit $\mathfrak{c}_1 \in \mathfrak{C}_{HD}$, $\mathfrak{c}_2 \in \overline{dC_0^\infty}$, $\mathfrak{c}_3 \in \overline{* dC_0^\infty}$. *Ist f im verallgemeinerten Sinn differenzierbar und* $df \in \mathfrak{C}_D$, *so ist* df *zu* $\overline{* dC_0^\infty}$ *orthogonal.*

Laut der Definition ist $\mathfrak{C}_{HD}$ zu dC_0^∞ und $* dC_0^\infty$ und also auch zu $\overline{dC_0^\infty}$ und $\overline{* dC_0^\infty}$ orthogonal. Sei $f_1, f_2 \in C_0^\infty$. Aus der Stokesschen Formel folgt

$$\langle df_1, * df_2 \rangle = \int df_1 \wedge ** df_2 = - \int df_1 \wedge df_2 = 0 .$$

Die Teilräume $\overline{dC_0^\infty}$, $\overline{* dC_0^\infty}$ sind also orthogonal. Wir bezeichnen mit $\mathfrak{c}_2$ (bzw. $\mathfrak{c}_3$) die Projektion von $\mathfrak{c}$ auf $\overline{dC_0^\infty}$ (bzw. $\overline{* dC_0^\infty}$). $\mathfrak{c}_1 = \mathfrak{c} - \mathfrak{c}_2 - \mathfrak{c}_3$ ist zu $* dC_0^\infty$ und dC_0^∞ orthogonal und folglich sind $\mathfrak{c}_1$ und $* \mathfrak{c}_1$ exakt, $\mathfrak{c}_1 \in \mathfrak{C}_{HD}$.

Es ist für $f_0 \in C_0^\infty$

$$\langle df, * df_0 \rangle = \int df \wedge ** df_0 = \int f\, d\, df_0 = 0$$

Hilfssatz 7.4. *Sei* $\{\mathfrak{c}_n\}$ *eine Folge aus* $\mathfrak{C}_D$ *mit*

$$\alpha = \sup_n \|\mathfrak{c}_n\| < \infty ,$$

$\mathfrak{c}_0$ *eine Differentialform, für die* $\mathfrak{c}_0 \wedge * \mathfrak{c}_0$ *lokal summierbar ist, und für jede kompakte Menge* K

$$\lim_{n\to\infty} \|\mathfrak{c}_n - \mathfrak{c}_0\|_K = 0$$

ist. Dann gehört $\mathfrak{c}_0$ *zu* $\mathfrak{C}_D$, *und für jedes* $\mathfrak{c} \in \mathfrak{C}_D$ *haben wir*

$$\langle \mathfrak{c}_0, \mathfrak{c} \rangle = \lim_{n\to\infty} \langle \mathfrak{c}_n, \mathfrak{c} \rangle .$$

Es ist für jede kompakte Menge K

$$\|\mathfrak{c}_0\|_K \leqq \|\mathfrak{c}_0 - \mathfrak{c}_n\|_K + \|\mathfrak{c}_n\|_K \leqq \|\mathfrak{c}_0 - \mathfrak{c}_n\|_K + \alpha ,$$

$$\|\mathfrak{c}_0\|_K \leqq \lim_{n\to\infty} \|\mathfrak{c}_0 - \mathfrak{c}_n\|_K + \alpha = \alpha ,$$

und daher

$$\|\mathfrak{c}_0\| = \sup_K \|\mathfrak{c}_0\|_K \leqq \alpha < \infty ,$$

$\mathfrak{c}_0 \in \mathfrak{C}_D$. Ferner haben wir

$$|\langle \mathfrak{c}_n, \mathfrak{c} \rangle - \langle \mathfrak{c}_0, \mathfrak{c} \rangle| \leqq |\langle \mathfrak{c}_n, \mathfrak{c} \rangle_{R-K}| + |\langle \mathfrak{c}_0, \mathfrak{c} \rangle_{R-K}| + |\langle \mathfrak{c}_n - \mathfrak{c}_0, \mathfrak{c} \rangle_K| \leqq$$
$$\leqq 2\alpha \|\mathfrak{c}\|_{R-K} + \|\mathfrak{c}_n - \mathfrak{c}_0\|_K \|\mathfrak{c}\| .$$

Da die rechte Seite beliebig klein gemacht werden kann, wenn man K passend und n genügend groß wählt, so erhalten wir

$$\lim_{n\to\infty} \langle \mathfrak{c}_n, \mathfrak{c} \rangle = \langle \mathfrak{c}_0, \mathfrak{c} \rangle .$$

Hilfssatz 7.5. *Jedes Potential ist Grenzfunktion einer nichtabnehmenden Folge* $\{p^{\mu_n}\}$ *von beliebig oft differenzierbaren Potentialen, für die* μ_n *kompakte Träger haben.*

Sei Φ eine beliebig oft differenzierbare Funktion auf der reellen Achse $-\infty \leqq t \leqq +\infty$, die folgende Eigenschaften besitzt: $\Phi(t) \leqq t$, $\Phi(t) = t$ für $t \leqq 0$, Φ konstant für $t \geqq 1$, $\frac{d^2\Phi}{dt^2} \leqq 0$. Man kann z. B.

$$\Phi(t) = \begin{cases} t & \text{für } t < 0 \\ t - \alpha_0 \int\limits_0^t \left(\int\limits_0^\tau e^{\frac{1}{\sigma(\sigma-1)}}\, d\sigma \right) d\tau & \text{für } 0 \leqq t \leqq 1 \\ \Phi(1) & \text{für } t > 1 \end{cases}$$

$$\alpha_0 = \left(\int\limits_0^1 e^{\frac{1}{\sigma(\sigma-1)}}\, d\sigma \right)^{-1}$$

nehmen. Wir setzen

$$\Phi_\alpha(t) = \alpha + \Phi(t - \alpha) .$$

Die Funktion $\Phi_\alpha \circ g_a$ ist beliebig oft differenzierbar, und wir haben

$$d(\Phi_\alpha \circ g_a) = \left(\frac{d\Phi_\alpha}{dt} \circ g_a\right) dg_a ,$$

$$d * d(\Phi_\alpha \circ g_a) = \left(\frac{d^2\Phi_\alpha}{dt^2} \circ g_a\right) dg_a \wedge * dg_a \leqq 0 .$$

$\Phi_\alpha \circ g_a$ ist also eine superharmonische Funktion. Da sie nicht größer als g_a ist, ist sie ein Potential. Aus den Eigenschaften von Φ ergibt sich

$$\Phi_\alpha \circ g_a(b) = g_a(b)$$

für $g_a(b) \leqq \alpha$ und $\Phi_\alpha \circ g_a \uparrow g_a$ für $\alpha \uparrow \infty$.

Sei p^μ ein Potential, $\{R_n\}$ eine normale Ausschöpfung von R und $\{\alpha_n\}$ eine zunehmende Folge von positiven Zahlen, so daß

$$R'_n = \bigcup_{a \in R_n} \{b \in R \mid g_a(b) \geqq \alpha_n\}$$

relativ kompakt sei. Die Funktion

$$(a, b) \to \Phi_{\alpha_n}(g_a(b))$$

ist beschränkt und stetig auf $R_n \times R$. Daraus folgt (Folgesatz 4.7), daß

$$s_n = \int_{R_n} \Phi_{\alpha_n} \circ g_a \, d\mu(a)$$

ein beliebig oft differenzierbares Potential p^{μ_n} ist, und der Träger von μ_n in $\overline{R}'_n$ liegt. Offenbar ist

$$p^{\mu_n} = \int_{R_n} \Phi_{\alpha_n} \circ g_a \, d\mu(a) \uparrow \int g_a \, d\mu(a) = p^\mu$$

Satz 7.2. *Ein Potential p hat dann und nur dann endliche Energie, wenn $dp \in \mathfrak{C}_D$; in diesem Fall haben wir sogar $dp \in \overline{dC_0^\infty}$. Sind p^μ, p^ν zwei Potentiale mit endlicher Energie, so ist*

$$\langle dp^\mu, dp^\nu \rangle = 2\pi \langle \mu, \nu \rangle .$$

Sei zuerst p^μ ein beliebig oft differenzierbares Potential mit endlicher Energie und μ mit kompaktem Träger. Weiter sei $\{R_n\}$ eine normale Ausschöpfung von R und

$$f_n(a) = \begin{cases} \int g_a^{R_n} d\mu & a \in R_n \\ 0 & a \in R - R_n . \end{cases}$$

f_n ist eine Tonellische Funktion, die auf R_n beliebig oft differenzierbar ist, und wir erhalten mittels der Stokesschen Formel

$$\|df_n\|^2 = \int_{R_n} df_n \wedge * df_n = -\int_{R_n} f_n \, d * df_n = 2\pi \int f_n \, d\mu \leqq 2\pi \int p^\mu \, d\mu < \infty .$$

Auf R_n ist

$$p^\mu - f_n = H_{p^\mu}^{R_n}$$

$\{H_{p^\mu}^{R_n}\}$ bildet eine nichtzunehmende Folge von harmonischen Funktionen, die gegen Null konvergiert, und folglich ist für jede kompakte Menge K

$$\lim_{n\to\infty} \|d p^\mu - d f_n\|_K = \lim_{n\to\infty} \|d H_{p^\mu}^{R_n}\|_K = 0 .$$

Auf Grund des Hilfssatzes 7.4 ist $d p^\mu \in \mathfrak{C}_D$, und für jedes $\mathfrak{c} \in \mathfrak{C}_{HD}$ ergibt sich mittels der Stokesschen Formel und des Hilfssatzes 7.3

$$\langle d p^\mu, \mathfrak{c}\rangle = \lim_{n\to\infty} \langle d f_n, \mathfrak{c}\rangle = \lim_{n\to\infty} \int_{R_n} d f_n \wedge * \mathfrak{c} = 0 ,$$

und somit gehört nach dem Satz 7.1 $d p^\mu$ zu $\overline{d C_0^\infty}$.

Sei jetzt p^ν ein Potential, für welches $d p^\nu \in \mathfrak{C}_D$, und

$$f_{n\varepsilon} = f_n - \varepsilon \Phi_1\left(\frac{f_n}{\varepsilon}\right),$$

wo Φ_1 die im Beweis des vorangehenden Hilfssatzes eingeführte Funktion ist. $f_{n\varepsilon}$ gehört zu C_0^∞ und wir haben also (Hilfssatz 4.1)

$$\begin{aligned} 2\pi \int f_{n\varepsilon} d\nu &= -\int p^\nu d * d f_{n\varepsilon} = \int d p^\nu \wedge * d f_{n\varepsilon} \\ &= \int d p^\nu \wedge * d f_n - \int\limits_{\{a\in R_n \mid f_n(a) < 2\varepsilon\}} \frac{d\Phi_1}{dt}\left(\frac{f_n}{\varepsilon}\right) d p^\nu \wedge * d f_n . \end{aligned}$$

Für $\varepsilon \to 0$ ergibt sich

$$2\pi \int f_n d\nu = \langle d f_n, d p^\nu\rangle$$

und für $n \to \infty$ (Hilfssatz 7.4)

$$2\pi \langle \mu, \nu\rangle = 2\pi \int p^\mu d\nu = \langle d p^\mu, d p^\nu\rangle .$$

Gemäß dem vorangehenden Hilfssatz existiert eine nichtabnehmende Folge $\{p^{\nu_n}\}$ von beliebig oft differenzierbaren Potentialen, ν_n mit kompaktem Träger, die gegen p^ν konvergiert. Es ist

$$2\pi \|\nu_n\|^2 \leqq 2\pi \int p^\nu d\nu_n = \langle d p^{\nu_n}, d p^\nu\rangle \leqq \|d p^{\nu_n}\| \, \|d p^\nu\| = \sqrt{2\pi}\, \|\nu_n\| \, \|d p^\nu\| ,$$

$$\|\nu_n\| \leqq \frac{\|d p^\nu\|}{\sqrt{2\pi}} ,$$

$$\|\nu\|^2 = \lim_{n\to\infty} \int p^{\nu_n} d\nu = \lim_{n\to\infty} \int p^\nu d\nu_n \leqq \lim_{n\to\infty} \frac{1}{\sqrt{2\pi}} \|\nu_n\| \, \|d p^\nu\| \leqq \frac{\|d p^\nu\|^2}{2\pi} ,$$

d. h. ν hat endliche Energie.

Es sei jetzt p^μ ein Potential mit endlicher Energie. Laut des Hilfssatzes 7.5 existiert eine nichtabnehmende Folge $\{p^{\mu_n}\}$ von beliebig oft differenzierbaren Potentialen, für die μ_n kompakte Träger haben, die gegen p^μ konvergiert. Für $n > m$ ist

$$\begin{aligned}\|dp^{\mu_n} - dp^{\mu_m}\|^2 &= \|dp^{\mu_n}\|^2 - 2\,\langle dp^{\mu_n}, dp^{\mu_m}\rangle + \|dp^{\mu_m}\|^2 \\ &= 2\pi(\|\mu_n\|^2 - 2\int p^{\mu_n}\,d\mu_m + \|\mu_m\|^2) \leqq 2\pi(\|\mu_n\|^2 - \|\mu_m\|^2)\,.\end{aligned}$$

Die Zahlenfolge $\{\|\mu_n\|\}$ ist nicht abnehmend und von $\|\mu\|$ beschränkt; sie ist also konvergent und $\{dp^{\mu_n}\}$ ist eine Cauchysche Folge aus $\overline{dC_0^\infty}$. Sei $\mathfrak{c}_0 \in \overline{dC_0^\infty}$ ihr Grenzpunkt. Dann haben wir für jedes $\mathfrak{c} \in \mathfrak{C}_0^\infty$

$$\begin{aligned}\int \mathfrak{c}_0 \wedge \mathfrak{c} &= -\,\langle \mathfrak{c}_0, *\,\mathfrak{c}\rangle = \lim_{n\to\infty} -\,\langle dp^{\mu_n}, *\,\mathfrak{c}\rangle \\ &= \lim_{n\to\infty} \int dp^{\mu_n} \wedge \mathfrak{c} = \lim_{n\to\infty} -\int p^{\mu_n}\,d\mathfrak{c} = -\int p^\mu\,d\mathfrak{c}\,.\end{aligned}$$

Daraus ist ersichtlich, daß $dp^\mu = \mathfrak{c}_0$ ist[1]. Weiter folgt

$$\langle dp^\mu, dp^\nu\rangle = \lim_{n\to\infty} \langle dp^{\mu_n}, dp^\nu\rangle = \lim_{n\to\infty} 2\pi \int p^{\mu_n}\,d\nu = 2\pi\,\langle \mu, \nu\rangle\,.$$

Eine reelle Funktion f heißt **Dirichletsche Funktion**[2], *wenn sie a) quasistetig, b) im verallgemeinerten Sinn differenzierbar und c) $df \in \mathfrak{C}_D$ ist;* jede Dirichletsche Funktion ist eine Tonellische Funktion. Wir bezeichnen mit $D(R) = D$ die Klasse der Dirichletschen Funktionen auf R. Aus den Sätzen **7.2** und **5.4** folgt, daß jedes Potential mit endlicher Energie eine Dirichletsche Funktion ist.

Satz 7.3. *Sind f_1, f_2 Dirichletsche Funktionen, so sind auch $\max(f_1, f_2)$ $\min(f_1, f_2)$ Dirichletsche Funktionen und*

$$\|d\max(f_1, f_2)\|^2 + \|d\min(f_1, f_2)\|^2 = \|df_1\|^2 + \|df_2\|^2\,.$$

Aus dem Hilfssatz **7.1** folgt, daß $\max(f_1, f_2)$, $\min(f_1, f_2)$ Tonellische Funktionen sind. Sie sind offenbar quasistetig. Wir setzen

$$A_1 = \{a \in R \mid f_1(a) > f_2(a)\}, \quad A_2 = \{a \in R \mid f_1(a) < f_2(a)\},$$
$$A_0 = \{a \in R \mid f_1(a) = f_2(a)\}\,.$$

Aus dem Hilfssatz **7.1** ergibt sich ferner

$$\|d\max(f_1, f_2)\|_{A_i}^2 + \|d\min(f_1, f_2)\|_{A_i}^2 = \|df_1\|_{A_i}^2 + \|df_2\|_{A_i}^2 \quad (i = 0, 1, 2)\,.$$

$\max(f_1, f_2)$, $\min(f_1, f_2)$ sind also Dirichletsche Funktionen und erfüllen die obige Gleichheit.

Satz 7.4. *Sind $\{f_n\}$, $\{f'_n\}$ zwei Folgen von Dirichletschen Funktionen, die fast überall gegen die Dirichletschen Funktionen f, f' konvergieren und für die*

$$\lim_{n\to\infty} \|df_n - df\| = \lim_{n\to\infty} \|df'_n - df'\| = 0$$

[1] Wir haben bewiesen, daß p^μ im verallgemeinerten Sinn differenzierbar ist, ohne uns der Tatsache, daß jede superharmonische Funktion eine Tonellische Funktion ist, zu bedienen.

[2] J. Deny und J. L. Lions haben sie *präzisierte Beppo-Levische Funktion* genannt.

ist, so ist auch

$$\lim_{n\to\infty} \|d\, max(f_n, f_n') - d\, max(f, f')\| = 0 .$$

Setzt man

$$A_n = \{a \in R \mid f(a) > f'(a),\ f_n(a) < f_n'(a)\} ,$$

$$B_n = \{a \in R \mid f(a) < f'(a),\ f_n(a) > f_n'(a)\} ,$$

so erhält man mittels des Hilfssatzes **7.1**

$$\|d\, max(f_n, f_n') - d\, max(f, f')\|^2 \leqq$$

$$\leqq \|df_n - df\|^2 + \|df_n' - df'\|^2 + \|df_n' - df\|^2_{A_n} + \|df_n - df'\|^2_{B_n} .$$

Nach den Voraussetzungen des Satzes sind

$$\bigcap_{n=1}^{\infty} \bigcup_{m=n}^{\infty} A_m, \qquad \bigcap_{n=1}^{\infty} \bigcup_{m=n}^{\infty} B_m$$

Mengen vom verschwindenden Flächeninhalt. Daraus folgt

$$\lim_{n\to\infty} \|df_n' - df\|_{A_n} \leqq \lim_{n\to\infty} \|df_n' - df\|_{\bigcup\limits_{m=n}^{\infty} A_m} \leqq$$

$$\leqq \lim_{n\to\infty} \|df_n' - df'\| + \lim_{n\to\infty} \|df' - df\|_{\bigcup\limits_{m=n}^{\infty} A_m} = 0 .$$

Ähnlich zeigt man, daß

$$\lim_{n\to\infty} \|df_n - df'\|_{B_n} = 0$$

ist, und die Beziehung des Satzes folgt sofort.

Eine Dirichletsche Funktion f auf einer hyperbolischen Riemannschen Fläche heißt ein **Dirichletsches Potential,** *wenn f für jedes Maß μ mit endlicher Energie μ-summierbar und*

$$\langle df, dp^{\mu}\rangle = 2\pi \int f\, d\mu$$

ist. Wir bezeichnen mit $D_0(R) = D_0$ die Klasse der Dirichletschen Potentiale auf R; D_0 ist ein reeller Vektorraum. Die Funktionen aus C_0^{∞} sind offenbar Dirichletsche Potentiale. Aus dem Satz **7.2** folgt, daß die Potentiale mit endlicher Energie auch Dirichletsche Potentiale sind. Ist f ein Dirichletsches Potential und $df = 0$, so ist f quasi überall Null. f ist resolutiv für jedes Gebiet G, denn ω_a^G ist ein Maß mit endlicher Energie. Ist $\{R_n\}$ eine normale Ausschöpfung von R, so ist (Hilfssatz 5.2)

$$\overline{\lim_{n\to\infty}}\, |H_f^{R_n}(a)| = \overline{\lim_{n\to\infty}} \left|\int f d\omega_a^{R_n}\right| = \overline{\lim_{n\to\infty}} \frac{1}{2\pi} \langle df, dp^{\omega_a^{R_n}}\rangle \leqq \overline{\lim_{n\to\infty}} \frac{\|df\| \|p^{\omega_a^{R_n}}\|}{\sqrt{2\pi}} = 0 .$$

Hilfssatz 7.6. *Ist f ein Dirichletsches Potential und μ ein Maß mit endlicher Energie, so ist*

$$C(\{a \in R \mid |f(a)| \geqq \alpha\}) \leqq \frac{\|df\|^2}{\pi\alpha^2} ,$$

$$\int |f|\, d\mu \leqq \|df\|\, \|\mu\| .$$

Sei $\varepsilon > 0$ und G eine offene Menge, deren Kapazität kleiner als ε ist, so daß die Einschränkung von f auf $R - G$ stetig sei. Dann ist die Menge

$$G_0 = \{a \in R \mid f(a) > \alpha - \varepsilon\} \cup G$$

offen. Sei K eine kompakte Menge aus G_0 und $\varkappa$ die Gleichgewichtsverteilung von $K - G$. Wir haben

$$C(K - G) = \varkappa(K - G) \leqq \frac{1}{\alpha - \varepsilon} \int f\, d\varkappa = \frac{1}{2\pi(\alpha - \varepsilon)} \langle df, dp^{\varkappa}\rangle \leqq$$

$$\leqq \frac{1}{2\pi(\alpha - \varepsilon)} \|df\|\, \|dp^{\varkappa}\| = \frac{\|df\| \sqrt{C(K - G)}}{\sqrt{2\pi}\,(a - \varepsilon)},$$

$$C(K - G) \leqq \frac{\|df\|^2}{2\pi(\alpha - \varepsilon)^2}, \quad C(K) \leqq C(K - G) + C(G) \leqq \frac{\|df\|^2}{2\pi(\alpha - \varepsilon)^2} + \varepsilon,$$

$$C(\{a \in R \mid f(a) \geqq \alpha\}) \leqq C(G_0) = \sup_{K \subset G_0} C(K) \leqq \frac{\|df\|^2}{2\pi(\alpha - \varepsilon)^2} + \varepsilon .$$

Da ε beliebig ist, ergibt sich

$$C(\{a \in R \mid f(a) \geqq \alpha\}) \leqq \frac{\|df\|^2}{2\pi\alpha^2}.$$

Ähnlich beweist man die Ungleichung

$$C(\{a \in R \mid f(a) \leqq -\alpha\}) \leqq \frac{\|df\|^2}{2\pi\alpha^2}.$$

Daraus folgt

$$C(\{a \in R \mid |f(a)| \geqq \alpha\}) \leqq \frac{\|df\|^2}{\pi\alpha^2}.$$

Wir bezeichnen mit μ' (bzw. μ'') die Einschränkung von μ auf $\{a \in R \mid f(a) > 0\}$ (bzw. $\{a \in R \mid f(a) < 0\}$). Dann ist

$$\int \max(f, 0)\, d\mu = \int f\, d\mu' = \frac{1}{2\pi} \langle df, dp^{\mu'}\rangle \leqq \frac{1}{2\pi} \|df\|\, \|dp^{\mu'}\|$$

$$= \frac{1}{\sqrt{2\pi}} \|df\|\, \|\mu'\| \leqq \frac{1}{\sqrt{2\pi}} \|df\|\, \|\mu\| .$$

Ähnlich verläuft der Beweis der Ungleichung

$$\int -\min(f, 0)\, d\mu \leqq \frac{1}{\sqrt{2\pi}} \|df\|\, \|\mu\| .$$

Aus diesen Ungleichungen ergibt sich

$$\int |f|\, d\mu \leqq \frac{2}{\sqrt{2\pi}} \|df\|\, \|\mu\| .$$

Hilfssatz 7.7. *Für jedes Dirichletsche Potential f gibt es ein Potential p mit $|f| \leqq p$.*

Sei $\alpha > 1$ und für jede ganze Zahl n, $-\infty < n < +\infty$,

$$A_n = \{a \in R \mid |f(a)| \geqq \alpha^n\} .$$

Gemäß dem Hilfssatz 7.6 ist

$$C(A_n) \leqq \frac{\|df\|^2}{\pi \alpha^{2n}}.$$

Sei G_n eine offene Menge, die A_n enthält, und deren Kapazität kleiner als $\frac{2\|df\|^2}{\pi\alpha^{2n}}$ ist. Wir haben

$$\sum_{n=0}^{\infty} \alpha^{n+1} \varkappa^{G_n}(R) = \sum_{n=0}^{\infty} \alpha^{n+1} C(G_n) \leqq \sum_{n=0}^{\infty} \frac{2\|df\|^2}{\pi \alpha^{n-1}} < \infty,$$

und somit ist

$$\sum_{n=0}^{\infty} \alpha^{n+1} p\varkappa^{G_n}$$

ein Potential. Es ist

$$\sum_{n=0}^{-\infty} \alpha^{n+1} p\varkappa^{G_n} \leqq \sum_{n=0}^{-\infty} \alpha^{n+1} < \infty.$$

Das Potential

$$p = \sum_{n=-\infty}^{+\infty} \alpha^{n+1} p\varkappa^{G_n}$$

genügt den Bedingungen des Hilfssatzes.

Aus diesem Hilfssatz folgt sofort $D_0 \subset W_0$.

Hilfssatz 7.8. *Sei* $\{f_n\}$ *eine Folge von Dirichletschen Potentialen, für die*

$$\|df_{n+1} - df_n\| < \frac{1}{2^n}$$

ist. Dann konvergiert $\{f_n\}$ *quasi überall gegen ein Dirichletsches Potential* f *und es ist*

$$\lim_{n\to\infty} \|df_n - df\| = 0.$$

Da $\{df_n\}$ eine Cauchysche Folge und $\mathfrak{C}_D$ vollständig ist, konvergiert diese Folge gegen ein $\mathfrak{c} \in \mathfrak{C}_D$. Wir setzen

$$A_n = \left\{a \in R \mid |f_{n+1}(a) - f_n(a)| \geqq 2^{-\frac{n}{2}}\right\},$$

$$B_m = \bigcup_{n=m+1}^{\infty} A_n.$$

Da $f_{n+1} - f_n$ Dirichletsche Potentiale sind, ist

$$C(A_n) \leqq \frac{\|df_{n+1} - df_n\|^2}{\pi\left(2^{-\frac{n}{2}}\right)^2} < \frac{1}{2^n},$$

$$C(B_m) \leqq \sum_{n=m+1}^{\infty} C(A_n) < \frac{1}{2^m}.$$

Die Reihe

$$f_1 + \sum_{n=1}^{\infty} (f_{n+1} - f_n)$$

ist außerhalb jeder Menge B_m absolut und gleichmäßig konvergent. Sie ist also außerhalb der Menge $\bigcap_{m=1}^{\infty} B_m$, d. h. quasi überall konvergent; sei f gleich ihrer Grenzfunktion auf $R - \bigcap_{m=1}^{\infty} B_m$ und gleich Null auf $\bigcap_{m=1}^{\infty} B_m$. Auf $R - B_m$ ist f als Grenzfunktion einer gleichmäßig konvergenten Folge von quasistetigen Funktionen quasistetig.

Sei μ ein Maß mit endlicher Energie. Da $\{f_n\}$, bis auf die Menge $\bigcap_{m=1}^{\infty} B_m$, die verschwindendes μ-Maß hat, gegen f konvergiert, so ist

$$\int |f|\, d\mu \leqq \underline{\lim}_{n\to\infty} \int |f_n|\, d\mu \leqq \lim_{n\to\infty} \|df_n\|\, \|\mu\| \leqq \|\mathfrak{c}\|\, \|\mu\| .$$

Man erkennt aus dieser Beziehung, daß f μ-summierbar ist; f ist desto mehr lokal summierbar. Sei $\{R_n\}$ eine normale Ausschöpfung von R und μ_m die Einschränkung von μ auf $B_m \cup (R - R_m)$. Es ist

$$\overline{\lim}_{m\to\infty} \|\mu_m\|^2 \leqq \overline{\lim}_{m\to\infty} \int p^\mu\, d\mu_m = \lim_{m\to\infty} \int_{B_m \cup (R-R_m)} p^\mu\, d\mu = 0 .$$

Wir haben für $m < n$

$$\left| \int f d\mu - \int f_n\, d\mu \right| \leqq \int_{R_m - B_m} |f - f_n|\, d\mu + \int |f|\, d\mu_m + \int |f_n|\, d\mu_m \leqq$$

$$\leqq \frac{1}{\sqrt{2^{n-1}}\,(\sqrt{2}-1)}\, \mu(R_m - B_m) + \|\mathfrak{c}\|\, \|\mu_m\| + \|df_n\|\, \|\mu_m\| ,$$

$$\overline{\lim}_{n\to\infty} \left| \int f\, d\mu - \int f_n\, d\mu \right| \leqq 2\|\mathfrak{c}\|\, \|\mu_m\| ,$$

$$\lim_{n\to\infty} \int f_n\, d\mu = \int f\, d\mu .$$

Sei $\mathfrak{c}_0 \in \mathfrak{C}_0^\infty$ und ν^+ (bzw. ν^-) der positive Teil des zu $d\mathfrak{c}_0$ (bzw. $-d\mathfrak{c}_0$) assoziierten Maßes. Es ist

$$\int f d\mathfrak{c}_0 = \int f\, d\nu^+ - \int f\, d\nu^- = \lim_{n\to\infty} \int f_n\, d\nu^+ - \lim_{n\to\infty} \int f_n\, d\nu^- = \lim_{n\to\infty} \int f_n\, d\mathfrak{c}_0$$

$$= \lim_{n\to\infty} - \int df_n \wedge \mathfrak{c}_0 = \lim_{n\to\infty} \langle df_n, *\, \mathfrak{c}_0 \rangle = \langle \mathfrak{c}, *\, \mathfrak{c}_0 \rangle = - \int \mathfrak{c} \wedge \mathfrak{c}_0 ,$$

und somit ist f im verallgemeinerten Sinn differenzierbar und

$$df = \mathfrak{c} .$$

Es ist

$$\langle df, dp^\mu \rangle = \lim_{n\to\infty} \langle df_n, dp^\mu \rangle = \lim_{n\to\infty} 2\pi \int f_n\, d\mu = 2\pi \int f\, d\mu ,$$

womit der Beweis schließt.

Satz 7.5. $dD_0 = \overline{dC_0^\infty}$.

Sei $\mathfrak{c} \in \overline{dC_0^\infty}$. Wir wählen eine Folge $\{f_n\}$ aus C_0^∞ mit

$$\|df_n - \mathfrak{c}\| < \frac{1}{2^{n+1}}.$$

Dann ist

$$\|df_{n+1} - df_n\| < \frac{1}{2^n}.$$

Aus dem Hilfssatz 7.8 folgt, daß ein Dirichletsches Potential f mit $df = \mathfrak{c}$ existiert, und es ist $\overline{dC_0^\infty} \subset dD_0$.

Sei f ein Dirichletsches Potential; nach dem Satz 7.1 ist

$$df = \mathfrak{c}_1 + \mathfrak{c}_2,$$

$\mathfrak{c}_1 \in \mathfrak{C}_{HD}$, $\mathfrak{c}_2 \in \overline{dC_0^\infty}$. Sei f_0 ein Dirichletsches Potential mit $df_0 = \mathfrak{c}_2$. Dann ist $f - f_0$ eine harmonische Funktion. Ist $\{R_n\}$ eine normale Ausschöpfung, so haben wir

$$f - f_0 = \lim_{n \to \infty} H_{f-f_0}^{R_n} = 0,$$

$$df = df_0 = \mathfrak{c}_2 \in \overline{dC_0^\infty}.$$

Satz 7.6. (H. L. Royden). *Jede Dirichletsche Funktion ist eine Wienersche Funktion. Ist R hyperbolisch, so ist jede Dirichletsche Funktion f eindeutig in der Form $f = u + f_0$ darstellbar, $u \in HD$*[1]*, $f_0 \in D_0$* (H. L. Royden, 1952 [2]; M. Brelot, 1952 [2]).

Sei zuerst R hyperbolisch. Dann ist $df = \mathfrak{c}_1 + \mathfrak{c}_2$, $\mathfrak{c}_1 \in \mathfrak{C}_{HD}$, $\mathfrak{c}_2 \in \overline{dC_0^\infty}$ (Satz 7.1). Sei $f_0 \in D_0$ mit $df_0 = \mathfrak{c}_2$ (Satz 7.5) und $u = f - f_0$; man kann f_0 so wählen, daß u stetig sei. Dann gehört offenbar u zu HD, und die zweite Behauptung des Satzes ist bewiesen.

Da $|f|$ auch eine Dirichletsche Funktion ist, so haben wir $|f| = u_1 + f_1$ $u_1 \in HD$, $f_1 \in D_0$. Es gibt dann ein Potential p, $|f_1| \leqq p$ (Hilfssatz 7.7). Dann ist $u_1 + p$ eine superharmonische Majorante von $|f|$. Daraus folgt, daß $|u|$ eine superharmonische Majorante besitzt und u und f Wienersche Funktionen sind.

Die Behauptung ist jetzt unmittelbar auf die parabolischen Flächen übertragbar.

Bemerkung. Offenbar ist

$$u = h_f^R = \lim_{n \to \infty} h_f^{R_n},$$

wo $\{R_n\}$ eine normale Ausschöpfung bedeutet. Es folgt aus diesem Satz $HD \subset HW = HP$ und $W_0 \cap D = D_0$. Aus dieser Beziehung geht hervor, daß D_0 ein reeller Vektorverband ist.

[1] HD ist die Klasse der harmonischen Dirichletschen Funktionen.

Satz 7.7. *dD ist eine abgeschlossene Menge in $\mathfrak{C}_D$.*

Wir nehmen zuerst an, daß R hyperbolisch ist. Aus dem Satz von Royden und dem Satz 7.5 folgt

$$dD = dHD \oplus \overline{dC_0^\infty}\,.$$

Es genügt also zu beweisen, daß dHD abgeschlossen ist. Es sei $\{u_n\}$ eine Folge aus HD, für die $\{du_n\}$ eine Cauchysche Folge ist, und $a_0 \in R$. Dann konvergiert $\{u_n - u_n(a_0)\}$ gegen ein HD-Funktion u und

$$\lim_{n\to\infty} \|du_n - du\| = 0\,.$$

Ist R parabolisch, so nehmen wir zwei hyperbolische Gebiete G', G'', deren Durchschnitt zusammenhängend ist, mit $R = G' \cup G''$. Sei $\{f_n\}$ eine Folge aus D für die $\{df_n\}$ eine Cauchysche Folge ist. Es gibt also ein $f' \in D(G')$ [bzw. $f'' \in D(G'')$] mit

$$\lim_{n\to\infty} \|df_n - df'\|_{G'} = 0 \qquad (\text{bzw.} \lim_{n\to\infty} \|df_n - df''\|_{G''} = 0)\,.$$

Auf $G' \cap G''$ ist $df' = df''$ und somit $f' - f'' = \alpha$. Die Funktion f, die auf G' gleich f' und auf G'' gleich $f'' + \alpha$ ist, ist eine Dirichletsche Funktion und

$$\lim_{n\to\infty} \|df_n - df\| = 0\,.$$

Folgesatz 7.1. *Ist R parabolisch, so ist $\overline{dC_0^\infty} = dD$.*

Aus dem Satz folgt $\overline{dC_0^\infty} \subset dD$. Sei jetzt $f \in D$ und

$$df = \mathfrak{c}_1 + \mathfrak{c}_2\,,$$

$\mathfrak{c}_1 \in \mathfrak{C}_{HD}$, $\mathfrak{c}_2 \in \overline{dC_0^\infty}$. Da $\overline{dC_0^\infty} \subset dD$ ist, existiert eine Dirichletsche Funktion f' auf R, für die $df' = \mathfrak{c}_2$ ist. Dann ist $f - f'$ eine HD-Funktion auf R und folglich konstant und

$$df = df' = \mathfrak{c}_2.$$

Satz 7.8. *$HD \subset MHB$.*

Da $HD \subset HP$ ist, so genügt zu zeigen, daß eine positive HD-Funktion u quasibeschränkt ist. Wir haben

$$\|d(u - u \wedge n)\| \leq \|d(u - \min(u, n))\| = \|du\|_{\{u>n\}} \to 0$$

und somit

$$\lim_{n\to\infty} u \wedge n = u\,.$$

u ist also quasibeschränkt (Folgesatz 2.1).

Satz 7.9. *Es sei $\{a_n\}$ eine Punktfolge, die gegen den idealen Rand strebt, so daß $\{g_{a_n}\}$ konvergent ist. Dann ist die Funktion*

$$u = \lim_{n\to\infty} g_{a_n}$$

singulär und $min(u, \alpha)$ *ist ein Dirichletsches Potential* (Z. KURAMOCHI, 1958 [11]).

Sei $\{R_n\}$ eine normale Ausschöpfung und f_m gleich $min(g_a^{R_m}, \alpha)$ auf R_m und gleich 0 auf $R - R_m$. f_m ist eine Tonellische Funktion und

$$\|df_m\|^2 = \int_{\{0 < f_m < \alpha\}} dg_a^{R_m} \wedge * dg_a^{R_m} = \int_{\{g_a^{R_m} = \alpha\}} g_a^{R_m} * dg_a^{R_m} = 2\pi\alpha .$$

Für jede kompakte Menge K ist

$$\lim_{m\to\infty} \|df_m - d\,min(g_a^R, \alpha)\|_K = 0 .$$

Aus dem Hilfssatz 7.4 ergibt sich, daß $d\,min(g_a^R, \alpha)$ zu $\mathfrak{C}_D$ gehört, zu $\mathfrak{C}_{HD}$ orthogonal ist und

$$\|d\,min(g_a^R, \alpha)\|^2 \leqq 2\pi\alpha$$

ist. Für jede kompakte Menge K ist (Satz 7.4)

$$\lim_{n\to\infty} \|d\,min(g_{a_n}^R, \alpha) - d\,min(u, \alpha)\|_K = 0 .$$

Durch eine nochmalige Anwendung des Hilfssatzes 7.4, ergibt sich, daß $d\,min(u, \alpha)$ zu $\mathfrak{C}_D$ gehört und zu $\mathfrak{C}_{HD}$ orthogonal ist, d. h. $min(u, \alpha)$ ist ein Dirichletsches Potential. Daraus folgt $u \wedge \alpha = 0$, und u ist singulär.

8. Ideale Ränder

In der Theorie der Riemannschen Flächen wurden mehrere ideale Ränder eingeführt, die verschiedene Eigenschaften besitzen und verschiedenen Zwecken dienen; folgende Abschnitte sind dem Studium dieser idealen Ränder gewidmet. Es gibt aber gewisse Probleme, die allen diesen idealen Rändern gemein sind. Dieser Abschnitt soll sich mit diesen Problemen beschäftigen, und zwar: mit dem Dirichletschen Problem (das von M. OHTSUKA, 1954 [4], für die Kerekjártó-Stoilowsche Kompaktifizierung und von M. BRELOT, 1956 [4], für eine beliebige metrisierbare Kompaktifizierung untersucht wurde), mit dem harmonischen Rand einer Kompaktifizierung (eingeführt von H. L. ROYDEN, 1953 [3]) und den Sätzen vom Typus des Satzes der Gebrüder RIESZ, 1916.

Eine **Kompaktifizierung** R^* *von* R *ist ein kompakter (nicht unbedingt metrisierbarer Raum),* $R^* \supset R$, *so daß* R *in* R^* *dicht liegt und die auf* R *induzierte Topologie von* R^* *mit der Urtopologie von* R *zusammenfällt. Wir nennen* $\Delta = R^* - R$ *den* **idealen Rand** *von* R *(in der Kompaktifizierung* R^**).* Δ ist kompakt. In der Tat, sei $\{R_n\}$ eine normale Ausschöpfung von R. Da die abgeschlossene Hülle von R_n in R kompakt ist, ist sie gleich der abgeschlossenen Hülle von R_n in R^*. Daraus und aus $\Delta \subset R^* = \overline{R} = \overline{R - R_n} \cup \overline{R_n}$ folgt $\Delta \subset \overline{R - R_n}$, wo $\overline{A}$ die abgeschlossene

Hülle von A in R^* bezeichnet. Es ist also $\Delta \subset \bigcap_{n=1}^{\infty} (\overline{R - R_n})$. Da aber $R_n \cap \overline{R - R_n} = \phi$ ist, so ist $\Delta = \bigcap_{n=1}^{\infty} (\overline{R - R_n})$. Daraus erkennt man auch, daß R eine offene Teilmenge von R^* ist.

Sei R hyperbolisch und f eine reelle (nicht unbedingt endliche) Funktion auf Δ. Wir bezeichnen mit $\overline{\mathscr{S}}_f^{R,R^*} = \overline{\mathscr{S}}_f^R = \overline{\mathscr{S}}_f$ (bzw. $\underline{\mathscr{S}}_f^{R,R^*} = \underline{\mathscr{S}}_f^R = \underline{\mathscr{S}}_f$) die Klasse der nach unten beschränkten superharmonischen (bzw. nach oben beschränkten subharmonischen) Funktionen s, für die für jedes $b \in \Delta$

$$\varliminf_{a \to b} s(a) \geqq f(b)\,, \qquad \left(\text{bzw. } \varlimsup_{a \to b} s(a) \leqq f(b)\right)$$

ist. Für $\bar{s} \in \overline{\mathscr{S}}_f$, $\underline{s} \in \underline{\mathscr{S}}_f$ erhält man aus dem Minimumprinzip $\bar{s} \geqq \underline{s}$. Sind die Klassen $\overline{\mathscr{S}}_f$, $\underline{\mathscr{S}}_f$ nichtleer, so bezeichnen wir mit $\overline{H}_f^{R,R^*} = \overline{H}_f^R = \overline{H}_f$ (bzw. $\underline{H}_f^{R,R^*} = \underline{H}_f^R = \underline{H}_f$) die untere (bzw. obere) Grenze von $\overline{\mathscr{S}}_f$ (bzw. $\underline{\mathscr{S}}_f$). Da $\overline{\mathscr{S}}_f$, $\underline{\mathscr{S}}_f$ Perronsche Klassen sind, sind $\overline{H}_f$, $\underline{H}_f$ harmonische Funktionen. Wir haben $\overline{H}_f \geqq \underline{H}_f$.

Hilfssatz 8.1. *Sei f eine reelle Funktion auf Δ, für die $\overline{\mathscr{S}}_f$, $\underline{\mathscr{S}}_f$ nichtleer sind. Es gibt eine positive superharmonische Funktion s, so daß für jedes $\varepsilon > 0$ $\overline{H}_f + \varepsilon s \in \overline{\mathscr{S}}_f$, $\underline{H}_f - \varepsilon s \in \underline{\mathscr{S}}_f$.*

Man beweist diesen Hilfssatz genauso wie den Hilfssatz 3.1.

Ist $\overline{H}_f = \underline{H}_f$, so nennen wir f **resolutiv** *und bezeichnen diese Funktion mit $H_f^{R,R^*} = H_f^R = H_f$.*

Satz 8.1. *Sind f_1, f_2 resolutive Funktionen und α_1, α_2 reelle Zahlen, so sind $\alpha_1 f_1 + \alpha_2 f_2$*[1]*, $max(f_1, f_2)$, $min(f_1, f_2)$ resolutive Funktionen, und wir haben*

$$H_{\alpha_1 f_1 + \alpha_2 f_2} = \alpha_1 H_{f_1} + \alpha_2 H_{f_2}, \quad H_{max(f_1,f_2)} = H_{f_1} \vee H_{f_2}, \quad H_{min(f_1,f_2)} = H_{f_1} \wedge H_{f_2}\,.$$

Sei $\{f_n\}$ eine monotone Folge von resolutiven Funktionen; die Funktion $\lim_{n\to\infty} f_n$ ist dann und nur dann resolutiv, wenn die Folge $\{H_{f_n}\}$ konvergent ist. In diesem Fall ist

$$H_{\lim_{n\to\infty} f_n} = \lim_{n\to\infty} H_{f_n}\,.$$

Man beweist diesen Satz genauso wie den Satz 3.1.

Hilfssatz 8.2. *Sei f eine stetige beschränkte Funktion auf R^*. Die Einschränkung von f auf Δ ist dann und nur dann resolutiv, wenn die Einschränkung von f auf R eine Wienersche Funktion ist. In diesem Fall ist $h_f^R = H_f^R$*[2]*.*

[1] Mit der Konvention $+\infty - \infty = -\infty + \infty = 0\,\infty = 0$.

[2] In dieser Formel wurden gleichfalls mit f die Einschränkungen von f auf R und Δ bezeichnet; gleichartigen „Bezeichnungsmißbrauch" werden wir auch weiterhin machen.

Wir haben $\mathscr{W}_f \subset \overline{\mathscr{S}}_f$ und somit $\overline{H}_f \leqq \bar{h}_f$. Für jedes $s \in \overline{\mathscr{S}}_f$ und $\varepsilon > 0$ gehört $s + \varepsilon$ zu $\mathscr{W}_f$. Daraus ergibt sich $\bar{h}_f \leqq \overline{H}_f$, $\bar{h}_f = \overline{H}_f$. Analog beweist man die Gleichheit $\underline{h}_f = \underline{H}_f$ und der Hilfssatz ist bewiesen.

Satz 8.2. *Folgende Bedingungen sind äquivalent;*

a) *alle stetigen beschränkten Funktionen auf Δ sind resolutiv,*

b) *die Einschränkung auf R der stetigen beschränkten Funktionen von R^* sind Wienersche Funktionen,*

c) *für jede Ausschöpfung $\{R_n\}$ von R mit relativ kompakten Gebieten und $a \in R$ ist $\{\omega_a^{R_n}\}$ konvergent (auf dem kompakten Raum R^*).*

$a \Leftrightarrow b$ folgt aus dem Hilfssatz 8.2.

$b \Rightarrow c$. Sei $\{R_n\}$ eine Ausschöpfung von R mit relativ kompakten Gebieten und $f \in C(R^*)$. Dann ist die Einschränkung von f auf R eine Wienersche Funktion und (Satz 6.2)

$$\lim_{n\to\infty} \int f \, d\omega_a^{R_n} = \lim_{n\to\infty} H_f^{R_n}(a) = h_f^R(a)\,,$$

woraus man erkennt, daß $\{\omega_a^{R_n}\}$ konvergent ist.

$c \Rightarrow b$. Sei $f \in C(R^*)$ und $\{R_n\}$ eine Ausschöpfung von R mit relativ kompakten Gebieten. Aus

$$\lim_{n\to\infty} H_f^{R_n}(a) = \lim_{n\to\infty} \int f \, d\omega_a^{R_n}$$

sieht man, daß die Einschränkung von f auf R die Eigenschaft (V) besitzt. Sie ist also eine Wienersche Funktion (Satz 6.3).

Eine Kompaktifizierung, die eine von diesen Bedingungen (und somit alle) erfüllt, wird **resolutive Kompaktifizierung** *genannt.* Ist R^* eine resolutive Kompaktifizierung und $a \in R$, so ist

$$f \to H_f(a)$$

ein lineares positives Funktional auf $C(\Delta)$. Es gibt also ein Maß $\omega_a^{R,R^*} = \omega_a^R = \omega_a = \omega$ auf Δ, so daß

$$H_f(a) = \int f \, d\omega_a$$

ist. *Wir nennen ω_a das* **harmonische Maß** *in bezug auf a.* Aus dem Hilfssatz 8.2 ergibt sich, daß für jede Ausschöpfung $\{R_n\}$ von R mit relativ kompakten Gebieten $\{\omega_a^{R_n}\}$ gegen ω_a^R konvergiert.

Es sei $a_0 \in R$. Aus dem Harnackschen Satz ergibt sich, daß ω_a *in bezug auf ω_{a_0} absolutstetig und $\frac{d\omega_a}{d\omega_{a_0}}$ gleichmäßig beschränkt ist, wenn a in einer kompakten Menge bleibt. Ist f eine reelle Funktion auf Δ und ist sie ω_{a_0}-summierbar, so ist sie ω_a-summierbar für jedes $a \in R$; wir werden deshalb einfach von ω-summierbaren Funktionen sprechen. Sei $A \subset \Delta$; ist die charakteristische Funktion von A (in bezug auf Δ) ω-summierbar, so sagen wir, daß A ω-meßbar ist, und nennen die Funktion $a \to \omega_a(A)$ (die wir meistens mit $\omega(A)$ bezeichnen) das* **harmonische Maß** *von A.*

Eine Eigenschaft ist fast überall auf Δ gültig, wenn alle Punkte von Δ diese Eigenschaft besitzen, bis auf eine Menge vom harmonischen Maß Null.

Ist f eine ω-summierbare Funktion, so ist die Funktion

$$a \to \int f \, d\omega_a$$

harmonisch; das ist offenbar für f stetig und beschränkt, und die Behauptung wird auf nach unten halbstetigen nach unten beschränkten Funktionen und dann auf beliebige ω-summierbare Funktionen ausgedehnt. Sei $\mathscr{L}_1$ (bzw. $\mathscr{L}_2$) die Klasse der ω-summierbaren Funktionen f, für die für jede stetige beschränkte (bzw. ω-summierbare) Funktion f' die Gleichheiten

$$\int f \, d\omega \vee \int f' \, d\omega = \int max(f, f') \, d\omega \,,$$
$$\int f \, d\omega \wedge \int f' \, d\omega = \int min(f, f') \, d\omega$$

gelten. Sei f eine ω-summierbare Funktion und $\{f_n\}$ eine monotone Folge aus $\mathscr{L}_1$ (bzw. $\mathscr{L}_2$), die fast überall bezüglich ω gegen f konvergiert. Aus der Eigenschaft b) von $\vee$, $\wedge$ (s. S. 16—17) und den bekannten Eigenschaften des Integrals ergibt sich, daß auch f zu $\mathscr{L}_1$ (bzw. $\mathscr{L}_2$) gehört. Da $\mathscr{L}_1$ die stetigen beschränkten Funktionen enthält, gehört jede ω-summierbare Funktion zu $\mathscr{L}_1$. Daraus folgt, daß jede stetige beschränkte Funktion zu $\mathscr{L}_2$ gehört, und somit enthält $\mathscr{L}_2$ alle ω-summierbaren Funktionen. Die obigen Gleichheiten gelten folglich für zwei beliebige ω-summierbare Funktionen f, f'. Insbesondere ist

$$\omega(A_1) \vee \omega(A_2) = \omega(A_1 \cup A_2)\,, \qquad \omega(A_1) \wedge \omega(A_2) = \omega(A_1 \cap A_2)$$

Hilfssatz 8.3. *Sei R^* eine resolutive Kompaktifizierung und f eine reelle Funktion auf Δ. Sind die Klassen $\overline{\mathscr{S}}_f$, $\underline{\mathscr{S}}_f$ nichtleer, so ist*

$$\underline{H}_f \leqq \underline{\int} f \, d\omega \leqq \overline{\int} f \, d\omega \leqq \overline{H}_f \,.$$ [1]

Ist f nach unten halbstetig, nach unten beschränkt und ω-summierbar, so ist

$$\int f \, d\omega$$

die obere Grenze der Klasse $\underline{\mathscr{S}}_f$ (H. Bauer, 1962 [1]).

Sei zuerst f nach unten halbstetig, nach unten beschränkt und $s \in \underline{\mathscr{S}}_f$. Wir setzen s auf Δ mittels der Beziehung

$$s(b) = \overline{\lim_{a \to b}} \, s(a) \qquad (b \in \Delta)$$

fort. Für jedes $\varepsilon > 0$ gibt es ein $f' \in C(\Delta)$, $s - \varepsilon \leqq f' \leqq f$ auf Δ. Daraus folgt

$$\int f \, d\omega = sup \{\int f' \, d\omega = H_{f'} \mid f' \in C(\Delta),\ f' \leqq f\} \geqq s - \varepsilon \,,$$
$$\int f \, d\omega = \sup_{s \in \underline{\mathscr{S}}_f} s \,.$$

[1] $\overline{\int} f \, d\omega_a = inf \, \{\int f' \, d\omega_a \,|\, f'$ nach unten halbstetig, nach unten beschränkt, $f' \geqq f\}$.

Sei jetzt f beliebig, aber die Klassen $\overline{\mathscr{S}}_f$, $\underline{\mathscr{S}}_f$ nichtleer. Sei ferner $s \in \underline{\mathscr{S}}_f$ und auf Δ wie oben fortgesetzt. Dann ist

$$\underline{\int} f\, d\omega \geqq \int s\, d\omega = \overline{H}_s \geqq \underline{H}_s \geqq s\,, \qquad \underline{\int} f\, d\omega \geqq \underline{H}_f\,.$$

Ebenso beweist man die Beziehung

$$\overline{H}_f \geqq \overline{\int} f\, d\omega\,.$$

Satz 8.3. *Sei R^* eine resolutive Kompaktifizierung. Jede resolutive Funktion ist ω-summierbar, und jede ω-summierbare Funktion ist fast überall gleich einer resolutiven Funktion. Die ω-summierbaren Baireschen Funktionen sind resolutiv* (H. Bauer, 1962 [1]).

Daß jede resolutive Funktion ω-summierbar ist, ergibt sich sofort aus dem vorangehenden Hilfssatz. Sei f eine nach unten halbstetige, nach unten beschränkte ω-summierbare Funktion und $a \in R$. Es gibt eine zunehmende Folge $\{f_n\}$ von stetigen beschränkten Funktionen, die nicht größer als f sind, und für die

$$\lim_{n\to\infty} \int f_n\, d\omega_a = \int f\, d\omega_a$$

ist. Sei f' die Grenzfunktion der Folge $\{f_n\}$. Dann ist f' resolutiv (Satz 8.1), $f' \leqq f$ und

$$\int (f - f')\, d\omega_a = 0\,.$$

f' ist also fast überall gleich f. Sei jetzt f eine ω-summierbare Funktion. Es gibt eine nichtzunehmende Folge $\{f_n\}$ von nach unten halbstetigen, nach unten beschränkten Funktionen, die nicht kleiner als f sind, und für die

$$\lim_{n\to\infty} \int f_n\, d\omega_a = \int f\, d\omega_a$$

ist. Sei f_n' eine resolutive Funktion, die fast überall gleich f_n ist. Man kann sogar annehmen, daß die Folge $\{f_n'\}$ nichtzunehmend ist; sei f' ihre Grenzfunktion. Dem Satz 8.1 gemäß ist f' ω-summierbar. Da f' fast überall nicht kleiner als f und

$$\int (f - f')\, d\omega_a = 0$$

ist, ist f' fast überall gleich f.

Sei $\alpha < \beta$. Wir bezeichnen mit $\mathscr{B}_{\alpha\beta}$ die Klasse der reellen Funktionen f auf Δ, für die $max(min(f, \beta), \alpha)$ resolutiv ist. Da $\mathscr{B}_{\alpha\beta} \supset C(\Delta)$ und für jede monotone Folge aus $\mathscr{B}_{\alpha\beta}$ die Grenzfunktion auch zu $\mathscr{B}_{\alpha\beta}$ gehört, so enthält $\mathscr{B}_{\alpha\beta}$ alle Baireschen Funktionen. Sei f eine ω-summierbare Bairesche Funktion. Dann ist $max(min(f, n), -m)$ resolutiv. Daraus erhält man der Reihe nach, daß $min(f, n)$ und f resolutiv sind (Satz 8.1).

Bemerkung. Nicht jede ω-summierbare Funktion ist resolutiv. Es gibt sogar beschränkte nach unten halbstetige Funktionen, die nicht resolutiv sind. Ist aber Δ metrisierbar, so ist aus diesem Satz ersichtlich, daß die resolutiven und ω-summierbaren Funktionen zusammenfallen.

Für jedes Potential p sei Γ_p die Menge der Punkte $b \in \Delta$, für die

$$\underline{lim}_{a \to b}\, p(a) = 0$$

ist, und $\Gamma = \bigcap_p \Gamma_p$, wo p die Klasse aller Potentiale durchläuft. Γ ist kompakt und nichtleer, denn $\{\Gamma_p\}$ ist eine nach unten gerichtete Familie von kompakten Mengen. *Man nennt Γ den* **harmonischen Rand** *der Kompaktifizierung R^*.* Wir bezeichnen $\Lambda = \Delta - \Gamma$.

Hilfssatz 8.4. *Ist K eine kompakte Menge aus Λ, so gibt es ein endliches Potential p, für welches*

$$\lim_{a \to K} p(a) = \infty$$

ist.

Für jeden Punkt $b \in K$ gibt es ein Potential p_b, so daß

$$\underline{lim}_{a \to b}\, p_b(a) > 0$$

ist. Dann gibt es eine offene Menge U auf Δ, die b enthält, so daß für jedes $b' \in U$

$$\underline{lim}_{a \to b'}\, p_b(a) > 0$$

ist. Da K kompakt ist, erkennt man sofort, daß ein Potential p existiert, so daß

$$\underline{lim}_{a \to K}\, p(a) > 0$$

ist. Man kann offenbar annehmen, daß p beschränkt ist. Es sei $\{R_n\}$ eine normale Ausschöpfung von R. Da die Folge $\{p_{R-R_n}\}$ gegen Null konvergiert, so kann man annehmen, indem man zu einer Teilfolge übergeht, daß die Reihe

$$\sum_{n=1}^{\infty} p_{R-R_n}$$

konvergent ist. Ihre Summe ist das gesuchte Potential.

Satz 8.4. *Ist G ein Gebiet und s eine nach unten beschränkte superharmonische Funktion auf G, für die*

$$\underline{lim}_{a \to b}\, s(a) \geqq \alpha$$

für jeden Punkt b des relativen Randes von G und jeden Punkt $b \in \Gamma$, der in $\overline{G}$ liegt, so ist $s \geqq \alpha$.

Es sei $\varepsilon > 0$ und

$$K = \{b \in \Delta \cap \overline{G} \mid \underline{lim}_{G \ni a \to b}\, s(a) \leqq \alpha - \varepsilon\}.$$

K ist offenbar kompakt und liegt in Λ. Dann gibt es ein endliches Potential p, für welches

$$\lim_{a \to K} p(a) = \infty$$

ist. Für jedes $\varepsilon' > 0$ ist $s + \varepsilon' p$ eine superharmonische Funktion auf G, für die

$$\varliminf_{a \to id\,Rd\,G} (s(a) + \varepsilon' p(a)) \geqq \alpha - \varepsilon$$

ist. Daraus folgt

$$s + \varepsilon' p \geqq \alpha - \varepsilon$$

und, da ε, ε' beliebig sind, $s \geqq \alpha$.

Folgesatz 8.1. (Minimumprinzip). *Ist u eine nach unten beschränkte harmonische Funktion auf R, für die*

$$\varliminf_{a \to \Gamma} u(a) \geqq \alpha$$

ist, so ist $u \geqq \alpha$.

Dieses Minimumprinzip wurde für partikulare Kompaktifizierungen von S. Mori u. M. Ota, 1956 [1]; S. Mori, 1961 [2]; K. Hayashi, 1961 [1] bewiesen.

Folgesatz 8.2. *Ist u eine quasibeschränkte Funktion, so ist*

$$\varliminf_{a \to \Gamma} u(a) \leqq u \leqq \varlimsup_{a \to \Gamma} u(a)\,.$$

Sei

$$\alpha = \varliminf_{a \to \Gamma} u(a) > -\infty$$

und $\beta < \alpha$. Dann ist $u \vee \beta$ eine nach unten beschränkte harmonische Funktion, und aus dem Folgesatz 8.1 ergibt sich $u \vee \beta \geqq \alpha$. Es ist also (Folgesatz 2.1)

$$u = \lim_{\beta \to -\infty} u \vee \beta \geqq \alpha\,.$$

Diese Erweiterung des Mori-Ota-Minimumprinzips stammt von M. Nakai, 1960 [2].

Hilfssatz 8.5. *Es sei G ein Gebiet mit kompaktem relativem Rand. $\Gamma \cap \overline{G}$ ist dann und nur dann leer, wenn G vom Typus SO_{HB} ist.*

Sei zuerst $\Gamma \cap \overline{G} = \phi$ und $s \in \mathscr{S}_1^G$. Aus dem Satz 8.4 folgt $s \geqq 1$. Es ist also $H_1^G = 1$ und G ist vom Typus SO_{HB}. Ist umgekehrt G vom Typus SO_{HB} und $K = Rd\,G$, so ist 1_K gleich 1 auf G. Da aber 1_K ein Potential ist, so ist $\overline{G} \cap \Delta \subset \Delta$ und somit $\Gamma \cap \overline{G} = \phi$.

Sei e eine Kerékjártó-Stoilowsche ideale Randkomponente (élément frontière, S. Stoilow [2]) und $\{G_n\}$ eine determinante Folge von e. Wir setzen $\Delta_e = \bigcap_{n=1}^{\infty} \overline{G}_n$. *$\Delta_e \cap \Gamma$ ist dann und nur dann leer, wenn ein G_n existiert, das vom Typus SO_{HB} ist.*

Hilfssatz 8.6. *Sei f eine stetige Funktion auf R^*. Ist die Einschränkung von f auf R ein Wienersches Potential, so ist $f = 0$ auf Γ. Ist umgekehrt f Null auf Γ und außerdem beschränkt, so ist f ein Wienersches Potential.*

Die erste Behauptung folgt sofort aus der Tatsache, daß $|f|$ von einem Potential majoriert wird (Hilfssatz 6.4).

Sei jetzt f beschränkt und Null auf Γ und $K_\varepsilon = \{b \in \Delta \mid |f(b)| \geqq \varepsilon\}$. Da $K_\varepsilon \subset \Lambda$ ist, kann man laut des Hilfssatzes 8.4 ein endliches Potential p finden mit

$$\lim_{a \to K_\varepsilon} p(a) = \infty .$$

$p + \varepsilon$ gehört zu $\mathscr{W}_{|f|}$ und somit ist $\overline{h}_{|f|} \leqq \varepsilon$, $h_f = 0$.

Γ ist also genau die Menge der Nullstellen aller stetigen beschränkten Wienerschen Potentiale, die auf R^* stetig fortsetzbar sind.

Satz 8.5. *Ist R^* eine resolutive Kompaktifizierung, so ist Γ der Träger von ω.*

Sei f eine beliebige stetige beschränkte Funktion auf Δ, die auf Γ gleich Null ist. Jede stetige beschränkte Fortsetzung von f auf R^* ist, laut Hilfssatz 8.6, ein Wienersches Potential und somit (Hilfssatz 8.2)

$$\int f\, d\omega = H_f = h_f = 0 ,$$

und der Träger von ω liegt in Γ.

Sei U eine offene nichtleere Menge auf Δ und f eine stetige beschränkte nichtnegative Funktion auf Δ, deren Träger in U liegt und für die

$$\int f\, d\omega_a = 0$$

gilt. Wir setzen f stetig auf R^* fort. Dann ist die Einschränkung von f auf R eine Wienersche Funktion und

$$h_f(a) = H_f(a) = \int f\, d\omega_a = 0 .$$

Daraus ergibt sich $h_f = 0$ und f ist ein Wienersches Potential. Aus dem Hilfssatz 8.6 folgt, daß f auf Γ identisch verschwindet. Da f beliebig war, ist $U \cap \Gamma = \phi$, und der Träger von ω_a enthält Γ.

Λ ist also eine Menge vom harmonischen Maß Null. Man überzeugt sich aber leicht an einfachen Beispielen — auf die wir später eingehen werden —, daß, falls f die charakteristische Funktion von Λ ist, $\overline{H}_f = 1$ sein kann. f liefert dann ein Beispiel einer beschränkten nach unten halbstetigen summierbaren Funktion, die nicht resolutiv ist.

Satz 8.6. *Seien $R^*, R^{*\prime}$ zwei Kompaktifizierungen von R und $\pi : R^* \to R^{*\prime}$ eine stetige Abbildung, deren Einschränkung auf R die Identität ist. Bezeichnet man mit Γ' den analogen Begriff von Γ in bezug auf $R^{*\prime}$, so ist $\pi(\Gamma) = \Gamma'$. Ist R^* eine resolutive Kompaktifizierung, so ist auch $R^{*\prime}$ eine resolutive Kompaktifizierung, und für jedes $f' \in C(\Delta')$ ist*

$$\int f'\, d\omega_a^{R, R^{*\prime}} = \int f' \circ \pi\, d\omega_a^{R, R^*} .$$

Sei $b \in \Gamma$. Für jedes Potential p gilt

$$0 \leqq \varliminf_{a \to \pi(b)} p(a) \leqq \varliminf_{a \to b} p(a) = 0 ,$$

und somit $\pi(\Gamma) \subset \Gamma'$. Sei jetzt $b' \in \Gamma'$. Für jede Umgebung U von $\pi^{-1}(b')$

existiert eine Umgebung U' von b' für die $\pi^{-1}(U') \subset U$ ist. Daraus folgt

$$0 \leqq \varliminf_{a \to \pi^{-1}(b')} p(a) \leqq \varliminf_{a \to b'} p(a) = 0,$$

und $\Gamma_p \cap \pi^{-1}(b')$ ist nichtleer (s. S. 90). Daraus folgert man sofort, daß auch $\Gamma \cap \pi^{-1}(b')$ nichtleer und $\Gamma' \subset \pi(\Gamma)$ ist.

Sei nun R^* eine resolutive Kompaktifizierung und f' eine stetige beschränkte Funktion auf $R^{*\prime}$. Da $f' \circ \pi$ eine stetige beschränkte Funktion auf R^* ist, so ist die Einschränkung von f' auf R eine Wienersche Funktion, und $R^{*\prime}$ ist eine resolutive Kompaktifizierung. Man überzeugt sich sofort, daß für jedes $f' \in C(\varDelta')$ $\overline{\mathscr{S}}_{f'}^{R, R^{*\prime}} = \overline{\mathscr{S}}_{f' \circ \pi}^{R, R^*}$ ist, woraus die Gleichheit des Satzes folgt.

Sei R^* eine resolutive Kompaktifizierung. *Ein Punkt $b \in \varDelta$ heißt* **regulär**, *wenn für jedes $f \in C(\varDelta)$*

$$\lim_{a \to b} H_f(a) = f(b)$$

ist, und **nichtregulär** *im entgegengesetzten Fall.* Offenbar sind alle Punkte von $\varDelta$ nichtregulär. Ist b regulär und f resolutiv, beschränkt und in b stetig, so ist

$$\lim_{a \to b} H_f(a) = f(b).$$

Wir bezeichnen mit $H(R^*)$ die Klasse der harmonischen beschränkten Funktionen auf R, die auf Γ stetig fortsetzbar sind.

Satz 8.7. *Sind alle Punkte von Γ regulär, so ist*

$$MH(R^*) = \{\textstyle\int f\, d\omega \mid f \quad \omega\text{-}summierbare\ Funktion\}.$$

Sei $u \in H(R^*)$ und f eine stetige beschränkte Funktion auf $\varDelta$, deren Einschränkung auf Γ gleich der stetigen Fortsetzung von u auf Γ ist. Gehört s zu $\overline{\mathscr{S}}_f$, so ist

$$\varliminf_{a \to \Gamma} (s(a) - u(a)) \geqq 0.$$

Daraus und aus dem Minimumprinzip folgt $s \geqq u$, $H_f \geqq u$. Analog beweist man die Ungleichung $H_f \leqq u$. Es ist also

$$H(R^*) \subset \{\textstyle\int f\, d\omega \mid f \quad \omega\text{-summierbare Funktion}\}.$$

Da die Klasse $\{\int f\, d\omega \mid f\ \omega\text{-summierbare Funktion}\}$ monoton ist, ist

$$MH(R^*) \subset \{\textstyle\int f\, d\omega \mid f \quad \omega\text{-summierbare Funktion}\}.$$

Sei jetzt f eine stetige beschränkte Funktion auf $\varDelta$. Da alle Punkte von Γ regulär sind, ist die Funktion

$$a \to \textstyle\int f\, d\omega_a$$

in $H(R^*)$ enthalten. Da $\{\int f\, d\omega \mid f\ \omega\text{-summierbare Funktion}\}$ die kleinste monotone Klasse ist, die die Klasse $\{\int f\,d\omega \mid f \in C(\Delta)\}$ enthält, ist

$$\{\int f\,d\omega \mid f \quad \omega\text{-summierbare Funktion}\} \subset MH(R^*)\,.$$

Es ergibt sich aus dem Beweis, daß, *falls alle Punkte von* Γ *regulär sind,* $H(R^*)$ *ein Vektorverband ist.*

Satz 8.8. *Ist* R^* *metrisierbar, so ist die Menge der nichtregulären Randpunkte vom Typus* F_σ.

Für jedes $f \in C(R^*)$ ist die Funktion auf Δ

$$b \to \overline{\lim_{R \ni a \to b}}\ |f(a) - H_f(a)|$$

nach oben halbstetig; die Menge A_f der Punkte von Δ, wo sie positiv ist, ist also vom Typus F_σ.

Sei Q eine abzählbare dichte Menge in $C(R^*)$. Die Punkte aus $\bigcup_{f \in Q} A_f$ sind nichtregulär. Es genügt also zu beweisen, daß die Punkte von $\Delta - \bigcup_{f \in Q} A_f$ regulär sind. Sei $b \in \Delta - \bigcup_{f \in Q} A_f$, $f_0 \in C(R^*)$ und $f \in Q$. Es ist

$$|f_0 - H_{f_0}| \leqq |f_0 - f| + |f - H_f| + |H_{f - f_0}| \leqq 2\,sup\,|f_0 - f| + |f - H_f|\,,$$

$$\overline{\lim_{R \ni a \to b}}\ |f_0(a) - H_{f_0}(a)| \leqq 2\,sup\,|f_0 - f|$$

und, da Q dicht ist,

$$\overline{\lim_{R \ni a \to b}}\,|f_0(a) - H_{f_0}(a)| \leqq 2 \inf_{f \in Q} sup\,|f_0 - f| = 0\,.$$

b ist also regulär.

Eine Menge $A \subset R^*$ *heißt* **polar,** *wenn man für jedes hyperbolische Gebiet G in R eine auf G positive superharmonische Funktion finden kann, so daß für jedes* $b \in A \cap \overline{G}$

$$\lim_{a \to b} s(a) = \infty$$

ist.

Für die Teilmengen von R fällt dieser Begriff mit dem früher eingeführten zusammen (s. S. 30). Ist R hyperbolisch, so sind die kompakten Mengen aus Δ polar; ist R parabolisch, so ist Δ polar. Eine Teilmenge einer polaren Menge und die Vereinigung abzählbarer vieler polarer Mengen ist polar. Sei R hyperbolisch, $A \subset \Delta$ und f_A die charakteristische Funktion von A. A ist genau dann polar, wenn f_A resolutiv und $H_{f_A} = 0$ ist. Jede polare Menge ist also vom harmonischen Maß Null, aber nicht jede Menge vom harmonischen Maß Null ist polar. Ist A eine Menge von regulären Punkten und vom harmonischen Maß Null, so ist sie polar. In der Tat: sei $\{G_n\}$ eine abnehmende Folge von offenen Mengen aus Δ, die A enthalten, für die die Reihe

$$u = \sum_{n=1}^{\infty} \omega(G_n)$$

konvergiert. Da

$$\lim_{a \to b} \omega_a(G_n) = 1$$

für jeden Punkt $b \in A$ ist, ist

$$\lim_{a \to b} u(a) = \infty ,$$

und A ist polar. Wir wissen nicht, ob die Begriffe „polare Menge" und „Menge vom harmonischen Maß Null" für die Teilmengen von Γ zusammenfallen. Wäre das der Fall, so würden, für das Dirichletsche Problem formuliert auf Γ anstelle von Δ, die ω-summierbaren Funktionen resolutiv sein.

Hilfssatz 8.7. *Ist F eine abgeschlossene Menge auf R und f die charakteristische Funktion von $\overline{F} \cap \Delta$, so ist $h_{1_F} \leqq \overline{H}_f$.*

Sei $s \in \overline{\mathscr{S}}_f$, $\varepsilon > 0$ und

$$K = \{a \in F \mid s(a) \leqq 1 - \varepsilon\} .$$

K ist offensichtlich eine kompakte Menge, und wir haben

$$h_{1_F} \leqq 1_F \leqq 1_K + s + \varepsilon .$$

Da 1_K ein Potential ist, und s, ε beliebig sind, erhalten wir $h_{1_F} \leqq \overline{H}_f$.

Hilfssatz 8.8. *Ist R^* eine resolutive Kompaktifizierung, G eine offene Menge, s eine positive superharmonische Funktion auf G und*

$$A = \{b \in \Delta - \overline{R - G} \mid \lim_{a \to b} s(a) = \infty\} ,$$

so ist das harmonische Maß von A Null.

Die Menge

$$A_n = \{b \in \Delta - \overline{R - G} \mid \lim_{a \to b} s(a) > n\}$$

ist offen auf Δ. Ist f_n die charakteristische Funktion von A_n, $\underline{s} \in \underline{\mathscr{S}}_{f_n}$ und p ein Potential, das in allen nichtregulären Randpunkten von G unendlich wird, so ist für $\varepsilon > 0$ und $m < n$ $1_{R-G} + \varepsilon p + \frac{s}{m} - \underline{s}$ eine superharmonische Funktion auf G; das Minimumprinzip, angewandt auf jede zusammenhängende Komponente von G, läßt schließen, daß sie nichtnegativ ist. Daraus folgert man der Reihe nach

$$\underline{s} \leqq 1_{R-G} + \varepsilon p + \frac{s}{m} \qquad \text{(auf } G) ,$$

$$\omega(A) \leqq \omega(A_n) = \underline{H}_{f_n} \leqq 1_{R-G} + \varepsilon p + \frac{s}{m} \qquad \text{(auf } G) ,$$

$$\omega(A) \leqq 1_{R-G} + \varepsilon p \quad \text{(auf } R) , \qquad \omega(A) \leqq \overline{H}_f ,$$

wo f die charakteristische Funktion von $\Delta \cap \overline{R - G}$ ist. Es ist somit

$$\omega(A) \leqq \omega(\Delta \cap \overline{R - G}) ,$$

$$\omega(A) \leqq \omega(A) \wedge \omega(\Delta \cap \overline{R - G}) = \omega(A \cap \Delta \cap \overline{R - G}) = 0 .$$

Es sei X ein kompakter Raum $\varphi : R \to X$ eine stetige Abbildung und R^* eine Kompaktifizierung von R. Wir setzen für jedes $b \in \Delta$

$$\varphi^*(b) = \bigcap_U \overline{\varphi(U \cap R)} ,$$

wo U die Klasse der Umgebung von b durchläuft.

Satz 8.9. *Es seien R, R' zwei Riemannsche Flächen (R hyperbolisch), R^* (bzw. R'^*) eine Kompaktifizierung von R (bzw. R') und $\varphi : R \to R'$ eine nichtkonstante analytische Abbildung. Ist $A \subset \Delta$ derart, daß*

$$A' = \bigcup_{b \in A} \varphi^*(b)$$ [1]

eine polare Menge ist, und ist R^* eine resolutive Kompaktifizierung, so ist A vom harmonischen Maß Null.

Sei $G' \subset R'$ ein hyperbolisches Gebiet und s' eine positive superharmonische Funktion auf G', für die für jedes $b' \in A' \cap \overline{G'}$

$$\lim_{a' \to b'} s'(a') = \infty$$

ist. Dann ist $s' \circ \varphi$ eine positive superharmonische Funktion auf $\varphi^{-1}(G')$, die gegen unendlich in jedem Punkt von $A - \overline{R - \varphi^{-1}(G')}$ strebt. Aus dem Hilfssatz 8.8 folgt, daß $A - \overline{R - \varphi^{-1}(G')}$ vom harmonischen Maß Null ist.

Es sei $\{K'_n\}$ eine abzählbare Basis von Kreisscheiben auf R' und $A_n = A - \overline{f^{-1}(K'_n)}$. Aus den obigen Betrachtungen erkennt man, daß A_n vom harmonischen Maß Null ist. Sei $b \in \Delta$. Ist $\varphi^*(b) \cap K'_n \neq \phi$ für alle n, so ist $\varphi^*(b) = R'^*$. Für jedes $b \in A$ existiert demnach ein n, so daß $\varphi^*(b) \cap K'_n = \phi$ ist, d. h. $b \in A_n$. Es ist also $A \subset \bigcup_{n=1}^{\infty} A_n$ und somit ist A vom harmonischen Maß Null.

Ist R' hyperbolisch oder R^* metrisierbar, so ist offensichtlich A polar. Im allgemeinen Fall ist das aber nicht mehr gültig.

9. Q-ideale Ränder

Sei Q eine Klasse von stetigen reellen (nicht unbedingt endlichen) Funktionen auf einer Riemannschen Fläche R. *Eine* **Q-Kompaktifizierung** *von R ist eine Kompaktifizierung $R^*_Q = R^*$ von R, auf der alle Q-Funktionen stetig fortsetzbar sind und die so fortgesetzten Funktionen die Punkte*

[1] Man betrachtet hier φ als eine Abbildung von R in R'^*.

von $\Delta_Q = \Delta = R_Q^* - R$ *trennen*[1]. Wir bezeichnen mit $\Gamma_Q = \Gamma$ den harmonischen idealen Rand der Kompaktifizierung R_Q^* und $\Lambda_Q = \Lambda = \Delta_Q - \Gamma_Q$. Offenbar sind alle stetigen Funktionen auf R mit kompakten Trägern auf R^* stetig fortsetzbar und Null auf Δ.

Den ersten auf diese Weise eingeführten idealen Rand für ein Gebiet des dreidimensionalen Euklidischen Raumes haben wir R. S. MARTIN, 1941 [1], zu verdanken. M. HEINS, 1950 [1]; M. BRELOT u. G. CHOQUET, 1952 [1], und M. PARREAU, 1952 [1], bemerkten, daß MARTINs Kompaktifizierungsmethode auf die hyperbolischen Riemannschen Flächen übertragbar ist. Einen anderen idealen Rand hat H. L. ROYDEN, 1953 [3], eingeführt, indem er eine Teilklasse der Klasse der Dirichletschen Funktionen benutzte (s. auch H. L. ROYDEN, 1958 [5]). Die Idee der Kompaktifizierung bezüglich einer Klasse von stetigen Funktionen wurde in ROYDENs Arbeiten wegen einigen Betrachtungen algebraischen Charakters, die keinen direkten Zusammenhang mit dem Kompaktifizierungsproblem haben, verhüllt, die aber später durch die Arbeiten von M. NAKAI, 1960 [1], [2], entfernt wurden.

Wir wollen zeigen, daß für jedes Q R eine Q-Kompaktifizierung besitzt, und daß sie bis auf einen Homöomorphismus eindeutig bestimmt ist. Sei I das kompakte Segment $[-\infty, +\infty]$. Das topologische Produkt

$$I^{Q \cup C_0} = \prod_{f \in Q \cup C_0} I_f \qquad (I_f = I)$$

ist kompakt. Wir bezeichnen mit ψ die Abbildung von R in $I^{Q \cup C_0}$

$$\psi(a) = \{f(a)\}_{f \in Q \cup C_0}.$$

Sie ist stetig, denn, bezeichnet man mit π_f die Projektion von $I^{Q \cup C_0}$ auf I_f, so ist $\pi_f \circ \psi = f$. ψ ist eineindeutig, denn für $a \neq b$ kann ein $f \in Q \cup C_0$ gefunden werden mit $f(a) \neq f(b)$. Wir setzen $R^* = \overline{\psi(R)}$ und führen auf R^* die von $I^{Q \cup C_0}$ induzierte Topologie; $\psi(R)$ ist in R^* dicht.

Sei $a \in R$, U eine relativ kompakte Umgebung von a und f eine stetige Funktion auf R mit $f(a) \neq 0$ und mit dem Träger in U. Wir bezeichnen

$$V = \{x \in R^* \mid \pi_f(x) \neq 0\}.$$

V ist eine Umgebung von $\psi(a)$ auf R^*. $V - \psi(\overline{U})$ ist eine offene Menge, denn $\psi(\overline{U})$ ist kompakt. Da aber

$$(V - \psi(\overline{U})) \cap \psi(R) = \phi$$

ist, ist $V - \psi(\overline{U})$ leer, denn $\psi(R)$ ist dicht. Es ist also $V \subset \psi(\overline{U}) \subset \psi(R)$, $V \subset \psi(U)$. Daraus ist zu ersehen, daß ψ eine offene Abbildung von R auf $\psi(R)$ ist. ψ ist also ein Homöomorphismus von R auf $\psi(R)$, und wenn man R mit $\psi(R)$ mittels dieses Homöomorphismus identifiziert, so ist R^* eine Kompaktifizierung von R. Sie ist sogar eine Q-Kompaktifi-

[1] d. h. für $a, b \in \Delta$, $a \neq b$ gibt es ein $f \in Q$ mit $f(a) \neq f(b)$.

zierung, denn π_f ist eine stetige Fortsetzung von f, und für $a, b \in \Delta$, $a \neq b$, existiert ein $f \in Q$ mit

$$\pi_f(a) \neq \pi_f(b) .$$

Sei $Q' \subset Q$ und R_Q^* eine beliebige Q-Kompaktifizierung von R. Die Abbildung ψ' von R in $I^{Q' \cup C_0}$ ist offenbar auf R_Q^* stetig fortsetzbar. Da $\psi'(R^*)$ kompakt und $\psi'(R)$ in $\overline{\psi'(R)}$ dicht ist, so ist $\psi'(R_Q^*) = \overline{\psi'(R)}$. Ist $Q' = Q$, so folgt aus der Tatsache, daß die Funktionen von $Q \cup C_0$ die Punkte von R_Q^* trennen, daß ψ' ein Homöomorphismus ist, und R_Q^* ist bis auf ein Homöomorphismus (der auf R die Identität ist) eindeutig bestimmt. Ist Q leer (bzw. gleich der Klasse aller stetigen reellen Funktionen), so heißt R_Q^* die Alexandroffsche (bzw. Stone-Čechsche) Kompaktifizierung von R. Nimmt man Q gleich der Klasse der stetigen Funktionen f, für die eine kompakte Menge K_f existiert, so daß f auf jeder zusammenhängenden Komponente von $R - K_f$ konstant ist, so ist R_Q^* gerade die **Kerékjártó-Stoilowsche Kompaktifizierung** von R (S. Stoilow [2]). Die Punkte von $\Delta_Q = R_Q^* - R$ entsprechen eineindeutig auf ganz natürliche Weise den idealen Randkomponenten (éléments frontières) von R. Für $Q = CW$ (bzw. $Q = CD$), wo CW (bzw. CD) die Klasse der stetigen Wienerschen (bzw. Dirichletschen) Funktionen bezeichnet, schreiben wir R_W^*, R_D^* anstelle von R_{CW}^*, R_{CD}^* und nennen sie die **Wienersche**[1] (bzw. **Roydensche**) **Kompaktifizierung** von R. Ähnlicherweise schreiben wir Δ_W, Δ_D anstelle von Δ_{CW}, Δ_{CD} und nennen sie den **Wienerschen** (bzw. **Roydenschen**) **idealen Rand** von R. Andere nützliche Q-Kompaktifizierungen erhält man, wenn Q ein Teilvektorverband von HP ist, der die Konstanten enthält[2]. Wir werden später noch zwei wichtige Q-Kompaktifizierungen einführen, und zwar die Martinsche und Kuramochische Kompaktifizierung.

Enthält Q die Konstanten und ist in bezug auf die Operationen *max*, *min* abgeschlossen, so ist $R_Q^* = R_{BQ}^*$, wo BQ die Klasse der beschränkten Funktionen aus Q ist.

Ist e ein idealer Randpunkt der Kerékjártó-Stoilowschen Kompaktifizierung von R, so setzen wir $\Delta_e = \bigcap_U \overline{U \cap R}$, wo U die Klasse der Umgebungen von e in der Kerékjártó-Stoilowschen Kompaktifizierung durchläuft, und die Abschließung von $U \cap R$ in R_Q^* genommen wurde. Δ_e ist abgeschlossen und $\Delta = \bigcup_e \Delta_e$. Da man für jede Umgebung U von e eine zusammenhängende Umgebung $V \subset U$ finden kann, ist Δ_e zusammenhängend. Sind also $\{\Delta_e\}_e$ paarweise punktfremd, so ist $\{\Delta_e\}_e$ genau die Familie der zusammenhängenden Komponenten von Δ.

[1] Diese Kompaktifizierung fällt mit der von S. Mori, 1961 [2], und Y. Kusonoki, 1962 [3], eingeführten Kompaktifizierung zusammen.

[2] Der Raum $R \cup \Gamma_{HB}$ wurde von K. Hayashi, 1961 [1], 1962 [2], untersucht.

Wir sagen, daß *eine Kompaktifizierung* R^* **vom Typus S** (Stoilow) *ist, wenn für jedes Gebiet* $G^* \subset R^*$, *dessen Rand in* R *liegt,* $G^* - \Delta$ *zusammenhängend ist.* Für jede Kompaktifizierung vom Typus S sind $\{\Delta_e\}$ paarweise punktfremd und umgekehrt. Die Kerékjártó-Stoilowsche Kompaktifizierung ist die kleinste Kompaktifizierung vom Typus S.

Satz 9.1. *Gibt es für zwei verschiedene Randpunkte* e_1, e_2 *der Kerékjártó-Stoilowschen Kompaktifizierung ein* $f \in Q$ *mit*

$$\underline{lim}_{a \to e_1} f(a) > \overline{lim}_{a \to e_2} f(a),$$

so ist R_Q^* *eine Kompaktifizierung vom Typus S.*

In diesem Fall kann man nämlich zwei Umgebungen U_1, U_2 von e_1, e_2 finden, so daß $\overline{U}_1 \cap \overline{U}_2 = \phi$ ist.

Folgesatz 9.1. *Die Wienerschen und Roydenschen Kompaktifizierungen sind vom Typus S.*

Satz 9.2. *Es seien* R, R' *zwei Riemannsche Flächen,* K *(bzw.* K'*) eine kompakte Menge auf* R *(bzw.* R'*),* φ *eine stetige Abbildung von* $R - K$ *auf* $R' - K'$ *und* Q' *(bzw.* Q*) eine Klasse von reellen stetigen Funktionen auf* R *(bzw.* R'*). Ist für jedes* $f' \in Q'$ $f' \circ \varphi$ *auf* $\overline{R - K}$ *(wo die Abschließung in* R_Q^* *genommen wird) stetig fortsetzbar (was immer der Fall ist, wenn* $f' \circ \varphi$ *gleich der Einschränkung auf* $R - K$ *einer Funktion aus* Q *ist), so ist* φ *in einer Abbildung* $\overline{R - K} \to \overline{R' - K'}$ *stetig fortsetzbar.*

Der Satz folgt sofort, wenn man sich $R'^*_{Q'}$ als einen Teilraum von $I^{Q' \cup C_0(R')}$ vorstellt.

Sei Q eine Funktion, die auf der Klasse aller Riemannschen Flächen definiert ist derart, daß für jedes R $Q(R)$ eine Klasse von reellen stetigen Funktionen auf R ist; dabei nehmen wir an, daß zwei konform äquivalente Riemannsche Flächen nicht verschieden sind. Wir sagen, daß die Kompaktifizierung in bezug auf Q eine Randeigenschaft ist, wenn folgendes zutrifft: Sind R, R' zwei Riemannsche Flächen, K (bzw. K') eine kompakte Menge auf R (bzw. R') und $\varphi: R - K \to R' - K'$ eine eineindeutige und konforme Abbildung derart, daß, falls a gegen den idealen Rand von R strebt, $\varphi(a)$ gegen den idealen Rand von R' strebt, so ist φ in einem Homöomorphismus $R^*_{Q(R)} - K \to R'^*_{Q(R')} - K'$ fortsetzbar. Aus dem obigen Satz erkennt man, daß die Wienersche (bzw. Roydensche) Kompaktifizierung eine Randeigenschaft ist.

Satz 9.3. *Ist* $Q \subset W$, *so ist* R_Q^* *eine resolutive Kompaktifizierung.*

Sei Q' die Klasse der stetigen beschränkten Funktionen auf R_Q^*, deren Einschränkungen auf R Wienersche Funktionen sind. Q' enthält C_0 und die Konstanten und ist ein Vektorverband (in bezug auf *max*, *min*). Außerdem ist Q' in bezug auf gleichmäßige Konvergenz abgeschlossen. Q' trennt die Punkte von Δ_Q, denn für $a, b \in \Delta_Q$, $a \neq b$, existiert ein $f \in Q$, $f(a) \neq f(b)$ und für zwei reelle Zahlen $\alpha < \beta$, die zwischen $f(a)$

und $f(b)$ liegen, gehört $max(min(f, \beta), \alpha)$ zu Q'. Aus dem Stoneschen Hilfssatz ergibt sich, daß jede stetige beschränkte Funktion auf R_Q^* zu Q' gehört und R_Q^* eine resolutive Kompaktifizierung.

Die Wienerschen, Roydenschen Kompaktifizierungen sowie die Kompaktifizierungen in bezug auf Y, wo Y ein die Konstanten enthaltender Teilvektorverband von HP ist, sind resolutive Kompaktifizierungen.

Satz 9.4. *Sei $Q' \subset Q$ und π die kanonische Abbildung $R_Q^* \to R_{Q'}^*$. Ist jede Funktion aus Q die Summe einer Funktion aus Q' und eines Wienerschen Potentials, so ist die von π definierte Abbildung $\Gamma_Q \to \Gamma_{Q'}$* (Satz 8.6) *ein Homöomorphismus.*

Wegen des Satzes 8.6 bleibt nur zu beweisen, daß diese Abbildung eineindeutig ist. Sei $b_1, b_2 \in \Gamma_Q$, $b_1 \neq b_2$. Es gibt ein $f \in Q$ mit $f(b_1) \neq f(b_2)$. Es sei $f = f' + f_0$, $f' \in Q'$, $f_0 \in W_0$. Da f' auf R_Q^* stetig fortsetzbar ist, so ergibt sich mittels des Hilfssatzes 6.4

$$f'(b_1) = f(b_1) \neq f(b_2) = f'(b_2)\,, \qquad \pi(b_1) \neq \pi(b_2)\,.$$

Bemerkung. Sei Y ein Teilvektorverband von HP, der die Konstanten enthält. Aus dem obigen Satz sieht man, daß $\Gamma_Y = \Gamma_Q$ für jedes $Y \subset Q \subset$ $\subset Y + W_0$ ist. Insbesondere ist

$$\Gamma_{HB} = \Gamma_{BW} = \Gamma_W = \Gamma_{HP}\,, \qquad \Gamma_{HBD} = \Gamma_{BD} = \Gamma_D = \Gamma_{HD}\,.$$

Satz 9.5. *Es sei Q ein Vektorverband (in bezug auf max, min) aus BW, der die Konstanten enthält,*

$$\hat{Q} = Q \cup \{h_f \mid f \in Q\}\,,$$

π die kanonische Abbildung $R_{\hat{Q}}^* \to R_Q^*$ und $b \in \Gamma_Q$. Die Bedingungen

a) *b ist regulär,*

b) *$\pi^{-1}(b)$ besteht aus einem Punkt,*

c) *$\pi^{-1}(b) \cap \Delta_{\hat{Q}} = \phi$*

sind äquivalent.

$a \Rightarrow b$. Sei $b_1, b_2 \in \Delta_{\hat{Q}}$, $b_1 \neq b_2$,

$$\pi(b_1) = \pi(b_2) = b\,.$$

Es gibt eine Funktion $f \in Q$ mit

$$h_f(b_1) \neq h_f(b_2)\,.$$

Da aber b regulär ist, haben wir

$$h_f(b_i) = \lim_{a \to b_i} h_f(a) = \lim_{a \to b} h_f(a) = \lim_{a \to b} H_f(a) = f(b) \qquad (i = 1, 2)\,,$$

womit wir auf einen Widerspruch gestoßen sind.

$b \Rightarrow c$. Aus dem Satz 8.6 folgt nämlich

$$\pi^{-1}(b) \cap \Gamma_{\hat{Q}} \neq \phi\,.$$

$c \Rightarrow a$. Sei $f \in Q$. Die Funktion $f - h_f$ ist auf R_Q^* stetig fortsetzbar. Da sie außerdem zu W_0 gehört, ist

$$\lim_{a \to b} (f(a) - h_f(a)) = 0 ,$$

$$\lim_{a \to b} H_f(a) = \lim_{a \to b} h_f(a) = \lim_{a \to b} f(a) = f(b) .$$

Es sei C' die Klasse der Einschränkungen auf Δ_Q der Funktionen aus Q. C' ist ein Vektorverband (in bezug auf *max, min*), der die Konstanten enthält und die Punkte von Δ_Q trennt. Der Stonesche Hilfssatz läßt ersehen, daß C' in $C(\Delta_Q)$ dicht liegt. Daraus folgt sofort, daß b regulär ist.

Folgesatz 9.2. *Alle Punkte von Γ_W, Γ_D sind regulär.*

Es ist $BCW = \widehat{BCW}$, $BCD = \widehat{BCD}$.

Folgesatz 9.3. *Ist Y ein Teilvektorverband aus HP, der die Konstanten enthält, so sind alle Punkte aus Γ_Y regulär.*

$Y + W_0$ ist ein Vektorverband (in bezug auf *max, min*). In der Tat, sei $u_1, u_2 \in Y$, $f_1, f_2 \in W_0$. Dann ist

$$|max(u_1 + f_1, u_2 + f_2) - u_1 \vee u_2| \leqq |max(u_1, u_2) - u_1 \vee u_2| + |f_1| + |f_2|$$

und somit $max\,(u_1 + f_1, u_2 + f_2) - u_1 \vee u_2 \in W_0$.

Sei Q der kleinste Vektorverband (in bezug auf *max, min*), der Y enthält. Offenbar ist

$$R_Y^* = R_Q^* = R_{BQ}^* , \qquad Q \subset Y + W_0$$

und $\widehat{BQ} = BQ$.

Wir wollen den Wienerschen und Roydenschen idealen Rand etwas näher untersuchen.

Satz 9.6. *Die Abschließung einer offenen Menge in Γ_W ist offen*[1]*; Γ_W ist somit zusammenhanglos* (S. Mori, 1961 [2]; K. Hayashi, 1961 [1]).

Sei G eine offene Menge in Γ_W. Da $min(\omega(G), 1 - \omega(G))$ ein stetiges Wienersches Potential ist, ist $\omega(G)$ in jedem Punkt von Γ_W entweder gleich 0 oder gleich 1. $\overline{G}$ ist also die Menge der Punkte von Γ_W, wo $\omega(G)$ von Null verschieden ist, und somit offen.

Hilfssatz 9.1. *Für jede kompakte Menge $K \subset \Lambda_D$ existiert ein stetiges Potential p mit endlicher Energie, das auf K unendlich ist.*

Sei f ein stetiges Dirichletsches Potential, das auf K größer als 1 ist, und

$$F = \{a \in R \mid f(a) \geqq 1\} .$$

Gemäß dem Hilfssatz 7.6 hat F endliche Kapazität und 1_F ist ein Potential (Bemerkung, S. 50). Sei $\{R_n\}$ eine normale Ausschöpfung von R.

[1] Das ist gleichbedeutend mit der Tatsache, daß Γ_W ein Stonescher Raum ist.

Dann ist

$$1_{F-R_n} \leqq (1_F)_{R-R_n},$$

und folglich konvergiert $\{1_{F-R_n}\}_n$ gegen Null. Hieraus folgt, daß auch die Energien gegen Null konvergieren (Hilfssatz 5.2). Man kann $F - R_n$ zu einer abgeschlossenen Menge $F_n \subset R - R_{n-1}$ erweitern, so daß 1_{F_n} stetig sei und auch die Energie von 1_{F_n} gegen Null konvergiere (Bemerkung, S. 50). Zu einer Teilfolge übergehend, kann man annehmen, daß

$$p = \sum_{n=1}^{\infty} 1_{F_n}$$

ein Potential mit endlicher Energie ist. p genügt offensichtlich den geforderten Bedingungen.

Für den Wienerschen idealen Rand ist diese Behauptung nicht mehr gültig. Sei z. B. $R = \{|z| < 1\}$, $F = \{y = 0\}$ und $K = \bar{F} \cap \Delta_W$. Wir werden weiter unten zeigen, daß $K \subset \Lambda_W$ ist, aber es gibt kein Potential mit endlicher Energie, das auf K unendlich ist.

Satz 9.7. *Sei F eine abgeschlossene Menge. 1_F ist genau dann ein Potential (bzw. ein Potential mit endlicher Energie*[1]*), wenn $\bar{F} \cap \Delta_W \subset \Lambda_W$ (bzw. $\bar{F} \cap \Delta_D \subset \Lambda_D$) ist.*

Sei zuerst 1_F ein Potential (bzw. ein Potential mit endlicher Energie). Indem man F erweitert, kann angenommen werden, daß 1_F stetig und auf F gleich 1 ist (Bemerkung, S. 50). 1_F ist auf Δ_W (bzw. Δ_D) stetig fortsetzbar, auf Γ_W (bzw. Γ_D) gleich 0 und auf $\bar{F} \cap \Delta_W$ (bzw. $\bar{F} \cap \Delta_D$) gleich 1, woraus $\bar{F} \cap \Delta_W \subset \Lambda_W$ (bzw. $\bar{F} \cap \Delta_D \subset \Lambda_D$) folgt.

Es sei umgekehrt $\bar{F} \cap \Delta_W \subset \Lambda_W$ (bzw. $\bar{F} \cap \Delta_D \subset \Lambda_D$). Es gibt dann ein Potential (bzw. ein Potential mit endlicher Energie) p, so daß

$$\lim_{a \to \bar{F} \cap \Delta} p(a) = \infty$$

ist [Hilfssatz 8.4. (bzw. Hilfssatz 9.1)]. Sei

$$K = \{a \in F \mid p(a) \leqq 1\}.$$

Dann ist

$$1_F \leqq 1_K + p$$

und 1_F ist ein Potential (bzw. ein Potential mit endlicher Energie).

Folgesatz 9.4. *Ist A eine abgeschlossene abzählbare Menge auf R, so ist* $\bar{A} \cap \Delta_W \subset \Lambda_W$ (bzw. $\bar{A} \cap \Delta_D \subset \Lambda_D$).

Folgesatz 9.5. *Λ_W (bzw. Λ_D) ist in Δ_W (bzw. Δ_D) dicht* (M. Nakai, 1960 [3]).

Sei $b \in \Delta_Q (Q = W, D)$, U eine Umgebung von b und U' eine zweite Umgebung von b, $\overline{U'} \subset U$. Nimmt man eine abgeschlossene nicht-

[1] Das geschieht genau dann, wenn F endliche Kapazität hat.

kompakte, abzählbare Teilmenge A von R, die in U' enthalten ist, so erhält man

$$\bar{A} \subset \overline{U'} \subset U\,, \quad U \cap \Lambda_Q \supset \bar{A} \cap \Delta_Q \neq \phi\,.$$

Folgesatz 9.6. *Für jede superharmonische Funktion s ist*

$$\inf s = \varliminf_{a \to \Lambda_Q} s(a) \qquad (Q = W, D)\,.$$

Λ_W, Λ_D sind also nichtpolare Mengen.

Sei $\{a_n\}$ eine Folge aus R, die gegen den idealen Rand von R strebt und für die $\{s(a_n)\}$ gegen $\inf s$ konvergiert. Aus $\overline{\{a_n\}} \cap \Delta_Q \subset \Lambda_Q^{\cdot}$ folgt

$$\varliminf_{a \to \Lambda_Q} s(a) \leq \lim_{n \to \infty} s(a_n) = \inf s\,.$$

Wir erinnern daran, daß Λ_W, Λ_D vom harmonischen Maß Null sind. Somit haben wir ein Beispiel einer nichtpolaren Menge vom harmonischen Maß Null konstruiert. Die charakteristische Funktion von Λ_W, Λ_D ist ein Beispiel einer ω-summierbaren nichtresolutiven Funktion.

Es sei $R = \{|z| < 1\}$ und F eine abgeschlossene Menge in R, die einen einzigen Häufungspunkt auf $\{|z| = 1\}$ hat. Da 1_F ein Potential ist, ist $\bar{F} \cap \Delta_W \subset \Lambda_W$. Man erkennt daraus, daß alle Häufungspunkte eines Winkels und eines Radius, die auf Δ_W liegen, in Λ_W enthalten sind.

Satz 9.8. *Ist A eine nicht relativ kompakte Menge aus R, so ist die Mächtigkeit von $\bar{A} \cap \Delta_W$ (bzw. $\bar{A} \cap \Delta_D$) nicht kleiner als die Mächtigkeit des Kontinuums*[1]. *Kein Punkt von Δ_W (bzw. Δ_D) ist erreichbar.*

Es sei $\{a_n\}$ eine Folge aus A, die gegen den idealen Rand von R konvergiert, und $\{V_n\}$ eine Folge von paarweise punktfremden Kreisscheiben, $a_n \in V_n$. Sei ferner $\{\alpha_n\}$ eine Zahlenfolge, so daß jede rationale Zahl unendlich oft in dieser Folge vorkommt, und f_n eine Funktion aus C_0^∞, deren Träger in V_n liegt, $f_n(a_n) = \alpha_n$ und $\|d f_n\| < \frac{1}{2^n}$ ist. Die Funktion

$$f = \sum_{n=1}^{\infty} f_n$$

ist stetig und gehört zu $D \subset W$. f ist auf Δ_Q $(Q = W, D)$ stetig fortsetzbar und für jede reelle Zahl α ist $\{b \in \bar{A} \cap \Delta_Q \mid f(b) = \alpha\}$ nichtleer.

Folgesatz 9.7. *Kein Punkt aus Δ_W (bzw. Δ_D) besitzt ein abzählbares fundamentales Umgebungssystem. Δ_W und Δ_D sind somit nicht metrisierbar* (M. Nakai, 1960 [3]).

Sei $b \in \Delta_Q (Q = W, D)$ und $\{U_n\}$ eine abnehmende Folge von Umgebungen von b, deren Durchschnitt gleich $\{b\}$ ist. Wir nehmen für jedes n einen Punkt a_n aus $U_n \cap R$. $\{a_n\}$ ist eine nicht relativ kompakte Menge aus R, für die

$$\overline{\{a_n\}} \cap \Delta_Q = \{b\}$$

ist, was widersprechend ist.

[1] Man kann sogar beweisen, daß diese Mächtigkeit gleich $2^{2^{\aleph_0}}$ ist.

Satz 9.9. *Ist G eine offene Menge in R, so ist $\overline{G} - \overline{RdG}$ eine offene Menge in $R_Q^*(Q = W, D)$.*

Sei $b \in \overline{G} - \overline{RdG}$ und f eine stetige Q-Funktion auf R_Q^*, $0 \leqq f \leqq 1$, die in b gleich 1 und auf $\overline{RdG}$ gleich 0 ist. Sei f' die Funktion, die auf G gleich f und auf $R - G$ gleich 0 ist. f' ist eine stetige Q-Funktion (Hilfssatz 6.5, Hilfssatz 7.2). Aus $b \in \overline{G}$ folgt

$$f'(b) = \lim_{G \ni a \to b} f'(a) = \lim_{G \ni a \to b} f(a) = f(b) = 1 ,$$

und somit ist b kein Häufungspunkt von $R - G$.

Folgesatz 9.8. *Ist G^* eine offene zusammenhängende Menge in $R_Q^*(Q = W, D)$, so ist auch $G^* \cap R$ zusammenhängend.*

Im entgegengesetzten Fall seien G_1, G_2 offene nichtleere punktfremde Mengen $G_1 \cup G_2 = G^* \cap R$ und $b \in \overline{G}_1 \cap \Delta_Q \cap G^*$. Aus dem Satz folgt $b \notin \overline{G}_2$. Es ist also $\overline{G}_1 \cap \overline{G}_2 \cap G^* = \phi$, und wir sind auf einen Widerspruch gestoßen, denn

$$G^* = G^* \cap \overline{G^* \cap R} = (G^* \cap \overline{G}_1) \cup (G^* \cap \overline{G}_2) .$$

Satz 9.10. *Ist b ein Punkt aus $\Gamma_Q(Q = W, D)$ mit positivem harmonischem Maß, so besitzt b ein fundamentales System von zusammenhängenden Umgebungen.*

Sei U eine Umgebung von b, $F = R - U$ und u das harmonische Maß von b. Es ist

$$h_{u_F} \leqq h_{1_F} \leqq \omega(\overline{F} \cap \Gamma_Q)$$

(Hilfssatz 8.7) und somit

$$\overline{\lim_{a \to b}}\, h_{u_F}(a) = 0 .$$

Für $b' \in \Gamma_Q - \{b\}$ haben wir

$$\overline{\lim_{a \to b'}}\, h_{u_F}(a) \leqq \overline{\lim_{a \to b'}}\, u(a) = 0 .$$

u_F ist also ein Potential. Sei G eine zusammenhängende Komponente von $R - F$ auf der $u \neq u_F$ ist. Aus dem Minimumprinzip ergibt sich $b \in \overline{G}$. Es ist aber $b \notin R_Q^* - U \supset \overline{RdG}$; $\overline{G} - \overline{RdG}$ ist also eine zusammenhängende Umgebung von b, die in U enthalten ist.

Im allgemeinen besitzen die Punkte von Γ_W und Γ_D kein fundamentales System von zusammenhängenden Umgebungen. Es sei z. B. $R = \{|z| < 1, y > 0\}$ und $f(z) = \sin \log \log \frac{e}{|z|}$. f ist eine beschränkte Dirichletsche Funktion auf R. Es sei b ein Punkt auf $\Gamma_Q(Q = W, D)$, der auf $z = 0$ liegt[1] und auf dem f gleich 1 ist. Es sei ferner $G = \{z \in R \mid f(z) > \frac{1}{2}\}$ und $\{G_n\}$ die zusammenhängenden Komponenten von G.

[1] d. h. $u(b) = 0$, wo $u(z) = x + y$ ist.

Nun gehört b für kein n zu $\overline{G}_n$, woraus man erkennt, daß b kein fundamentales System von zusammenhängenden Umgebungen besitzt.

Hilfssatz 9.2. *Sei G ein Gebiet auf einer hyperbolischen Riemannschen Fläche R und $\{s_n\}$ eine Folge von beschränkten subharmonischen Funktionen, die quasi überall auf $R - G$ Null und auf G harmonisch sind. Aus $s_n \downarrow 0$ folgt $h_{s_n} \downarrow 0$.*

Wir bezeichnen mit p_n das Potential $h_{s_n} - s_n$. Der Träger des Maßes von p_n ist in $R - G$ enthalten. Da $p_n = h_{s_n} - s_n = h_{s_n}$ quasi überall auf $R - G$ ist, so ergibt sich daraus $p_n \geqq p_{n+1}$ (Satz 4.4). Es ist also

$$\lim_{n\to\infty} h_{s_n} \leqq \lim_{n\to\infty} s_n + p_{n_0} = p_{n_0}, \quad \lim_{n\to\infty} h_{s_n} = 0 .$$

Satz 9.11. *Es sei R ein Gebiet auf R', $F' = R' - R$ und η die identische Abbildung $R \to R'$. η ist in einer stetigen Abbildung $R_Q^* \to R_Q'^*$ $(Q = W, D)$ fortsetzbar; wir bezeichnen sie gleichfalls mit η. Sei $G'^* = R_Q'^* - \overline{F}'$, $G^* = \eta^{-1}(G'^*)$. Die von η definierte Abbildung $G^* \to G'^*$ ist ein Homöomorphismus. Ist R' hyperbolisch, so ist $\eta(\Gamma_Q \cap G^*) = \Gamma_Q' \cap G'^*$, $\eta(\Lambda_Q \cap G^*) = \Lambda_Q' \cap G'^*$ und eine ω-meßbare Menge $A \subset \Gamma_Q \cap G^*$ ist dann und nur dann vom positiven harmonischen Maß (bezüglich R), wenn $\eta(A)$ vom positiven harmonischen Maß (bezüglich R') ist.*

Denkt man sich R^* (bzw. R'^*) als einen Teilraum von $I^{CQ(R)}$ (bzw. $I^{CQ(R')}$), so erkennt man sofort aus der Tatsache, daß die Einschränkung einer Q-Funktion gleichfalls eine Q-Funktion ist, daß η in einer stetigen Abbildung $R_Q^* \to R_Q'^*$ fortsetzbar ist.

Sei f' eine stetige beschränkte Funktion auf R' und T' der Träger von f'. Ist $\overline{F}' \cap \overline{T}'$ leer und die Einschränkung von f' auf R eine Q-Funktion (bzw. Q_0-Funktion), so ist f' eine Q-Funktion (bzw. Q_0-Funktion). Für D ist das trivial, so daß wir die Behauptung nur für W und W_0 beweisen brauchen, denn $D_0 = D \cap W_0$ und aus $\overline{F}' \cap \overline{T}' = \phi$ in $R_D'^*$ folgt $\overline{F}' \cap \overline{T}' = \phi$ in $R_W'^*$. Da alle stetigen beschränkten Funktionen auf einer parabolischen Riemannschen Fläche Wienersche Funktionen sind, genügt es, den Fall R' hyperbolisch zu betrachten. Sei f_1' eine stetige beschränkte nichtnegative Funktion auf $R_W'^*$, $f_1' = 0$ auf F', $f_1' = \sup |f'|$ auf T'. Ihre Einschränkung auf R' ist eine Wienersche Funktion. Da $f_1' - h_{f_1'}^{R'}$ ein Wienersches Potential ist, gibt es ein Potential p' mit

$$|f_1' - h_{f_1'}^{R'}| \leqq p'$$

(Hilfssatz 6.4). Dann ist

$$s' = h_{f_1'}^{R'} + p'$$

eine superharmonische Majorante für $|f'|$ und gemäß dem Hilfssatz 6.2 ist $(h_{f_1'}^{R'})_{F'}$ und somit auch $s_{F'}'$ ein Potential. Mittels des Hilfssatzes 6.9 schließt man, daß f' eine W-Funktion (bzw. W_0-Funktion) ist.

Es seien $b_1, b_2 \in G^*$ und U eine offene Menge aus G^*, die b_1, b_2 enthält, mit $\overline{\eta(U)} \cap \bar{F}' = \phi$. Sei weiter f eine stetige beschränkte Funktion auf G^*, deren Träger in U liegt und für die $f(b_1) = 1$, $f(b_2) = 0$ ist. Wir bezeichnen mit f' die Funktion auf R', die auf R gleich f und auf F' gleich 0 ist. f' ist offenbar stetig und beschränkt und ihr Träger T' erfüllt die Bedingung $\bar{T}' \cap \bar{F}' = \phi$. Laut der obigen Betrachtungen ist f' eine Q-Funktion und somit auf R'^* stetig fortsetzbar. Die Menge $\{a' \in R'^* \mid f'(a') \neq 0\}$ ist offen. Da $f' \circ \eta$ eine stetige Funktion auf G^* und auf R gleich f ist, so ist auf G^* $f = f' \circ \eta$. Daraus folgert man

$$\eta(b_1) \in \{a' \in R'^* \mid f'(a') \neq 0\} = \eta(\{a \in G^* \mid f(a) \neq 0\}) \subset \eta(U) .$$

$\eta(U)$ ist also eine offene Menge und die Einschränkung von η auf G^* eine offene Abbildung. Aus

$$f'(\eta(b_1)) = f(b_1) = 1 , \quad f'(\eta(b_2)) = f(b_2) = 0$$

erhält man $\eta(b_1) \neq \eta(b_2)$ und die Einschränkung von η auf G^* ist eineindeutig.

Gehört b_1 zu $\Lambda \cap G^*$, so kann man f in Q_0 wählen (Hilfssatz 8.6). Dann gehört auch f' zu Q_0 und somit $\eta(b_1)$ zu $\Lambda' \cap G'^*$ (Hilfssatz 8.6). Sei $b \in \Gamma \cap G^*$. Gehört $\eta(b)$ zu Λ', so gibt es eine kompakte Umgebung $\overline{U}_0$ von b in Δ, die in eine kompakte Menge aus Λ' abgebildet wird, was widersprechend ist (Satz 8.9), denn U_0 hat ein positives harmonisches Maß (Satz 8.5) und $\eta(\overline{U}_0)$ ist polar (Hilfssatz 8.4).

Ist A vom positiven harmonischen Maß, so folgt aus Satz 8.9 und Folgesatz 9.2, daß auch $\eta(A)$ vom positiven harmonischen Maß sein muß. Sei A vom harmonischen Maß Null und $\{A_n\}$ eine nichtzunehmende Folge von offenen Mengen aus $\Delta \cap G^*$, $A \subset A_n$ und $\omega(A_n) \downarrow 0$. Wir bezeichnen mit s'_n die Funktion auf R', die auf R gleich $\omega(A_n)$, auf $R' - \overline{G}$ gleich Null und in den Randpunkten von R gleich dem oberen Limes von $\omega(A_n)$ ist. Man verifiziert, daß s'_n subharmonisch ist. Aus $h^{R'}_{s'_n} \geqq s'_n$ und Folgesatz 9.2 erkennt man, daß für $b' \in \eta(A)$

$$\underline{lim}_{a' \to b'} h^{R'}_{s'_n}(a') \geqq 1$$

ist. Aus dem Hilfssatz 9.2 folgt $h^{R'}_{s'_n} \downarrow 0$, und somit ist $\eta(A)$ vom harmonischen Maß Null.

Hilfssatz 9.3. *Ist f eine beschränkte Q-Funktion ($Q = W, D$) und A die Menge der Unstetigkeitspunkte von f, so ist f auf $\Delta_Q - \bar{A}$ stetig fortsetzbar.*

Sei $b \in \Delta_Q - \bar{A}$, $\alpha = sup|f|$ und f' eine stetige beschränkte Q-Funktion, die in b gleich 2α und auf $\bar{A}$ gleich -2α ist. Dann ist $min(f, f')$ eine stetige beschränkte Q-Funktion auf R, und folglich auf Δ_Q stetig fortsetzbar. Der Hilfssatz folgt jetzt aus der Tatsache, daß diese Funktion in einer Umgebung von b gleich f ist.

Wir geben jetzt eine charakteristische Eigenschaft der Gebiete vom Typus SO_{HB}. Diese Eigenschaft werden wir benutzen, um den analogen HD-Begriff einzuführen. *Das Gebiet G ist genau dann vom Typus SO_{HB}, wenn jede nichtnegative beschränkte Wienersche Funktion, die auf G harmonisch und quasi überall auf $R - G$ Null ist, quasi überall verschwindet.* Es sei f eine solche Funktion und G vom Typus SO_{HB}. Gemäß dem Hilfssatz 6.3 ist

$$f = h_f^G = H_f^G = 0$$

auf G. Sei umgekehrt G ein Gebiet, daß die obige Bedingung erfüllt. Die Funktion f, die auf $R - G$ gleich 0 und auf G gleich $1 - H_1^G$ ist, ist eine nichtnegative beschränkte Wienersche Funktion, die auf G harmonisch ist. Hieraus folgt

$$f = 0\,, \quad H_1^G = 1$$

und G ist vom Typus SO_{HB}.

Ein hyperbolisches Gebiet $G \subset R$ heißt **vom Typus SO_{HD}** (R. Bader u. M. Parreau, 1951 [1]; T. Kuroda, 1953 [1]), *wenn jede nichtnegative Dirichletsche Funktion, die auf G harmonisch und quasi überall auf $R - G$ Null ist, quasi überall auf R verschwindet.* Offensichtlich ist jedes SO_{HB}-Gebiet vom Typus SO_{HD}.

Hilfssatz 9.4. *Alle zusammenhängenden Komponenten einer offenen Menge G auf einer hyperbolischen Riemannschen Fläche sind dann und nur dann vom Typus SO_{HB} (bzw. SO_{HD}), wenn jede beschränkte Wienersche (bzw. Dirichletsche) Funktion, die auf $R - G$ quasi überall verschwindet, ein Wienersches Potential ist.*

Seien alle zusammenhängenden Komponenten von G vom Typus SO_{HB} (bzw. SO_{HD}), f eine Q-Funktion ($Q = W, D$), $0 \leqq f \leqq 1$, die quasi überall auf $R - G$ verschwindet, und s eine positive superharmonische Funktion auf R, so daß für jedes $\varepsilon > 0$ $f - \varepsilon s$ nach oben halbstetig und auf $R - G$ nichtpositiv ist (s. Seite 51). Es sei ferner G_ι eine zusammenhängende Komponente von G und $\underline{s} \in \mathscr{S}_1^{G_\iota}$ und

$$K = \{a \in G_\iota \mid 1 + \varepsilon + \varepsilon s(a) - \underline{s}(a) - f(a) \leqq 0\}\,.$$

K ist eine kompakte Menge; im entgegengesetzten Fall existiert eine Folge $\{a_n\}$ aus K, die gegen den idealen Rand von G_ι strebt. Indem man zu einer Teilfolge übergeht, kann man annehmen, daß $\{a_n\}$ entweder gegen den idealen Rand von R oder gegen einen Randpunkt a_0 von G_ι konvergiert. In beiden Fällen erhalten wir die widersprechende Beziehung

$$0 \geqq \overline{\lim_{n\to\infty}}\,(1 + \varepsilon + \varepsilon s(a_n) - \underline{s}(a_n) - f(a_n)) \geqq \varepsilon\,.$$

Daraus folgt, daß $1 + \varepsilon + \varepsilon s - \underline{s}$ zu $\overline{\mathscr{W}}_f^{G_\iota}$ gehört, und wir haben

$$h_f^{G_\iota} \leqq 1 - H_1^{G_\iota}\,.$$

Sei f_0 gleich $h_f^{G_\iota}$ auf G_ι, gleich $\overline{\lim}_{a \to b} h_f^{G_\iota}(a)$ in den Randpunkten b von G_ι und gleich 0 auf $R - \overline{G}_\iota$. f_0 ist nach oben halbstetig und Null in den regulären Randpunkten von G_ι. Es sei p ein Potential auf R, das unendlich in den nichtregulären Randpunkten von G_ι ist. Dann ist für jedes $\varepsilon > 0$ $f_0 - \varepsilon p$ subharmonisch und für jede Kreisscheibe V ergibt sich auf V

$$f_0 - \varepsilon p \leqq H^V_{f_0 - \varepsilon p} \leqq H^V_{f_0}, \qquad f_0 \leqq H^V_{f_0}.$$

Man schließt hieraus, daß f_0 eine subharmonische Funktion ist. f_0 ist eine positive beschränkte Wienersche Funktion, die auf G_ι harmonisch und quasi überall auf $R - G_\iota$ Null ist. Daraus folgert man $h_f^{G_\iota} = 0$ für $Q = W$. Für $Q = D$ bemerken wir zuerst, daß f_0 quasistetig und im verallgemeinerten Sinn differenzierbar ist. Fast überall auf $R - G_\iota$ ist $d f_0 = 0$ (Hilfssatz 7.2) und, da $h_f^{G_\iota}$ eine Dirichletsche Funktion ist (Satz von Royden), so ist f_0 eine Dirichletsche Funktion. Man folgert daraus $f_0 = 0$, $h_f^{G_\iota} = 0$. Die Einschränkungen von f auf den zusammenhängenden Komponenten von G sind Wienersche Potentiale, und somit ist auch f ein Wienersches Potential (Hilfssatz 6.10).

Erfüllt f die Bedingungen $0 \leqq f \leqq 1$ nicht, so folgt aus den obigen Betrachtungen und aus der Tatsache, daß Q ein Vektorverband ist, daß $\frac{1}{\alpha}\, max(f, 0)$, $\frac{1}{\alpha}\, max(-f, 0)$ $(\alpha = sup|f|)$ Wienersche Potentiale sind. f ist also auch in diesem Fall ein Wienersches Potential.

Sei G_ι eine zusammenhängende Komponente von G und f eine nichtnegative beschränkte Q-Funktion, die auf G_ι harmonisch und quasi überall auf $R - G_\iota$ verschwindet. Sei s eine positive superharmonische Funktion, so daß für jedes $\varepsilon > 0$ $f - \varepsilon s$ nach oben halbstetig und auf $R - G$ nichtpositiv ist. Dann ist $f - \varepsilon s$ subharmonisch und daher

$$f - \varepsilon s \leqq h_{f - \varepsilon s} \leqq h_f, \qquad f \leqq h_f$$

quasi überall. Erfüllt G die Bedingungen des Hilfssatzes, so ist f ein Wienersches Potential, f verschwindet quasi überall, und G_ι ist vom Typus SO_{HB} (bzw. SO_{HD}).

Bemerkung. Aus diesem Hilfssatz folgt, daß ein Teilgebiet eines Gebietes vom Typus SO_{HB} (bzw. SO_{HD}) auch vom Typus SO_{HB} (bzw. SO_{HD}) ist.

Satz 9.12. *Alle zusammenhängenden Komponenten einer offenen Menge G auf einer hyperbolischen Riemannschen Fläche R sind dann und nur dann vom Typus SO_{HB} (bzw. SO_{HD}), wenn $\Gamma_W \subset \overline{R - G}$ (bzw. $\Gamma_D \subset \overline{R - G}$) ist* (Y. Kusunoki u. S. Mori, 1959 [1]; S. Mori, 1961 [2]).

Wir nehmen zuerst an, daß $\Gamma_Q - \overline{R - G} \neq \phi$ ($Q = W$ bzw. D) ist. Sei f eine stetige beschränkte Q-Funktion, die auf $R - G$ Null und auf Γ_Q nicht identisch verschwindet. h_f kann nicht identisch verschwinden, denn auf Γ_Q sind f und h_f gleich und demnach sind nicht alle zusammenhängenden Komponenten von G vom Typus SO_{HB} (bzw. SO_{HD}) (Hilfssatz 9.4).

Es sei jetzt $\Gamma_Q \subset \overline{R - G}$ und f eine nichtnegative beschränkte Q-Funktion, die auf G harmonisch und quasi überall auf $R - G$ Null ist. Sei s die Funktion, die auf G gleich f, in jedem Randpunkt b von G gleich $\overline{lim}_{G \ni a \to b} f(a)$ und auf $R - \overline{G}$ gleich 0 ist. s ist dann eine subharmonische Funktion, die in den regulären Randpunkten von G gleich Null ist. Die Menge

$$F_\varepsilon = \{a \in R - G \mid s(a) \geqq \varepsilon\}$$

ist also abgeschlossen und von der Kapazität Null. Die Funktion $max(s - \varepsilon, 0)$ ist eine Q-Funktion, deren Unstetigkeitspunkte in F_ε enthalten sind. Aus dem Satz 9.7 und Hilfssatz 9.3 ergibt sich, daß $max(s - \varepsilon, 0)$ auf Γ_Q stetig fortsetzbar ist. Da Γ_Q in $\overline{R - F_\varepsilon \cup G}$ enthalten ist und $max(s - \varepsilon, 0)$ auf $R - F_\varepsilon \cup G$ gleich Null ist, verschwindet $max(s - \varepsilon, 0)$ auf Γ_Q. Aus dem Minimumprinzip, angewandt auf jeder zusammenhängenden Komponente von G, folgt $s - \varepsilon \leqq 0$. Daraus ergibt sich sofort, daß f quasi überall verschwindet, und jede zusammenhängende Komponente G vom Typus SO_{HB} (bzw. SO_{HD}) ist.

Folgesatz 9.9. *Fallen zwei Gebiete außerhalb einer kompakten Menge zusammen, so sind sie gleichzeitig vom Typus SO_{HB} (bzw. SO_{HD}).*

Bemerkung. Die Bedingung des Satzes kann auch in der Form $\Gamma \cap (\overline{G} - \overline{R - G}) = \phi$ geschrieben werden. Da aber gemäß dem Satz 9.9 $\overline{G} - \overline{R - G} = \overline{G} - \overline{RdG}$ ist, ist diese Beziehung mit der Beziehung $\Gamma \cap (\overline{G} - \overline{RdG}) = \phi$ äquivalent. Y. Kusunoki u. S. Mori und S. Mori haben den Satz in dieser Form ausgesprochen, allerdings nur für den Fall G zusammenhängend.

Andere interessante Eigenschaften des Roydenschen idealen Randes sind in den Arbeiten von Y. Kusunoki u. S. Mori, 1959 [1]; 1960 [2]; M. Nakai, 1960 [2] zu finden.

10. Q-Fatousche Abbildungen

Die Hauptaufgabe der Theorie des Randverhaltens der im Einheitskreis meromorphen Funktionen besteht in der Feststellung der Beziehungen zwischen den inneren Eigenschaften und den Randeigenschaften dieser Funktionen. So zeigen zum Beispiel die Sätze von Fatou und Beurling, daß gewisse Randeigenschaften aus bestimmten inneren Eigenschaften der analytischen Funktionen entspringen, wogegen der Seidel-Frostmansche Satz in bezug auf die Seidelschen Funktionen innere Eigenschaften von Randeigenschaften ableitet. Um diese Beziehungen auf den allgemeineren Fall der analytischen Abbildungen

Riemannscher Flächen auszudehnen, ist vor allem erforderlich, solche Klassen von Abbildungen einzuführen, deren Eigenschaften den in den obenerwähnten Sätzen vorkommenden Eigenschaften analog sind. So erschienen in der Literatur die Lindelöfschen Abbildungen (Z. KURAMOCHI, 1953 [1], 1954 [3]; M. HEINS, 1955 [4]; M. PARREAU, 1955 [2], [3]), die Abbildungen vom Typus Bl (M. HEINS, 1955 [3]), die Fatouschen Abbildungen (C. CONSTANTINESCU u. A. CORNEA, 1960 [4]) und die Dirichletschen Abbildungen (C. CONSTANTINESCU, 1962 [1]). In diesem Abschnitt definieren wir diese Begriffe und zeigen ihre Beziehungen zu den Wienerschen und Roydenschen idealen Rändern.

Mit Q bezeichnen wir eine Funktion auf der Klasse aller Riemannschen Flächen, derart, daß für jede Riemannsche Fläche R $Q(R)$ eine Klasse von stetigen Funktionen aus $W(R)$ sei; dabei identifizieren wir die konform äquivalenten Riemannschen Flächen. *Eine analytische Abbildung* $\varphi: R \to R'$ *heißt eine* **Q-Fatousche Abbildung**, *wenn* φ *in einer Abbildung* $R^*_{Q(R)} \to R'^*_{Q(R')}$ *stetig fortsetzbar ist.* Für W-Fatousche Abbildungen (bzw. D-Fatousche Abbildungen) sagen wir einfach **Fatousche Abbildungen** (bzw. **Dirichletsche Abbildungen**) (C. CONSTANTINESCU, 1962 [1])). *Ist* $C_0^\infty \subset Q$ *und für jedes* $f' \in Q(R')$ $f' \circ \varphi \in Q(R)$, *so ist* φ *eine Q-Fatousche Abbildung. Jede endlichblättrige Abbildung ist somit eine Dirichletsche Abbildung. Besitzt Q die Eigenschaft, daß die Einschränkungen der Q-Funktionen auf einem Gebiet gleichfalls Q-Funktionen sind, so ist die identische Abbildung dieses Gebietes eine Q-Fatousche Abbildung.* Sind $\varphi: R \to R'$, $\varphi': R' \to R''$ Q-Fatousche Abbildungen, so ist auch $\varphi' \circ \varphi$ eine Q-Fatousche Abbildung.

Hilfssatz 10.1. *Sei R eine hyperbolische Riemannsche Fläche, U eine offene Menge in Δ_W und φ eine stetige Abbildung von R in einem kompakten Raum X. Ist φ auf U bis auf eine polare Menge stetig fortsetzbar, so ist φ in jedem Punkt von U stetig fortsetzbar.*

Da jeder kompakte Raum in einem Produkt $[0, 1]^J$ eingebettet werden kann, genügt es, den Satz für eine stetige Funktion f, $0 \leqq f \leqq 1$, zu beweisen. Sei A die im Hilfssatz erwähnte polare Menge auf U, $b_0 \in A$ und s eine positive superharmonische Funktion, für die für jedes $b \in A$

$$\lim_{a \to b} s(a) = \infty$$

ist. Wir bezeichnen mit f_0 eine stetige Funktion auf R^*_W, $0 \leqq f_0 \leqq 1$, die auf einer Umgebung bezüglich R^*_W von b_0 gleich 1 und auf $\Delta_W - U$ gleich 0 ist. Dann ist $f f_0$ auf $\Delta_W - A$ stetig fortsetzbar. Mit f' bezeichnen wir die Funktion auf Δ_W, die auf $\Delta_W - A$ gleich der stetigen Fortsetzung von $f f_0$ und auf A gleich 0 ist. Die Menge

$$A_n = \{b \in \Delta_W \mid \varliminf_{a \to b} s(a) > n\}$$

ist in Δ_W offen, und die Einschränkung von f' auf $\Delta_W - A_n$ ist stetig. Man kann eine Folge $\{f_n\}$ von stetigen Funktionen auf Δ_W konstruieren derart, daß für jedes n $0 \leqq f_n \leqq 1$ und $f_n = f'$ auf $\Delta_W - A_n$ ist. Sei $\bar{s} \in \overline{\mathscr{S}}_{f_n}$, $\underline{s} \in \underline{\mathscr{S}}_{f_n}$. Da $\bar{s} + \frac{s}{n}$ zu $\overline{\mathscr{S}}_{f'}$ und $\underline{s} - \frac{s}{n}$ zu $\underline{\mathscr{S}}_{f'}$ gehört, ist $\overline{H}_{f'} - \underline{H}_{f'} \leqq$

$\leqq \frac{2s}{n} + \bar{s} - \underline{s}$. f' ist also resolutiv. Für jedes $s' \in \overline{\mathscr{S}}_{f'}$ und $\varepsilon > 0$ gehört $s' + \varepsilon s + \varepsilon$ zu $\overline{\mathscr{W}}_{ff_0}$. Daraus folgt $\bar{h}_{ff_0} \leqq H_{f'}$. Ähnlich beweist man die Ungleichung $\underline{h}_{ff_0} \geqq H_{f'}$. ff_0 ist also harmonisierbar und somit eine Wienersche Funktion (s. S. 57, Bemerkung) und deshalb in b_0 stetig fortsetzbar. Wir haben aber $ff_0 = f$ auf einer Umgebung von b_0, und daher ist auch f in b_0 stetig fortsetzbar.

Satz 10.1. *Sei R eine hyperbolische Riemannsche Fläche und f eine stetige Abbildung von R in einem kompakten Raum. Dann ist f in jedem Punkt $b \in \Delta_W$ stetig fortsetzbar.*

In der Tat: jeder Punkt von Δ_W besitzt eine polare Umgebung.

Satz 10.2. *Sei $\varphi: R \to R'$ eine analytische Abbildung. Sind R, R' parabolisch (bzw. hyperbolisch), so ist φ eine Fatousche Abbildung. Ist R hyperbolisch und R' parabolisch, so ist φ dann und nur dann eine Fatousche Abbildung, wenn eine abgeschlossene nichtpolare Menge $F' \subset R'$ gefunden werden kann, so daß $1_{\varphi^{-1}(F')}$ ein Potential ist.*

a) Seien R, R' parabolisch und f' eine stetige beschränkte Funktion auf R'. Dann ist $f' \circ \varphi$ eine stetige beschränkte Funktion auf R und somit eine Wienersche Funktion. φ ist also eine Fatousche Abbildung.

b) Seien jetzt R, R' hyperbolisch. Ist s' eine positive superharmonische Funktion auf R', so ist $s' \circ \varphi$ eine positive superharmonische und somit eine Wienersche Funktion auf R. Da jede Funktion $f' \in C_0^\infty(R')$ als Differenz zweier positiver superharmonischer Funktionen darstellbar ist, so ist $f' \circ \varphi$ eine Wienersche Funktion. Sie ist somit auf $R^*_W = R^*$ stetig fortsetzbar, und es gibt für jedes $b \in \Delta = R^* - R$ eine reelle Zahl α, so daß

$$\varphi^*(b) \subset \{a' \in R'^* \mid f'(a') = \alpha\}^1$$

ist. Man folgert daraus, daß für jedes $b \in \Delta$ $\varphi^*(b)$ entweder sich auf einem Punkt aus R' reduziert oder in $\Delta'_W = R'^*_W - R'$ enthalten ist. Der erste Fall tritt genau dann ein, wenn $f' \circ \varphi(b) \neq 0$ für wenigstens ein $f' \in C_0^\infty(R')$ ist. Die Menge A dieser Punkte ist also offen und φ ist auf A stetig fortsetzbar mit Bildpunkten aus R'. Sei $\{f'_n\}$ eine zunehmende Folge von nichtnegativen Funktionen aus $C_0^\infty(R')$, die gegen 1 konvergiert und

$$A_n = \{b \in \Delta \mid f'_n \circ \varphi(b) \geqq \tfrac{1}{2}\}.$$

---

[1] $\varphi^*(b) = \bigcap_U \overline{\varphi(U \cap R)}$, wo U die Klasse der Umgebungen von b in R^* durchläuft.

A_n ist kompakt und

$$A = \bigcup_{n=1}^{\infty} A_n .$$

A ist also σ-kompakt.

Es sei f' ein stetiges beschränktes nichtnegatives Wienersches Potential auf R'. $f' \circ \varphi$ ist eine stetige beschränkte Funktion auf R, die auf A stetig fortsetzbar ist. Wir bezeichnen mit f eine Funktion auf $\varDelta$, die auf A gleich der stetigen Fortsetzung von $f' \circ \varphi$ und auf $\varDelta - A$ gleich 0 ist. Die Funktionen $(f' f'_n) \circ \varphi$ sind auf $\varDelta$ stetig fortsetzbar. f ist die Grenzfunktion der Folge der stetigen Fortsetzungen von $(f' f'_n) \circ \varphi$ auf $\varDelta$ und somit resolutiv. Für jedes $s \in \mathscr{S}_f^R$, $s' \in \mathscr{W}_{f'}^{R'}$ und $\varepsilon > 0$ gehört $s + s' \circ \varphi + \varepsilon$ zu $\mathscr{W}_{f' \circ \varphi}^R$, denn für jedes $b \in \varDelta$ ist

$$\varliminf_{a \to b} (s(a) + s' \circ \varphi(a) + \varepsilon) \geqq \varlimsup_{a \to b} f' \circ \varphi(a) + \varepsilon .$$

Daraus ergibt sich

$$H_f^R \geqq \bar{h}_{f' \circ \varphi}^R .$$

Noch einfacher erhält man

$$H_f^R \leqq \underline{h}_{f' \circ \varphi}^R .$$

$f' \circ \varphi$ ist also harmonisierbar und somit eine Wienersche Funktion auf R (Bemerkung, S. 57). Die Einschränkung, daß f' nichtnegativ ist, kann leicht entfernt werden. Sei f' eine stetige beschränkte Wienersche Funktion auf R'. Dann ist

$$f' \circ \varphi = (f' - h_{f'}^{R'}) \circ \varphi + h_{f'}^{R'} \circ \varphi$$

eine Wienersche Funktion, denn $f' - h_{f'}^{R'}$, ist ein stetiges beschränktes Wienersches Potential und $h_{f'}^{R'} \circ \varphi \in HB(R)$. Wir haben somit bewiesen, daß φ eine Fatousche Abbildung ist.

c) Sei jetzt R hyperbolisch, R' parabolisch, F' eine nichtpolare abgeschlossene Menge auf R', für die $1_{\varphi^{-1}(F')}$ ein Potential ist, f' eine stetige beschränkte Wienersche Funktion auf R' und $\alpha' = \sup|f'|$. Dann ist $f' \circ \varphi$ eine stetige beschränkte Funktion auf R und nach b) sind ihre Einschränkungen auf den zusammenhängenden Komponenten von $R - \varphi^{-1}(F')$ Wienersche Funktionen. Die Bedingungen des Hilfssatzes 6.9 sind erfüllt mit $s = \alpha'$, $f = f' \circ \varphi$ und $F = \varphi^{-1}(F')$. Daraus folgert man, daß $f' \circ \varphi$ eine Wienersche Funktion und φ eine Fatousche Abbildung ist.

Die Notwendigkeit dieser Bedingung ergibt sich aus folgendem Lemma:

Ist für eine stetige nichtkonstante Funktion f' $f' \circ \varphi$ eine Wienersche Funktion, so gibt es eine nichtpolare abgeschlossene Menge $F' \subset R'$, so daß $1_{\varphi^{-1}(F')}$ ein Potential ist.

Sei α eine reelle Zahl und

$$F'_\alpha = \{a' \in R' \mid f'(a') = \alpha\},$$

$$F_\alpha = \{a \in R \mid f' \circ \varphi(a) = \alpha\} = \varphi^{-1}(F'_\alpha).$$

Gemäß dem Folgesatz 6.1 ist 1_{F_α} ein Potential bis auf abzählbar viele α. Ist

$$\inf f' < \alpha < \sup f',$$

so trennt F'_α die Fläche R' und ist somit nichtpolar. Man kann also α so wählen, daß F'_α nichtpolar und $1_{\varphi^{-1}(F'_\alpha)}$ ein Potential ist.

Der Satz zeigt, daß die hier angegebene Definition der Fatouschen Abbildungen mit der in einer früheren Arbeit gegebenen Definition zusammenfällt (C. Constantinescu u. A. Cornea 1960 [4]).

Aus diesem Lemma und aus dem Satz erhalten wir:

Folgesatz 10.1. *Ist für eine stetige nichtkonstante Funktion f' auf R' $f' \circ \varphi$ eine Wienersche Funktion (auf R), so ist φ eine Fatousche Abbildung.*

Folgesatz 10.2. *Jede Q-Fatousche Abbildung ist eine Fatousche Abbildung.*

Sei nämlich f' eine stetige nichtkonstante Funktion auf R'^*. Dann ist $f' \circ \varphi$ auf R^*_Q stetig fortsetzbar und somit eine Wienersche Funktion, denn $Q \subset W$.

Die Abbildung $\varphi: R \to R'$ heißt **Lindelöfsche Abbildung**, *wenn für jedes $a' \in R'$*

$$\sum_{\varphi(a) = a'} n(a)\, g_a^R$$

konvergent ist, wo $n(a)$ die Multiplizität von φ in a bedeutet (M. Heins, 1955 [4]). Ist R der Einheitskreis und R' die Riemannsche Kugel, so ist φ genau dann eine Lindelöfsche Abbildung, wenn sie beschränktartig ist. Ist R' hyperbolisch, so ist φ immer eine Lindelöfsche Abbildung. Sei $a', b' \in R'$ und u' eine harmonische Funktion auf $R' - \{a', b'\}$, die in a' eine positive und in b' eine negative logarithmische Singularität besitzt und in einer Umgebung des idealen Randes von R' beschränkt ist. M. Heins hat bewiesen, daß φ genau dann eine Lindelöfsche Abbildung ist, wenn $u' \circ \varphi$ als Differenz zweier positiver superharmonischer Funktionen darstellbar ist. Daraus sieht man, daß jede Lindelöfsche Abbildung eine Fatousche Abbildung ist[1]. Nicht jede Fatousche Abbildung ist eine Lindelöfsche Abbildung[2]. Bezeichnet man mit $L(R)$ die Klasse der Funktionen auf R, die auf jedem hyperbolischen Gebiet von R als Differenz zweier positiver superharmonischer Funktionen darstellbar sind, so kann man beweisen, daß die Lindelöfschen Abbildungen genau die L-Fatouschen Abbildungen sind.

[1] Das wurde für meromorphe Funktionen von K. Hayashi 1961 [1] bemerkt.

[2] C. Constantinescu u. A. Cornea, 1960 [4].

Satz 10.3. *Sei R (bzw. R') eine hyperbolische (bzw. parabolische) Riemannsche Fläche, $\varphi: R \to R'$ eine analytische Abbildung, Δ_φ die Menge der Punkte aus Δ_W, auf die φ stetig fortsetzbar ist mit Bildpunkten aus $R_W'^*$, und $\Sigma_\varphi = \Delta_W - \Delta_\varphi$. Σ_φ ist eine abgeschlossene Teilmenge von Γ_W und für jede offene Menge $G^* \subset R_W^*$, für die $G^* \cap \Sigma_\varphi$ nichtleer ist, ist $G^* \cap \Sigma_\varphi$ von positivem harmonischem Maß und $R' - \varphi(G^* \cap R)$ eine polare Menge. Gehört b zu Σ_φ, so ist $\varphi^*(b) = R_W'^*$.*

Aus dem Satz 10.1 folgt $\Sigma_\varphi \subset \Gamma_W$. Wir bezeichnen mit A die Menge der Punkte $b \in \Delta_W$, für die für jede Umgebung U $\varphi(U \cap R)$ ein parabolisches Gebiet ist. A ist eine Abgeschlossene Menge aus Σ_φ. Sei $b \in \Delta_W - A$ und U eine Umgebung von b, für die $\varphi(U \cap R)$ kein parabolisches Gebiet ist. Dann gibt es eine nichtpolare zusammenhanglose abgeschlossene Menge $F' \subset R' - \varphi(U \cap R)$. Wir setzen $F = \varphi^{-1}(F')$, $G = R - F$. Offenbar ist G ein Gebiet und $b \notin \bar{F}$. Aus dem Satz 10.2 ergibt sich, daß die Einschränkung von φ auf G eine Fatousche Abbildung ist. Mittels des Satzes 9.11 erkennt man, daß φ in b stetig fortgesetzt werden kann und $\Delta_W - A \subset \Delta_\varphi$ ist. Daraus folgt $\Sigma_\varphi \subset A$, $\Sigma_\varphi = A$. Wegen des Hilfssatzes 10.1 ist $G^* \cap \Sigma_\varphi$ entweder leer oder vom positiven harmonischen Maß.

Wir geben jetzt ein Kriterium an, damit eine analytische Abbildung eine Dirichletsche Abbildung sei. Es sei $\varphi: R \to R'$ eine analytische Abbildung und F' die Menge der Punkte $a' \in R'$ mit folgender Eigenschaft: Ist V' eine Kreisscheibe, die a' als Zentrum hat, so ist

$$\iint_{\{|z'|<1\}} n(z')\, dx'\, dy' = \infty ,$$

wo $n(z')$ die Zahl der Punkte der Menge $\varphi^{-1}(z')$ bezeichnet. Offenbar ist F' abgeschlossen.

Satz 10.4. *Ist R' kompakt und F' zusammenhanglos, so ist φ eine Dirichletsche Abbildung.*

Sei $\mathcal{M}'$ die Klasse der stetigen beschränkten Dirichletschen Funktionen f' auf R', die folgende Bedingungen erfüllen: df' ist Null auf einer Umgebung von F' und für jede Kreisscheibe V' in R' ist das richtige Maximum von

$$\left(\frac{\partial f'}{\partial x'}\right)^2 + \left(\frac{\partial f'}{\partial y'}\right)^2$$

auf $\{|z'| < 1\}$ beschränkt. Die Klasse $\mathcal{M}'$ ist dicht in $C(R')$, denn sie trennt die Punkte von R' und ist ein Vektorverband (in bezug auf *max*, *min*). Um zu beweisen, daß φ eine Dirichletsche Abbildung ist, genügt es also zu zeigen, daß für jedes $f' \in \mathcal{M}'$ $f' \circ \varphi$ eine Dirichletsche Funktion ist. Sei $f' \in \mathcal{M}'$ und U' eine Umgebung von F', auf der $df' = 0$ ist. Da $R' - U'$ kompakt ist, kann man endlich viele Kreisscheiben V_i' $(i = 1, \ldots, n)$ finden, so daß $\{V_i'\}$ eine Überdeckung von $R' - U'$

darstellt, und für jedes i

$$\iint_{\{|z_i'|<1\}} n(z_i')\, dx_i'\, dy_i' < \infty$$

ist. Wir haben

$$\|d(f' \circ \varphi)\|^2 \leqq \sum_{i=1}^{n} \|d(f' \circ \varphi)\|^2_{\varphi^{-1}(V_i)}$$

$$= \sum_{i=1}^{n} \iint_{\{|z_i'|<1\}} \left(\left(\frac{\partial f'}{\partial x_i'}\right)^2 + \left(\frac{\partial f'}{\partial y_i'}\right)^2\right) n(z_i')\, dx_i'\, dy_i' \leqq$$

$$\leqq \sum_{i=1}^{n} \alpha_i' \iint_{\{|z_i'|<1\}} n(z_i')\, dx_i'\, dy_i' < \infty\,,$$

wo α_i' das richtige Maximum von

$$\left(\frac{\partial f'}{\partial x_i'}\right)^2 + \left(\frac{\partial f'}{\partial y_i'}\right)^2$$

ist. Folglich ist $f' \circ \varphi$ eine Dirichletsche Funktion

Folgesatz 10.3. *Jede meromorphe Funktion φ auf R, für die*

$$\iint_R \frac{|\varphi'(z)|^2 dx\, dy}{(1+|\varphi(z)|^2)^2} = \iint_{\{|w|\leqq\infty\}} n(w) \frac{du\, dv}{(1+|w|^2)^2} < \infty^1$$

ist, ist eine Dirichletsche Abbildung von R in der Riemannschen Kugel. Diese Bedingung ist offenbar von jeder AD-Funktion erfüllt.

Die Menge F' ist in diesem Fall leer.

Eine analytische Funktion w in $\{|z| < 1\}$ heißt *Seidelsche Funktion,* wenn $|w| < 1$ ist und fast alle ihre Winkelgrenzwerte vom Modul gleich 1 sind. Diese Funktionen besitzen interessante Überdeckungseigenschaften. M. Heins, 1955 [3], hat eine Klasse von analytischen Abbildungen von Riemannschen Flächen eingeführt, die er Abbildungen vom Typus Bl. (Blaschke) nannte und die als die natürliche Verallgemeinerung der Klasse der Seidelschen Funktionen erscheint. In derselben Arbeit untersuchte M. Heins diese Abbildungen und zeigte ihre wichtigsten Eigenschaften. Weitere Besprechungen über Abbildungen vom Typus Bl. finden wir bei M. Parreau, 1955 [2]; K. Matsumoto, 1958 [1], 1959 [2]; C. Constantinescu u. A. Cornea, 1960 [4], und J. L. Doob, 1961 [3].

Die analytische Abbildung $\varphi: R \to R'$ heißt im Punkt $a' \in R'$ **lokal vom Typus Bl.**, *wenn sich eine offene Menge $G' \subset R'$ finden läßt, derart, daß $a' \in G'$ und jede zusammenhängende Komponente von $\varphi^{-1}(G')$ vom Typus SO_{HB} ist. Ist φ in jedem Punkt $a' \in R'$ lokal vom Typus* Bl., *so heißt φ* **vom Typus Bl.** Ist R parabolisch, so ist immer φ vom Typus Bl., so daß wir von nun an annehmen werden, daß R hyperbolisch ist.

[1] d. h. die Überdeckung der Riemannschen Kugel mittels φ hat endlichen sphärischen Flächeninhalt.

Wir bezeichnen für $a' \in R'$ mit $n_\varphi(a') \leqq \infty$ die Zahl der Punkte der Menge $\varphi^{-1}(a')$, wo jeder Punkt mit seiner Multiplizität berechnet wird, und mit

$$n_\varphi = \sup_{a' \in R'} n_\varphi(a') .$$

Satz 10.5. *Ist φ vom Typus* Bl., *so ist quasi überall $n_\varphi(a') = n_\varphi$* (M. HEINS, 1955 [3]).

Es ist bekannt, daß die Menge $F'_k = \{a' \in R' \mid n_\varphi(a') \leqq k\}$ abgeschlossen ist; somit ist die Menge $\{a' \in R' \mid n_\varphi(a') < n_\varphi\}$ vom Typus F_σ. Wir nehmen an, daß diese Menge nicht von der Kapazität Null ist. Dann gibt es ein k, $0 \leqq k < n_\varphi$, so daß die Menge F'_{k-1} von der Kapazität Null und die Menge F'_k nicht von der Kapazität Null ist. F_k ist weder leer noch gleich R', und somit ist ihr Rand nichtleer. Dann aber ist ihr Rand nicht von der Kapazität Null, und wir können einen Randpunkt a' von $F'_k - F'_{k-1}$ finden, der nicht Verzweigungspunkt ist, und mit der Eigenschaft, daß der Durchschnitt jeder seiner Umgebungen mit F'_k nicht von der Kapazität Null ist. Seien $a_1, \ldots, a_k$ die Punkte von R die in a' abgebildet werden. Es gibt eine Kreisscheibe U', $a' \in U'$, so daß für jeden Punkt a_i eine Kreisscheibe $U_i \ni a_i$ existiert, die mittels φ homöomorph auf U' abgebildet wird, und so daß $\{U_i\}$ paarweise punktfremd sind. Dann ist offenbar für jedes $b' \in U'$ $n_\varphi(b') \geqq k$. Es gibt aber einen Punkt $b' \in U'$ mit $n_\varphi(b') > k$, und so enthält die Menge $\varphi^{-1}(U)$ eine zusammenhängende Komponente U, die von allen U_i verschieden ist. Da $U' \cap F'_k$ nicht von der Kapazität Null ist, gibt es eine harmonische Funktion u' auf $U' - F'_k$, $0 < u' < 1$, die auf dem Rand von U' gegen Null konvergiert. Dann ist $u' \circ \varphi_U$, wo φ_U die von φ definierte Abbildung $U \to U'$ bezeichnet, eine harmonische Funktion auf U, $0 < u' \circ \varphi_U < 1$, die auf dem Rand von U gegen Null konvergiert. Somit stoßen wir auf einen Widerspruch, denn U ist vom Typus SO_{HB}.

Sei U' ein Gebiet auf R' und U eine zusammenhängende Komponente von $\varphi^{-1}(U')$, vom Typus SO_{HB}; dann ist die von φ definierte Abbildung $\varphi_U : U \to U'$ vom Typus Bl. Daraus folgt, daß *die Menge*

$$\{a' \in U' \mid n_{\varphi_U}(a') < n_{\varphi_U}\}$$

von der Kapazität Null ist. Hieraus folgert man, daß *jede Abbildung vom Typus Bl. die Eigenschaft von Iversen besitzt* (S. STOILOW, 1936 [1]).

Es sei $\varphi : R \to R'$ eine analytische Abbildung, Δ_φ die Menge der Punkte $a \in \Delta_W$, in welchen φ mit Bildpunkten aus R'^*_W stetig fortgesetzt werden kann, und $\Gamma_\varphi = \Delta_\varphi \cap \Gamma_W$. Wir bezeichnen auch weiterhin mit φ die so fortgesetzte Abbildung auf Δ_φ.

Satz 10.6. *Die Menge $R' - \overline{\varphi(\Gamma_\varphi)}$ ist genau die Menge der Punkte, wo φ lokal vom Typus Bl. ist.*

Sei G' eine offene Menge auf R', $G' \cap \varphi(\Gamma_\varphi) \neq \phi$. Dann ist Γ_φ nicht in $\overline{R - R \cap \varphi^{-1}(G')}$ enthalten und nicht alle zusammenhängenden Komponenten von $\varphi^{-1}(G') \cap R$ sind vom Typus SO_{HB} (Satz 9.12). Hieraus folgert man sofort, daß in den Punkten von $\overline{\varphi(\Gamma_\varphi)} \cap R'$ φ nicht lokal vom Typus Bl. ist.

Sei $a' \in R' - \overline{\varphi(\Gamma_\varphi)}$ und U' eine Umgebung von a', $\overline{U'} \cap \overline{\varphi(\Gamma_\varphi)} = \phi$. Wäre eine zusammenhängende Komponente G von $\varphi^{-1}(U') \cap R$ nicht vom Typus SO_{HB}, so müßte ein Punkt $b \in \Gamma \cap (\overline{G} - \overline{R - G})$ existieren (Satz 9.12). $\varphi^*(b)$ ist dann in $\overline{U}'$ enthalten und b gehört nicht zu Σ_φ (Satz 10.3). b gehört somit zu Γ_φ, was widersprechend ist.

Folgesatz 10.4. *φ ist dann und nur dann vom Typus Bl., wenn $\varphi(\Gamma_\varphi) \cap R'$ leer ist*[1]*. Ist R' parabolisch, so ist φ genau dann vom Typus Bl., wenn Γ_φ leer ist. Ist R' hyperbolisch, so ist φ genau dann vom Typus Bl., wenn für jedes stetige beschränkte Wienersche Potential f' auf R' $f' \circ \varphi$ ein Wienersches Potential ist.*

Die erste Behauptung ist evident. Die zweite folgt aus der Tatsache, daß der ideale Rand einer parabolischen Riemannschen Fläche polar und Γ_φ auf Γ offen ist, sowie auch aus dem Satz 8.9. Ist R' hyperbolisch, so ist φ eine Fatousche Abbildung und somit $f' \circ \varphi$ auf Δ_W stetig fortsetzbar. Ist φ vom Typus Bl., so ist $\varphi(\Gamma) \subset \Gamma'$, denn wäre $\varphi(b) \in \Lambda'$ für ein $b \in \Gamma$, so könnte man eine Umgebung U' von $\varphi(b)$ finden, derart, daß $\overline{U}' \cap \Gamma'$ leer ist. Dann ist $\varphi^{-1}(U') \cap \Gamma$ eine offene Menge auf Γ und sie muß vom harmonischen Maß Null sein, denn $\overline{U}' \cap \Delta'$ ist polar, was widersprechend ist. Daraus folgt, daß $f' \circ \varphi$ auf Γ Null und somit (Hilfssatz 8.6) ein Wienersches Potential ist. Ist φ nicht vom Typus Bl., so gibt es ein $b \in \Gamma$ mit $\varphi(b) \in R'$. Es sei $f' \in C_0(R')$, $f'(\varphi(b)) \neq 0$; $f' \circ \varphi$ ist kein Wienersches Potential.

Ist R' hyperbolisch und $a' \in R'$, so ist φ genau dann vom Typus Bl., wenn die größte quasibeschränkte Minorante von $g_{a'}^{R'} \circ \varphi$ Null ist. Es sei φ vom Typus Bl. und v die größte quasibeschränkte Minorante von $g_{a'}^{R'} \circ \varphi$. Für $\alpha > 0$ ist

$$v \wedge \alpha \leq \min(g_{a'}^{R'}, \alpha) \circ \varphi \, .$$

Da aber $\min(g_{a'}^{R'}, \alpha)$ ein beschränktes Wienersches Potential auf R' ist, so ist $\min(g_{a'}^{R'}, \alpha) \circ \varphi$ auch ein Wienersches Potential und folglich

$$v \wedge \alpha = 0 \, , \qquad v = \lim_{\alpha \to \infty} v \wedge \alpha = 0 \, .$$

Ist φ nicht vom Typus Bl., so gibt es ein $b \in \Gamma$ mit $\varphi(b) \in R'$. Daraus folgt, daß $\min(g'_{a'}, \alpha) \circ \varphi$ auf Γ nicht verschwindet, und $h_{\min(g_{a'}^{R'}, \alpha) \circ \varphi}$ eine nichtverschwindende beschränkte harmonische Minorante von $g_{a'}^{R'} \circ \varphi$ ist. Dieser Eigenschaft bediente sich M. Heins, 1955 [3], für die Definition

[1] Siehe auch K. Hayashi 1962 [2].

der Abbildungen vom Typus Bl. Die in diesem Buch angegebene Definition stammt von K. MATSUMOTO, 1959 [2].

Satz 10.7. *Ist $\varphi: R \to R'$ eine Q-Fatousche Abbildung ($Q = W, D$) vom Typus Bl. und R hyperbolisch, so ist R' hyperbolisch und $\varphi(\Gamma_Q) = \Gamma'_Q$.*

Da φ vom Typus Bl. ist, ist $\varphi(\Gamma_Q) \subset \Delta'_Q$ (Satz 8.6 und 10.6) und daher ist Δ'_Q nicht polar und R' hyperbolisch. Sei $b \in \Gamma_Q$; wäre $\varphi(b) \in \Delta'_Q$, so gäbe es eine stetige beschränkte Q_0-Funktion f' auf R', die in $\varphi(b)$ nicht verschwindet. Dem Folgesatz 10.4 gemäß ist $f' \circ \varphi$ ein Wienersches Potential stetig auf R^*_Q und nicht Null in b, was ausgeschlossen ist (Hilfssatz 8.6). Es ist also $\varphi(\Gamma_Q) \subset \Gamma'_Q$.

Sei jetzt $b' \in \Gamma'_Q - \varphi(\Gamma_Q)$ und f' eine stetige beschränkte Funktion auf R'^*_Q, die auf $\varphi(\Gamma_Q)$ gleich 0 und in b' gleich 1 ist. $f' \circ \varphi$ ist eine stetige beschränkte Funktion auf R^*_Q, Null auf Γ_Q und folglich ein Wienersches Potential (Hilfssatz 8.6). $f' - h_{f'}^{R'}$ ist ein Wienersches Potential und darum ist auch $f' \circ \varphi - h_{f'}^{R'} \circ \varphi$ ein Wienersches Potential (Folgesatz 10.4). Hieraus ergibt sich

$$h_{f'}^{R'} \circ \varphi = 0\,, \qquad h_{f'}^{R'} = 0\,,$$

was widersprechend ist (Hilfssatz 8.6).

Satz 10.8. *Ist $\varphi: R \to R'$ eine Dirichletsche Abbildung und G' ein Gebiet auf R', so sind nur endlich viele zusammenhängende Komponenten von $\varphi^{-1}(G')$ vom Typus SO_{HB}. Ist außerdem φ vom Typus Bl., so ist φ endlichblättrig* (C. CONSTANTINESCU u. A. CORNEA 1963 [7]).

Seien V'_1, V'_2 zwei offene Kreisscheiben in G', $\overline{V}'_2 \subset V'_1$, und f' die stetige Funktion, die auf $\overline{V}'_2$ gleich 1, auf $R' - V'_1$ gleich 0 und auf $V'_1 - \overline{V}'_2$ harmonisch ist. Die Funktion $f' \circ \varphi$ ist auf R^*_D stetig fortsetzbar. Es gibt also eine stetige Dirichletsche Funktion f auf R mit $|f - f' \circ \varphi| < \frac{1}{3}$. Die Funktion

$$f_0 = 3\, max(min(f, \tfrac{2}{3}), \tfrac{1}{3}) - 1$$

ist eine beschränkte stetige Dirichletsche Funktion, die auf $\varphi^{-1}(\overline{V}'_2)$ gleich 1 und auf $\varphi^{-1}(R' - V'_1)$ gleich 0 ist. Es sei G eine zusammenhängende Komponente von $\varphi^{-1}(G')$ vom Typus SO_{HB} und $G_0 = \varphi^{-1}(V'_1 - \overline{V}'_2) \cap G$. Dann ist auf G_0

$$f' \circ \varphi = H^{G_0}_{f' \circ \varphi} = H^{G_0}_{f_0} = h^{G_0}_{f_0}$$

(Hilfssatz 6.3) und somit ist (Satz 7.6)

$$\|d(f' \circ \varphi)\|_G = \|d(f' \circ \varphi)\|_{G_0} = \|d h^{G_0}_{f_0}\|_{G_0} \leq \|d f_0\|_{G_0} \leq \|d f_0\|_G\,.$$

Da aber die von φ definierte Funktion $\varphi_G: G \to G'$ vom Typus Bl. ist, ist fast überall auf G' $n_{\varphi_G}(a') = n_{\varphi_G}$. Daraus folgt

$$n_{\varphi_G} \|d f'\|^2_{G'} = \int_{G'} n_{\varphi_G}(a')\, d f'(a') \wedge * d f'(a') = \|d(f' \circ \varphi)\|^2_G \leq \|d f_0\|_G\,,$$

$$\sum_G n_{\varphi_G} \leq \frac{\|d f_0\|^2}{\|d f'\|^2_{G'}} < \infty\,,$$

wo die Summe auf alle zusammenhängenden Komponenten von $\varphi^{-1}(G')$ vom Typus SO_{HB} ausgedehnt ist. Aus dieser Ungleichung ergibt sich sofort, daß nur endlich viele zusammenhängende Komponenten von $\varphi^{-1}(G')$ vom Typus SO_{HB} sind.

Ist φ vom Typus Bl., so können wir annehmen, daß alle zusammenhängenden Komponenten von $\varphi^{-1}(G')$ vom Typus SO_{HB} sind, und die obigen Ungleichungen liefern

$$n_\varphi = \sum_G n_{\varphi_G} \leqq \frac{\|df_0\|^2}{\|df'\|^2_{G'}} < \infty .$$

11. Klassen von Riemannschen Flächen

Die parabolischen schlichtartigen Riemannschen Flächen sind dadurch gekennzeichnet, daß die Klassen der HP, HB, HD-Funktionen auf diesen Flächen nur aus konstanten Funktionen bestehen. Für die parabolischen Riemannschen Flächen von unendlichem Geschlecht ist das jedoch nicht mehr gültig. Zahlreiche Arbeiten wurden in den letzten 13 Jahren dem Studium dieser Tatsache gewidmet. Sie führten zur Definition einiger Klassen von hyperbolischen Riemannschen Flächen, die sich durch die Eigenschaft charakterisieren, daß gewisse Teilräume von HP nur aus konstanten Funktionen bestehen oder eine bestimmte Dimension haben; die meist bekannten unter ihnen sind die Klassen $O_{HB} - O_G$, $O_{HD} - O_G$. Ihrer eigenartigen Eigenschaften wegen müssen die Riemannschen Flächen aus diesen Klassen in einem gewissen Sinn als pathologische Riemannsche Flächen angesehen werden. In diesem Abschnitt wollen wir uns mit der Charakterisierung dieser Klassen mittels der minimalen Funktionen und der idealen Ränder beschäftigen sowie auch mit dem Studium der analytischen Abbildungen, die solche Flächen als Definitions- oder Bildbereich haben.

Sei Y ein Teilvektorverband von HP. *Eine Funktion $u \in Y$ heißt* **Y-minimal**, *wenn sie positiv ist und jede positive Minorante von u aus Y zu u proportional ist.* Anstatt HP-minimal werden wir einfach **minimal** schreiben. Diese Begriff verdanken wir R. S. Martin, 1941 [1]. Sind u, v zwei nichtproportionale Y-Minimale, so ist $u \wedge v = 0$. Ist u Y-minimal, $v \in Y$, $u \leqq v$ und $sup \frac{u}{v} = 1$, so ist

$$(v - u) \wedge u = 0 ,$$

denn wir haben

$$(v - u) \wedge u = \alpha u \leqq v - u , \qquad \frac{u}{v} \leqq \frac{1}{1+\alpha} , \qquad \alpha = 0 .$$

Eine positive harmonische Funktion wird **harmonisches Maß** *genannt, wenn*

$$u \leqq 1 , \quad u \wedge (1 - u) = 0$$

ist. Dieser Begriff wurde von M. HEINS, 1955 [4], 1959 [5], eingeführt. Ist u ein harmonisches Maß, so ist u in jedem Punkt aus Γ_W entweder gleich 0 oder gleich 1. Ist also $u > 0$, so ist $sup\, u = 1$.

Enthält Y die Konstanten, so ist jede beschränkte Y-minimale Funktion zu einem harmonischen Maß proportional, und jede quasibeschränkte Y-minimale Funktion ist beschränkt.

Hilfssatz 11.1. *Jede Y-minimale Funktion ist auch MY-minimal.*

Sei u eine Y-minimale Funktion und Y' die Klasse der MY-Funktionen v, für die $(v \vee 0) \wedge u$ zu u proportional ist. Da Y' monoton ist und Y enthält, fällt Y' mit MY zusammen. Es sei v eine MY-Funktion mit

$$0 \leqq v \leqq u .$$

Dann ist

$$v = (v \vee 0) \wedge u$$

zu u proportional, und u ist MY-minimal.

Hilfssatz 11.2. *Sei u eine HP-minimale Funktion und F eine abgeschlossene Menge in R. u_F ist entweder gleich u oder ein Potential. Im letzten Fall ist nur auf einer zusammenhängenden Komponente von $R - F$ $u \neq u_F$. Sind F_1, F_2 abgeschlossene Mengen in R und u_{F_1}, u_{F_2} Potentiale, so ist auch $u_{F_1 \cup F_2}$ ein Potential* (M. BRELOT, L. NAIM, 1957 [1]).

Sei $u_F = v + p$ die Rieszsche Zerlegung von u_F in eine harmonische Funktion und ein Potential. Wir haben $v = \alpha u$,

$$\alpha u + p = u_F = (u_F)_F = \alpha u_F + p_F = \alpha^2 u + \alpha p + p_F ,$$

$$\alpha = \alpha^2$$

und die erste Behauptung ist bewiesen.

Sei $u_F = p$ und G_1, G_2 zwei verschiedene zusammenhängende Komponenten von $R - F$, auf denen $u \neq u_F$ ist. Dann ist u_{R-G_i} $(i = 1, 2)$ von u verschieden (Satz 4.8) und folglich ein Potential. Die Ungleichung

$$u = u_R \leqq u_{R-G_1} + u_{R-G_2}$$

führt zu einem Widerspruch. Die letzte Behauptung folgt aus

$$u_{F_1 \cup F_2} \leqq u_{F_1} + u_{F_2} .$$

Bemerkung. Sei u minimal, $\{u_{F_i}\}_{1 \leqq i \leqq n}$ Potentiale und G_i (bzw. G) die zusammenhängenden Komponenten von $R - F_i$ (bzw. $R - \bigcup_{i=1}^{n} F_i$) auf denen $u \neq u_{F_i}$ $\left(\text{bzw. } u \neq u_{\bigcup_{i=1}^{n} F_i}\right)$ ist. Dann ist $G \subset \bigcap_{i=1}^{n} G_i$.

Hilfssatz 11.3. *Es seien Y', Y'' Teilvektorverbände von HP, Y' monoton, $Y' \subset Y''$ und u'' eine Y''-minimale Funktion. Besitzt u'' eine Y'-Majorante, so ist die kleinste Y'-Majorante von u'' eine Y'-minimale Funktion.*

Da Y' ein monotoner Verband ist, existiert eine kleinste Y'-Majorante u' von u''. Sei $v' \in Y'$, $0 \leqq v' \leqq u'$. Wir setzen

$$\alpha = sup \frac{v'}{u'} .$$

Es ist

$$u'' \wedge \frac{v'}{\alpha} = \beta u'' \qquad (\beta \leqq 1) ,$$

$$u'' + \frac{v'}{\alpha} = u'' \vee \frac{v'}{\alpha} + u'' \wedge \frac{v'}{\alpha} \leqq u' + \beta u'' ,$$

$$(1 - \beta)\, u'' \leqq u' - \frac{v'}{\alpha} \in Y' , \qquad (1 - \beta)\, u' \leqq u' - \frac{v'}{\alpha} ,$$

$$\frac{v'}{\alpha} \leqq \beta u' , \qquad \beta = 1, \qquad \frac{v'}{\alpha} \geqq u'' , \qquad \frac{v'}{\alpha} \geqq u', \qquad v' = \alpha u'.$$

Hilfssatz 11.4. *Hat ein Teilvektorverband Y von HP endliche Dimension, so besitzt er eine Basis aus minimalen Funktionen.*

Wir beweisen den Hilfssatz mittels vollständiger Induktion in bezug auf die Dimension n von Y. Für $n = 1$ ist die Behauptung evident. Es sei die Behauptung gültig für alle Dimensionen kleiner als n ($n \geqq 2$) und u_1, u_2 seien zwei positive nicht proportionale Y-Funktionen. Wir können noch annehmen, daß weder $u_1 \leqq u_2$ noch $u_2 \leqq u_1$ gilt. Wäre das nicht so, so gäbe es eine reelle Zahl α

$$inf \frac{u_1}{u_2} < \alpha < sup \frac{u_1}{u_2} ;$$

die Funktionen u_1, αu_2 erfüllen diese Bedingung. Die Funktionen

$$v_1 = u_1 - u_1 \wedge u_2 , \qquad v_2 = u_2 - u_1 \wedge u_2$$

sind positiv und fremd, denn

$$v_1 \wedge v_2 + u_1 \wedge u_2 \leqq u_i \qquad (i = 1, 2) .$$

Aus dem Satz 2.1 sieht man, daß Y die direkte Summe von $Y_1 = Y \cap \perp\perp \{v_1\}$ und $Y_2 = Y \cap \perp \{v_1\}$ ist. Da $v_1 \in Y_1$, $v_2 \in Y_2$, haben beide Teilräume eine positive Dimension. Laut der Induktionsvoraussetzung besitzt Y_i ($i = 1, 2$) eine Basis aus Y_i-minimalen Funktionen. Da $\perp \{v_1\}$, $\perp\perp \{v_1\}$ hereditär sind, sind die Y_i-minimalen Funktionen Y-minimale Funktionen. Y besitzt somit eine Basis aus Y-minimalen Funktionen.

Sei Y eine Funktion, die auf der Klasse aller Riemannschen Flächen definiert ist, derart, daß für jede Riemannsche Fläche R $Y(R)$ ein Teilvektorverband von $HP(R)$ ist, der die Konstanten enthält; dabei nehmen wir an, daß zwei konform äquivalente Riemannsche Flächen identisch sind. Man bezeichnet mit O_Y die Klasse der Riemannschen Flächen R, für die $Y(R)$ nur konstante Funktionen enthält. Ferner bezeichnen wir mit O_Y^n (n natürliche Zahl) die Klasse der hyperbolischen Riemannschen Flächen, für die die Dimension von $Y(R)$ höchstens n ist[1]. Offenbar ist $O_Y^1 = O_Y - O_G$[2]. Aus dem Hilfssatz 11.4 ergibt sich sofort

Satz 11.1. *Eine Riemannsche Fläche R gehört dann und nur dann zu $O_Y^n - O_Y^{n-1}$, wenn $Y(R)$ n Y-minimale Funktionen enthält, die eine Basis für $Y(R)$ bilden.*

Satz 11.2. *Es ist $O_Y^n = O_{MY}^n$.*

Da $Y \subset MY$ ist, haben wir offenbar $O_{MY}^n \subset O_Y^n$. Sei R in O_Y^n enthalten. Dann ist die Klasse $Y(R)$ monoton, und somit fällt sie mit $MY(R)$ zusammen. R gehört also zu O_{MY}^n.

Folgesatz 11.1. $O_{HB}^n \subset O_{HD}^n$.

Es ist nämlich $HD \subset MHB$.

Wir wollen die Klassen O_Y^n auch für $n = \infty$ definieren. O_Y^∞ ist die Klasse der hyperbolischen Riemannschen Flächen R, für die jede positive Funktion aus $MY(R)$ als Summe einer Reihe von $MY(R)$-minimalen Funktionen darstellbar ist. Warum in dieser Definition gerade MY (und nicht Y) benutzt wurde, wird sich später zeigen. Auf Grund des Satzes 11.1 ist $O_Y^n \subset O_Y^\infty$. Es gibt Riemannsche Flächen aus der Klasse $O_{HB}^\infty - \bigcup_{n=1}^\infty O_{HB}^n$ $\left(\text{bzw. } O_{HD}^\infty - \bigcup_{n=1}^\infty O_{HD}^n\right)$ mit einer einzigen idealen Randkomponente (C. Constantinescu u. A. Cornea, 1958 [1]). Wir bezeichnen mit U_Y die Klasse der hyperbolischen Riemannschen Flächen R, auf denen wenigstens eine beschränkte $MY(R)$-minimale Funktion existiert. Offenbar ist

$$O_Y^\infty \subset U_Y .$$

Satz 11.3. *Ist $Y' \subset Y''$, so ist*

$$U_{Y''} \subset U_{Y'} , \qquad O_{Y''}^\infty \subset O_{Y'}^\infty .$$

Sei $R \in U_{Y''}$ und u'' eine beschränkte MY''-minimale Funktion. Da MY' ein monotoner Vektorverband ist, der die Konstanten enthält, so existiert eine kleinste MY'-Majorante von u'' und nach dem Hilfssatz 11.3 ist sie eine beschränkte MY'-minimale Funktion.

Sei $R \in O_{Y''}^\infty$ und u' eine positive MY'-Funktion. Da u' zu MY'' gehört, ist

$$u' = \sum_{i \in I} u_i'' ,$$

wo $\{u_i''\}_{i \in I}$ paarweise fremde MY''-minimale Funktionen sind. Für jedes u_i'' sei u_i' die kleinste MY'-Majorante von u_i''; laut des Hilfssatzes 11.3 ist sie eine MY'-minimale Funktion. Aus $u_i'' \leqq u_i' \leqq u'$ folgt

$$u' = \sum_{i \in I} u_i'' = \bigvee_{i \in I} u_i'' \leqq \bigvee_{i \in I} u_i' \leqq u' .$$

[1] H.L. Royden, 1954 [4], hat als Erster diesen Begriff für $Y = HD$ eingeführt.

[2] O_G bezeichnet die Klasse der parabolischen Riemannschen Flächen.

Wir sagen, daß $i, j \in I$ äquivalent sind, wenn u'_i, u'_j proportional sind. Seien $\{J\}$ die Äquivalenzklassen dieser Äquivalenzrelation und $u'_J = \bigvee_{i \in J} u'_i$. Dann sind u'_J MY'-minimale Funktionen und

$$u' = \bigvee_{i \in I} u'_i = \bigvee_{J \in \{J\}} u'_J = \sum_{J \in \{J\}} u'_J$$

Folgesatz 11.2. $U_{HB} \subset U_{HD}$, $O^{\infty}_{HP} \subset O^{\infty}_{HB} \subset O^{\infty}_{HD}$ (C. Constantinescu u. A. Cornea, 1958 [1]).

Satz 11.4. *Ist $\varphi: R \to R'$ vom Typus Bl. und endlichblättrig und u' eine $Y(R')$-minimale Funktion ($Y = HP, HB, HD, MHD$), so gibt es k $(1 \leqq k \leqq n_\varphi)$ $Y(R)$ minimale Funktionen u_i $(i = 1, \ldots, k)$, so daß*

$$u' \circ \varphi = \sum_{i=1}^{k} u_i$$

ist (C. Constantinescu u. A. Cornea, 1958 [1]).

Indem man eine abgeschlossene Menge von der Kapazität Null von jeder Fläche R, R' entfernt, kann man annehmen, daß für alle $a' \in R'$ $n_\varphi(a') = n_\varphi$ ist. Sei u eine $Y(R)$-Funktion

$$0 \leqq u \leqq u' \circ \varphi$$

mit der Eigenschaft, daß aus $\alpha u \leqq u' \circ \varphi$ $\alpha \leqq 1$ folgt. Für jedes $a' \in R'$ setzen wir

$$\bar{u}(a') = \sum_{\varphi(a) = a'} u(a) .$$

$\bar{u}$ ist eine $Y(R')$-Funktion und $\bar{u} \leqq n_\varphi u'$. Daraus folgt

$$\bar{u} = \alpha u' \qquad (\alpha \leqq n_\varphi) .$$

Aus

$$\frac{1}{\alpha} u \leqq \frac{1}{\alpha} \bar{u} \circ \varphi = u' \circ \varphi$$

ergibt sich $\alpha \geqq 1$.

Es seien u_i $(i = 1, \ldots, k)$ paarweise fremde $Y(R)$-Funktionen mit denselben Eigenschaften wie u. Dann ist

$$\sum_{i=1}^{n} u_i = \bigvee_{i=1}^{n} u_i \leqq u' \circ \varphi .$$

Wir erhalten wie oben

$$\bar{u}_i = \alpha_i u' \qquad (1 \leqq \alpha_i \leqq n_\varphi) .$$

Es ist aber

$$\left(\sum_{i=1}^{k} \alpha_i\right) u'(a') = \sum_{i=1}^{k} \bar{u}_i(a') = \sum_{i=1}^{k} \sum_{\varphi(a) = a'} u_i(a) = \sum_{\varphi(a) = a'} \sum_{i=1}^{k} u_i(a) \leqq$$

$$\leqq \sum_{\varphi(a) = a'} u' \circ \varphi(a) = n_\varphi u'(a') ,$$

$$k \leqq \sum_{i=1}^{k} \alpha_i \leqq n_\varphi .$$

Wir wählen jetzt k so, daß man k Funktionen u_i, $1 \leqq i \leqq k$, mit den angegebenen Eigenschaften finden kann, und daß zu gleicher Zeit keine $k+1$ Funktionen mit diesen Eigenschaften existieren. Es soll zuerst bewiesen werden, daß alle u_i $Y(R)$-minimale Funktionen sind. Es sei $v \in Y(R)$, $0 \leqq v \leqq u_i$ und v zu u_i nichtproportional. Wir setzen

$$w = u_i - v\,, \quad \alpha = \inf \frac{u_i}{v}, \quad \beta = \inf \frac{u_i}{w}.$$

Es ist

$$\frac{1}{\alpha} + \frac{1}{\beta} = \sup \frac{v}{u_i} + \sup \frac{w}{u_i} = \sup \frac{v}{u_i} + 1 - \inf \frac{v}{u_i} > 1\,.$$

Wäre $\alpha v \leqq \beta w$, so würde auch

$$v + \frac{\alpha}{\beta} v \leqq v + w = u_i\,,$$

$$1 = \frac{1}{\alpha} \inf \frac{u_i}{v} \geqq \frac{1}{\alpha} \inf \frac{v + \frac{\alpha}{\beta} v}{v} = \frac{1}{\alpha} + \frac{1}{\beta},$$

was widersprechend ist. Ebenso führt die Beziehung $\beta w \leqq \alpha v$ zu einem Widerspruch. Es ist also

$$v_1 = \alpha v - \alpha v \wedge \beta w \neq 0\,, \quad v_2 = \beta w - \alpha v \wedge \beta w \neq 0\,,$$

$$v_1 \leqq u_i\,, \quad v_2 \leqq u_i\,, \quad v_1 \wedge v_2 = 0\,.$$

Wir haben

$$v_1 \wedge u_j = v_2 \wedge u_j = 0$$

für $j \neq i$, was wegen der Wahl von k widersprechend ist. u_i ist also $Y(R)$-minimal.

Es ist

$$\sum_{i=1}^{k} u_i = u' \circ \varphi\,.$$

Im entgegengesetzten Fall setzen wir

$$v = u' \circ \varphi - \sum_{i=1}^{k} u_i \in Y(R)\,.$$

Ist $v \wedge u_i = 0$, $(i = 1, \ldots, k)$, so zeigt sich auch hier ein Widerspruch. Ist $v \wedge u_i \neq 0$ für ein i, so haben wir $v \wedge u_i = \alpha u_i$ und somit

$$(1 + \alpha)\, u_i \leqq u_i + v \leqq u' \circ \varphi\,,$$

woraus $\alpha = 0$ folgt.

Folgesatz 11.3. *Sei $\varphi : R \to R'$ eine endlichblättrige Abbildung vom Typus Bl. Gehört R' zu U_Y $(Y = HB, HD)$, so gehört auch R zu U_Y. Gehört R' zu $O_Y^{n'}$ $(1 \leqq n' \leqq \infty)$, so gehört R zu O_Y^{n} für ein n*

$$n' \leqq n \leqq n'\, n_\varphi\,.$$

Man muß nur den Fall $n' = \infty$ betrachten. Dann ist

$$1 = \sum_{i \in I} u'_i ,$$

wo u'_i paarweise fremde $MY(R')$-minimale Funktionen sind. Daraus folgt

$$1 = 1 \circ \varphi = \sum_{i \in I} u'_i \circ \varphi = \sum_{j \in J} u_j ,$$

wo u_j paarweise fremde $MY(R)$-minimale Funktionen sind. Sei u eine positive $MY(R)$-Funktion. Dann ist

$$u \wedge n u_j = \alpha_{nj} u_j .$$

Die Folge $\{\alpha_{nj}\}_n$ ist nichtabnehmend und beschränkt; sei α_j ihr Grenzwert. Wir haben

$$u \wedge n = u \wedge \left(\bigvee_{j \in J} n u_j \right) = \bigvee_{j \in J} (u \wedge n u_j) = \bigvee_{j \in J} \alpha_{nj} u_j = \sum_{j \in J} \alpha_{nj} u_j ,$$

$$u = \lim_{n \to \infty} u \wedge n = \sum_{j \in J} \alpha_j u_j .$$

Wir wollen jetzt die Beziehungen zwischen den Klassen O_Y^n, U_Y und dem idealen Rand Γ_Y untersuchen, wo Y ein die Konstanten enthaltender Teilvektorverband von HP ist. Da für $Y \subset Q \subset Y + W_0$ Γ_Y mit Γ_Q identifiziert werden kann (Satz 9.4) und mittels dieser Identifikation die harmonischen Maße auf Γ_Y und Γ_Q zusammenfallen (Satz 8.6), so sind alle Ergebnisse von Γ_Y auf Γ_Q übertragbar und umgekehrt.

Satz 11.5. *Ist b ein Punkt aus Γ_Y mit positivem harmonischem Maß (bzw. isoliert), so ist das harmonische Maß von $\{b\}$ eine beschränkte MY-minimale (bzw. Y-minimale) Funktion. Ist u eine beschränkte MY-minimale (bzw. Y-minimale) Funktion, so gibt es einen Punkt $b \in \Gamma_Y$ mit positivem harmonischem Maß (bzw. isoliert), so daß u zu $\omega(\{b\})$ proportional ist* (M. Nakai, 1960 [2]; Y. Kusnoki u. S. Mori, 1960 [2]; S. Mori, 1961 [2]; K. Hayashi, 1961 [1], 1962 [2]; Y. Kusonoki, 1962 [3]).

Es ist $Y \subset H(R_Y^*) \subset MY$ und somit (Folgesatz 9.3 und Satz 8.7)

$$MY = MH(R_Y^*) = \{\textstyle\int f\, d\omega \mid f \quad \omega\text{-summierbare Funktion}\}$$

Wir nehmen zuerst an, daß $\{b\}$ ein positives harmonisches Maß hat. Dann gehört $\omega(\{b\})$ zu MY. Sei $u \in MY$, $0 \leqq u \leqq \omega(\{b\})$. Dann ist

$$u = \int f\, d\omega, \qquad u \wedge \omega(\{b\}) = \int \min(f, \psi)\, d\omega = f(b)\, \omega(\{b\}) ,$$

(siehe S. 88), wo ψ die charakteristische Funktion von $\{b\}$ bedeutet. $\omega(\{b\})$ ist also eine MY-minimale Funktion.

Sei u eine beschränkte MY-minimale Funktion. Dann existiert eine ω-summierbare Funktion f, derart, daß

$$u = \int f\, d\omega$$

ist. Die Menge der Punkte $b \in \Gamma$ mit der Eigenschaft, daß für jede Umgebung U von b in Γ

$$\int f\, d\omega > 0$$

ist, ist jedenfalls nichtleer. Sie besteht aus einem einzigen Punkt; im entgegengesetzten Fall seien b_1, b_2 zwei verschiedene Punkte aus dieser Menge. Wir nehmen zwei punktfremde Umgebungen U_1, U_2 von b_1, b_2 in Γ und bezeichnen mit f_i die Funktion, die auf U_i gleich f und auf $\Gamma - U_i$ gleich 0 ist ($i = 1, 2$). Dann sind $\int f_i\, d\omega$ MY-Funktionen und

$$0 < \int f\, d\omega_i \leqq u\,.$$

Diese Funktionen sind zu u proportional, was zu einem Widerspruch führt, denn

$$\int f_1\, d\omega \wedge \int f_2\, d\omega = \int min(f_1, f_2)\, d\omega\,.$$

Ist b ein isolierter Punkt in Γ, so ist $\{b\}$ eine offene Menge in Γ und somit $\omega(\{b\}) > 0$. Da die Klasse der Fortsetzungen der beschränkten Y-Funktionen auf Γ_Y in $C(\Gamma_Y)$ dicht ist, so gibt es eine beschränkte Y-Funktion u, die in b gleich 1 und auf $\Gamma_Y - \{b\}$ gleich 0 ist. Daraus folgt, daß $\omega(\{b\})$ eine Y-Funktion ist. Nach den obigen Betrachtungen ist sie eine Y-minimale Funktion.

Sei umgekehrt u eine beschränkte Y-minimale Funktion; dann ist u auch eine beschränkte MY-Minimale (Hilfssatz 11.1). Es gibt dann ein $b \in \Gamma_Y$, so daß u zu $\omega(\{b\})$ proportional ist. Da $\omega(\{b\})$ zu Y gehört, ist sie stetig auf Γ_Y fortsetzbar. Außerhalb $\{b\}$ ist sie Null und folglich ist $\{b\}$ eine offene Menge.

Folgesatz 11.4. *$R \in U_Y$ dann und nur dann, wenn Γ_Y wenigstens einen Punkt mit positivem harmonischem Maß besitzt*[1].

Folgesatz 11.5. *Sei $Y \subset MHB$. $R \in O_Y^n - O_Y^{n-1}$ (n endlich) genau dann, wenn Γ_Y aus n Punkten besteht* (Y. Kusunoki u. S. Mori, 1959 [1]; 1960 [2]; M. Nakai, 1960 [2]; S. Mori, 1961 [2]; K. Hayashi, 1961 [1], 1962 [2]).

Jede offene Menge hat nämlich ein positives harmonisches Maß.

Folgesatz 11.6. *Sind $G_1, \ldots, G_n$ paarweise punktfremde nicht SO_{HB}- (bzw. SO_{HD}) Gebiete in R, und ist $1_{R - \bigcup_{i=1}^{n} G_i}$ kein Potential (bzw. kein Potential mit endlicher Energie), so gehört R nicht zu O_{HB}^n (bzw. O_{HD}^n).*

Ist nämlich R in O_{HB}^n (bzw. O_{HD}^n) enthalten, so besteht Γ_Q ($Q = W, D$) aus höchstens n Punkten und aus dem Satz 9.12 ergibt sich $R - \bigcup_{i=1}^{n} G_i \subset \Lambda_Q$, was dem Satz 9.7 widerspricht.

Dieses Kriterium enthält alle früher angegebenen Kriterien (C. Constantinescu u. A. Cornea, 1958 [1]; K. Matsumoto, 1959 [2], [3];

[1] Diese Folgesätze zeigen, warum man in der Definition der Klassen U_Y und O_Y^∞ die MY-minimalen Funktionen benutzt hat.

Y. Kusunoki u. S. Mori, 1960 [2]). Für den Fall $n = 1$ siehe: R. Nevanlinna, 1950 [1], [2]; L. Sario, 1950 [1]; H. L. Royden, 1951 [1]; A. Mori, 1951 [1], 1952 [2]; G. Bader u. M. Parreau, 1951 [1].

Folgesatz 11.7. *Sei* $Y \subset MHB$. $R \in O_Y^\infty - \bigcup_{n=1}^{\infty} O_Y^n$ *genau dann, wenn* Γ_Y *aus abzählbar vielen Punkten vom positiven harmonischen Maß und einer Menge vom harmonischen Maß Null besteht.*

Für $Y = HB, HD$ kann man in diesen Folgesätzen Γ_{HB}, Γ_{HD} mit Γ_W, Γ_D vertauschen.

Folgesatz 11.8. *Sind* R, R' *außerhalb einer kompakten Menge konform äquivalent, so gehören sie gleichzeitig der Klasse* U_{HB}, U_{HD}, O_{HB}^n, O_{HD}^n $(1 \leqq n \leqq \infty)$ an (C. Constantinescu u. A. Cornea, 1958 [1]).

Man kann kurz sagen, daß die Zugehörigkeit zu den oben angegebenen Klassen eine Randeigenschaft ist.

Satz 11.6. *Ist* $\varphi: R \to R'$ *eine nichtkonstante* W *(bzw.* D*)-Fatousche Abbildung und gehört* R *zu* U_{HB} *(bzw.* U_{HD}*), so gehört auch* R' *zu* U_{HB} *(bzw.* U_{HD}*)* (C. Constantinescu u. A. Cornea, 1960 [4]; C. Constantinescu, 1962 [1]).

Sei b ein Punkt aus Γ mit positivem harmonischem Maß. Dann kann $\varphi(b)$ nicht polar sein (Satz 8.9). Daraus folgt zuerst, daß R' hyperbolisch ist und ferner, daß $\varphi(b)$ zu Γ' gehört und ein positives Maß hat.

Folgesatz 11.9. *Jede Fortsetzung einer Riemannschen Fläche aus der Klasse* U_Y $(Y = HB, HD)$ *gehört auch zu* U_Y (C. Constantinescu u. A. Cornea, 1958 [1]).

Folgesatz 11.10. *Gehört* R *zu* U_{HB} *(bzw.* U_{HD}*), so gibt es auf* R *keine Fatousche (bzw. Dirichletsche) Abbildung in einer parabolischen Riemannschen Fläche. Insbesondere ist*

$$U_{HB} \subset O_{AB}, \quad U_{HD} \subset O_{AD}.$$

(Z. Kuramochi, 1953 [1]; C. Constantinescu u. A. Cornea, 1958 [1]).

Satz 11.7. *Ist* $\varphi: R \to R'$ *eine* W *(bzw.* D*)-Fatousche Abbildung und gehört* R *zu* O_{HB}^∞ *(bzw.* O_{HD}^∞*), so ist* φ *vom Typus Bl. und* R' *gehört zu* O_{HB}^∞ *(bzw.* O_{HD}^∞*)* (K. Matsumoto, 1959 [2]; C. Constantinescu u. A. Cornea, 1960 [4]; C. Constantinescu, 1962 [1]).

Es sei A (bzw. A') die Menge der Punkte aus Γ (bzw. Γ') mit positivem harmonischem Maß. Es ist $\varphi(A) \subset A'$. Da $\Gamma = \bar{A}$ ist, ist $\varphi(\Gamma) \subset \Gamma'$; folglich ist φ vom Typus Bl. (Folgesatz 10.4) und $\varphi(\Gamma) = \Gamma'$ (Satz 10.7). Sei K' eine kompakte Menge, $K' \subset \Gamma' - \varphi(A)$. $\omega(K')$ ist auf $\varphi(A)$ stetig fortsetzbar und gleich Null. Daraus folgt, daß $\omega(K') \circ \varphi$ auf A stetig fortsetzbar und gleich Null ist. Da aber $\Gamma - A$ eine polare Menge ist, ist $\omega(K') \circ \varphi = 0$, $\omega(K') = 0$. Es ist also $\omega(\Gamma' - A') \leqq \omega(\Gamma' - \varphi(A)) = 0$.

Bemerkung. Gehört R zu O_Y^n $(Y = HB, HD)$, so gehört R' zu $O_Y^{n'}$ mit $n' \leqq n \leqq n' n_\varphi$ (Folgesatz 11.3); in dem Fall $Y = HD$ ist n_φ endlich (Satz 10.8).

Satz 11.8. *Sei $R \in U_{HB}$ (bzw. U_{HD}) und G ein Gebiet auf R. Enthält $\Gamma_W - \overline{R-G}$ (bzw. $\Gamma_D - \overline{R-G}$) einen Punkt mit positivem harmonischem Maß, so gehört auch G zu U_{HB} (bzw. U_{HD}).*

Die Behauptung folgt aus dem Satz 9.11 und Satz 11.5.

Folgesatz 11.11. *Sei $R \in U_{HB}$ (bzw. U_{HD}) und F eine abgeschlossene Menge auf R. Ist 1_F ein Potential (bzw. ein Potential mit endlicher Energie), so gehört wenigstens eine zusammenhängende Komponente von $R-F$ zu U_{HB} (bzw. U_{HD})* (C. CONSTANTINESCU u. A. CORNEA, 1958 [1]).

Sei b ein Punkt aus Γ_Q ($Q = W, D$) mit positivem harmonischem Maß. b ist kein Häufungspunkt von F (Satz 9.7). Es gibt dann eine zusammenhängende Umgebung U von b, $U \subset R^* - \bar{F}$ (Satz 9.10). $U \cap R$ ist zusammenhängend (Folgesatz 9.8). Sei G die zusammenhängende Komponente von $R-F$, die $U \cap R$ enthält. Dann gehört b zu $R^* - \overline{R-G}$ und $G \in U_{HB}$ (bzw. U_{HD}).

Folgesatz 11.12. (Z. KURAMOCHI). *Gehört R zu $O_{HB} - O_G$ (bzw. $O_{HD} - O_G$) und ist V eine Kreisscheibe auf R, so gehört $R - \bar{V}$ zu O_{AB} (bzw. O_{AD})* (Z. KURAMOCHI, 1953 [1], 1955 [5]; A. CORNEA, 1957 [1]).

Folgesatz 11.13. *Gehört R zu O_Y^∞ ($Y = HB, HD$), so ist jedes Gebiet von R entweder vom Typus SO_Y oder es gehört zu U_Y* (C. CONSTANTINESCU u. A. CORNEA, 1958 [1]; Z. KURAMOCHI, 1958 [10]).

Wegen des Folgesatzes 11.10 enthält dieser Folgesatz den Satz von S. MORI, 1958 [1], „Jedes Gebiet einer Riemannschen Fläche aus der Klasse O_{HD} ist vom Typus SO_{AD}."

Folgesatz 11.14. *Jede analytische Abbildung einer Riemannschen Fläche aus der Klasse O_{HB}^∞ ist von Typus Bl.*

Für meromorphe Funktionen wurde dieser Satz im Fall $R \in O_{HB} - O_G$ von A. MORI, 1951 [1], 1953 [3] und im Fall $R \in O_{HB}^\infty$ von Z. KURAMOCHI, 1958 [10], bewiesen.

12. Fortsetzung einer Potentialtheorie

Dieser Abschnitt ist einer Darstellung des gemeinsamen Teils der Theorie der Martinschen und Kuramochischen Kompaktifizierung gewidmet.

Sei R eine Riemannsche Fläche, R^* eine Kompaktifizierung von R und K_0 eine kompakte Menge in R (die auch leer sein kann), so daß $R - K_0$ zusammenhängend ist. Wir setzen $R_0 = R - K_0$, $R_0^* = R^* - K_0$, $\Delta = R^* - R$. Für jeden Punkt $b \in R_0^*$ sei k_b eine positive reelle Funktion auf R_0, die folgende Eigenschaften besitzt:

a) *$(a, b) \to k_b(a)$ ist eine stetige Funktion auf $R_0 \times R_0^*$,*

b) *ist V eine Kreisscheibe, die a enthält, so ist $\sup\limits_{b \in R_0^* - V} k_b(a) < \infty$,*

c) *sind* b_1, b_2 *zwei verschiedene Punkte aus* Δ, *so sind* k_{b_1}, k_{b_2} *nicht proportional,*

d) *für jedes* $a \in R_0$ *ist* $\lim_{b \to K_0} k_b(a) = 0$.

Für jedes Maß μ auf dem lokal kompakten Raum R_0^* bezeichnen wir mit q^μ die Funktion auf R_0 $a \to \int k_b(a)\, d\mu(b)$, falls diese nicht identisch unendlich ist. Offensichtlich ist q^μ nichtnegativ und nach unten halbstetig. Wir nennen q^μ *das von* μ *erzeugte* **Potential** und nehmen an, daß folgende Axiome erfüllt sind:

A_1: *ist der Träger von* μ *in* R_0 *enthalten,* q^μ *beschränkt und* $q^\nu \geqq q^\mu$ *quasi überall auf dem Träger von* μ, *so ist überall* $q^\nu \geqq q^\mu$;

A_2: *für jedes* $f \in C_0^\infty(R_0)$ *existiert ein verallgemeinertes Maß* λ *mit kompaktem Träger in* R_0, *so daß alle Potentiale* q^μ λ*-summierbar sind und für jedes* $b \in R_0$

$$f(b) = \int k_b(a)\, d\lambda(a)$$

ist;

A_3: *ist* K *eine kompakte Menge in* R, $K_0 \cap RdK = \phi$ *und* μ *ein Maß auf* Δ, *so existiert ein Maß* μ_K *auf* RdK, *so daß* q^{μ_K} *beschränkt und auf* $K - K_0$ *bis auf die nichtregulären Randpunkte von* $R - K$ *gleich* q^μ *ist.*

Hilfssatz 12.1. *Ist* $q^\mu = q^\nu$, *so fallen die Einschränkungen von* μ *und* ν *auf* R_0 *zusammen.*

Für $f \in C_0^\infty(R)$ ist

$$\begin{aligned}\int f(b)\, d\mu(b) &= \int \left(\int k_b(a)\, d\lambda(a)\right) d\mu(b) = \int \left(\int k_b(a)\, d\mu(b)\right) d\lambda(a)\\ &= \int q^\mu\, d\lambda = \int q^\nu\, d\lambda = \int \left(\int k_b(a)\, d\nu(b)\right) d\lambda(a)\\ &= \int \left(\int k_b(a)\, d\lambda(a)\right) d\nu(b) = \int f(b)\, d\nu(b)\,,\end{aligned}$$

wo λ das in A_2 eingeführte Maß ist.

Bemerkung. Aus diesem Hilfssatz und aus c) ergibt sich, daß für zwei verschiedene Punkte b_1, b_2 aus R^* k_{b_1}, k_{b_2} nicht proportional sind.

Satz 12.1. R^* *ist metrisierbar.*

Da R metrisierbar ist, genügt zu beweisen, daß R_0^* metrisierbar ist. Sei $\{a_n\}$ eine dichte Punktfolge in R_0 und für $b_1, b_2 \in R_0^*$

$$d(b_1, b_2) = \sum_{n=1}^{\infty} \frac{1}{2^n} \left| \frac{k_{b_1}(a_n)}{1 + k_{b_1}(a_n)} - \frac{k_{b_2}(a_n)}{1 + k_{b_2}(a_n)} \right| .$$

Man verifiziert, daß d eine mit der Topologie von R_0^* vertragbare Metrik ist.

Hilfssatz 12.2. *Gegeben seien* X *ein kompakter Raum,* K *eine kompakte Menge in* R, $K_0 \cap RdK = \phi$, *und für jedes* $x \in X$ μ_x *ein Maß auf* Δ, *so daß für jedes* $f \in C(R^*)$ *die Funktion auf* X

$$x \to \int f\, d\mu_x$$

stetig ist. Dann ist auch die Funktion

$$x \to \int f \, d\mu_{x K}$$

stetig. Ist ν *ein Maß auf* X *und*

$$\mu = \int \mu_x \, d\nu(x)^{1},$$

so ist

$$\mu_K = \int \mu_{x K} \, d\nu(x).$$

Die Funktion $(x, a) \to q^{\mu_x}(a)$ ist auf $X \times Rd K$ stetig. Sei $x_0 \in X$ und $\varepsilon > 0$. Da K kompakt ist, kann man eine Umgebung U von x_0 finden, so daß

$$|q^{\mu_x} - q^{\mu_{x_0}}| < \varepsilon$$

auf $Rd K$ ist. Wegen der Eigenschaft a) ist für ein $b_0 \in \Delta$ $\alpha = \inf_{a \in Rd K} k_{b_0}(a) > 0$. Wir setzen $q = \frac{1}{\alpha} k_{b_0}$. Dann ist

$$q^{\mu_{x K}} \leqq q^{\mu_{x_0 K}} + \varepsilon q, \qquad q^{\mu_{x_0 K}} \leqq q^{\mu_{x K}} + \varepsilon q$$

quasi überall auf $Rd K$. Aus A_3 und A_1 folgt, daß diese Ungleichungen überall gültig sind. Sei $f \in C_0^\infty(R_0)$, λ das in A_2 assoziierte verallgemeinerte Maß und λ_1, λ_2 zwei Maße mit kompakten Trägern und $\lambda = \lambda_1 - \lambda_2$. Wir haben

$$\begin{aligned} &\left|\int f \, d\mu_{x K} - \int f \, d\mu_{x_0 K}\right| \\ &= \left|\int \left(\int k_b(a) \, d\lambda(a)\right) d\mu_{x K}(b) - \int \left(\int k_b(a) \, d\lambda(a)\right) d\mu_{x_0 K}(b)\right| \\ &= \left|\int q^{\mu_{x K}} \, d\lambda - \int q^{\mu_{x_0 K}} \, d\lambda\right| \leqq \varepsilon \int q \, d(\lambda_1 + \lambda_2). \end{aligned}$$

Daraus folgt sofort, daß für jedes $f \in C(R^*)$

$$x \to \int f \, d\mu_{x K}$$

in x_0 stetig ist.

Sei

$$\mu' = \int \mu_{x K} \, d\nu(x).$$

Wir haben

$$\begin{aligned} q^{\mu'} &= \lim_{n \to \infty} \int \min(k_b, n) \, d\mu'(b) \\ &= \lim_{n \to \infty} \int \left(\int \min(k_b, n) \, d\mu_{x K}(b)\right) d\nu(x) = \int q^{\mu_{x K}} \, d\nu(x). \end{aligned}$$

In den regulären Randpunkten von $R - K$ sind $q^{\mu'}$ und q^{μ_K} gleich. Da aber $q^{\mu'}$, q^{μ_K} beschränkt und die Träger von μ', μ_K in $Rd K$ enthalten sind, so folgt aus A_1, daß $q^{\mu'} = q^{\mu_K}$ ist. Auf Grund des Hilfssatzes **12.1** ist $\mu' = \mu_K$.

[1] d. h. es ist für jedes $f \in C(R^*)$

$$\int f \, d\mu = \int \left(\int f \, d\mu_x\right) d\nu(x).$$

Wir bezeichnen für $b \in R_0^*$ mit δ_b die in b konzentrierte Einheitsmasse. Gehört f zu $C(R^*)$, und ist K eine kompakte Menge in R, $K_0 \cap Rd K = \phi$, so setzen wir für $b \in \Delta$

$$Kf(b) = \int f \, d\delta_{bK} .$$

Aus dem vorangehenden Hilfssatz erkennt man, daß Kf eine stetige Funktion auf Δ ist.

Ein nicht identisch verschwindendes Potential q heißt **extremal**, *wenn man es nicht als Summe zweier nichtproportionaler Potentiale darstellen kann.* Wir bezeichnen mit Δ_1 die Menge der Punkte $b \in \Delta$, für die k_b extremal ist, und $\Delta_0 = \Delta - \Delta_1$.

Hilfssatz 12.3. *Ist q^μ extremal und F der Träger von μ, so besteht F aus einem einzigen Punkt $b \in R \cup \Delta_1$, und μ ist zu δ_b proportional.*

Sei $b \in F$ und U_n die Menge der Punkte von R_0^*, deren Entfernung zu b kleiner als $\frac{1}{n}$ sind. Wir bezeichnen mit μ_n' (bzw. μ_n'') die Einschränkung von μ auf U_n (bzw. $R_0^* - U_n$). Aus

$$q^{\mu_n'} + q^{\mu_n''} = q^\mu$$

folgt, daß q^μ zu $q^{\mu_n'}$ proportional ist. Es gibt also ein Maß μ_n auf U_n, so daß $q^\mu = q^{\mu_n}$ ist. Sei a ein Punkt auf $R - \{b\}$, für welchen $q^\mu(a) < \infty$ ist. Für n genügend groß ist

$$\inf_{b' \in U_n} k_{b'}(a) \geqq \frac{1}{2} k_b(a) = \alpha ,$$

und wir haben

$$\mu_n(R_0^*) = \mu_n(U_n) \leqq \frac{1}{\alpha} q^\mu(a) < \infty .$$

Die Folge $\{\mu_n\}$ konvergiert dann gegen $\alpha' \delta_b$ und q^μ ist gleich $\alpha' k_b$ auf $R_0 - \{b\}$. Enthält F zwei Punkte b_1, b_2, so sind k_{b_1}, k_{b_2} auf $R_0 - \{b_1, b_2\}$ und folglich aus Stetigkeitsgründen auf R_0 proportional, was widersprechend ist. F besteht also aus einem Punkt b, μ ist zu δ_b proportional, und $b \in R \cup \Delta_1$.

Hilfssatz 12.4. *Ist b ein Punkt aus Δ_1 und $\{K_n\}$ eine kompakte Ausschöpfung von R*[1], *so konvergiert $\{\delta_{b K_n}\}$ gegen δ_b. Umgekehrt, ist b ein Punkt aus Δ und konvergiert $\{\delta_{b K_n}\}$ gegen δ_b für eine partikulare kompakte Ausschöpfung $\{K_n\}$, so gehört b zu Δ_1.*

Sei $a \in R_0$. Für genügend große n ist $q^{\delta_{b K_n}}(a) = k_b(a)$ und

$$\alpha_n = \inf_{b' \notin K_n} k_{b'}(a) > 0 .$$

Dann ist

$$\delta_{b K_n}(R_0^*) = \delta_{b K_n}(Rd K_n) \leqq \int_{Rd K_n} \frac{k_{b'}(a)}{\alpha_n} \, d\delta_{b K_n}(b') = \frac{k_b(a)}{\alpha_n} .$$

[1] d. h. $\{K_n\}$ ist eine nichtabnehmende Folge von kompakten Mengen, und jeder Punkt von R liegt im Inneren eines K_n.

Indem man zu einer Teilfolge übergeht, kann man also annehmen, daß $\{\delta_{b\,K_n}\}$ gegen ein Maß μ auf Δ konvergiert. Da q^μ gleich k_b ist, so folgt aus dem Hilfssatz 12.3 $\mu = \delta_b$.

Wir nehmen jetzt an, daß $\{\delta_{b\,K_n}\}$ gegen δ_b konvergiert, und wollen zeigen, daß k_b extremal ist. Sei

$$k_b = q^\mu + q^\nu .$$

Aus

$$q^{\delta_b\,K_n} = q^{\mu K_n} + q^{\nu K_n}$$

(Hilfssatz 12.2) folgt

$$\delta_{b\,K_n} = \mu_{K_n} + \nu_{K_n}$$

(Hilfssatz 12.1). Zu einer Teilfolge übergehend können wir annehmen, daß $\{\mu_{K_n}\}$ (bzw. $\{\nu_{K_n}\}$) gegen ein Maß μ_0 (bzw. ν_0) konvergiert. Dann ist

$$\delta_b = \mu_0 + \nu_0$$

und μ_0, ν_0 müssen zu δ_b proportional sein. Daraus und aus

$$q^\mu = \lim_{n\to\infty} q^{\mu K_n} = \lim_{n\to\infty} \int k_{b'}\, d\mu_{K_n}(b') = \int k_{b'}\, d\mu_0(b')$$

sieht man, daß q^μ zu k_b proportional ist.

Aus diesem Hilfssatz ergibt sich, daß Δ_0, Δ_1 *Borelsche Mengen sind.* Es sei nämlich Q eine abzählbare dichte Klasse in $C(R^*)$ und $\{K_n\}$ eine kompakte Ausschöpfung von R. Aus dem Hilfssatz ergibt sich, daß Δ_1 mit der Menge der Punkte $b \in \Delta$ zusammenfällt, für die für jedes $f \in Q$ $\{K_n f(b)\}_n$ gegen $f(b)$ konvergiert.

Hilfssatz 12.5. *Ist μ ein Maß auf Δ_1 und $\{K_n\}$ eine kompakte Ausschöpfung von R, so konvergiert $\{\mu_{K_n}\}$ gegen μ.*

Sei f eine stetige beschränkte Funktion auf R^*. $\{K_n f\}$ ist eine Folge von stetigen gleichmäßig beschränkten Funktionen, die auf Δ_1 gegen f konvergiert. Es ist also (Hilfssatz 12.2)

$$\int f\, d\mu = \lim_{n\to\infty} \int K_n f\, d\mu = \lim_{n\to\infty} \int \left(\int f\, d\delta_{b\,K_n}\right) d\mu(b) = \lim_{n\to\infty} \int f\, d\mu_{K_n} .$$

Satz 12.2. *Für jedes Maß μ auf Δ gibt es ein und nur ein Maß ν auf Δ_1, so daß $q^\mu = q^\nu$ ist.*

Die Eindeutigkeit von ν folgt sofort aus dem vorangehenden Hilfssatz. Für den Beweis der Existenz nehmen wir eine kompakte Ausschöpfung $\{K_n\}$ von R, so daß K_0 im Inneren von K_1 liegt. Indem man zu einer Teilfolge übergeht, kann man annehmen, daß $\{\mu_{K_n}\}$ gegen ein Maß ν auf Δ konvergiert. Es ist $q^\mu = q^\nu$. Es genügt also zu beweisen, daß $\nu(\Delta_0) = 0$ ist.

Sei $\mathcal{M}$ die Klasse der Funktionen $f \in C(R^*)$, für die $\{K_n f\}$ gegen f dem ν Maße nach konvergiert, d. h. für jedes $\varepsilon > 0$ ist

$$\lim_{n\to\infty} \nu(\{b \in \Delta \mid |K_n f(b) - f(b)| \geqq \varepsilon\}) = 0 .$$

Wir zeigen zuerst, daß $\mathcal{M} = C(R^*)$ ist. Offenbar ist $\mathcal{M}$ ein reeller Vektorraum. Es ist auch ein Verband. In der Tat, seien f_1, f_2 zwei Funktionen aus $\mathcal{M}$ und $f = min(f_1, f_2)$. Man verifiziert, daß $\{min(K_n f_1, K_n f_2)\}$ gegen f dem ν Maße nach konvergiert. Aus $f \leqq f_1, f_2$ folgt

$$K_n f \leqq K_n f_1, \quad K_n f \leqq K_n f_2, \quad min(K_n f_1, K_n f_2) - K_n f \geqq 0 .$$

Wir haben

$$\begin{aligned} &\lim_{n\to\infty} \int (min(K_n f_1, K_n f_2) - K_n f)\, d\nu \\ &= \lim_{n\to\infty} \int min\,(K_n f_1, K_n f_2)\, d\nu - \lim_{n\to\infty} \int f\, d\mu_{K_n} = 0 . \end{aligned}$$

Daraus ergibt sich, daß $\{min(K_n f_1, K_n f_2) - K_n f\}$ dem ν-Maße nach gegen 0 konvergiert. $\{K_n f\}$ konvergiert also dem ν-Maße nach gegen f, und f gehört zu $\mathcal{M}$. $\mathcal{M}$ enthält offensichtlich $C_0(R)$. Sei $a \in R_0$ und f eine Funktion aus $C(R^*)$, die außerhalb einer kompakten Menge, die K_0 enthält, gleich der Funktion $b \to k_b(a)$ ist. Ist n genügend groß, so daß a im Inneren von K_n liegt und außerhalb K_n $f(b) = k_b(a)$ ist, so haben wir

$$f(b) = k_b(a) = q^{\delta_{b K_n}}(a) = \int k_{b'}(a)\, d\delta_{b K_n}(b') = \int f\, d\delta_{b K_n} = K_n f(b)$$

für $b \in \Delta$, und f gehört zu $\mathcal{M}$. Seien b_1, b_2 zwei verschiedene Punkte aus R^*. Gehören beide Punkte zu Δ, so kann man zwei Punkte $a_1, a_2 \in R$ finden, so daß

$$k_{b_1}(a_1)\, k_{b_2}(a_2) - k_{b_1}(a_2)\, k_{b_2}(a_1) \neq 0$$

ist. Es gibt also zwei Funktionen f_1, f_2 aus $\mathcal{M}$, für die

$$f_1(b_1)\, f_2(b_2) - f_1(b_2)\, f_2(b_1) \neq 0$$

ist. Gehört wenigstens einer der Punkte b_1, b_2 zu R, so kann man sofort zwei Funktionen f_1, f_2 aus $\mathcal{M}$ finden, so daß die obige Bedingung erfüllt sei. Aus dem Stoneschen Hilfssatz sieht man, daß $\mathcal{M}$ in $C(R^*)$ dicht liegt. Nun ist aber $\mathcal{M}$ abgeschlossen, wie man sich leicht überzeugen kann, und die Behauptung ist bewiesen.

Sei Q eine abzählbare dichte Klasse aus $C(R^*)$. Indem man zu einer Teilfolge von $\{K_n\}$ übergeht, kann man annehmen, daß für jedes $f \in Q$ $\{K_n f\}$ gegen f fast überall in bezug auf ν konvergiert. Sei A_f $(f \in Q)$ die Menge der Punkte $b \in \Delta$, für die $\{K_n f(b)\}$ nicht gegen $f(b)$ konvergiert; es ist $\nu(A_f) = 0$. Gehört b nicht zu $\bigcup_{f\in Q} A_f$, so konvergiert $\{\delta_{b K_n}\}$ gegen δ_b, und gemäß dem Hilfssatz 12.4 ist b nicht in Δ_0 enthalten. Es ist also $\Delta_0 \subset \bigcup_{f\in Q} A_f$, $\nu(\Delta_0) = 0$.

Aus diesem Satz ist ersichtlich, daß Δ_1 nichtleer ist, falls Δ nichtleer ist. Weiter ergibt sich mittels des Hilfssatzes 12.5, daß für jedes Maß μ auf Δ und jede kompakte Ausschöpfung $\{K_n\}$ von R $\{\mu_{K_n}\}$ gegen ein Maß auf Δ_1 konvergiert. Insbesondere konvergiert für jedes $b \in \Delta$ $\{\delta_{b K_n}\}$ gegen ein Maß auf Δ_1.

Satz 12.3. *Δ_1 ist eine Menge vom Typus G_δ.*

Sei Q eine abzählbare dichte Teilklasse von $C(R^*)$ und $\{K_n\}$ eine kompakte Ausschöpfung von R. Wir setzen für $f \in Q$

$$A(f, j, n) = \left\{b \in \Delta \mid |f_n(b) - f(b)| \geqq \frac{1}{j}\right\}.$$

$A(f, j, n)$ ist abgeschlossen. Unter Verwendung obiger Bemerkung ergibt sich die Beziehung

$$\Delta_0 = \bigcup_{j=1}^{\infty} \bigcup_{f \in Q} \bigcup_{m=1}^{\infty} \bigcap_{n=m}^{\infty} A(f, j, n),$$

woraus die Behauptung folgt.

13. Der Martinsche ideale Rand

R. S. Martin, 1941 [1], hat einen idealen Rand für die Gebiete des 3-dimensionalen Euklidischen Raumes eingeführt und gleichzeitig gezeigt, daß jede positive harmonische Funktion mittels eines Integrals auf diesem Rand darstellbar ist. Dabei gelangt er zu einer vollständigen Lösung der Eindeutigkeitsfrage in bezug auf diese Darstellung. Das Integral ist als eine Verallgemeinerung des Poissonschen Integrals anzusehen. Martins Kompaktifizierungsmethode kann ohne jegliche Veränderung direkt auf die hyperbolischen Riemannschen Flächen angewandt werden (M. Heins, 1950 [1]; M. Brelot u. G. Choquet, 1952 [1]; M. Parreau, 1952 [1]). Der Martinsche ideale Rand wurde auf dem Gebiet der Forschungen über die Riemannschen Flächen insbesondere durch die Dissertation von M. Parreau, 1952 [1], bekannt, der auch ihre ersten Anwendungen gab. M. Brelot, 1955 [3], bewies, daß die stetigen beschränkten Funktionen auf dem Martinschen idealen Rand resolutiv sind. In diesem Abschnitt führen wir diesen idealen Rand ein und beweisen einen Teil seiner wichtigsten Eigenschaften. Für die Eigenschaften, die einen speziellen Charakter haben, begnügen wir uns, bibliographische Hinweise zu geben. Dem Studium des Verhaltens der Abbildungen auf dem Martinschen idealen Rand soll folgender Abschnitt gewidmet sein.

Es sei $M(R) = M$ die Klasse der stetigen beschränkten Funktionen auf R, für die eine kompakte nichtpolare Menge K_f existiert derart, daß auf $G = R - K_f$

$$f = \frac{H_f^G}{H_1^G}$$

ist. *Wir nennen R_M^* (bzw. Δ_M)*[1] *die* **Martinsche Kompaktifizierung** *(bzw. den* **Martinschen idealen Rand***) von R.* In diesem Abschnitt schreiben wir stets R^* (bzw. Δ) anstelle von R_M^* (bzw. Δ_M). Man er-

[1] Siehe Abschnitt 9.

kennt sofort aus der Definition, daß *die Martinsche Kompaktifizierung eine Randeigenschaft ist.* Aus dem Satz 9.1 folgt weiter, daß *sie eine Kompaktifizierung vom Typus S ist.*

Ist G ein Gebiet mit kompaktem relativem Rand vom Typus SO_{HB}, *so ist jede beschränkte harmonische Funktion auf G, auf* $\Delta \cap \overline{G}$ *stetig fortsetzbar,* denn eine solche Funktion ist auf G gleich einer Funktion aus der Klasse M. Sei R hyperbolisch, $a_0 \in R$ und α_0 eine positive Zahl, für die

$$V_0 = \{a \in R \mid g_{a_0}(a) \geqq \alpha_0\}$$

eine Kreisscheibe ist. Wir bezeichnen für $b \in R$ mit k_b die Funktion auf R

$$k_b = \frac{g_b}{\Phi_{\alpha_0}(g_b(a_0))},$$

wo Φ_{α_0} die auf der Seite 76 eingeführte Funktion ist. Sei $a \in R$ und K eine kompakte Menge, die a und V_0 im Inneren enthält. Für $b \in G = R - K$ ist

$$k_b(a) = \frac{g_b(a)}{g_b(a_0)} = \frac{g_a(b)}{g_{a_0}(b)} = \frac{H^G_{g_a}(b)}{H^G_1(b)} \, \frac{H^G_1(b)}{H^G_{g_{a_0}}(b)}\,.$$

Man erkennt daraus, daß die Funktion $b \to k_b(a)$ auf R^* stetig fortsetzbar ist. Sei $b \in \Delta$; wir bezeichnen mit k_b die Funktion auf R

$$k_b(a) = \lim_{R \ni b' \to b} k_{b'}(a)\,.$$

Sie ist positiv und aus Normalitätsgründen harmonisch. *Wir nennen die Funktion* $k_b (b \in R^*)$ *die* **Martinsche Funktion** *mit dem Pol in b. Für* $b \notin V_0$ ist $k_b(a_0) = 1$.

Die Funktionen k_b besitzen die im vorangehenden Abschnitt angegebenen Eigenschaften a) bis d) (mit $K_0 = \phi$). a) ergibt sich mittels des Harnackschen Prinzips. Es ist sogar k_b auf $R - \{b\}$ harmonisch; daraus folgt die Eigenschaft b). d) ist trivial. Um zu beweisen, daß die Funktionen k_b die Eigenschaft c) besitzen, bemerken wir zuerst, daß k_{b_1}, k_{b_2} $(b_1, b_2 \in \Delta)$ nur dann proportional sind, wenn sie zusammenfallen, denn in a_0 sind sie gleich 1. Sei f_0 eine beliebig oft differenzierbare Funktion auf R, die außerhalb einer kompakten Menge K gleich $H^{R-K}_{f_0}$ ist. Die Funktion

$$a \to f_0(a) + \frac{1}{2\pi} \int g_a \, d* \, df_0$$

ist auf R harmonisch, und außerhalb einer kompakten Menge ist ihr Modul von einem Potential majoriert. Sie ist also Null und

$$f_0(a) = -\frac{1}{2\pi} \int g_a \, d * df\,.$$

Sei $f \in M$. Es gibt zwei Funktionen f_0', f_0'', die die Eigenschaften von f_0 besitzen, und zwar derart, daß außerhalb einer kompakten Menge $f = \frac{f_0'}{f_0''}$ ist. Hieraus ergibt sich

$$f(b) = \frac{\int g_b \, d * df_0'}{\int g_b \, d * df_0''} = \frac{\int k_b \, d * d_0'}{\int k_b \, d * df_0''}$$

außerhalb einer kompakten Menge. Aus Stetigkeitsgründen ist diese Formel auch für $b \in \Delta$ gültig. Man folgert daraus, daß aus $k_{b_1} = k_{b_2}$ $b_1 = b_2$ folgt ($b_1, b_2 \in \Delta$).

Ist Q die Klasse der Funktionen auf R $b \to k_b(a)$ $(a \in R)$, so ist $R_Q^* = R_M^*$; R_Q^* ist gerade die von R. S. Martin, 1941 [1], eingeführte Kompaktifizierung (die nur für hyperbolische Riemannsche Flächen eingeführt werden kann.).

Bevor wir unsere Betrachtungen fortsetzen, möchten wir an einem Beispiel zeigen, wie der Martinsche Rand aussieht. Wir nehmen den einfachsten Fall, und zwar R gleich dem Einheitskreis $\{|z| < 1\}$. Sei a_0 der Nullpunkt und $\alpha_0 = 1$. Es ist für $\zeta \notin V_0$

$$g_\zeta(z) = \log \left| \frac{1 - \bar{z}\zeta}{z - \zeta} \right|,$$

$$k_\zeta(z) = \frac{\log \left| \frac{1 - \bar{z}\zeta}{z - \zeta} \right|}{\log \frac{1}{|\zeta|}} = \frac{Re\left(\log \frac{1 - \bar{z}\zeta}{z - \zeta}\right)}{Re\left(\log \frac{1}{\zeta}\right)}.$$

Daraus folgt

$$\lim_{\zeta \to e^{i\theta}} k_\zeta(z) = \frac{\frac{d}{d\zeta}\left(\log \frac{1 - \bar{z}\zeta}{z - \zeta}\right)_{\zeta = e^{i\theta}}}{\frac{d}{d\zeta}\left(\log \frac{1}{\zeta}\right)_{\zeta = e^{i\theta}}} = \frac{\frac{-\bar{z}}{1 - \bar{z}e^{i\theta}} - \frac{-1}{z - e^{i\theta}}}{-\frac{1}{e^{i\theta}}}$$

$$= \frac{1 - |z|^2}{|1 - z e^{-i\theta}|^2} = Re\left(\frac{e^{i\theta} + z}{e^{i\theta} - z}\right).$$

Man sieht daraus, daß R^* mit $\{|z| \leqq 1\}$ homöomorph ist. Wir identifizieren R^* und $\{|z| \leqq 1\}$ mittels dieses Homöomorphismus. Dann ist

$$k_{e^{i\theta}}(z) = Re\left(\frac{e^{i\theta} + z}{e^{i\theta} - z}\right).$$

Ist R ein relativ kompaktes Gebiet auf R', dessen Rand aus endlich vielen Jordankurven besteht, die nicht im Inneren von $\bar{R}$ liegen, und aus einer Menge von der Kapazität Null, so fällt der Martinsche ideale Rand von R mit seinem relativen Rand zusammen.

Wir zeigen jetzt, daß die Axiome A_1—A_3 erfüllt sind. Zu diesem Zweck bemerken wir zuerst, daß

$$q^\mu = \int k_b \, d\mu(b)$$

eine superharmonische Funktion ist (Hilfssatz 1.1). Es seien jetzt μ, ν die in A_1 vorkommenden Maße und μ' das Maß

$$d\mu' = \frac{d\mu}{\Phi_{\alpha_0} \circ g_{a_0}}.$$

Dann ist $p^{\mu'} = q^\mu$ und q^ν majoriert $p^{\mu'}$ quasi überall auf dem Träger von μ'. A_1 folgt jetzt aus dem Satz 4.4. Sei $f \in C_0^\infty(R)$. Dann gehört $b \to f(b)\, \Phi_{\alpha_0}(g_b(a_0))$ zu $C_0^\infty(R)$ und somit ist

$$f(b)\, \Phi_{\alpha_0}(g_b(a_0)) = -\frac{1}{2\pi} \int g_b \, d * d(f\, \Phi_{\alpha_0}(g_{a_0})),$$

$$f(b) = -\frac{1}{2\pi} \int k_b \, d * d(f \Phi_{\alpha_0}(g_{a_0})).$$

Daraus und aus Folgesatz 1.2 ergibt sich A_2. A_3 folgt aus Satz 4.8 und

Hilfssatz 13.1. *Sei s eine positive superharmonische Funktion und F eine abgeschlossene Menge in R. Es gibt ein Maß μ auf $\bar{F}$ derart, daß*

$$s_F = \int k_b \, d\mu(b)$$

ist.

Sei $\{K_n\}$ eine nichtabnehmende Folge von kompakten Mengen, $F = \bigcup_{n=1}^{\infty} K_n$. Es gibt ein Maß ν_n auf K_n derart, daß $s_{K_n} = p^{\nu_n}$ ist (Satz von FROSTMAN). Wir bezeichnen mit μ_n das Maß

$$d\mu_n = \Phi_{\alpha_0} \circ g_{a_0} \, d\nu_n.$$

Es ist

$$q^{\mu_n} = \int k_b \, d\mu_n(b) = \int g_b \, d\nu_n(b) = s_{K_n}.$$

Es sei a' ein Punkt, wo $s(a')$ endlich ist. Aus

$$\beta = \inf_{b \in R^*} k_b(a') > 0$$

und

$$s(a') \geqq s_{K_n}(a') = \int k_b(a') \, d\mu_n(b) \geqq \beta \mu_n(\bar{F})$$

erkennt man, daß die Folge $\{\mu_n(\bar{F})\}$ beschränkt ist. Indem wir zu einer Teilfolge übergehen, können wir annehmen, daß die Folge $\{\mu_n\}$ gegen ein Maß μ auf $\bar{F}$ konvergiert.

Sei a ein Punkt auf R, α eine positive Zahl, für die $\{b \in R \,|\, g_a(b) \geqq \alpha\}$ kompakt ist, und λ_α das Maß, für welches $p^{\lambda_\alpha} = \min(g_a, \alpha)$ ist. Wir haben

$$\int s_{K_n} \, d\lambda_\alpha = \int \left(\int k_b(a'') \, d\mu_n(b)\right) d\lambda_\alpha(a'') = \int \left(\int k_b(a'') \, d\lambda_\alpha(a'')\right) d\mu_n(b).$$

Die Funktion

$$b \to \int k_b(a'')\, d\lambda_\alpha(a'')$$

ist auf R^* stetig und beschränkt. Indem man in der obigen Formel n gegen unendlich streben läßt, erhält man

$$\int s_F\, d\lambda_\alpha = \int \left(\int k_b(a'')\, d\lambda_\alpha(a'')\right) d\mu(b)\,,$$

und für $\alpha \to \infty$ ergibt sich

$$s_F(a) = \int k_b(a)\, d\mu(b)\,.$$

Nimmt man als Menge F die ganze Fläche R, so erhält man

$$s = \int k_b\, d\mu(b) = q^\mu.$$

Insbesondere besitzt jede positive harmonische Funktion u eine Integraldarstellung

$$u = \int k_b\, d\mu(b)$$

mittels eines Maßes μ auf Δ. *Eine hyperbolische Riemannsche Fläche gehört zu O_{HP} genau dann, wenn der Martinsche ideale Rand aus einem einzigen Punkt besteht.* Ist $s = \int k_b\, d\mu(b)$, so ergibt sich aus dem Satz 4.9

$$s_F = \int k_{bF}\, d\mu(b)\,.$$

Da k_b alle Bedingungen des vorangehenden Abschnittes erfüllt, ist R^* — im Fall R hyperbolisch — metrisierbar. Da aber die Martinsche Kompaktifizierung eine Randeigenschaft ist, *ist R^* immer metrisierbar.* $b \in \Delta_1$ dann und nur dann, wenn k_b eine minimale Funktion ist. Δ_1 hängt also von a_0 nicht ab. Aus dem Satz 12.2 folgt

Satz 13.1 (R. S. Martin). *Jede positive harmonische Funktion u besitzt eine und nur eine Integraldarstellung*

$$u = \int k_b\, d\mu(b)$$

mittels eines Maßes auf Δ_1.

Aus diesem Satz folgt, daß jede HP-Funktion u eine und nur eine Integraldarstellung mittels eines verallgemeinerten Maßes μ auf Δ_1 besitzt:

$$u = \int k_b\, d\mu(b)\,.$$

Man nennt μ das **kanonische Maß** *von u. Wir bezeichnen mit $\chi_R = \chi$* das kanonische Maß von 1.

Folgesatz 13.1. *Die Abbildung, die jeder Funktion $u \in HP$ das kanonische Maß assoziiert, ist ein Isomorphismus — im Sinne der Vektorverbände — zwischen HP und der Klasse aller verallgemeinerten Maße auf Δ_1. Dabei werden die quasibeschränkten (bzw. singulären) Funktionen auf die χ-absolut stetigen (bzw. χ-singulären) Maße abgebildet.*

Diese Abbildung ist nämlich linear, positiv und auf.

Ist $R = \{|z| < 1\}$, so ist $\Delta_0 = \phi$. In der Tat: Wir wissen schon, daß $\Delta = \{|z| = 1\}$ ist. Da $z \to e^{i\theta_0} z$ eine eineindeutige und konforme Selbstabbildung des Einheitskreises ist, so gehören $e^{i\theta}$ und $e^{i(\theta+\theta_0)}$ zusammen entweder zu Δ_0 oder zu Δ_1. Es ist also entweder $\Delta = \Delta_0$ oder $\Delta = \Delta_1$, und, da Δ_1 nichtleer ist, haben wir $\Delta = \Delta_1$, $\Delta_0 = \phi$. Es ergibt sich daraus die Eindeutigkeit des Maßes in einer Poisson-Stietjesschen Integraldarstellung einer HP-Funktion im Einheitskreis.

Satz 13.2. *Ist e eine ideale Randkomponente und b ein Punkt aus Δ_e, so ist der Träger des kanonischen Maßes von k_b in Δ_e enthalten.*

Sei $\{R_n\}$ eine normale Ausschöpfung von R, für jedes n F_n die zusammenhängende Komponente von $R - R_n$, für welche $\Delta_e \subset \bar{F}_n$ ist, und $\{b_m\}$ eine Punktfolge in R, die gegen b konvergiert. Dann konvergiert $\{k_{b_m}\}$ auf RdF_n gleichmäßig gegen k_b und wir haben auf $R - F_n$

$$H_{k_b}^{R-F_n} = \lim_{m \to \infty} H_{k_{b_m}}^{R-F_n} = \lim_{m \to \infty} k_{b_m} = k_b .$$

Daraus folgt

$$(k_b)_{RdF_n} = H_{k_b}^{R-F_n} = k_b$$

auf $R - F_n$ und

$$(k_b)_{RdF_n} = ((k_b)_{RdF_n})_{\bar{R}_n} = (k_b)_{\bar{R}_n} .$$

Aus dieser Gleichheit erkennt man, daß $\delta_{b\bar{R}_n} = \delta_{b\,RdF_n}$ ist, und der Träger von $\delta_{b\bar{R}_n}$ liegt somit auf RdF_n. Nun konvergiert aber $\{\delta_{b\bar{R}_n}\}$ gegen das kanonische Maß von k_b (S. 133), dessen Träger also in Δ_e liegt.

Aus diesem Satz ergibt sich, daß auf jeder idealen Randkomponente wenigstens ein Punkt aus Δ_1 liegt.

Hilfssatz 13.2. *Gehört b zu Δ_1 und ist U eine Umgebung von b, so ist $(k_b)_{R-U}$ ein Potential.*

Wäre $k_b = (k_b)_{R-U}$, so besitze k_b eine Integraldarstellung mittels eines Maßes auf $R^* - U$ (Hilfssatz 13.1), was zu einem Widerspruch führt (Hilfssatz 12.3). $(k_b)_{R-U}$ ist also nicht gleich k_b und somit ein Potential (Hilfssatz 11.2).

Satz 13.3. *Alle Punkte aus Δ_1 sind erreichbare Randpunkte von R.* (M. Brelot, 1956 [4]).

Sei $b \in \Delta_1$ und $U(b, \varepsilon)$ die Menge der Punkte $a \in R$, deren Entfernung zu b kleiner als ε ist. Da $(k_b)_{R-U(b,\varepsilon)}$ ein Potential ist (Hilfssatz 13.2), so gibt es nur eine zusammenhängende Komponente von $U(b, \varepsilon)$, auf der $(k_b)_{R-U(b,\varepsilon)}$ von k_b verschieden ist (Hilfssatz 11.2). Wir bezeichnen sie mit G_ε. Aus dem Hilfssatz 11.2 sieht man, daß aus $\varepsilon < \varepsilon'$ $G_\varepsilon \subset G_{\varepsilon'}$ folgt. Man kann jetzt leicht einen Weg auf R konstruieren, der in b endigt.

Satz 13.4. *Die Martinsche Kompaktifizierung ist eine resolutive Kompaktifizierung und*

$$\frac{d\omega_a}{d\chi}(b) = k_b(a)$$

(M. Brelot, 1955 [3]).

Sei f eine stetige Funktion auf R^*, $0 \leqq f \leqq 1$, n eine natürliche Zahl und

$$A_i = \left\{b \in \Delta_1 \,\middle|\, \frac{1}{n}\left(i - \frac{1}{2}\right) \leqq f(b) < \frac{1}{n}\left(i + \frac{1}{2}\right)\right\} \quad (i = 0, 1, \ldots, n)\,,$$

$$F_i = \left\{a \in R \mid f(b) \leqq \frac{i-1}{n}\right\} \cup \left\{a \in R \mid f(b) \geqq \frac{i+1}{n}\right\},$$

$$u_i = \int_{A_i} k_b \, d\chi(b)\,.$$

$R^* - \bar{F}_i$ ist eine Umgebung jedes Punktes $b \in A_i$, und somit ist $(k_b)_{F_i}$ ein Potential. Hieraus folgt, daß auch $(u_i)_{F_i}$ ein Potential ist, denn es ist

$$(u_i)_{F_i} = \int_{A_i} (k_b)_{F_i} \, d\chi(b)$$

(Satz 4.9 und Folgesatz 4.7). Wir haben quasi überall auf R

$$\frac{i-1}{n}\left(u_i - (u_i)_{F_i}\right) \leqq f u_i \leqq \frac{i+1}{n} u_i + (u_i)_{F_i}\,,$$

$$\sum_{i=1}^{n} \frac{i-1}{n}\left(u_i - (u_i)_{F_i}\right) \leqq \sum_{i=0}^{n} f u_i = f \leqq \sum_{i=0}^{n} \frac{i+1}{n} u_i + \sum_{i=0}^{n} (u_i)_{F_i}\,.$$

Daraus ergibt sich

$$\sum_{i=1}^{n} \frac{i-1}{n} u_i \leqq \underline{h}_f \leqq \bar{h}_f \leqq \sum_{i=0}^{n} \frac{i+1}{n} u_i\,,$$

$$\bar{h}_f - \underline{h}_f \leqq \frac{2}{n} \sum_{i=0}^{n} u_i = \frac{2}{n}\,.$$

Da n beliebig ist, ist f harmonisierbar und somit eine Wienersche Funktion. R^* ist also eine resolutive Kompaktifizierung.

Weiter erhalten wir aus den obigen Ungleichungen, wenn wir n gegen unendlich streben lassen,

$$h_f = \int f(b) \, k_b \, d\chi(b)\,.$$

Es ist also

$$\int f(b) \, k_b(a) \, d\chi(b) = \int f(b) \, d\omega_a(b)$$

für jede stetige beschränkte Funktion f auf Δ, d. h.

$$\frac{d\omega_a}{d\chi}(b) = k_b(a)$$

Aus diesem Satz sieht man, daß die Martinsche Kompaktifizierung ein Quotientenraum der Wienerschen Kompaktifizierung ist. Da R^* metrisierbar ist, fallen die Begriffe ω-summierbare Funktion (bzw.

Menge vom harmonischen Maß Null) und resolutive Funktion (bzw. polare Mengen in Δ) zusammen. Insbesondere ist Δ_0 eine polare Menge.

Hilfssatz 13.3. *Hat $b \in \Delta_1$ positives χ-Maß, so ist k_b eine beschränkte minimale und umgekehrt.*

Hat $b \in \Delta_1$ positives χ-Maß, so folgt aus

$$\chi(\{b\})\, k_b \leqq \int k_{b'}\, d\chi_{b'} = 1\,,$$

daß k_b beschränkt ist. Ist umgekehrt k_b beschränkt, so gibt es eine Integraldarstellung (Folgesatz 13.1)

$$k_b = \int_{\Delta_1} f(b')\, k_{b'}\, d\chi(b')\,,$$

und aus dem Hilfssatz 12.3 sieht man, daß f fast überall bezüglich χ auf $\Delta_1 - \{b\}$ Null ist. Es muß also $\chi(\{b\}) \neq 0$ sein.

Satz 13.5. *Es sei R eine hyperbolische Riemannsche Fläche. $R \in U_{HB}$ genau dann, wenn Δ_1 einen Punkt mit positivem χ-Maß besitzt. $R \in O^n_{HP} - O^{n-1}_{HP}$ $\left(\text{bzw. } R \in O^\infty_{HP} - \bigcup_{n=1}^{\infty} O^n_{HP}\right)$ dann und nur dann, wenn Δ_1 aus n (bzw. abzählbar vielen) Punkten besteht. $R \in O^n_{HB}$ $(1 \leqq n \leqq \infty)$ genau dann, wenn Δ_1 aus höchstens n Punkten mit positivem χ-Maß und aus einer Menge vom χ-Maß Null besteht* (Z. Kuramochi, 1958 [10]).

Satz 13.6. *Ist für ein $b \in \Delta$ k_b nicht singulär, so ist für jeden Pol a*

$$\lim_{a' \to b} g_a(a') = 0$$

(C. Constantinescu u. A. Cornea, 1960 [5]).

Sei

$$\overline{\lim_{a' \to b}}\, g_a(a') > 0$$

und $\{a_n\}$ eine Punktfolge, die gegen b konvergiert, für die $\{g_{a_n}\}$ konvergent und ihre Grenzfunktion u nicht Null ist. Dann ist

$$k_b = \lim_{n \to \infty} \frac{g_{a_n}}{g_{a_0}(a_n)} = \frac{u}{u(a_0)}\,,$$

und wir sind auf einen Widerspruch gestoßen, denn u ist singulär (Satz 7.9).

Folgesatz 13.2. *Ist e eine ideale Randkomponente, und sind für alle Punkte $b \in \Delta_1 \cap \Delta_e$ k_b beschränkt, so ist für jeden Pol a*

$$\lim_{a' \to e} g_a(a') = 0\,.$$

Sei $b \in \Delta_e$. Unter Benutzung des Satzes 13.2 erkennt man, daß k_b quasibeschränkt ist.

Folgesatz 13.3. *Gehört R zu $O_{HP} - O_G$, so ist für jeden Pol a*

$$\lim_{a' \to id\,Rd\,R} g_a(a') = 0$$

(L. Myrberg, 1953 [1]).

Satz 13.7. *Die Menge der Punkte $b \in \Delta$, für die*

$$\overline{\lim_{a \to b}}\, g_{a_0}(a) > 0$$

ist, ist polar; sie hängt offenbar von a_0 nicht ab.

Da die Martinsche Kompaktifizierung resolutiv und metrisierbar ist, genügt es zu beweisen, daß diese Menge vom harmonischen Maß Null ist. Δ_0 ist vom harmonischen Maß Null. Es bleibt also nur zu zeigen, daß für jedes $\varepsilon > 0$ die Menge

$$A_\varepsilon = \left\{ b \in \Delta_1 \mid \overline{\lim_{a \to b}}\, g_{a_0}(a) > \varepsilon \right\}$$

vom harmonischen Maß Null ist.

Sei

$$G_\varepsilon = \{a \in R \mid g_{a_0}(a) > \varepsilon\}, \qquad F_\varepsilon = R - G_\varepsilon,$$

$b \in A_\varepsilon$ und $\{a_n\}$ eine Punktfolge aus G_ε, die gegen b konvergiert, derart, daß

$$\lim_{n \to \infty} g_{a_0}(a_n) = \overline{\lim_{a \to b}}\, g_{a_0}(a)$$

ist. Wir haben

$$g_{a_0}^{G_\varepsilon} = g_{a_0} - \varepsilon .$$

Zu einer Teilfolge übergehend, können wir annehmen, daß die Folge $\{g_{a_n}^{G_\varepsilon}\}$ konvergent ist, und bezeichnen mit u ihre Grenzfunktion. Es ist

$$u(a_0) = \lim_{n \to \infty} g_{a_n}^{G_\varepsilon}(a_0) = \lim_{n \to \infty} g_{a_0}^{G_\varepsilon}(a_n) = \lim_{n \to \infty} g_{a_0}(a_n) - \varepsilon > 0 ,$$

$$k_b = \lim_{n \to \infty} \frac{g_{a_n}}{g_{a_n}(a_0)} > \lim_{n \to \infty} \frac{g_{a_n}^{G_\varepsilon}}{g_{a_n}^{G_\varepsilon}(a_0) + \varepsilon} = \frac{u}{u(a_0) + \varepsilon},$$

wo u gleich Null auf F_ε gesetzt wurde. $k_b - \dfrac{u}{u(a_0) + \varepsilon}$ ist eine positive superharmonische Funktion auf R, die auf F_ε gleich k_b ist. Man folgert daraus, daß

$$k_{b\,F_\varepsilon} \leqq k_b - \frac{u}{u(a_0) + \varepsilon}$$

ist. $k_{b\,F_\varepsilon}$ ist also ein Potential (Hilfssatz 11.2).

Aus

$$(\omega(A_\varepsilon))_{F_\varepsilon} = \Big(\int_{A_\varepsilon} k_b \, d\chi(b)\Big)_{F_\varepsilon} = \int_{A_\varepsilon} (k_b)_{F_\varepsilon} \, d\chi(b)$$

erkennt man, daß $(\omega(A_\varepsilon))_{F_\varepsilon}$ ein Potential ist. Es ist aber

$$\omega(A_\varepsilon) \leqq \frac{1}{\varepsilon} g_{a_0} + (\omega(A_\varepsilon))_{F_\varepsilon}$$

und daher

$$\omega(A_\varepsilon) = 0 .$$

Sei R ein relativ kompaktes Gebiet auf einer Riemannschen Fläche R'. Die Beziehungen zwischen dem relativen Rand von R bezüglich R' und dem Martinschen idealen Rand von R scheinen in dem allgemeinen Fall sehr kompliziert zu sein. Es gibt Beispiele von Randpunkten, die eine zusammenhängende Komponente von $R' - R$ bilden, auf die endlich viele oder abzählbar viele oder sogar überabzählbar viele Punkte aus Δ_1 liegen; umgekehrt gibt es zusammenhängende Komponenten von $R' - R$, die ein Kontinuum sind, auf denen nur ein Punkt aus Δ liegt. Wir betrachten jetzt einen besonderen Fall, wo jedoch diese Beziehungen sehr einfach sind.

Satz 13.8. *Ist R ein hyperbolisches Gebiet auf einer Riemannschen Fläche R' und a' ein nichtregulärer Randpunkt von R, so liegt auf a' ein einziger Punkt aus Δ* (M. Brelot, 1948 [1]).

Sei $a \in R$,

$$\varepsilon < \overline{\lim_{c \to a'}} g_a(c)$$

und

$$G = \{c \in R \mid g_a(c) > \varepsilon\}.$$

Da $g_a^G = g_a - \varepsilon$ ist, ist

$$\overline{\lim_{c \to a'}} g_a^G(c) > 0,$$

und somit ist a' auch für G ein nichtregulärer Randpunkt. Daraus folgt, daß die zusammenhängende Komponente von $R' - G$, die a' enthält, nur aus a' besteht.

Sei b ein Punkt aus Δ_1, der auf a' liegt. Da b erreichbar ist (Satz 13.3), gibt es eine Jordansche Kurve γ in R, die in b endigt. Da sie nicht außerhalb G liegen kann, ist

$$\overline{\lim_{\gamma \ni c \to a'}} g_a(c) > \varepsilon,$$

und, da ε beliebig ist, ist

$$\overline{\lim_{\gamma \ni c \to a'}} g_a(c) = \overline{\lim_{c \to a'}} g_a(c).$$

Seien a_1, a_2 zwei Punkte aus R und $\{c_{in}\}_n$ $(i = 1, 2)$ eine Punktfolge auf γ, die gegen a' konvergiert, für die $\{g_{c_{in}}\}_n$ gegen eine harmonische Funktion u_i konvergiert, so daß

$$\lim_{n \to \infty} g_{c_{in}}(a_i) = \overline{\lim_{c \to a'}} g_{a_i}(c)$$

ist. Wir haben

$$u_1(a_2) \leqq u_2(a_2), \qquad u_2(a_1) \leqq u_1(a_1),$$

$$k_b = \lim_{n \to \infty} \frac{g_{c_{in}}}{g_{c_{in}}(a_0)} = \frac{u_i}{u_i(a_0)}.$$

Hieraus folgt

$$\frac{u_1}{u_1(a_0)} = \frac{u_2}{u_2(a_0)}, \qquad u_1(a_2) \leqq u_2(a_2) = \frac{u_2(a_0)}{u_1(a_0)} u_1(a_2),$$

$$u_1(a_0) \leqq u_2(a_0).$$

Ähnlicherweise ergibt sich die Ungleichung $u_2(a_0) \leqq u_1(a_0)$, und daher ist $u_1 = u_2$. Daraus erkennt man, daß für jedes $a \in R$

$$u_1(a) = \overline{\lim_{c \to a'}}\, g_a(c)$$

ist. Es ist also

$$k_b(a) = \frac{\overline{\lim\limits_{c \to a'}}\, g_a(c)}{\overline{\lim\limits_{c \to a'}}\, g_{a_0}(c)},$$

und auf a' kann nur ein Punkt aus Δ_1 liegen. Der Satz ergibt sich jetzt mittels des Satzes 13.2.

Ein viel besprochenes Problem in der Theorie der Riemannschen Flächen ist das der harmonischen Dimension, die von M. HEINS, 1952 [2], eingeführt wurde. Sei G ein Gebiet mit kompaktem relativem Rand. Die harmonische Dimension von G ist die Dimension des Vektorraums der $HP(G)$-Funktionen, die auf RdG verschwinden. Sie ist der Zahl der Punkte aus $\Delta_1 \cap \overline{G}$ gleich. Man kann Gebiete vom Typus SO_{HB} mit einer einzigen idealen Randkomponente konstruieren, deren harmonische Dimension einer vorgegebenen Zahl gleich ist (M. HEINS, 1952 [2]) (bzw. abzählbar ist (Z. KURAMOCHI 1954 [4]), bzw. die Mächtigkeit des Kontinuums hat (C. CONSTANTINESCU u. A. CORNEA, 1959 [2])). Forschungen bezüglich der harmonischen Dimension wurden von M. OZAWA, 1954 [1], [2], [3], und Z. KURAMOCHI, 1954 [2], durchgeführt.

Andere Eigenschaften des Martinschen idealen Randes sind unter anderen in folgenden Arbeiten zu finden: Y. KUSUNOKI, 1956 [1], [2], hat hinreichende Bedingungen für parabolische Riemannsche Flächen angegeben, damit der Martinsche ideale Rand mit dem Kerékjártó-Stoilowschen idealen Rand zusammenfalle. Z. KURAMOCHI, 1956 [8], konstruierte mit Hilfe des Martinschen idealen Randes ein Evanssches Potential für parabolische Riemannsche Flächen und untersuchte, 1958 [11], einige partikulare Klassen von kanonischen Integraldarstellungen der HP-Funktionen. L. NAIM, 1957 [1], hat die Beziehungen zwischen dem Martinschen idealen Rand eines Teilgebietes von R und dem Martinschen idealen Rand von R festgestellt. C. CONSTANTINESCU u. A. CORNEA, 1960 [5], beschäftigten sich mit den Beziehungen zwischen dem Martinschen idealen Rand und der hyperbolischen Metrik einer Riemannschen Fläche.

14. Das Verhalten der analytischen Abbildungen auf dem Martinschen idealen Rand

Das Randverhalten der im Einheitskreis definierten meromorphen Funktionen wurde besonders viel studiert. Wertvolle Auskünfte in dieser Richtung sind in den Sätzen von RIESZ-LUSIN-PRIWALOFF-FROSTMAN-NEVANLINNA, FATOU-NEVANLINNA und PLESSNER enthalten. Ein interessantes Problem bietet die Erweiterung dieser und anderer ähnlicher Sätze auf den allgemeineren Fall der analytischen Abbildungen Riemannscher Flächen. Einige in diesen Sätzen vorkommende Begriffe, wie z. B. der Rand des Kreises, das Lebesguesche Maß auf dem Rand des Kreises, Winkelgrenzwerte, und beschränktartige Funktionen, verlieren aber in diesem allgemeineren Fall ihren Sinn. Deshalb ist vor allem erforderlich, für den Fall der analytischen Abbildungen Riemannscher Flächen neue Begriffe einzuführen, die den obigen analog sind. Gleichzeitig muß die Bildfläche kompaktifiziert werden, denn die Kompaktheit der Riemannschen Kugel spielt in diesen Sätzen eine wesentliche Rolle, was eine Reformulierung des Begriffes „Menge von der Kapazität Null" fordert. In diesem Abschnitt werden wir die oben erwähnten Sätze in folgender Form erweitern: Anstelle des Randes des Kreises soll der Martinsche ideale Rand treten, das Lebesguesche Maß wird durch das harmonische Maß ersetzt, anstelle des Winkelgrenzwertes benutzen wir den Grenzwert bezüglich eines von L. NAIM, 1957 [1], eingeführten Filters und die Lindelöfschen Abbildungen nehmen den Platz der beschränktartigen Funktionen ein. Was die Kompaktifizierung anbelangt, so kann man sich jeglicher metrisierbaren Kompaktifizierung bedienen. In dieser Kompaktifizierung werden die polaren Mengen anstelle der Mengen von der Kapazität Null treten. Es wird sich zeigen, daß der Satz von FATOU-NEVANLINNA für die allgemeinere Klasse der Fatouschen Abbildungen gültig ist, und daß die Fatouschen Abbildungen gerade durch diese Eigenschaft charakterisiert sind. Im 19. Abschnitt werden wir zeigen, daß in diesen Sätzen die klassischen Sätze enthalten sind.

Es sei R eine hyperbolische Riemannsche Fläche. Für jedes $b \in \Delta_1$ sei $\mathcal{G}_b$ die Klasse der offenen Mengen $G \subset R$ für die $(k_b)_{R-G}$ ein Potential ist. Der Durchschnitt einer Umgebung von b mit R und die Mengen

$$\{a \in R \mid k_b(a) > \alpha\} \qquad (\alpha < \sup k_b)$$

gehören zu $\mathcal{G}_b$ (Hilfssatz 13.2, Hilfssatz 11.2). Aus $G_1, G_2 \in \mathcal{G}_b$ folgt $G_1 \cap G_2 \in \mathcal{G}_b$[1] und jedes $G \in \mathcal{G}_b$ besitzt eine zusammenhängende Komponente $G_0 \in \mathcal{G}_b$ (Hilfssatz 11.2). Sei G eine offene Menge auf R. Wir setzen

$$\Delta_1(G) = \{b \in \Delta_1 \mid G \in \mathcal{G}_b\}.$$

[1] $\mathcal{G}_b$ ist also eine Filterbasis auf R.

Sei G zusammenhängend und $a \in G$. Die Funktion $b \to k_b(a) - (k_b)_{R-G}(a)$ ist nach oben halbstetig und $\Delta_1(G)$ ist gerade die Menge der Punkte $b \in \Delta_1$, wo diese Funktion nicht verschwindet; sie ist also vom Typus F_σ. Das ist auch der Fall für eine beliebige offene Menge. Sind nämlich $\{G_i\}$ die zusammenhängenden Komponenten von G, so ist

$$\Delta_1(G) = \bigcup_{i=1}^{\infty} \Delta_1(G_i).$$

Sei G eine offene Menge, $F = R - G$ und μ ein Maß auf Δ_1. Aus

$$\left(\int_{\Delta_1(G)} k_b \, d\mu(b)\right)_F = \int_{\Delta_1(G)} (k_b)_F \, d\mu(b)$$

läßt sich erkennen, daß $\left(\int_{\Delta_1(G)} k_b \, d\mu(b)\right)_F$ ein Potential ist (Folgesatz 4.7).

Es sei φ eine stetige Abbildung von R in einem kompakten Raum X. Für jeden Punkt $b \in \Delta_1$ bezeichnen wir

$$\varphi^\wedge(b) = \bigcap_{G \in \mathcal{G}_b} \overline{\varphi(G)}.$$

Der Durchschnitt endlich vieler Mengen $\overline{\varphi(G)}$ ist nicht leer, denn es ist

$$\bigcap_{i=1}^{n} \overline{\varphi(G_i)} \supset \varphi\left(\bigcap_{i=1}^{n} G_i\right) \neq \phi.$$

Daraus und aus der Tatsache, daß X kompakt ist, folgt, daß $\varphi^\wedge(b)$ eine abgeschlossene nichtleere Menge ist.

Hilfssatz 14.1.

a) *Für jede offene Menge $G' \subset X$, die $\varphi^\wedge(b)$ enthält, gehört $\varphi^{-1}(G')$ zu $\mathcal{G}_b$.*

b) *Die Menge $\varphi^\wedge(b)$ ist zusammenhängend.*

c) *Ist X metrisierbar, so gibt es einen Weg γ auf R mit dem Endpunkt in b, so daß die Menge der Limespunkte von φ auf γ (cluster set) mit $\varphi^\wedge(b)$ zusammenfällt und*

$$\lim_{\gamma \ni a \to b} k_b(a) = \sup k_b$$

ist.

a) Wäre für jede offene Menge $G \in \mathcal{G}_b$, $\varphi(G) \not\subset G'$, so würde $\{\overline{\varphi(G)} - G' \mid G \in \mathcal{G}_b\}$ eine Klasse von nichtleeren abgeschlossenen Mengen bilden. Für $G_i \in \mathcal{G}_b$ $(i = 1, 2, \ldots, n)$ haben wir

$$\bigcap_{i=1}^{n} (\overline{\varphi(G_i)} - G') = \left(\bigcap_{i=1}^{n} \overline{\varphi(G_i)}\right) - G' \supset \varphi\left(\bigcap_{i=1}^{n} G_i\right) - G' \neq \phi.$$

Daraus folgt

$$\bigcap_{G \in \mathcal{G}_b} (\overline{\varphi(G)} - G') \neq \phi,$$

was widersprechend ist. Es gibt also ein $G \in \mathcal{G}_b$, $\varphi(G) \subset G'$. Aus $G \subset \varphi^{-1}(\varphi(G)) \subset \varphi^{-1}(G')$ folgt $\varphi^{-1}(G') \in \mathcal{G}_b$.

b) Im entgegengesetzten Fall könnte man zwei punktfremde offene Mengen G_1', G_2' finden, für die $\varphi^\wedge(b) \subset G_1' \cup G_2'$, $\varphi^\wedge(b) \cap G_i' \neq \phi$ $(i = 1, 2)$

gilt. Aus den obigen Betrachtungen folgt $\varphi^{-1}(G_1') \cup \varphi^{-1}(G_2') \in \mathcal{G}_b$. Sei G_0 die zusammenhängende Komponente von $\varphi^{-1}(G_1') \cup \varphi^{-1}(G_2')$, die zu $\mathcal{G}_b$ gehört. Da $\varphi^{-1}(G_1')$, $\varphi^{-1}(G_2')$ punktfremd sind, ist G_0 in einer dieser Mengen enthalten, z. B. $G_0 \subset \varphi^{-1}(G_1')$. Dann ist $\varphi^\wedge(b) \subset \overline{G}_1'$ entgegen der Voraussetzung $\varphi^\wedge(b) \cap G_2' \neq \phi$.

c) Sei U_ε (bzw. U_ε') die Menge der Punkte von R (bzw. X), deren Entfernung zu b (bzw. $\varphi^\wedge(b)$) kleiner als ε ist und

$$G_\alpha = \{a \in R \mid k_b(a) > \alpha\} \qquad (\alpha < \sup k_b)\,.$$

$U_\varepsilon \cap G_\alpha \cap \varphi^{-1}(U_\varepsilon')$ gehört zu $\mathcal{G}_b$. Sei $\{\alpha_n\}$ eine zunehmende Zahlenfolge, die gegen $\sup k_b$ konvergiert und D_n diejenige Komponente von $U_{\frac{1}{n}} \cap G_{\alpha_n} \cap \varphi^{-1}\left(U'_{\frac{1}{n}}\right)$, die zu $\mathcal{G}_b$ gehört. Es ist offenbar $D_{n+1} \subset D_n$. Sei a' ein Punkt aus $\varphi^\wedge(b)$ und $U'(a', \varepsilon)$ die Menge der Punkte von X, deren Entfernung zu a' nicht größer als ε ist. Da a' ein Häufungspunkt von $\varphi(D_n)$ ist, ist $D_n \cap \varphi^{-1}(U'(a', \varepsilon))$ nichtleer. Sei jetzt $\{a_m'\}$ eine dichte Folge in $\varphi^\wedge(b)$ und $a(t)$ $\left(0 \leqq t \leqq \frac{1}{2}\right)$ ein Weg in D_1, der mit $\varphi^{-1}(U'(a_1', 1))$ wenigstens einen Punkt gemeinsam hat und $a\left(\frac{1}{2}\right)$ zu D_2 gehört. Durch vollständige Induktion kann man einen Weg $a(t)$, $0 \leqq t \leqq 1$, konstruieren, so daß für $\frac{n-1}{n} \leqq t \leqq \frac{n}{n+1}$ dieser Weg in D_n liegt mit $\varphi^{-1}\left(U'\left(a_i', \frac{1}{n}\right)\right)$ $(i = 1, \ldots, n)$ wenigstens einen gemeinsamen Punkt hat, und $a\left(\frac{n}{n+1}\right)$ zu D_{n+1} gehört. Dieser Weg besitzt die oben angegebenen Eigenschaften.

Es sei $\mathcal{F}(\varphi)$ die Menge der Punkte $b \in \Delta_1$, für die $\varphi^\wedge(b)$ aus einem Punkt besteht. Für $b \in \mathcal{F}(\varphi)$ bezeichnen wir mit $\hat{\varphi}(b)$ diesen Punkt. $\hat{\varphi}$ ist eine Abbildung von $\mathcal{F}(\varphi)$ in X[1].

Hilfssatz 14.2. *Sei X metrisierbar.*

a) *Für jedes $a' \in X$ gilt*

$$\hat{\varphi}^{-1}(a') = \bigcap_{U'} \Delta_1(\varphi^{-1}(U'))\,,$$

wo U' die Klasse der Umgebungen von a' durchläuft.

b) *$\hat{\varphi}$ ist meßbar, d. h. $\hat{\varphi}^{-1}(A')$ ist eine Borelsche Menge für jede Borelsche Menge $A' \subset X$. Insbesondere ist $\mathcal{F}(\varphi)$ eine Borelsche Menge.*

c) *Für jedes $b \in \mathcal{F}(\varphi)$ ist $\hat{\varphi}(b)$ ein asymptotischer Punkt von φ in b.*

d) *Sei $b \in \mathcal{F}(\varphi)$ und F eine abgeschlossene Menge in R, für die $R - F \notin \mathcal{G}_b$. Es gibt dann eine Folge $\{a_n\}$ auf F, die gegen b strebt, so daß $\lim\limits_{n\to\infty} k_b(a_n) = \sup k_b$ ist, und die Folge $\{\varphi(a_n)\}$ gegen $\hat{\varphi}(b)$ konvergiert.*

a) Gehört b zu $\hat{\varphi}^{-1}(a')$, so gehört b gemäß der Eigenschaft a) von $\varphi^\wedge$ zu $\Delta_1(\varphi^{-1}(U'))$ für jede Umgebung U' von a'. Gehört umgekehrt b

[1] Führt man auf $R \cup \Delta_1$ die Topologie, deren Einschränkung auf R mit der Urtopologie zusammenfällt und für die jedes $b \in \Delta_1$ $\{G \cup \{b\} \mid G \in \mathcal{G}_b\}$ als fundamentales Umgebungssystem hat, so ist $\mathcal{F}(\varphi)$ die Menge der Punkte von Δ_1 in welchen φ stetig fortsetzbar ist.

zu $\Delta_1(\varphi^{-1}(U'))$ für jede Umgebung U' von a, so haben wir

$$\varphi^\wedge(b) \subset \overline{\varphi(\varphi^{-1}(U'))} \subset \overline{U}'$$

und somit $\varphi^\wedge(b) = \{a'\}$. Daraus folgt $b \in \mathscr{F}(\varphi)$, $b \in \hat{\varphi}^{-1}(a')$.

b) Es genügt zu zeigen, daß für jede abgeschlossene Menge $A' \subset X$ $\hat{\varphi}^{-1}(A')$ eine Borelsche Menge ist. Sei $\{a'_n\}$ eine dichte Folge in A'. Es ist offenbar

$$\hat{\varphi}^{-1}(A') \subset \bigcap_{m=1}^{\infty} \bigcup_{n=1}^{\infty} \Delta_1\left(\varphi^{-1}\left(U'\left(a'_n, \frac{1}{m}\right)\right)\right),$$

wo $U'\left(a'_n, \frac{1}{m}\right)$ die Menge der Punkte von X bezeichnet, deren Entfernung zu a'_n nicht größer als $\frac{1}{m}$ ist. Sei $b \in \bigcap_{m=1}^{\infty} \bigcup_{n=1}^{\infty} \Delta_1\left(\varphi^{-1}\left(U'\left(a'_n, \frac{1}{m}\right)\right)\right)$. Dann gehört der Punkt b, für jedes m, einer Menge $\Delta_1\left(\varphi^{-1}\left(U'\left(a'_{n(m)}, \frac{1}{m}\right)\right)\right)$ an. Sei a' ($a' \in A'$) ein Häufungspunkt der Folge $\{a'_{n(m)}\}_m$ und U' eine Umgebung von a'. Man kann ein m finden, derart, daß $U'\left(a'_{n(m)}, \frac{1}{m}\right) \subset U'$ ist; daraus folgt $b \in \Delta_1(\varphi^{-1}(U'))$ und $\varphi^\wedge(b) \subset \overline{U}'$. Da U' beliebig war, so ersieht man hieraus, daß $\varphi^\wedge(b) = \{a'\}$, $b \in \mathscr{F}(\varphi)$, $b \in \hat{\varphi}^{-1}(a') \subset \hat{\varphi}^{-1}(A')$ gilt. Da $\Delta_1\left(\varphi^{-1}\left(U'\left(a'_n, \frac{1}{m}\right)\right)\right)$ Borelsche Mengen sind, so ergibt sich, daß auch $\hat{\varphi}^{-1}(A')$ eine Borelsche Menge und $\hat{\varphi}$ meßbar ist.

c) folgt aus der entsprechenden Eigenschaft von $\varphi^\wedge$.

d) Sei U_ε (bzw. U'_ε) die Menge der Punkte, deren Entfernung zu b [bzw. $\hat{\varphi}(b)$] nicht größer als ε ist und

$$G_\alpha = \{a \in R \mid k_b(a) > \alpha\} \qquad (\alpha < \sup k_b).$$

$U_\varepsilon \cap G_\alpha \cap \varphi^{-1}(U'_\varepsilon)$ gehört zu $\mathscr{G}_b$. Es ist also $F \cap U_\varepsilon \cap G_\alpha \cap \varphi^{-1}(U'_\varepsilon)$ nichtleer. Sei $\{\alpha_n\}$ eine zunehmende Zahlenfolge, die gegen $\sup k_b$ konvergiert, und a_n ein Punkt aus $F \cap U_{\frac{1}{n}} \cap G_{\alpha_n} \cap \varphi^{-1}\left(U'_{\frac{1}{n}}\right)$. Die Folge $\{a_n\}$ besitzt die geforderten Eigenschaften.

Bemerkung (J. L. Doob, 1961 [3]). *Ist G eine offene Menge im metrisierbaren Raum X und $\varphi: R \to X$ eine stetige Abbildung, so ist die Menge*

$$\{b \in \Delta_1 \mid \varphi^\wedge(b) \cap G = \phi\}$$

eine Borelsche Menge. Sei nämlich für $x \in X$ $d(x)$ die Entfernung von x zu $X - G$ und $f = d \circ \varphi$. Man verifiziert leicht, daß

$$\{b \in \Delta_1 \mid \varphi^\wedge(b) \cap G = \phi\} = \{b \in \Delta_1 \mid \hat{f}(b) = 0\}$$

ist, und die Behauptung folgt aus der Eigenschaft b) des vorangehenden Hilfssatzes.

Satz 14.1. *Es sei $\varphi: R \to R'$ eine nichtkonstante analytische Abbildung, R'^* eine beliebige Kompaktifizierung von R' und $A' \subset R'^*$ eine polare Menge. Ist für jeden Punkt b einer Menge $A \subset \Delta_1$ $\varphi^\wedge(b) \subset A'$, so ist A polar. Insbesondere* *ist* $\hat{\varphi}^{-1}(A')$ *polar* (C. CONSTANTINESCU u. A. CORNEA, 1959 [3], 1960 [4]; J. L. DOOB, 1961 [3]).

Sei V' eine abgeschlossene Kreisscheibe auf R' und s' eine positive superharmonische Funktion auf $R' - V'$ mit

$$\lim_{a' \to A' - V'} s'(a') = \infty .$$

Wir setzen

$$A_{V'} = \{b \in A \mid \varphi^{\wedge}(b) \subset A' - V'\}, \quad G = \varphi^{-1}(R' - V'), \quad F = R - G,$$

$$G_\alpha = \{a \in G \mid s'(\varphi(a)) > \alpha\}, \quad F_\alpha = R - G_\alpha, \quad u_\alpha = \omega(\Delta_1(G_\alpha)).$$

Aus

$$(u_\alpha)_{F_\alpha} = \Big(\int_{\Delta_1(G_\alpha)} k_b \, d\chi(b)\Big)_{F_\alpha} = \int_{\Delta_1(G_\alpha)} (k_b)_{F_\alpha} d\chi(b)$$

zeigt sich, daß $(u_\alpha)_{F_\alpha}$ ein Potential ist. Sei $\{R_n\}$ eine normale Ausschöpfung. Da $((u_\alpha)_{F_\alpha})_{R-R_n}$ für $n \to \infty$ gegen Null konvergiert, kann man annehmen, indem man zu einer Teilfolge übergeht, daß die Reihe

$$s = \sum_{n=1}^{\infty} ((u_\alpha)_{F_\alpha})_{R-R_n}$$

konvergent ist. Die Funktion auf G $s_0 = (u_\alpha)_F - u_\alpha + \varepsilon s + \frac{s' \circ \varphi}{\alpha}$ ist superharmonisch. Für jede Punktfolge $\{a_n\}$ aus G, die keinen Häufungspunkt in G hat, ist

$$\varliminf_{n \to \infty} s_0(a_n) \geqq 0 ;$$

konvergiert $\{a_n\}$ gegen F oder ist diese Folge in G_α enthalten oder konvergiert die Folge $\{u_\alpha(a_n)\}$ gegen Null, so ist das evident. Man kann sich also auf den Fall beschränken, wo $\{a_n\}$ gegen den idealen Rand von R konvergiert, $a_n \in G - G_\alpha$ und $\{u_\alpha(a_n)\}$ konvergent und ihr Grenzwert von Null verschieden ist. Dann konvergiert aber $\{s(a_n)\}$ gegen unendlich. Daraus schließt man, da ε beliebig ist,

$$u_\alpha \leqq (u_\alpha)_F + \frac{s' \circ \varphi}{\alpha} .$$

Diese Ungleichung gilt offenbar auch auf F, wenn man $\frac{s' \circ \varphi}{\alpha}$ gleich Null auf F setzt. Für $\alpha \to \infty$ erhält man

$$\lim_{\alpha \to \infty} u_\alpha \leqq (u_\alpha)_F ,$$

und, da $(u_\alpha)_F$ ein Potential ist,

$$\lim_{\alpha \to \infty} u_\alpha = 0 .$$

Da die Inklusion $A_{V'} \subset \Delta_1(G_\alpha)$ aus den Definitionen unmittelbar folgt, ist $A_{V'}$ vom harmonischen Maß Null.

Es seien V_1', V_2' zwei abgeschlossene punktfremde Kreisscheiben auf R' und $b \in A$. Ist $\varphi^\wedge(b) \cap V_1' \neq \phi$, so reduziert sich $\varphi^\wedge(b)$ auf einen Punkt, denn diese Menge ist abgeschlossen, zusammenhängend und polar. Daraus folgt $A = A_{V_1'} \cup A_{V_2'}$ und A ist vom harmonischen Maß Null und somit polar.

Hilfssatz 14.3. *Es sei G eine offene Menge auf R, $F = R - G$, s eine positive superharmonische Funktion auf R, μ ein positives Maß auf Δ_1,*

$$\int_{\Delta_1} k_b \, d\mu(b) \leqq s \,,$$

und f eine stetige Funktion auf R, für die die Einschränkungen von fs auf den zusammenhängenden Komponenten von G Wienersche Funktionen sind. Dann ist

$$\mu(\Delta_1(G) - \mathscr{F}(f)) = 0 \,.$$

Für $s = 1$ ist also $\hat{f}$ fast überall auf $\Delta_1(G)$ definiert.

Es genügt den Fall G zusammenhängend zu betrachten.

Sei $\bar{s}$ eine positive superharmonische Funktion auf R und A eine abgeschlossene Menge in R. Dieser Beweis fordert die Benutzung der Operation $\bar{s}_A$ bald in bezug auf R, bald in bezug auf G. Um diese Operationen zu unterscheiden, bezeichnen wir mit $\bar{s}^G_{A \cap G}$ die Operation in bezug auf G; $\bar{s}^G_{A \cap G}$ ist also eine Funktion auf G.

Sei

$$F_\alpha = \{a \in R \mid f(a) = \alpha\} \,.$$

Mittels des Satzes 6.4 erkennt man, daß sich eine dichte abzählbare Menge von reellen Zahlen Z finden läßt, so daß für jedes $\alpha \in Z$ $s^G_{F_\alpha \cap G}$ ein Potential (auf G) ist. Sei

$$u = \int_{\Delta_1(G)} k_b \, d\mu(b)$$

und

$$F' = \{a \in R \mid 2u_F(a) \leqq u(a)\} \,;$$

F' ist abgeschlossen und, bis auf eine Menge von der Kapazität Null, in G enthalten. Die Funktion f_0, die auf F gleich 0 und auf G gleich $u^G_{F_\alpha \cap F' \cap G}$ ist, ist quasistetig, nicht größer als u und ihre Einschränkung auf G ist ein Wienersches Potential, für $\alpha \in Z$. Da u_F ein Potential ist, so folgt aus dem Hilfssatz 6.9, daß f_0 ein Wienersches Potential ist. Wir wollen zeigen, daß quasi überall auf R

$$u_{F_\alpha} \leqq 2u_F + f_0$$

ist. Das ist offenbar auf $F' \cap F_\alpha \cap G$ und außerhalb F'. Sei G_0 eine zusammenhängende Komponente von $G - F_\alpha$. Hier ist dann

$$u_{F_\alpha} = H^{G_0}_{u_{F_\alpha}} \leqq H^{G_0}_{2u_F + f_0} \leqq 2u_F + f_0 \,.$$

Aus der bewiesenen Ungleichung ergibt sich, daß für $\alpha \in Z$ $u_{F\alpha}$ ein Potential ist. Es sei

$$A_\alpha = \{b \in \Delta_1(G) \mid (k_b)_{F\alpha} = k_b\}.$$

Wir haben

$$\int_{A\alpha} k_b d\mu(b) = \int_{A\alpha} (k_b)_{F\alpha} d\mu(b) \leqq \int_{\Delta_1(G)} (k_b)_{F\alpha} d\mu(b) = \Big(\int_{\Delta_1(G)} k_b\, d\,\mu(b)\Big)_{F\alpha} = u_{F\alpha},$$

und A_α ist vom μ-Maß Null, für $\alpha \in Z$. Dann ist auch $A = \bigcup_{\alpha \in Z} A_\alpha$ vom μ-Maß Null. Sei $b \in \Delta_1(G) - A$. Da $(k_b)_{F\alpha} \neq k_b$ ist, gehört $R - F_\alpha$ zu $\mathcal{G}_b$. Sei $G_\alpha(b)$ die zusammenhängende Komponente von $R - F_\alpha$, die zu $\mathcal{G}_b$ gehört. $G_\alpha(b)$ muß in einer der Mengen $\{a \in R \mid f(a) < \alpha\}$, $\{a \in R \mid f(a) > \alpha\}$ enthalten sein. Sei z. B. $G_\alpha(b) \subset \{a \in R \mid f(a) < \alpha\}$. Dann ist $f^\wedge(b)$ in dem Segment $[-\infty, \alpha]$ enthalten. Da Z dicht auf $[-\infty, +\infty]$ liegt, reduziert sich $f^\wedge(b)$ auf einen Punkt.

Satz 14.2. *Sei f eine stetige Funktion auf R und*

$$u = \int_{\Delta_1} k_b d\,\mu(b)$$

eine positive harmonische Funktion auf R. Ist fu eine Wienersche Funktion, so ist $\mu(\Delta_1 - \mathcal{F}(f)) = 0$ und die u-quasibeschränkte Komponente von h_{fu} ist gleich

$$\int_{\Delta_1} \hat{f}(b)\, k_b d\,\mu(b).$$

Ist f beschränkt und $\mu(\Delta_1 - \mathcal{F}(f)) = 0$, so ist fu eine Wienersche Funktion.

Sei zuerst $0 \leqq f \leqq 1$ und $\mu(\Delta_1 - \mathcal{F}(f)) = 0$. Wir nehmen eine natürliche Zahl n und setzen

$$A_i = \Big\{b \in \mathcal{F}(f) \,\Big|\, \frac{1}{n}\Big(i - \frac{1}{2}\Big) \leqq \hat{f}(b) < \frac{1}{n}\Big(i + \frac{1}{2}\Big)\Big\} \quad (i = 0, 1, \ldots, n),$$

$$F_i = \Big\{a \in R \,\Big|\, f(a) \leqq \frac{i-1}{n}\Big\} \cup \Big\{a \in R \,\Big|\, f(a) \geqq \frac{i+1}{n}\Big\},$$

$$u_i = \int_{A_i} k_b d\mu(b).$$

Für jedes $b \in A_i$ gehört $R - F_i$ zu $\mathcal{G}_b$ und somit ist $(k_b)_{F_i}$ ein Potential. Daraus folgt, daß auch $(u_i)_{F_i}$ ein Potential ist, und wir haben quasi überall auf R

$$\sum_{i=1}^{n} \frac{i-1}{n}\big(u_i - (u_i)_{F_i}\big) \leqq \sum_{i=0}^{n} f u_i = fu \leqq \sum_{i=0}^{n} \Big(\frac{i+1}{n} u_i + (u_i)_{F_i}\Big).$$

Hieraus ergibt sich

$$\sum_{i=1}^{n} \frac{i-1}{n} \int_{A_i} k_b d\mu(b) \leqq \underline{h}_{fu} \leqq \overline{h}_{fu} \leqq \sum_{i=0}^{n} \frac{i+1}{n} \int_{A_i} k_b d\mu(b),$$

und für $n \to \infty$ sieht man, daß fu eine Wienersche Funktion und

$$h_{fu} = \int_{\mathcal{F}(f)} \hat{f}(b)\, k_b\, d\mu(b)$$

ist. Die Behauptung ist für ein beschränktes f leicht übertragbar.

Sei f positiv und fu eine Wienersche Funktion. Aus dem vorangehenden Hilfssatz ergibt sich unmittelbar, daß $\mu(\Delta_1 - \mathcal{F}(f)) = 0$ ist. Dann ist

$$h_{fu} \wedge nu = h_{min(fu, nu)} = h_{u\, min(f,n)} = \int_{\mathcal{F}(f)} \widehat{min(f, n)}(b)\, k_b\, d\mu(b)\,,$$

$$\lim_{n\to\infty} h_{fu} \wedge nu = \int_{\mathcal{F}(f)} \hat{f}(b)\, k_b\, d\mu(b)\,,$$

und der Satz folgt sofort (Folgesatz 2.1).

Folgesatz 14.1. *Ist f eine stetige beschränkte Funktion auf R^* und s eine positive superharmonische Funktion, so ist fs eine Wienersche Funktion.*

Ist $s = u + p$ die Rieszsche Zerlegung von s, so sind fu, fp Wienersche Funktionen.

Folgesatz 14.2. *Ist u eine HP-Funktion, so ist $\hat{u}$ fast überall auf Δ_1 definiert und die quasibeschränkte Komponente von u ist gleich*

$$\int \hat{u}(b)\, k_b\, d\chi(b)\,.$$

(L. Naim, 1957 [1]; J. L. Doob, 1957 [1], 1959 [2]).

L. Naim hat den Begriff "limite fine dans $b \in \Delta_1$" eingeführt, der für stetige Funktionen f mit $\hat{f}(b)$ zusammenfällt. Dieser Begriff läßt sich dem Studium des Randverhaltens der nichtstetigen Funktionen besser adaptieren und erlaubt, die Behauptung dieses Folgesatzes auf positive superharmonische Funktionen auszudehnen.

Hilfssatz 14.4. *Es sei $\varphi : R \to R'$ eine analytische Abbildung, R'^* eine meterisierbare resolutive Kompaktifizierung von R' und G eine offene Menge auf R. Ist die Einschränkung von φ auf jeder zusammenhängenden Komponente von G eine Fatousche Abbildung, so ist $\hat{\varphi}$ fast überall auf $\Delta_1(G)$ definiert (mit Bildpunkten aus R'^*).*

Sei Q' eine abzählbare Klasse von stetigen beschränkten Funktionen auf R'^*, die die Punkte von R'^* trennt. Es sei ferner $f' \in Q'$. Da f' eine Wienersche Funktion ist, sind die Einschränkungen von $f' \circ \varphi$ auf jeder zusammenhängenden Komponente von G Wienersche Funktionen. Sei $b \in \bigcap_{f' \in Q'} \mathcal{F}(f' \circ \varphi)$. Dann ist

$$\varphi^\wedge(b) \subset \bigcap_{f' \in Q'} \{a' \in R'^* \mid f'(a') = \widehat{f' \circ \varphi}(b)\}\,.$$

Da Q' die Punkte von R'^* trennt, reduziert sich $\varphi^\wedge(b)$ auf einen Punkt. Es ist also $\mathcal{F}(\varphi) \supset \bigcap_{f' \in Q'} \mathcal{F}(f' \circ \varphi)$. Auf Grund des Hilfssatzes 14.3 läßt sich daraus schließen, daß $\Delta_1(G) - \mathcal{F}(\varphi)$ vom harmonischen Maß Null ist.

Satz 14.3. *Sei $\varphi: R \to R'$ eine analytische Abbildung und R'^* eine metrisierbare resolutive Kompaktifizierung von R'. Es gibt eine Menge $Z(\varphi) \subset \Delta_1$, vom harmonischen Maß Null derart, daß für jedes $b \in \Delta_1 - Z(\varphi) - \mathscr{F}(\varphi)$ $\varphi^\wedge(b) = R'^*$ ist, und für jede Umgebung U von b enthält $U \cap R$ eine zusammenhängende Komponente, auf der die Einschränkung von φ keine Fatousche Abbildung ist.* (C. Constantinescu u. A. Cornea, 1959 [3], 1960 [4]; J. L. Doob, 1961 [3]).

Sei $\mathscr{B}'$ eine abzählbare Basis auf R'. Ist $\varphi^\wedge(b) \neq R'^*$, so gibt es ein $G' \in \mathscr{B}'$ mit $\varphi^\wedge(b) \subset R'^* - \overline{G}'$ und $b \in \Delta_1(\varphi^{-1}(R' - \overline{G}'))$. Für $b \notin \bigcup_{G' \in \mathscr{B}'} \Delta_1(\varphi^{-1}(R' - \overline{G}'))$ ist also $\varphi^\wedge(b) = R'^*$. Wir setzen

$$Z_1 = \bigcup_{G' \in \mathscr{B}'} \Delta_1(\varphi^{-1}(R' - \overline{G}')) - \mathscr{F}(\varphi) .$$

Da $R' - \overline{G}'$ hyperbolisch ist, sind die Einschränkungen von φ auf den zusammenhängenden Komponenten von $\varphi^{-1}(R' - \overline{G})$ Fatousche Abbildungen. Mittels des vorangehenden Hilfssatzes ist zu ersehen, daß Z_1 vom harmonischen Maß Null ist.

Sei $\mathscr{B}$ eine abzählbare Basis auf R^* und $\mathscr{B}_0$ die Klasse der Mengen $G \in \mathscr{B}$, für die die Einschränkungen von φ auf den zusammenhängenden Komponenten von $G \cap R$ Fatousche Abbildungen sind. Wir setzen

$$Z_2 = \bigcup_{G \in \mathscr{B}_0} \Delta_1(G \cap R) - \mathscr{F}(\varphi) .$$

Gemäß dem Hilfssatz 14.4 ist Z_2 vom harmonischen Maß Null. Es sei $b \in \Delta_1 - \bigcup_{G \in \mathscr{B}_0} \Delta_1(G \cap R)$ und U eine Umgebung von b auf $\hat{R}$. Es gibt ein $G \in \mathscr{B}$, $b \in G \subset U$. Da b zu $\Delta_1(G \cap R)$ gehört, ist G nicht in $\mathscr{B}_0$ enthalten, und nicht alle Einschränkungen von φ auf den zusammenhängenden Komponenten von $U \cap R$ sind Fatousche Abbildungen. $Z(\varphi) = Z_1 \cup Z_2$ erfüllt die Bedingungen des Satzes.

Satz 14.4. *Sei $\varphi: R \to R'$ eine analytische Abbildung und R'^* eine metrisierbare resolutive Kompaktifizierung von R'. $\hat{\varphi}$ ist dann und nur dann fast überall auf Δ_1 definiert, mit Bildpunkten aus R'^*, wenn φ eine Fatousche Abbildung ist* (C. Constantinescu u. A. Cornea, 1960 [4]).

Ist φ eine Fatousche Abbildung, so folgt aus dem vorangehenden Satz, daß $\hat{\varphi}$ fast überall auf Δ_1 definiert ist. Es sei umgekehrt $\hat{\varphi}$ fast überall auf Δ_1 definiert und f' eine stetige nichtkonstante beschränkte Funktion auf R'^*. Dann ist $\widehat{f' \circ \varphi}$ fast überall auf Δ_1 definiert. Aus dem Satz 14.2 folgt, daß $f' \circ \varphi$ eine Wienersche Funktion ist. φ ist also eine Fatousche Abbildung (Folgesatz 10.1).

Folgesatz 14.3. *Ist $\varphi: R \to R'$ eine Lindelöfsche Abbildung und R'^* eine metrisierbare resolutive Kompaktifizierung, so ist $\hat{\varphi}$ fast überall auf Δ_1 definiert* (C. Constantinescu u. A. Cornea, 1959 [3], 1960 [4]; J. L. Doob, 1961 [3]).

Satz 14.5. *Es sei $\varphi: R \to R'$ eine analytische Abbildung, R' hyperbolisch, und R'^* die Martinsche Kompaktifizierung von R'. Ist s' eine positive superharmonische Funktion auf R' und μ ein Maß auf Δ_1,*

$$\int_{\Delta_1} k_b \, d\mu(b) \leqq s' \circ \varphi ,$$

so ist $\mu(\Delta_1 - \mathscr{F}(\varphi)) = 0$.

Da für jede stetige beschränkte Funktion f' auf R'^* die Funktion $f's'$ eine Wienersche Funktion ist (Folgesatz 14.1), so ist $(f' \circ \varphi)(s' \circ \varphi)$ eine Wienersche Funktion und $\mu(\Delta_1 - \mathscr{F}(f' \circ \varphi)) = 0$ (Hilfssatz 14.3). Da R'^* metrisierbar ist, ergibt sich wie gewöhnlich $\mu(\Delta_1 - \mathscr{F}(\varphi)) = 0$.

15. Vollsuperharmonische Funktionen

Für den Kuramochischen idealen Rand ist es zweckmäßig, einen neuen Begriff der superharmonischen Funktion und eine entsprechende Potentialtheorie mit allen mit ihr verbundenen Begriffen (Greensche Funktion, Operator s_F usw.) einzuführen. Sie besitzen die der gewöhnlichen Potentialtheorie analogen Eigenschaften. Die Beweise dieser Eigenschaften — die wir in diesem Abschnitt nur andeuten wollen — entstehen zum größten Teil durch Übertragung — Wort für Wort — der Beweise aus den Abschnitten 1. und 4.

Hilfssatz 15.1. *Es sei F eine abgeschlossene nichtpolare Menge in R und D^F die Klasse der Dirichletschen Funktionen, die quasi überall auf F gleich Null sind. dD^F ist abgeschlossen in $\mathfrak{C}_D$ und die Abbildung $d: D^F \to dD^F$ ist eineindeutig, wenn man die Funktionen, die quasi überall gleich sind, identifiziert.*

Die letzte Behauptung ergibt sich sofort, denn aus $df = 0$ folgert man zuerst f quasi überall konstant und aus $f \in D^F$ hat man weiter $f = 0$.

Sei $\{f_n\}$ eine Folge aus D^F, so daß $\{df_n\}$ gegen $\mathfrak{c} \in \mathfrak{C}_D$ konvergiert. Es ist zu beweisen, daß $\mathfrak{c} \in dD^F$. Indem man zu einer Teilfolge übergeht, kann man annehmen, daß

$$\|df_{n+1} - df_n\| < \frac{1}{2^n}$$

ist.

Wir nehmen zuerst an, daß R hyperbolisch ist, und es sei

$$f_n = u_n + f_{n0}$$

die Roydensche Zerlegung von f_n. Wir haben

$$\|df_{n+1,0} - df_{n0}\| \leqq \|df_{n+1} - df_n\| < \frac{1}{2^n}.$$

Aus dem Hilfssatz 7.8 folgt, daß $\{f_{n0}\}$ quasi überall gegen ein Dirichletsches Potential f_0 konvergiert, und

$$\lim_{n \to \infty} \|df_{n0} - df_0\| = 0$$

ist. Da f_n quasi überall auf F gleich 0 ist, so ist $\{u_n\}$ wenigstens in einem Punkt konvergent. Hieraus und aus der Tatsache, daß $\{du_n\}$ eine Cauchysche Folge ist, läßt sich schließen, daß $\{u_n\}$ überall gegen eine HD-Funktion u konvergiert, und

$$\lim_{n \to \infty} \|du_n - du\| = 0$$

ist. $\{f_n\}$ konvergiert also quasi überall gegen die Dirichletsche Funktion $f = u + f_0 \in D^F$ und es ist $df = \mathfrak{c}$.

Ist R parabolisch, so seien G_1, G_2 zwei hyperbolische Gebiete mit $R = G_1 \cup G_2$, deren Durchschnitt zusammenhängend ist und so, daß $F \cap G_1 \cap G_2$ in bezug auf $G_1 \cap G_2$ eine positive Kapazität hat. Aus den obigen Betrachtungen folgt, daß man eine Dirichletsche Funktion f_i auf G_i $(i = 1, 2)$ finden kann, die quasi überall auf $F \cap G_i$ gleich 0 und für die $df_i = \mathfrak{c}$ auf G_i ist. Auf $G_1 \cap G_2$ ist

$$df_1 = df_2$$

folglich $f_1 - f_2$ quasi überall konstant. Quasi überall auf $F \cap G_1 \cap G_2$ d. h. auf einer Menge von positiver Kapazität ist aber $f_1 = f_2 = 0$ und somit ist $f_1 = f_2$ quasi überall auf $G_1 \cap G_2$. Die Funktion f, die auf G_1 gleich f_1 und auf $R - G_1$ gleich f_2 ist, erfüllt die Bedingungen des Hilfssatzes.

Satz 15.1. *Es sei f eine Dirichletsche Funktion und F eine abgeschlossene nichtpolare Menge. Es gibt eine und nur eine Dirichletsche Funktion f^F, die auf F gleich f und auf $R - F$ harmonisch ist, so daß*

$$\|df^F\| = \inf\{\|df'\| \mid f' - f \in D^F\}$$

gilt (Dirichletsches Prinzip).

a) *df^F ist auf dD^F orthogonal und diese Eigenschaft charakterisiert f^F in der Klasse aller Dirichletschen Funktionen, die auf F gleich f und auf $R - F$ stetig sind;*

b) *ist $F \subset F'$, so ist*

$$f^F = (f^F)^{F'} = (f^{F'})^F;$$

c) *ist $\{F_n\}$ eine nichtabnehmende Folge und die Kapazität von $F - \bigcup_{n=1}^{\infty} F_n$ Null, so ist*

$$\lim_{n \to \infty} \|df^{F_n} - df^F\| = 0$$

und $\{f^{F_n}\}$ konvergiert gegen f^F in den Punkten, die nicht zu $F - \bigcup_{n=1}^{\infty} F_n$ gehören;

d) $(\alpha f + \alpha' f')^F = \alpha f^F + \alpha' f'^F$;

e) *aus $f \geqq 0$ folgt $f^F \geqq 0$;*

f) $1^F = 1$;

g) *ist G eine zusammenhängende Komponente von $R - F$, so ist $f^F = f^{R\partial G}$ auf G;*

h) *ist* $f \geqq 0$ *und* G *eine zusammenhängende Komponente von* $R - F$, *so ist auf* G $f^F \geqq H_f^G$; *ist* G *vom Typus* SO_{HB}, *so ist auf* G f^F *gleich* H_f^G;

i) *ist* F *kompakt und* G *ein relativ kompaktes Gebiet mit analytischem Rand auf* R, *das* F *enthält, so ist*

$$\int_{Rd\,G} * d f^F = 0 .$$

Da dD^F ein abgeschlossener Teilraum des Hilbertraums $\mathfrak{C}_D$ ist, so gibt es ein $f_0 \in D^F$, so daß df_0 die Projektion von df auf dD^F in $\mathfrak{C}_D$ ist. $d(f - f_0)$ ist auf dD^F orthogonal. Es sei G eine zusammenhängende Komponente von $R - F$ und $f_1 \in C_0^\infty(G)$. Indem man f_1 auf $R - G$ gleich 0 setzt, erhält man eine Funktion aus D^F und wir haben

$$\langle d(f - f_0), df_1\rangle_G = \langle d(f - f_0), df_1\rangle_R = 0 .$$

Die Einschränkung von $d(f - f_0)$ auf G ist also zu $dC_0^\infty(G)$ orthogonal und somit quasi überall gleich einer harmonischen Funktion (Hilfssatz von Weyl und Satz **7.1**). Wir können f_0 so nehmen, daß f_0 gleich 0 auf F und $f - f_0$ harmonisch auf $R - F$ ist, und setzen $f^F = f - f_0$. Es hat sich schon erwiesen, daß df^F zu dD^F orthogonal ist. Sei $f' - f \in D^F$. Dann ist

$$\|df'\|^2 = \|d(f' - f^F) + df^F\|^2 = \|d(f' - f^F)\|^2 + \|df^F\|^2 \geqq \|df^F\|^2.$$

Hieraus folgt

$$\|df^F\|^2 = inf\{\|df'\| \mid f' - f \in D^F\}$$

und a).

b) $f^{F'}$ ist auf F gleich f und somit ist $(f^{F'})^F = f^F$. Die Funktion $(f^F)^{F'} - f^F$ ist auf F gleich 0. Aus a) ergibt sich

$$\langle d(f^F)^{F'} - df^F, df^F\rangle = 0 ,$$

und wir erhalten

$$0 \leqq \|d((f^F)^{F'} - f^F)\|^2 = \|d(f^F)^{F'}\|^2 - 2\langle d(f^F)^{F'}, df^F\rangle + \|df^F\|^2$$
$$= \|d(f^F)^{F'}\|^2 - \|df^F\|^2 \leqq 0 .$$

c) Für $m > n$ ist

$$\|df^{F_m} - df^{F_n}\|^2 = \|df^{F_m}\|^2 - \|df^{F_n}\|^2 .$$

Das besagt, daß $\{\|df^{F_n}\|\}$ eine nichtabnehmende Zahlenfolge ist. Da sie von $\|df^F\|$ majoriert wird, ist sie konvergent, und $\{df^{F_n}\}$ ist eine Cauchysche Folge. Es läßt sich eine Teilfolge $\{f^{F_{n_k}}\}$ finden, so daß

$$\|df^{F_{n_k}} - df^{F_{n_{k+1}}}\| \leqq \frac{1}{2^k}$$

ist. Ähnlich wie im Beweis des Hilfssatzes **15.1** zeigt man, daß eine Dirichletsche Funktion f_0 existiert, so daß $\{f^{F_{n_k}}\}$ quasi überall gegen f_0 konvergiert und

$$\lim_{k\to\infty} \|df^{F_{n_k}} - df_0\| = 0$$

ist. f_0 ist quasi überall auf F gleich f und

$$\|df_0\| = \lim_{k\to\infty} \|df^{F_{n_k}}\| \leq \|df^F\| .$$

Daraus folgt, daß f_0 quasi überall gleich f^F ist und

$$\lim_{n\to\infty} \|df^{F_n} - df^F\| = 0 .$$

$\{f^{F_n}\}$ konvergiert offenbar gegen f^F auf $\bigcup_{n=1}^{\infty} F_n$.

Es sei jetzt G eine zusammenhängende Komponente von $R - F$. Wir bezeichnen mit u_n (bzw. u) die Einschränkung von f^{F_n} (bzw. f^F) auf G. Diese Funktionen sind harmonisch und

$$\lim_{n\to\infty} \|du_n - du\|_G = 0 .$$

Konvergiert $\{u_n\}$ nicht gegen u, so kann man die obige Teilfolge $\{f^{F_{n_k}}\}$ so wählen, daß auch $\{u_{n_k}\}$ in keinem Punkt gegen u konvergiert, was widersprechend ist. Die Folge $\{f^{F_n}\}$ konvergiert also überall in $R - F$ gegen f^F.

d) $\alpha f^F + \alpha' f'^F$ ist auf F gleich $\alpha f + \alpha' f'$ und für jedes $f_0 \in D^F$ ist

$$\langle d(\alpha f^F + \alpha' f'^F), df_0\rangle = \alpha \langle df^F, df_0\rangle + \alpha' \langle df'^F, df_0\rangle = 0 .$$

e) Die Funktion $max(f^F, 0)$ ist eine Dirichletsche Funktion, die auf F gleich f und auf $R - F$ stetig ist, und wir haben

$$\|d\, max(f^F, 0)\| \leq \|df^F\| .$$

f) Es ist

$$\|d1\| = 0 .$$

g) Sei f' die Funktion, die auf $R - G$ gleich f^F und auf G gleich f^{RdG} ist. Sie ist eine Dirichletsche Funktion, und es gilt

$$\|df^F\|^2_{R-G} + \|df^F\|^2_G = \|df^F\|^2 \leq \|df'\|^2 = \|df^F\|^2_{R-G} + \|df^{RdG}\|^2_G ,$$

$$\|df^F\|_G \leq \|df^{RdG}\|_G$$

(Hilfssatz 7.2). Ähnlich beweist man die umgekehrte Ungleichung

$$\|df^{RdG}\|_G \leq \|df^F\|_G ,$$

was $f' = f^F$ zur Folge hat.

h) Seien K_1, K_2 zwei punktfremde kompakte Mengen aus F, derart, daß $R_i = R - K_i$ $(i = 1, 2)$ eine hyperbolische Riemannsche Fläche ist, und s_i eine nichtnegative superharmonische Funktion auf R_i, so daß für jedes $\varepsilon > 0$ $f^F + \varepsilon s_i$ (bzw. $f^F - \varepsilon s_i$) nach unten (bzw. nach oben) halbstetig (auf R_i) ist. Dann gehört die Einschränkung von $f^F + \varepsilon(s_1 + s_2)$ zu $\overline{\mathscr{S}}^G_f$, woraus die erste Behauptung folgt. Ist G vom Typus SO_{HB}, so sei s eine positive superharmonische Funktion auf G mit

$$\lim_{G \ni a \to id RdR} s(a) = \infty .$$

Es ist leicht einzusehen, daß $f^F \wedge n - \varepsilon(s_1 + s_2 + s)$ zu $\underline{\mathscr{S}}_f^G$ gehört, wo die Operation $f^F \wedge n$ auf G gemacht wurde. Daraus folgt

$$f^F \wedge n - \varepsilon(s_1 + s_2 + s) \leqq H_f^G$$

und, da die Einschränkung von f^F auf G quasibeschränkt ist,

$$f^F = \lim_{n \to \infty} f^F \wedge n \leqq H_f^G .$$

i) Sei f' eine beliebig oft differenzierbare Funktion, die auf einer Umgebung G_0 von F verschwindet und auf $R - G$ gleich 1 ist. Aus der Greenschen Formel ergibt sich (man kann annehmen, daß G_0 einen analytischen Rand hat)

$$\int_{RdG} * df^F = \int_{Rd(G-\bar{G}_0)} f' * df^F = \int_{G-\bar{G}_0} df' \wedge * df^F = \langle df', df^F \rangle = 0 .$$

Sei F eine abgeschlossene Menge und f eine Funktion, die auf RdF gleich einer Dirichletschen Funktion f_0 ist. *Wir werden in diesem Fall mit f^F die Funktion, die auf F gleich f und auf $R - F$ gleich f_0^F ist, bezeichnen; sie hängt vom f_0 nicht ab* (Satz 15.1 g).

Es sei G ein Gebiet, so daß $R - G$ nichtpolar ist, und $a \in G$. Der Operator $f \to f^{R-G}(a)$ ist linear und positiv auf $C_0^\infty(R)$. Es gibt also ein Maß $\tilde{\omega}_a^G$ auf R derart, daß für jedes $f \in C_0^\infty(R)$

$$f^{R-G}(a) = \int f \, d\tilde{\omega}_a^G$$

gilt. Aus g) ergibt sich, daß der Träger von $\tilde{\omega}_a^G$ im Rand von G enthalten ist. Aus f) folgt $\tilde{\omega}_a^G(RdG) \leqq 1$, und $\tilde{\omega}_a^G(RdG) = 1$, wenn der Rand von G kompakt ist. Aus h) folgert man $\tilde{\omega}_a^G \geqq \omega_a^G$ und $\tilde{\omega}_a^G = \omega_a^G$, wenn G vom Typus SO_{HB} ist. Aus dem Harnackschen Prinzip ergibt sich, daß, falls eine Borelsche Funktion f auf dem Rand von G für einen Punkt $a \in G$ $\tilde{\omega}_a^G$-summierbar ist, so ist sie für jedes $b \in G$ $\tilde{\omega}_a^G$-summierbar und $a \to \int f \, d\tilde{\omega}_a^G$ ist auf G harmonisch.

Ist R hyperbolisch und p ein Potential mit endlicher Energie, so ist p $\tilde{\omega}_a^G$-summierbar. In der Tat, es gibt eine nichtabnehmende Folge $\{f_n\}$ aus C_0^∞, die gegen p konvergiert und für die

$$\lim_{n \to \infty} \| df_n - dp \| = 0$$

ist. Dann ist

$$p^{R-G}(a) = \lim_{n \to \infty} f_n^{R-G}(a) = \lim_{n \to \infty} \int f_n \, d\tilde{\omega}_a^G = \int p \, d\tilde{\omega}_a^G .$$

Ist A eine polare Menge, so ist $\tilde{\omega}_a^G(A) = 0$. Sei zuerst R hyperbolisch und p ein Potential mit endlicher Energie, daß in A unendlich ist. Da p $\tilde{\omega}_a^G$-summierbar ist, ist $\tilde{\omega}_a^G(A) = 0$. Das ist auch dann gültig, wenn R parabolisch ist, denn hier sind alle Gebiete vom Typus SO_{HB} und $\tilde{\omega}_a^G = \omega_a^G$.

Ist f eine Dirichletsche Funktion und RdG kompakt, so ist f $\tilde{\omega}_a^G$-summierbar und

$$f^{R-G}(a) = \int f\, d\tilde{\omega}_a^G .$$

Es sei zunächst f beschränkt. Es gibt eine Folge $\{f_n\}$ von gleichmäßig beschränkten beliebig oft differenzierbaren Funktionen, die quasi überall gegen f konvergiert und derart, daß $\|df_n - df\| \to 0$ ist. Wir haben

$$f^{R-G}(a) = \lim_{n\to\infty} f_n^{R-G}(a) = \lim_{n\to\infty} \int f_n\, d\tilde{\omega}_a^G = \int f\, d\tilde{\omega}_a^G .$$

Diese Formel läßt sich leicht auf f positiv und dann auf f beliebig ausdehnen.

In diesem sowie auch in den nächsten drei Abschnitten werden wir eine fixierte abgeschlossene Kreisscheibe in R stets mit K_0 bezeichnen. Wir setzen $R_0 = R - K_0$. *Ist f eine reelle Funktion auf R_0, so vereinbaren wir, daß f mit Null auf K_0 fortgesetzt ist, und bezeichnen gleichfalls mit f die so fortgesetzte Funktion.*

Eine superharmonische Funktion s auf R_0 heißt **K_0-vollsuperharmonisch** *(oder einfacher vollsuperharmonisch), wenn für jedes Gebiet G, für welches RdG kompakt und $K_0 \cap \overline{G}$ leer ist, und jedes $a \in G$*

$$s(a) \geqq \int s\, d\tilde{\omega}_a^G$$

gilt. Ist R parabolisch, so fallen für nichtnegative Funktionen auf R_0 die Begriffe „vollsuperharmonisch" und „superharmonisch" zusammen, denn alle Teilgebiete von R sind vom Typus SO_{HB}. Für jede vollsuperharmonische Funktion ist

$$s \geqq \varliminf_{a\to K_0} s(a) .$$

Ist s vollsuperharmonisch und $\alpha \geqq 0$, so ist αs vollsuperharmonisch. Sind s_1, s_2 vollsuperharmonische Funktionen, so sind auch $s_1 + s_2$, $\min(s_1, s_2)$ vollsuperharmonisch. Ist $\{s_n\}$ eine nichtabnehmende Folge von vollsuperharmonischen Funktionen, so ist ihre Grenzfunktion entweder identisch unendlich auf R_0 oder vollsuperharmonisch. Sei X ein lokal kompakter Raum, μ ein Maß auf X und für jedes $x \in X$ s_x eine nichtnegative vollsuperharmonische Funktion, so daß $(a, x) \to s_x(a)$ eine Borelsche Funktion auf $R_0 \times X$ ist. Ist für ein $a \in R_0$ die Funktion $x \to s_x(a)$ μ-summierbar, so ist

$$\int s_x\, d\mu(x)$$

eine vollsuperharmonische Funktion.

Sei a ein Punkt auf R_0. Wir bezeichnen mit $\tilde{g}_a^{R,K_0} = \tilde{g}_a = \tilde{g}$ eine stetige Funktion auf R_0, die folgende Eigenschaften besitzt:

a) *$\tilde{g}_a$ ist auf $R_0 - \{a\}$ harmonisch,*

b) *$\tilde{g}_a$ besitzt in a eine logarithmische Singularität mit dem Koeffizienten $+1$,*

c) $\lim_{b\to K_0} \tilde{g}_a(b) = 0$,

d) *für jedes Gebiet G mit kompaktem relativem Rand*, $a \notin \overline{G}$, $G \cap K_0 = \phi$, *ist*

$$\tilde{g}_a(b) = \int \tilde{g}_a \, d\tilde{\omega}_b^G ;$$

(wir erinnern daran, daß $\tilde{g}_a = 0$ auf $Rd K_0$ gesetzt wurde).

Es gibt höchstens eine Funktion, die diese Eigenschaft besitzt. Sei $\tilde{g}'_a$ eine zweite solche Funktion und V eine Kreisscheibe, die a enthält, $\overline{V} \cap K_0 = \phi$, $G = R_0 - \overline{V}$. Aus der Eigenschaft $d)$ folgt

$$\inf_{b \in G} (\tilde{g}'_a(b) - \tilde{g}_a(b)) = \inf_{b \in Rd G} (\tilde{g}'_a(b) - g_a(b)),$$

und aus a), b), c) ergibt sich weiter

$$\inf_{b \in R_0} (\tilde{g}'_a(b) - \tilde{g}_a(b)) \geqq 0 .$$

Ähnlich beweist man die umgekehrte Ungleichung und somit ist $\tilde{g}' = \tilde{g}_a$.

Um die Existenz von g_a zu beweisen, führen wir die Klasse $D_H^{K_0}$ der stetigen Dirichletschen Funktionen ein, die auf K_0 verschwinden und auf R_0 harmonisch sind. $dD_H^{K_0}$ ist ein abgeschlossener Teilraum von dD^{K_0}. Für $a \in R_0$ ist $u \to 2\pi u(a)$ ein lineares Funktional auf $dD_H^{K_0}$. Sei $\{u_n\}$ eine Folge aus $D_H^{K_0}$, für die $\|du_n\| \to 0$. Dann ist $\{u_n(a)\}$ eine gegen Null konvergierende Folge. Daraus folgert man, daß das Funktional $u \to 2\pi u(a)$ beschränkt ist. Es gibt also eine Funktion $u_a \in D_H^{K_0}$, derart, daß für jedes $u \in D_H^{K_0}$

$$\langle du_a, du \rangle = 2\pi u(a)$$

gilt. Es ist

$$u_a(b) = \frac{1}{2\pi} \langle du_a, du_b \rangle = u_b(a) \cdot$$

Wir wollen zeigen, daß $\tilde{g}_a = u_a + g_a^{R_0}$ die Bedingungen a) bis d) erfüllt. Das ist offenbar für a) bis c). Um zu beweisen, daß sie auch die Eigenschaft d) besitzt, nehmen wir ein Gebiet G wie in d) und eine stetige Funktion $f \in D^{K_0}$. Sei $u + f_0$ die Roydensche Zerlegung der Einschränkung von f auf R_0 und

$$\alpha > \sup_{b \in G} g_a^{R_0}(b) .$$

Wir haben

$$\langle d(u_a + \min(g_a^{R_0}, \alpha)), du + df_0 \rangle = \langle du_a, du \rangle +$$
$$+ \langle d \min(g_a^{R_0}, \alpha), df_0 \rangle = 2\pi u(a) + 2\pi \int f_0 \, d\mu_\alpha ,$$

wo μ_α das Maß des Potentials auf R_0 $\min(g_a^{R_0}, \alpha)$ ist. Ist f stetig differenzierbar in einer Umgebung von a, so ergibt sich daraus, falls man α gegen unendlich streben läßt

$$\langle d\tilde{g}_a, df \rangle = 2\pi f(a) .$$

Gehört f zu D^{R-G}, so ist

$$\langle d\tilde{g}_a, df \rangle = 0 ,$$

und die Eigenschaft d) ergibt sich jetzt aus dem Satz **15.1** a) und aus der Definition von $\tilde{\omega}_a^G$.

Wir wollen jetzt beweisen, daß $\tilde{g}_a$ vollsuperharmonisch ist. Sei G ein Gebiet in R, für welches $Rd\,G$ kompakt und $K_0 \cap \overline{G}$ leer ist. Gehört a zu $R_0 - \overline{G}$, so ist für $b \in G$

$$\tilde{g}_a(b) = \int \tilde{g}_a\, d\tilde{\omega}_b^G .$$

Gehört a zu G, so ist für ein genügend großes α

$$K = \{b \in R_0 \mid \tilde{g}_a(b) \geqq \alpha\}$$

kompakt und in G enthalten. Wir haben für $b \in K$

$$\tilde{g}_a(b) \geqq \alpha \geqq \int \tilde{g}_a\, d\tilde{\omega}_b^G = (\tilde{g}_a)^F(b) \qquad (F = R - G)$$

und für $b \in G - K$,

$$\tilde{g}_a(b) = \int \tilde{g}_a\, d\tilde{\omega}_b^{G-K} = (\tilde{g}_a)^{F \cup K}(b) ,$$

$$\int \tilde{g}_a\, d\tilde{\omega}_b^G = (\tilde{g}_a)^F(b) = ((\tilde{g}_a)^F)^{F \cup K}(b) ,$$

$$\tilde{g}_a(b) - \int \tilde{g}_a\, d\tilde{\omega}_b^G = (\tilde{g}_a - (\tilde{g}_a)^F)^{F \cup K}(b) \geqq$$

$$\geqq \inf_{a' \in Rd(F \cup K)} (\tilde{g}_a(a') - (\tilde{g}_a)^F(a')) \geqq 0 .$$

Es befinde sich jetzt a auf dem Rand von G und $\{G_n\}$ sei eine abnehmende Folge von Gebieten mit kompakten relativen Rändern, deren Durchschnitt gleich $G \cup \{a\}$ ist, $K_0 \cap \overline{G}_n = \phi$. Aus dem Satz **15.1** c) ergibt sich, daß für $b \in G$, $\{\tilde{\omega}_b^{G_n}\}_n$ gegen $\tilde{\omega}_b^G$ konvergiert. Daraus folgt

$$\int \tilde{g}_a\, d\tilde{\omega}_b^G \leqq \varliminf_{n \to \infty} \int \tilde{g}_a\, d\tilde{\omega}_b^{G_n} \leqq \tilde{g}_a(b) .$$

$\tilde{g}_a$ ist also eine vollsuperharmonische Funktion.

$\tilde{g}_a$ ist symmetrisch, denn für $a, b \in R_0$ ist

$$\tilde{g}_a(b) = u_a(b) + g_a^{R_0}(b) = u_b(a) + g_b^{R_0}(a) = \tilde{g}_b(a) .$$

Wir werden beweisen, daß $\tilde{g}_a \geqq g_a^{R_0}$ ist. Da

$$u_a(a) = \|d u_a\|^2 > 0$$

ist, kann man eine kompakte Menge K finden, die a im Inneren enthält, zu K_0 punktfremd ist und derart, daß u_a auf K positiv ist. Dann ist für $b \in G = R_0 - K$

$$\tilde{g}_a(b) = \int \tilde{g}_a\, d\tilde{\omega}_b^G \geqq \int g_a^{R_0}\, d\tilde{\omega}_b^G \geqq \int g_a^{R_0}\, d\omega_b^G = g_a(b) .$$

Hieraus erkennt man, daß u_a nichtnegativ ist. Aus dieser Tatsache und aus der Symmetrie von u folgert man mittels des Harnackschen Prinzips, daß $(a, b) \to u_a(b)$ eine stetige Funktion ist.

Es ist

$$\int_{Rd\,K_0} * \, d\tilde{g}_a = 2\pi .$$

In der Tat, sei G ein Gebiet, das a und K_0 enthält. Aus der Eigenschaft d) ergibt sich

$$\tilde{g}_a = \tilde{g}_a^{\overline{G}}.$$

Daraus und aus dem Satz **15.1** i) folgt

$$\int_{Rd K_0} * d\tilde{g}_a = \int_{Rd V} * d\tilde{g}_a = 2\pi,$$

wo V eine Kreisscheibe ist, die a enthält, $\overline{V} \subset G - K_0$.

Genau so wie im Abschnitt 4 kann man mittels $\tilde{g}_a$ Potentiale bilden. Ist μ ein Maß auf dem lokal kompakten Raum R_0, und für ein $a \in R_0$ $\tilde{g}_a$ μ-summierbar, so setzen wir

$$\tilde{p}^\mu(a) = \int \tilde{g}_a \, d\mu.$$

$\tilde{p}^\mu$ ist vollsuperharmonisch und außerhalb des Trägers von μ harmonisch. Wir nennen $\tilde{p}^\mu$ *das von μ erzeugte* **Potential**. Aus

$$\tilde{g}_a = g_a^{R_0} + u_a$$

erkennt man, daß $\tilde{p}^\mu - p^\mu$ eine nichtnegative harmonische Funktion ist. Aus $\tilde{p}^\mu = \tilde{p}^\nu$ folgt also $\mu = \nu$. Ist A eine Menge von der Kapazität Null in R_0, so existiert ein Potential $\tilde{p}$, das in den Punkten von A unendlich ist. Auch $\tilde{p}^\mu$ erfüllt das lokale Maximumprinzip und somit das Stetigkeitsprinzip von Evans-Vasilescu und den Hilfssatz von Kishi. Sei s eine positive vollsuperharmonische Funktion und $\tilde{p}^\mu$ ein Potential, welches in allen Punkten endlich ist. Ist $s \geqq \tilde{p}^\mu$ quasi überall auf dem Träger von μ, so ist überall $s \geqq \tilde{p}^\mu$. Für den Beweis können wir annehmen, daß der Träger K von μ kompakt, $s \geqq \tilde{p}^\mu$ auf K und, wegen des Hilfssatzes von Kishi, daß $\tilde{p}^\mu$ stetig ist. Sei G ein Gebiet auf R_0, so daß $\overline{G} \cap K$ leer und $Rd G$ kompakt ist. Wir haben für $a \in G$

$$s(a) \geqq \int s \, d\tilde{\omega}_a^G, \quad \tilde{p}^\mu(a) = \int \tilde{p}^\mu \, d\tilde{\omega}_a^G,$$

$$s(a) - \tilde{p}^\mu(a) \geqq \int (s - \tilde{p}^\mu) \, d\tilde{\omega}_a^G, \; \inf_{a \in G} (s(a) - \tilde{p}^\mu(a)) = \inf_{a \in Rd G} (s(a) - \tilde{p}^\mu(a)).$$

Sei $\{a_n\}$ eine Punktfolge auf $R_0 - K$, für die

$$\lim_{n \to \infty} (s(a_n) - \tilde{p}^\mu(a_n)) = \inf_{a \in R_0} (s(a) - \tilde{p}^\mu(a))$$

ist. Aus den obigen Betrachtungen sieht man, daß man $\{a_n\}$ so nehmen kann, daß sie gegen $K \cup K_0$ konvergiert. Es ist also

$$\lim_{n \to \infty} (s(a_n) - \tilde{p}^\mu(a_n)) \geqq 0,$$

denn $s - \tilde{p}^\mu$ ist nach unten halbstetig und auf K nichtnegativ. Es ist also wie behauptet wurde, $s \geqq \tilde{p}^\mu$.

Auch der Satz von Frostman ist für vollsuperharmonische Funktionen gültig. Sei K eine kompakte Menge in R_0 und s eine nichtnegative vollsuperharmonische Funktion. Es gibt dann ein Maß μ auf K, so daß $\tilde{p}^\mu \leqq s$ auf R_0, $\tilde{p}^\mu = s$ quasi überall auf K und $\tilde{p}^\mu$ die untere Grenze der Klasse der positiven vollsuperharmonischen Funktionen ist, die quasi überall auf K nicht kleiner als s sind (der Beweis dafür entspringt aus dem Beweis des Hilfssatzes 4.3 und des Satzes 4.5, wenn man $\tilde{g}_a$, $\tilde{\omega}_a$, R_0 anstelle von g_a, ω_a und R schreibt). Es ist $\tilde{p}^\mu \geqq s_K$, wo die Operation s_K auf R_0 genommen wurde. Daraus ergibt sich, daß $\tilde{p}^\mu = s$ auf K, bis auf die nichtregulären Randpunkte von $R - K$ ist.

Satz 15.2. *Sei μ ein Maß auf R_0. Ist $\tilde{p}^\mu$ eine Dirichletsche Funktion auf R_0, so ist $\int \tilde{p}^\mu \, d\mu$ endlich. Ist umgekehrt $\int \tilde{p}^\mu \, d\mu$ endlich, so ist $\tilde{p}^\mu$ fortgesetzt mit Null auf K_0 eine Dirichletsche Funktion auf R. In diesem Fall ist*

$$\langle d\tilde{p}^\mu, df\rangle = 2\pi \int f \, d\mu$$

für jede Dirichletsche Funktion f, die quasi überall auf K_0 verschwindet.

$\tilde{p}^\mu$ ist eine Wienersche Funktion auf R_0. Setzt man $u_\mu = \int u_a \, d\mu(a)$, so ist $\tilde{p}^\mu = p^\mu + u_\mu$ genau die Zerlegung (auf R_0) von $\tilde{p}^\mu$ in ein Wienersches Potential und eine harmonische Funktion.

Es sei K eine kompakte Menge in R_0 und $\alpha = \sup\limits_{a \in K} \sqrt{u_a(a)} < \infty$. Sind $\{a_i\}_{1 \leqq i \leqq n}$ Punkte aus K und $\{\alpha_i\}_{1 \leqq i \leqq n}$ positive Zahlen, so ist

$$\left\| d\left(\sum_{i=1}^{n} \alpha_i u_{a_i}\right)\right\| \leqq \sum_{i=1}^{n} \alpha_i \|du_{a_i}\| = \sum_{i=1}^{n} \alpha_i \sqrt{2\pi\, u_{a_i}(a_i)} \leqq \alpha \sqrt{2\pi} \sum_{i=1}^{n} \alpha_i .$$

Ist ν ein Maß auf K und $\{\nu_n\}$ eine Folge von Maßen auf K, deren Träger aus endlich vielen Punkten bestehen, die gegen ν konvergiert, so ist die Zahlenfolge $\{\|du_{\nu_n}\|\}$ beschränkt und $\{u_{\nu_n}\}$ konvergiert gleichmäßig auf jeder kompakten Menge aus R_0 gegen u_ν. Aus Hilfssatz 7.4 ergibt sich, daß u_ν eine Dirichletsche Funktion ist, und für jedes $u \in D_H^{K_0}$ ist

$$\langle du_\nu, du\rangle = \lim_{n\to\infty} \langle du_{\nu_n}, du\rangle = \lim_{n\to\infty} 2\pi \int u \, d\nu_n = 2\pi \int u \, d\nu .$$

Ist $\tilde{p}^\mu$ eine Dirichletsche Funktion, so ist $\tilde{p}^\mu = p^\mu + u_\mu$ die Roydensche Zerlegung von $\tilde{p}^\mu$ und p^μ, u_μ sind Dirichletsche Funktionen. Aus dem Satz 7.2 folgt, daß $\int p^\mu \, d\mu$ endlich ist. Sei $\{K_n\}$ eine kompakte Ausschöpfung von R_0[1] und μ_n die Einschränkung von μ auf K_n. Aus $u_{\mu_n} \uparrow u_\mu$ erkennt man, daß u_μ zu $D_H^{K_0}$ gehört. Wir haben

$$\|du_{\mu_n}\|^2 = 2\pi \int u_{\mu_n} d\mu_n \leqq 2\pi \int u_\mu \, d\mu_n = \langle du_{\mu_n}, du_\mu\rangle \leqq \|du_{\mu_n}\| \, \|du_\mu\| ,$$

$$\|du_{\mu_n}\| \leqq \|du_\mu\| , \qquad 2\pi \int u_\mu \, d\mu_n \leqq \|du_\mu\|^2,$$

$$2\pi \int u_\mu \, d\mu = \lim_{n\to\infty} 2\pi \int u_{\mu_n} d\mu = \lim_{n\to\infty} 2\pi \int u_\mu \, d\mu_n \leqq \|du_\mu\|^2 .$$

[1] Siehe Fußnote Seite 131.

Es ist somit

$$\int \tilde{p}^{\mu}\, d\mu = \int p^{\mu}\, d\mu + \int u_{\mu}\, d\mu < \infty .$$

Sei jetzt $\int \tilde{p}^{\mu}\, d\mu$ endlich und $\{K_n\}$, $\{\mu_n\}$ wie oben. Aus

$$\int p^{\mu_n} d\mu_n \leqq \int \tilde{p}^{\mu}\, d\mu < \infty$$

und aus dem Satz 7.2 ergibt sich, daß p^{μ_n} eine Dirichletsche Funktion auf R_0 ist. Offenbar ist

$$\lim_{R_0 \ni a \to R d K_0} \tilde{p}^{\mu_n}(a) = 0 ,$$

und somit ist auch $\tilde{p}^{\mu_n}$ fortgesetzt mit Null auf K_0 eine Dirichletsche Funktion. Es ist für $n > m$

$$\begin{aligned} \|d p^{\mu_n} - d p^{\mu_m}\|_R^2 &= \|d p^{\mu_n} - d p^{\mu_m}\|_{R_0}^2 \\ &= 2\pi \left(\int p^{\mu_n}\, d\mu_n - 2 \int p^{\mu_n}\, d\mu_m + \int p^{\mu_m}\, d\mu_m\right) \leqq \\ &\leqq 2\pi \left(\int p^{\mu_n}\, d\mu_n - \int p^{\mu_m}\, d\mu_m\right) = \|d p^{\mu_n}\|^2 - \|d p^{\mu_m}\|^2 . \end{aligned}$$

$\{d p^{\mu_n}\}$ ist also eine Cauchysche Folge aus $d D^{K_0}$. Aus dem Hilfssatz 15.1 ergibt sich, daß ein $f \in D^{K_0}$ existiert, so daß $\lim_{n\to\infty} \|d p^{\mu_n} - d f\| = 0$ ist. Indem man zu einer Teilfolge übergeht, kann man annehmen, daß $\{p^{\mu_n}\}$ quasi überall gegen f konvergiert. Daraus folgert man $p^{\mu} = f$ quasi überall, und p^{μ} fortgesetzt mit Null auf K_0 ist eine Dirichletsche Funktion. Wir haben

$$\|d u_{\mu_n}\|^2 = 2\pi \int u_{\mu_n}\, d\mu_n \leqq 2\pi \int \tilde{p}^{\mu}\, d\mu_n \leqq 2\pi \int \tilde{p}^{\mu}\, d\mu < \infty .$$

Da die Zahlenfolge $\{\|d u_{\mu_n}\|\}$ beschränkt ist, und $\{u_{\mu_n}\}$ auf jeder kompakten Menge gleichmäßig gegen u_{μ} konvergiert, so folgt aus dem Hilfssatz 7.4, daß u_{μ} eine Dirichletsche Funktion ist und für jedes $\mathfrak{c} \in \mathfrak{C}_D$

$$\langle d u_{\mu}, \mathfrak{c}\rangle = \lim_{n\to\infty} \langle d u_{\mu_n}, \mathfrak{c}\rangle$$

ist. Man folgert daraus, daß $\tilde{p}^{\mu}$ eine Dirichletsche Funktion ist.

Sei $f = f_0 + u$ die Roydensche Zerlegung von f auf R_0. u gehört zu $D_H^{K_0}$ und es gilt

$$\begin{aligned} \langle d\tilde{p}^{\mu}, d f\rangle &= \langle d p^{\mu}, d f_0\rangle + \langle d u_{\mu}, d u\rangle = 2\pi \int f_0\, d\mu + \lim_{n\to\infty} \langle d u_{\mu_n}, d u\rangle \\ &= 2\pi \int f_0\, d\mu + \lim_{n\to\infty} 2\pi \int u\, d\mu_n = 2\pi \int f_0\, d\mu + 2\pi \int u\, d\mu = 2\pi \int f\, d\mu . \end{aligned}$$

Sei F eine abgeschlossene Menge in R und s eine nichtnegative vollsuperharmonische Funktion. Wir bezeichnen mit $s_{\tilde{F}}$ die untere Grenze der Klasse der nichtnegativen vollsuperharmonischen Funktionen, die quasi überall auf $F \cap R_0$ nicht kleiner als s sind.

Satz 15.3. *$s_{\tilde{F}}$ ist vollsuperharmonisch, außerhalb F harmonisch und auf F, bis auf die nichtregulären Randpunkte von $R_0 - F$, gleich s. Die Abbildung $(s, F) \to s_{\tilde{F}}$ hat folgende Eigenschaften:*

a) *aus* $F \subset F'$ *und* $s \leqq s'$ *folgt* $s_{\tilde F} \leqq s'_{\tilde F}$;

b) *sind* $\{s_n\}$, $\{F_n\}$ *nichtabnehmende Folgen*, $F - \bigcup_{n=1}^{\infty} F_n - K_0$ *polar und* $\lim_{n\to\infty} s_n = s$ *quasi überall auf* $F \cap R_0$, *so ist* $s_{n\tilde F_n} \uparrow s_{\tilde F}$;

c) *konvergiert* $\{s_n\}$ *gleichmäßig auf* $F \cap R_0$ *gegen* s, *so konvergiert* $\{s_{n\tilde F}\}$ *gleichmäßig gegen* $s_{\tilde F}$;

d) *ist* $F \subset F'$, *so ist*

$$s_{\tilde F} = (s_{\tilde F'})_{\tilde F} = (s_{\tilde F})_{\tilde F'};$$

e) $(\alpha s + \alpha' s')_{\tilde F} = \alpha s_{\tilde F} + \alpha' s'_{\tilde F}, \quad (\alpha, \alpha' \geqq 0)$;

f) $s_{\widetilde{F \cap F'}} + s_{\widetilde{F \cup F'}} \leqq s_{\tilde F} + s_{\tilde F'}$;

g) *ist* s *eine Dirichletsche Funktion (auf* R, *mit* $s = 0$ *auf* K_0*), so ist auf* $R_0 - F$ $\;s_{\tilde F} = s^{F \cup K_0}$;

h) *ist* G *eine zusammenhängende Komponente mit kompaktem relativem Rand von* $R_0 - F$ *und* $a \in G$, *so ist*

$$s_{\tilde F}(a) = \int s \, d\tilde\omega_a^G .$$

Sei $\{R_n\}$ eine normale Ausschöpfung von R_0, $K_n = F \cap \overline{R}_n$, und μ_n das Maß des Frostmanschen Satzes bezüglich s und K_n. $\{\tilde p^{\mu_n}\}$ ist eine zunehmende Folge von vollsuperharmonischen Funktionen, und man verifiziert, daß sie gegen $s_{\tilde F}$ konvergiert. $s_{\tilde F}$ ist also vollsuperharmonisch und außerhalb F harmonisch. Sei a ein innerer Punkt von $F \cap R_0$ oder regulärer Randpunkt von $R_0 - F$. Dann ist für ein genügend großes n a innerer Punkt von K_n oder regulärer Randpunkt von K_n. In allen diesen Fällen ist $\tilde p^{\mu_n}(a) = s(a)$ und somit $s_{\tilde F}(a) = s(a)$. Die Eigenschaften a) bis f) ergeben sich genau so, wie die entsprechenden Eigenschaften des Satzes 4.8.

g) Sei zuerst s beschränkt, K eine kompakte Menge in R_0 und μ das Maß des Frostmanschen Satzes bezüglich s und K: $s_{\tilde K} = \tilde p^{\mu}$. Dann ist $\tilde p^{\mu}$ beschränkt. Aus dem vorangehenden Satz ist ersichtlich, daß $\tilde p^{\mu}$ eine Dirichletsche Funktion und $d\tilde p^{\mu}$ auf $dD^{K \cup K_0}$ orthogonal ist. Es ist also auf $R - (K \cup K_0)$

$$\tilde p^{\mu} = (\tilde p^{\mu})^{K \cup K_0},$$

$$s_{\tilde K} = \tilde p^{\mu} = (\tilde p^{\mu})^{K \cup K_0} = s^{K \cup K_0}.$$

Ist s nicht beschränkt, so folgt aus b)

$$s_{\tilde K} = \lim_{\alpha\to\infty} (\min(s, \alpha))_{\tilde K} = \lim_{\alpha\to\infty} (\min(s, \alpha))^{K \cup K_0} = s^{K \cup K_0}$$

auf $R - (K \cup K_0)$. Sei $\{K_n\}$ eine nichtabnehmende Folge von kompakten Mengen aus R_0, deren Vereinigung gleich $F \cap R_0$ ist. Aus b) und aus dem Satz 15.1 c) ergibt sich auf $R_0 - F$

$$s_{\tilde F} = \lim_{n\to\infty} s_{\tilde K_n} = \lim_{n\to\infty} s^{K_n \cup K_0} = s^{F \cup K^0}.$$

h) Sei $\{K_n\}$ eine kompakte Ausschöpfung von R_0 und μ_n das Maß des Frostmanschen Satzes bezüglich $min(s, n)$ und K_n; $\tilde{p}^{\mu_n} \uparrow s$. Dann ist $\tilde{p}^{\mu_n}$ (mit $\tilde{p}^{\mu_n} = 0$ auf K_0) eine Dirichletsche Funktion. Wir haben (Seite 159)

$$s_{\tilde{F}}(a) = \lim_{n\to\infty} \tilde{p}_{\tilde{F}}^{\mu_n}(a) = \lim_{n\to\infty} (\tilde{p}^{\mu_n})^{F\cup K_0}(a) = \lim_{n\to\infty} \int \tilde{p}^{\mu_n} d\tilde{\omega}_a^G = \int s\, d\tilde{\omega}_a^G .$$

Satz 15.4. *Es sei X ein lokal kompakter Raum, μ ein Maß auf X, für jedes $x \in X$ s_x eine nichtnegative vollsuperharmonische Funktion auf R_0, so daß $(a, x) \to s_x(a)$ eine Borelsche Funktion auf $R \times X$ ist, und F eine abgeschlossene Menge in R. Ist für ein $a_0 \in R_0$ die Funktion $x \to s_x(a_0)$ μ-summierbar, so ist für jedes $a \in R$ $x \to s_{x\tilde{F}}(a)$ eine Borelsche Funktion und*

$$\left(\int s_x\, d\mu(x)\right)_{\tilde{F}} = \int s_{x\tilde{F}}\, d\mu(x) .$$

Für F kompakt entspringt der Beweis aus dem Beweis des Satzes 4.9 durch Vertauschung von s_F, ω_a, R mit $s_{\tilde{F}}$, $\tilde{\omega}_a$, R_0. Ist F nichtkompakt, so nehmen wir eine nichtabnehmende Folge $\{K_n\}$ von kompakten Mengen, deren Vereinigung $F \cap R_0$ ist. Dann ist

$$s_{x\tilde{F}}(a) = \lim_{n\to\infty} s_{x\tilde{K}_n}(a)$$

und somit $x \to s_{x\tilde{F}}(a)$ eine Borelsche Funktion und

$$\left(\int s_x\, d\mu(x)\right)_{\tilde{F}} = \lim_{n\to\infty} \left(\int s_x\, d\mu(x)\right)_{\tilde{K}_n} = \lim_{n\to\infty} \left(\int s_{x\tilde{K}_n} d\mu(x)\right) = \int s_{x\tilde{F}}\, d\mu(x) .$$

Hilfssatz 15.2. *Ist F eine abgeschlossene Menge in R, so ist*

$$\tilde{g}_{a\tilde{F}}(b) = \tilde{g}_{b\tilde{F}}(a) .$$

Sei K eine kompakte Menge in R_0, $a, b \in R_0 - K$ und μ (bzw. ν) das Maß des Frostmanschen Satzes bezüglich $\tilde{g}_a$ (bzw. $\tilde{g}_b$) und K. Die Einschränkungen von μ und ν auf polaren Mengen verschwinden, denn $\tilde{p}^{\mu}$, $\tilde{p}^{\nu}$ sind beschränkt, und daher ist

$$\begin{aligned}\tilde{g}_{a\tilde{K}}(b) &= \int \tilde{g}_b\, d\mu = \int \tilde{g}_{b\tilde{K}}\, d\mu = \int \left(\int \tilde{g}\, d\nu\right) d\mu \\ &= \int \left(\int \tilde{g}\, d\mu\right) d\nu = \int \tilde{g}_{a\tilde{K}}\, d\nu = \int \tilde{g}_a\, d\nu = \tilde{g}_{b\tilde{K}}(a) .\end{aligned}$$

Sei jetzt F eine abgeschlossene Menge und $a, b \in R_0$. Wir nehmen eine nichtabnehmende Folge $\{K_n\}$ von kompakten Mengen, deren Vereinigung gleich $F \cap R_0 - \{a, b\}$ ist. Es ist

$$\tilde{g}_{a\tilde{F}}(b) = \lim_{n\to\infty} \tilde{g}_{a\tilde{K}_n}(b) = \lim_{n\to\infty} \tilde{g}_{b\tilde{K}_n}(a) = \tilde{g}_{b\tilde{F}}(a) .$$

16. Der Kuramochische ideale Rand

Z. Kuramochi hat in 1956 [6], [7], [9], einen neuen idealen Rand für Riemannsche Flächen eingeführt (s. auch H. L. Royden, 1958 [5]), der dem Martinschen idealen Rand analog, aber dem Studium der HD-Funktionen angepaßt ist. Es ist jedoch ein prinzipieller Unterschied zwischen diesen beiden idealen Rändern zu verzeichnen: die Punkte des Kuramochischen idealen Randes können nämlich als innere Punkte einer Mannigfaltigkeit (in einem verallgemeinerten Sinn) betrachtet werden, wobei diese Mannigfaltigkeitstruktur sogar einer analytischen Struktur ähnlich ist. Wir werden dieses letztere Problem im nächsten Abschnitt behandeln.

Es sie N die Klasse der stetigen Dirichletschen Funktionen f, für die eine kompakte Menge $K_f = K$ existiert, derart, daß $f = f^K$ ist. *Wir nennen R_N^* (bzw. Δ_N) die* **Kuramochische Kompaktifizierung** *(bzw. den* **Kuramochischen idealen Rand***) von R.* In diesem und in den folgenden zwei Abschnitten schreiben wir einfach R^* (bzw. Δ) anstelle von R_N^* (bzw. Δ_N). *Offenbar ist die Kuramochische Kompaktifizierung resolutiv, ein Quotientenraum der Roydenschen Kompaktifizierung und eine Randeigenschaft.* Der Satz 9.1 zeigt, daß *sie eine Kompaktifizierung vom Typus S ist.* Es gibt Beispiele von Riemannschen Flächen, deren Kuramochische idealen Ränder nicht Quotienräume der Martinschen idealen Ränder sind, (Z. Kuramochi, 1962 [16]).

Wir geben hier einige einfache Beispiele von Kuramochischen Kompaktifizierungen. Sei zuerst $R = \{|z| < 1\}$. Wir wollen zeigen, daß R^* homöomorph mit $\{|z| \leqq 1\}$ ist. Offenbar ist jede Funktion f aus N auf $\{|z| \leqq 1\}$ stetig fortsetzbar, und zwar auf $\{|z| = 1\}$ sogar harmonisch mit verschwindender Normalableitung. Die Funktionen

$$max\left(-\alpha, min\left(\alpha, log\left|\frac{z}{(z - re^{i\theta})(z - r^{-1}e^{i\theta})}\right|\right)\right)$$

gehören zu N für $r \neq 1$ und α genügend groß und trennen die Punkte von $\{|z| = 1\}$. Daraus folgt, daß R^* mit $\{|z| \leqq 1\}$ homöomorph ist. Als zweites Beispiel nehmen wir eine in der Kugel abgeschlossene Menge F von der Spanne Null und R gleich der Komplementarmenge von F. Dann ist jede Funktion $f \in N$ in der Umgebung eines jeden Punktes aus F der reelle Teil einer AD-Funktion, und somit über F stetig fortsetzbar. N trennt die Punkte von F, denn diese Punkte fallen mit den idealen Randkomponenten von R zusammen. R^* ist demnach mit der Kugel $\{|z| \leqq \infty\}$ homöomorph. Für parabolische Riemannsche Flächen fallen die Klassen M, N und somit auch die Martinschen und Kuramochischen Kompaktifizierungen zusammen.

Hilfssatz 16. 1. *Ist R hyperbolisch, so ist*

$$MHD(R) = \{H_f^{R,R^*} \mid f \text{ resolutive Funktion auf } \Delta\}^1 .$$

[1] Für die Bezeichnung siehe Abschnitt 8.

Da $N \subset D$ ist, so ist (Folgesatz 9.2 und Satz 8.7)

$$\left\{H_f^{R,R_N^*} \mid f \text{ resolutive Funktion auf } \Delta_N\right\} \subset$$

$$\subset \left\{H_f^{R,R_D^*} \mid f \text{ resolutive Funktion auf } \Delta_D\right\} = MH(R_D^*) = MHD(R)\,.$$

Es sie jetzt u eine beschränkte $HD(R)$-Funktion, $\{K_n\}$ eine kompakte Ausschöpfung von R und $u - u^{K_n} = f_n + u_n$ die Roydensche Zerlegung von $u - u^{K_n}$. Da

$$\lim_{n \to \infty} \|d(u - u^{K_n})\| = 0$$

ist, kann man annehmen, indem man zu einer Teilfolge übergeht, daß

$$\|d(u - u^{K_n})\| < \frac{1}{2^n}$$

ist. Dann ist

$$\|du_n\| \leqq \|d(u - u^{K_n})\| < \frac{1}{2^n}, \quad \|df_n\| \leqq \|d(u - u^{K_n})\| < \frac{1}{2^n}$$

und mittels des Hilfssatzes 7.6 erkennt man, daß wenigstens in einem Punkt $\{f_n\}$ gegen Null konvergiert. Nun ist aber f_n im Inneren von K_n gleich u_n und somit harmonisch. Man folgert daraus, daß $\{u_n\}$, $\{f_n\}$ auf jeder kompakten Menge gleichmäßig gegen Null konvergiert. Sei

$$p_n = (u_n - u_{n+1}) \vee (u_{n+1} - u_n) - |u_n - u_{n+1}|\,.$$

p_n ist ein Potential und $\|dp_n\| \leqq \|d|u_u - u_{n+1}|\,\| \leqq \|du_n\| + \|du_{n+1}\| < < \frac{1}{2^{n-1}}$ · Daraus folgt, daß die Reihe $\sum_{n=1}^{\infty} p_n$ konvergent ist. Indem man zu einer Teilfolge übergeht, kann man annehmen, daß auch $\sum_{n=1}^{\infty} |u_n - u_{n+1}|$ konvergiert. Dann ist aber auch die Reihe

$$\sum_{n=1}^{\infty} (u_n - u_{n+1}) \vee (u_{n+1} - u_n)$$

konvergent.

Es ist

$$u - u_n = H_{u^{K_n}}^{R,R^*},$$

und daher

$$(u_n - u_{n+1}) \vee (u_{n+1} - u_n) = H_{|u^{K_n} - u^{K_{n+1}}|}^{R,R^*},$$

$$u - u_n + \sum_{i=n}^{\infty} (u_i - u_{i+1}) \vee (u_{i+1} - u_i) = H^{R,R^*}_{u^{K_n} + \sum_{i=n}^{\infty} |u^{K_i} - u^{K_{i+1}}|}$$

Die Folge

$$\left\{u^{K_n} + \sum_{i=n}^{\infty} |u^{K_i} - u^{K_{i+1}}|\right\}$$

ist nichtzunehmend und deswegen konvergent. Sei f ihre Grenzfunktion. Dann ist $u = H_f$. Man schließt daraus

$$HBD(R) \subset \{H_f^{R,R^*} \mid f \text{ resolutive Funktion auf } \Delta\}$$

Satz 16.1. *Ist b ein Punkt aus Δ mit positivem harmonischem Maß (bzw. isoliert in Γ), so ist das harmonische Maß von $\{b\}$ eine MHD- (bzw. HD-)minimale Funktion. Ist u eine MHD-minimale Funktion, so gibt es einen Punkt $b \in \Delta$ mit positivem harmonischem Maß, so daß u zu $\omega(\{b\})$ proportional ist.*

Sei zuerst b isoliert in Γ. Dann ist das harmonische Maß von $\{b\}$ positiv und es gibt eine stetige Funktion f auf R^*, die in b gleich 1, auf $\Gamma - \{b\}$ gleich 0, und deren Einschränkung auf R eine Dirichletsche Funktion ist. h_f ist dann eine HD-Funktion, die gleich $\omega(\{b\})$ ist. Unter Benutzung des vorangehenden Hilfssatzes wird jetzt dieser Satz genau wie der Satz 11.5 bewiesen.

Es gibt Punkte $b \in \Delta$, für die $\omega(\{b\})$ eine HD-minimale Funktion ist, ohne daß b in Γ isoliert sei.

Folgesatz 16.1. *Es sei R eine hyperbolische Riemannsche Fläche. $R \in U_{HD}$ genau dann, wenn Δ einen Punkt mit positivem harmonischem Maß besitzt. $R \in O_{HD}^n - O_{HD}^{n-1}$ $\left(\text{bzw. } R \in O_{HD}^\infty - \bigcup_{n=1}^{\infty} O_{HD}^n\right)$ dann und nur dann, wenn Δ aus n (bzw. abzählbar vielen) Punkten mit positivem harmonischem Maß und aus einer Menge vom harmonischen Maß Null besteht* (Z. Kuramochi, 1962 [14]).

Sei K_0 eine abgeschlossene Kreisscheibe in R, $R_0 = R - K_0$. Für $a \in R_0$ ist die Funktion $b \to g_b^{R,K_0}(a) = \tilde{g}_b(a)$ auf R^* stetig fortsetzbar, denn sie ist außerhalb einer kompakten Menge gleich einer Funktion aus N. Wir setzen für $b \in \Delta$, $a \in R_0$

$$\tilde{g}_b(a) = \lim_{R \ni b' \to b} \tilde{g}_{b'}(a) .$$

Die Funktionen $a \to \tilde{g}_b(a)$ sind vollsuperharmonisch und auf $R_0 - \{b\}$ harmonisch. Wegen

$$\int_{R d K_0} * d\tilde{g}_b = \lim_{R \ni b' \to b} \int_{R d K_0} * d\tilde{g}_{b'} = 2\pi \qquad (b \in \Delta)$$

sind die Funktionen $\tilde{g}_b$ positiv.

Um eine Fortsetzung einer Potentialtheorie auf R^* zu konstruieren (s. Abschnitt 12), nehmen wir als Funktionen k_b die Funktionen $\tilde{g}_b$. Sie erfüllen die Bedingungen a) bis d) des 12. Abschnitts. Das ist für a) und d) evident. b) folgt aus der Eigenschaft d) der Funktion $\tilde{g}_a$. Es bleibt also nur die Bedingung c) zu beweisen. Zu diesem Zweck sei f eine beliebig oft differenzierbare Funktion aus N, die auf K_0 verschwindet. Die Klasse der Funktionen mit diesen Eigenschaften trennt die Punkte von Δ, und enthält Funktionen, die auf Δ gleich einer Konstante α sind.

Die Funktion

$$u(b) = f(b) + \frac{1}{2\pi} \int \tilde{g}_b \, d * df$$

ist auf R_0 harmonisch. Sei K eine kompakte Menge, die K_0 im Inneren enthält, so daß $f = f^K$ ist. Dann ist der Träger von $d * df$ in K enthalten. Sei $b \in R_0 - K$ und G die zusammenhängende Komponente von $R_0 - K$, die b enthält. Es ist

$$\left(\int \tilde{g} \, d * df\right)^K (b) = \int \left(\int_K \tilde{g} \, d * df\right) d\tilde{\omega}_b^G$$

$$= \int_K \left(\int \tilde{g} \, d\tilde{\omega}_b^G\right) d * df = \int \tilde{g}_b \, d * df,$$

$$u^K(b) = f^K(b) + \frac{1}{2\pi} \left(\int \tilde{g} \, d * df\right)^K (b) = f(b) + \frac{1}{2\pi} \int \tilde{g}_b \, d * df = u(b).$$

Daraus folgt $u = u^K$ und somit erreicht u sein Maximum und Minimum auf K. Da aber u auf R_0 harmonisch ist, erreicht u sein Maximum und Minimum auf $Rd K_0$. Hier ist aber u gleich 0, und somit erhalten wir

$$f(b) = -\frac{1}{2\pi} \int \tilde{g}_b \, d * df.$$

Diese Formel ist auch auf Δ gültig und aus ihr zeigt sich, daß für zwei verschiedene Punkte b_1, b_2 aus Δ $\tilde{g}_{b_1}, \tilde{g}_{b_2}$ nicht proportional sein können. Die Funktionen $\tilde{g}_b$ erfüllen also auch die Bedingung c).

Bezeichnet man mit Q die Klasse der stetigen Funktionen auf R, die außerhalb einer kompakten Menge gleich einer Funktion $b \to \tilde{g}_b(a)$ ($a \in R_0$) sind, so folgt aus den Bedingungen a) und c), daß $R_N^* = R_Q^*$ ist. R_Q^* ist gerade die von Z. Kuramochi benutzte Kompaktifizierung zur Einführung seines idealen Randes.

Sei R ein schlichtes Gebiet auf der Riemannschen Kugel, $a \in R$ und $\tilde{h}_a$ die konjugierte harmonische Funktion von $\tilde{g}_a$. Dann ist $e^{-(\tilde{g}_a + i\tilde{h}_a)}$ eine eindeutige beschränkte analytische Funktion auf R_0. Mittels einer normalen Ausschöpfung von R und des Argumentenprinzips kann man beweisen, daß sie auch eineindeutig ist. Ist also eine ideale Randkomponente von R vollkommen punktförmig[1] (H. Grotzsch, 1935 [1]), so liegt auf ihr nur ein Punkt des Kuramochischen idealen Randes. Für die nichtregulären Randpunkte von R trifft das immer zu. Ist die Komplementarmenge von R vom Typus $N_{\mathfrak{S}\mathfrak{B}} = N_{\mathfrak{S}\mathfrak{D}}$ (L. V. Ahlfors u. A. Beurling, 1950 [1]), so sind alle idealen Randkomponenten von R vollkommen punktförmig und somit ist R^* der Riemannschen Kugel homöo-

[1] D. h. sie besteht aus einem Punkt in jeder schlichten Darstellung von R. L. Sario, 1954 [2], hat notwendige und hinreichende Bedingungen gegeben, damit eine ideale Randkomponente vollkommen punktförmig sei.

morph. Es gibt ideale Randkomponenten, die aus einem Kontinuum (bzw. aus einem Punkt) bestehen, auf denen nur ein Punkt (bzw. unendliche viele Punkte) des Kuramochischen idealen Randes liegen.

Die mittels $\tilde{g}_b$ konstruierten Potentiale — die wir mit $\tilde{p}^\mu$ bezeichnen — sind vollsuperharmonische Funktionen. Dabei sind die Axiomen A_1 bis A_3 des Abschnitts 12 erfüllt. Das folgt für A_1 und A_3 aus den Betrachtungen des vorangehenden Abschnitts (Seite 162). A_2 ist gerade die oben bewiesene Formel

$$f(b) = -\frac{1}{2\pi}\int \tilde{g}_b\, d * df\,.$$

Aus dem Abschnitt 12 folgt, daß R^* *metrisierbar ist.*

Aus $\tilde{p}^\mu \leqq \tilde{p}^\nu$ *folgt* $\mu(R_0^*) \leqq \nu(R_0^*)$. Seien V, V' zwei Kreisscheiben, $K_0 \subset V \subset \overline{V} \subset V'$, und μ_0 die Einschränkung von μ auf $R_0^* - V'$. Für jedes $\varepsilon > 0$ kann man eine Kreisscheibe V_ε finden, $K_0 \subset V_\varepsilon$, so daß

$$\sup_{b \in RdV} \int_{V_\varepsilon} \tilde{g}_a(b)\, d\nu(a) < \varepsilon$$

ist. Ist ν_0 die Einschränkung von ν auf $R_0^* - V_\varepsilon$, so ist

$$\tilde{p}^{\nu_0} + \varepsilon \geqq \tilde{p}^{\mu_0}$$

auf RdV. Sei $a \in R_0$ und

$$\alpha = \inf_{b \in RdV} \tilde{g}_a(b)\,.$$

Die Funktion $\tilde{p}^{\nu_0} + \frac{\varepsilon}{\alpha}\tilde{g}_a - \tilde{p}^{\mu_0}$ ist auf $V - K_0$ superharmonisch und auf $Rd\,(V - K_0)$ nichtnegativ. Daraus folgert man

$$\tilde{p}^{\mu_0} \leqq \tilde{p}^{\nu_0} + \frac{\varepsilon}{\alpha}\tilde{g}_a \text{ auf } V,$$

$$\mu(R_0^* - V') = \mu_0(R_0^*) = \frac{1}{2\pi}\int_{RdK_0} * d\tilde{p}^{\mu_0} \leqq \frac{1}{2\pi}\int_{RdK_0} * d\tilde{p}^{\nu_0} + \frac{1}{2\pi}\frac{\varepsilon}{\alpha}\int_{RdK_0} * d\tilde{g}_a$$

$$= \nu_0(R_0^*) + \frac{\varepsilon}{\alpha} \leqq \nu(R_0^*) + \frac{\varepsilon}{\alpha}$$

und, da ε beliebig ist,

$$\mu(R_0^* - V') \leqq \nu(R_0^*)\,, \qquad \mu(R_0^*) \leqq \nu(R_0^*)\,.$$

Sei s eine nichtnegative vollsuperharmonische Funktion mit der Eigenschaft, daß für jede abnehmende Folge $\{K_n\}$ von kompakten Mengen in R, die K_0 im Inneren enthalten, und deren Durchschnitt gleich K_0 ist, $\{s_{\tilde{K}_n}\}$ gegen Null konvergiert. Wir sagen, daß s potentialförmig ist. Jedes Potential $\tilde{p}^\mu$ ist offenbar potentialförmig. Wir werden weiter zeigen, daß auch umgekehrt jede potentialförmige Funktion ein Potential ist.

Hilfssatz 16.2. *Sei* $\{\tilde{p}^{\mu_n}\}$ *eine nichtabnehmende Folge von Potentialen, die von einer potentialförmigen Funktion majoriert werden. Konvergiert* $\{\mu_n\}$ *gegen das Maß* μ, *so konvergiert* $\{\tilde{p}^{\mu_n}\}$ *gegen* $\tilde{p}^\mu$.

Sei s die Grenzfunktion von $\{\tilde{p}^{\mu_n}\}$. Offenbar ist s potentialförmig. Da $\tilde{g}_a$ nach unten halbstetig und positiv ist, ist

$$\tilde{p}^{\mu} \leqq \lim_{n\to\infty} \tilde{p}^{\mu_n} = s\,.$$

Sei $a \in R_0$ und

$$F_\alpha = \{b \in R \mid \tilde{g}_b(a) \leqq \alpha\} \quad (\tilde{g}_b(a) = 0 \text{ für } b \in K_0)\,.$$

Wir haben

$$\begin{aligned} s_{\tilde{F}_\alpha}(a) &= \lim_{n\to\infty} \tilde{p}^{\mu_n}_{\tilde{F}_\alpha}(a) = \lim_{n\to\infty} \left(\tilde{p}^{\mu_n}_{\tilde{F}_\alpha}(a) - \tilde{p}^{\mu_n}_{\tilde{F}_\varepsilon}(a) + \tilde{p}^{\mu_n}_{\tilde{F}_\varepsilon}(a)\right) \\ &= \lim_{n\to\infty} \int \tilde{g}_{b\tilde{F}_\alpha}(a)\, d\mu_n(b) - \int \tilde{g}_{b\tilde{F}_\varepsilon}(a)\, d\mu_n(b)) + \lim_{n\to\infty} \tilde{p}^{\mu_n}_{\tilde{F}_\varepsilon}(a) \\ &= \lim_{n\to\infty} \int (\tilde{g}_{b\tilde{F}_\alpha}(a) - \tilde{g}_{b\tilde{F}_\varepsilon}(a))\, d\mu_n(b) + s_{\tilde{F}_\varepsilon}(a)\,. \end{aligned}$$

Sei RdF_α kompakt. Auf R_0 ist die Funktion $b \to \tilde{g}_{b\tilde{F}_\alpha}(a)$ wegen des Hilfssatzes **15.2** stetig und beschränkt. Es sei $b \in \Delta$ und $\{b_n\}$ eine Punktfolge, die gegen b konvergiert. Dann konvergiert $\{\tilde{g}_{b_n}\}$ gleichmäßig auf RdF_α gegen $\tilde{g}_b$, und somit ist (Satz **15.3** h))

$$\tilde{g}_{b\tilde{F}_\alpha}(a) = \lim_{n\to\infty} \tilde{g}_{b_n\tilde{F}_\alpha}(a)\,.$$

Die Funktion $b \to \tilde{g}_{b\tilde{F}_\alpha}(a)$ ist also auf R_0^* stetig. Sei $\varepsilon < \inf_{b\in\Delta} \tilde{g}_b(a)$, $\alpha > \sup_{b\in\Delta} \tilde{g}_b(a)$, $\varepsilon < \alpha$. Die Funktion $b \to \tilde{g}_{b\tilde{F}_\alpha}(a) - \tilde{g}_{b\tilde{F}_\varepsilon}(a)$ ist stetig beschränkt auf R_0^* und hat einen kompakten Träger. Daraus folgert man

$$\begin{aligned} s_{\tilde{F}_\alpha}(a) &= \int (\tilde{g}_{b\tilde{F}_\alpha}(a) - \tilde{g}_{b\tilde{F}_\varepsilon}(a))\, d\mu(b) + s_{\tilde{F}_\varepsilon}(a) \\ &= \tilde{p}^{\mu}_{\tilde{F}_\alpha}(a) - \tilde{p}^{\mu}_{\tilde{F}_\varepsilon}(a) + s_{\tilde{F}_\varepsilon}(a)\,. \end{aligned}$$

Für $\varepsilon \to 0$ ergibt sich

$$0 \leqq \lim_{\varepsilon\to 0} \tilde{p}^{\mu}_{\tilde{F}_\varepsilon}(a) \leqq \lim_{\varepsilon\to 0} s_{\tilde{F}_\varepsilon}(a) = 0\,,$$

$$s_{\tilde{F}_\alpha}(a) = \tilde{p}^{\mu}_{\tilde{F}_\alpha}(a)\,,$$

und für $\alpha \to \infty$

$$s(a) = \tilde{p}^{\mu}(a)\,.$$

Hilfssatz 16.3. *Ist s potentialförmig und F eine abgeschlossene Menge in R, so ist $s_{\tilde{F}}$ gleich einem Potential $\tilde{p}^{\mu}$, wo der Träger von μ in $\bar{F} \cap R_0^*$ liegt.*

Es sei $\{K_n\}$ eine nichtabnehmende Folge von kompakten Mengen, $\bigcup_{n=1}^{\infty} K_n = F \cap R_0$, und μ_n das Maß des Frostmanschen Satzes bezüglich s und K_n: $s_{\tilde{K}_n} = \tilde{p}^{\mu_n}$. Sei K eine kompakte Menge in R_0, a_0 ein Punkt, wo s endlich ist, und

$$\alpha = \inf_{b\in K} \tilde{g}_b(a_0) > 0\,.$$

Aus

$$\alpha\,\mu_n(K) \leqq \tilde{p}^{\mu_n}(a_0) \leqq s(a_0) < \infty$$

ist ersichtlich, daß $\{\mu_n(K)\}$ eine beschränkte Zahlenfolge ist. Indem man zu einer Teilfolge übergeht, kann man annehmen, daß $\{\mu_n\}$ gegen ein Maß μ auf dem lokal kompakten Raum R^* konvergiert. Offenbar ist der Träger von μ in $\bar{F} \cap R^*$ enthalten. Aus dem vorangehenden Hilfssatz ergibt sich

$$\tilde{p}^{\mu} = \lim_{n\to\infty} \tilde{p}^{\mu_n} = \lim_{n\to\infty} s_{\tilde{K}_n} = s_{\tilde{F}}\,.$$

Satz 16.2. *Ist u eine vollsuperharmonische Funktion, die auf R_0 harmonisch ist und für die*

$$\lim_{a\to K_0} u(a) = 0$$

gilt, so gibt es ein und nur ein Maß μ auf Δ_1, so daß $u = \tilde{p}^{\mu}$ ist.

Dieser Satz ergibt sich sofort aus dem vorangehenden Hilfssatz und aus dem Satz 12.2.

Wir nennen ein Maß μ auf R_0^* **kanonisches Maß,** *wenn $\mu(\Delta_0) = 0$ ist.*

Folgesatz 16.2. *Jedes Potential $\tilde{p}$ ist in eindeutiger Weise mittels eines kanonischen Maßes μ darstellbar. Ist $\{K_n\}$ eine kompakte Ausschöpfung von R_0 oder R, so konvergiert $\{\mu_{K_n}\}$ gegen μ.*

Man braucht nur die letztere Behauptung zu beweisen. Ist μ ein Maß auf Δ, so folgt diese Behauptung aus dem Hilfssatz 12.5. Sei μ ein Maß auf R_0. Indem man zu einer Teilfolge übergeht, kann man annehmen, daß $\{\mu_{K_n}\}$ gegen ein Maß ν konvergiert. Nun ist aber (Hilfssatz 16.2)

$$\tilde{p}^{\nu} = \lim_{n\to\infty} \tilde{p}^{\mu_{K_n}} = \tilde{p}^{\mu}\,.$$

Daraus folgert man zuerst, daß die Einschränkungen von μ und ν auf R_0 zusammenfallen (Hilfssatz 12.1), und dann, daß $\nu(\Delta) = 0$, $\nu = \mu$ ist.

Folgesatz 16.3. *Ist e eine ideale Randkomponente und b ein Punkt aus Δ_e, so ist der Träger des kanonischen Maßes von $\tilde{g}_b$ in Δ_e enthalten.*

Für den Beweis siehe Satz 13.2.

Dieser Folgesatz zeigt, daß auf jeder idealen Randkomponente wenigstens ein Punkt aus Δ_1 liegt.

Folgesatz 16.4. *Sei F eine abgeschlossene Menge auf R_0. Für jedes Potential $\tilde{p}^{\mu}$ existiert in eindeutiger Weise ein kanonisches Maß μ_F auf $\{b \in R_0^* - \Delta_0 \mid \tilde{g}_{b\tilde{F}} = \tilde{g}_b\}$, so daß*

$$\tilde{p}^{\mu}_{\tilde{F}} = \tilde{p}^{\mu_F}$$

ist.

Die Eindeutigkeit von μ_F ist evident. Aus dem Folgesatz 16.2 folgt, daß man ein kanonisches Maß μ_F finden kann, so daß $\tilde{p}^{\mu}_{\tilde{F}} = \tilde{p}^{\mu_F}$ ist. Seien $\{G_n\}$ die zusammenhängenden Komponenten von $R - F$, $a_n \in G_n$

und

$$A_n = \{b \in R_0^* - \Delta_0 \mid \tilde{g}_{b\tilde{F}}(a_n) < \tilde{g}_b(a_n)\}.$$

Es ist

$$\{b \in R_0^* - \Delta_0 \mid \tilde{g}_{b\tilde{F}} \neq \tilde{g}_b\} \subset \bigcup_{n=1}^{\infty} A_n.$$

Mit

$$\tilde{p}_{\tilde{F}}^{\mu_F} = (\tilde{p}_{\tilde{F}}^{\mu})_{\tilde{F}} = \tilde{p}_{\tilde{F}}^{\mu} = \tilde{p}^{\mu_F}$$

hat man

$$0 = \tilde{p}^{\mu_F}(a_n) - \tilde{p}_{\tilde{F}}^{\mu_F}(a_n) = \int (\tilde{g}_b(a_n) - \tilde{g}_{b\tilde{F}}(a_n))\, d\mu_F(b).$$

Daraus ergibt sich

$$\mu_F(A_n) = 0, \quad \mu_F(\{b \in R_0^* - \Delta_0 \mid \tilde{g}_{b\tilde{F}} \neq \tilde{g}_b\}) = 0.$$

Bemerkung. *Es ist*

$$\{b \in R_0^* - \Delta_0 \mid \tilde{g}_{b\tilde{F}} = \tilde{g}_b\} \subset \overline{F}.$$

In der Tat, $\tilde{g}_{b\tilde{F}}$ ist gleich einem Potential $\tilde{p}^{\mu}$, wo μ ein Maß auf $\overline{F} \cap R^*$ ist (Hilfssatz 16.3). Aus dem Hilfssatz 12.3 ergibt sich aus $\tilde{g}_{b\tilde{F}} = \tilde{g}_b$, $b \in \overline{F}$.

Wir bezeichnen mit N_0 die Klasse der Funktionen aus $C_0(R_0^*)$, die Einschränkungen auf R_0^* von Funktionen aus N sind. *Zwei Maße μ, ν auf R_0^* heißen* **äquivalent**, *wenn für jedes $f \in N_0$*

$$\int f\, d\mu = \int f\, d\nu$$

ist. Die Einschränkungen auf R_0 zweier äquivalenter Maße fallen zusammen.

Hilfssatz 16.4. *Zwei Maße sind genau dann äquivalent, wenn ihre Potentiale zusammenfallen. Zwei äquivalente kanonische Maße sind also gleich.*

Es genügt den Fall zweier Maße auf Δ zu betrachten. Da für $a \in R$ die Funktion $b \to \tilde{g}_b(a)$ auf Δ gleich der Einschränkung einer N_0-Funktion auf Δ ist, so sind die Potentiale zweier äquivalenter Maße gleich. Seien umgekehrt μ, ν zwei Maße auf Δ, deren Potentiale zusammenfallen, und es sei $f \in N_0$. Man kann annehmen, daß f beliebig oft differenzierbar ist. Dann ist

$$f(b) = -\frac{1}{2\pi}\int \tilde{g}_b\, d * df,$$

$$\int f d\mu = \int \left(-\frac{1}{2\pi}\int \tilde{g}_b\, d * df\right) d\mu(b) = -\frac{1}{2\pi}\int \tilde{p}^{\mu}\, d * df$$

$$= -\frac{1}{2\pi}\int \tilde{p}^{\nu}\, d * df = \int \left(-\frac{1}{2\pi}\int \tilde{g}_b\, d * df\right) d\nu(b) = \int f\, d\nu.$$

Satz 16.3. *$b \in \Delta_1$ genau dann, wenn δ_b kein von ihm verschiedenes äquivalentes Maß besitzt.*

Dieser Satz ergibt sich aus dem Satz 12.2, Hilfssatz 12.3 und dem Hilfssatz 16.4.

Folgesatz 16.5. *Δ_1 und Δ_0 sind von K_0 nicht abhängig.*

Wir wollen jetzt zeigen, daß die Menge Δ_0 in gewissen Problemen unbeachtet bleiben kann.

Satz 16.4. *Es gibt ein endliches Potential $\tilde{p}$, welches eine Dirichletsche Funktion auf R ist ($\tilde{p} = 0$ auf K_0), so daß*

$$\lim_{a \to \Delta_0} \tilde{p}(a) = \infty$$

ist.

Sei V eine Kreisscheibe, die K_0 enthält und s die stetige Funktion, die auf $R - V$ gleich 1, auf K_0 gleich 0 und auf $V - K_0$ harmonisch ist. Sie ist offenbar eine Dirichletsche vollsuperharmonische Funktion.

Sei K eine kompakte Menge in Δ_0 und F_n die Menge der Punkte von R, deren Entfernung zu K nicht größer als $\frac{1}{n}$ ist. Es ist (Satz 15.3 g))

$$s_{\tilde{F}_n} = s^{F_n \cup K_0}.$$

Für $n > m$ gehört $s_{\tilde{F}_m} - s_{\tilde{F}_n}$ zu $D^{F_n \cup K_0}$, und somit ist

$$\langle d(s_{\tilde{F}_m} - s_{\tilde{F}_n}), ds_{\tilde{F}_n} \rangle = 0,$$

$$\|ds_{\tilde{F}_m} - ds_{\tilde{F}_n}\|^2 = \|ds_{\tilde{F}_m}\|^2 - \|ds_{\tilde{F}_n}\|^2.$$

Die Zahlenfolge $\{\|ds_{\tilde{F}_n}\|\}$ ist also abnehmend, und $\{ds_{\tilde{F}_n}\}$ ist eine Cauchysche Folge. Die Folge $\{s_{\tilde{F}_n}\}$ ist nichtzunehmend. Es sei u ihre Grenzfunktion. Da $s_{\tilde{F}_n}$ auf $R_0 - F_n$ harmonisch ist, ist u harmonisch auf R_0 und

$$\lim_{n \to \infty} \|ds_{\tilde{F}_n} - du\| = 0.$$

Offenbar ist u vollsuperharmonisch. Sei μ das kanonische Maß von $u : u = \tilde{p}^{\mu}$. Wir haben (Satz 15.1 b))

$$\tilde{p}^{\mu_{F_m}} = \tilde{p}^{\mu}_{\tilde{F}_m} = u_{\tilde{F}_m} = u^{F_m \cup K_0} = \lim_{n \to \infty} (s_{\tilde{F}_n})^{F_m \cup K_0} = \lim_{n \to \infty} (s^{F_n \cup K_0})^{F_m \cup K_0}$$

$$= \lim_{n \to \infty} s^{F_n \cup K_0} = \lim_{n \to \infty} s_{\tilde{F}_n} = \tilde{p}^{\mu},$$

$$\mu_{F_m} = \mu.$$

Sei

$$A_m = \{b \in \Delta_1 \mid \tilde{g}_{b\tilde{F}_m} \neq \tilde{g}_b\}.$$

Wegen des Folgesatzes 16.4 ist

$$\mu(A_m) = \mu_{F_m}(A_m) = 0.$$

Aus der Bemerkung des Folgesatzes 16.4 ergibt sich

$$\Delta_1 \subset \bigcup_{m=1}^{\infty} A_m, \qquad \mu(\Delta_1) \leq \sum_{m=1}^{\infty} \mu(A_m) = 0,$$

$$u = 0, \qquad \lim_{n \to \infty} \|ds_{\tilde{F}_n}\| = 0.$$

Es gibt also eine zunehmende Folge $\{n_k\}$ von natürlichen Zahlen, so daß

$$\sum_{k=1}^{\infty} \|d s_{\tilde{F}_{n_k}}\|$$

konvergiert. Das Potential

$$\sum_{k=1}^{\infty} s_{\tilde{F}_{n_k}}$$

erfüllt die Bedingungen des Satzes bezüglich K, und der Satz ist bewiesen, denn Δ_0 ist vom Typus K_σ.

Folgesatz 16.6. *Ist R hyperbolisch, so ist Δ_0 vom harmonischen Maß Null.*

$\tilde{p}$ ist nämlich eine Dirichletsche Funktion und besitzt somit eine superharmonische Majorante (Satz von ROYDEN). Δ_0 ist also polar.

Folgesatz 16.7. *Ist R hyperbolisch und besteht Δ_1 aus n (bzw. abzählbar vielen) Punkten, so gehört R zu O^n_{HD} (bzw. O^∞_{HD}).*

Satz 16.5. *Ist R hyperbolisch und für ein $b \in \Delta$ $\tilde{g}_b$ quasibeschränkt (was von K_0 unabhängig ist), so ist für jeden Pol $a_0 \in R$*

$$\lim_{a \to b} g^R_{a_0}(a) = 0 .$$

Sei $a_0 \in R_0$. Außerhalb einer kompakten Menge ist $g^R_{a_0} \leqq \alpha g^{R_0}_{a_0}$, wo α eine positive Zahl ist. Wäre also

$$\overline{\lim_{a \to b}}\, g^R_{a_0}(a) > 0 ,$$

so müßte auch

$$\overline{\lim_{a \to b}}\, g^{R_0}_{a_0}(a) > 0$$

sein. Sei $\{a_n\}$ eine Punktfolge, die gegen b konvergiert, so daß $\{g^{R_0}_{a_n}\}$ konvergent und

$$\lim_{n \to \infty} g^{R_0}_{a_n}(a_0) = \overline{\lim_{a \to b}}\, g^{R_0}_{a_0}(a)$$

ist. Wir setzen

$$u = \lim_{n \to \infty} g^{R_0}_{a_n} .$$

Aus dem Satz 7.9 ergibt sich, daß u singulär ist. Nun ist aber

$$g^{R_0}_{a_n} \leqq \tilde{g}_{a_n}$$

und somit $u \leqq \tilde{g}_b$, was der Voraussetzung des Satzes widerspricht.

Folgesatz 16.8. *Ist e eine ideale Randkomponente, und sind alle Funktionen $\tilde{g}_b$ $b \in \Delta_1 \cap \Delta_e$ quasibeschränkt, so ist für jedes $a_0 \in R$*

$$\lim_{a \to e} g^R_{a_0}(a) = 0 .$$

Sei $b \in \Delta_e$ und

$$\tilde{g}_b = \int_{\Delta_1} \tilde{g}_{b'}\, d\mu(b') .$$

Aus dem Folgesatz 16.3 folgt, daß der Träger von μ auf Δ_e liegt. $\tilde{g}_b$ ist also quasibeschränkt als Integral von quasibeschränkten Funktionen.

Dieser Folgesatz enthält ein partikulares Ergebnis von Z. KURAMOCHI, 1958 [10], (Theorem 7).

17. Potentialtheorie auf der Kuramochischen Kompaktifizierung

Die vollsuperharmonischen Funktionen können auf natürliche Weise auf R_0^* fortgesetzt werden. Dadurch wird auch die ganze Potentialtheorie auf R_0^* ausgedehnt, und in bezug auf diese Potentialtheorie sind die Punkte des Kuramochischen idealen Randes als innere Punkte zu betrachten. Die Idee, eine Potentialtheorie auf einer Kompaktifizierung einer Riemannschen Fläche zu entwickeln, stammt von Z. KURAMOCHI, 1956 [9], 1958 [12], 1962 [13]. Wir werden in diesem Abschnitt beweisen, daß viele Eigenschaften der klassischen Potentiale, mit deren Untersuchung sich insbesondere die Französische Schule beschäftigt hat, auch in diesem Fall in Erscheinung treten.

Fortsetzung der vollsuperharmonischen Funktionen auf Δ. Sei s eine nichtnegative vollsuperharmonische Funktion, K eine kompakte Menge in R_0 und μ das Maß des Potentials $s_{\tilde{K}}$:

$$s_{\tilde{K}}(a) = \int \tilde{g}_b(a)\, d\mu(b) = \int \tilde{g}_a(b)\, d\mu(b)\,.$$

Die Funktion

$$a \to \int \tilde{g}_a(b)\, d\mu(b)$$

ist auch auf Δ definiert und hier stetig. Mittels der obigen Gleichheit wird $s_{\tilde{K}}$ auf Δ fortgesetzt, und wir definieren für jedes $a \in \Delta$ und jede nichtnegative vollsuperharmonische Funktion

$$s(a) = \sup_{K \subset R_0} s_{\tilde{K}}(a)\,.$$

Wir wollen von nun an annehmen, daß alle nichtnegativen vollsuperharmonischen Funktionen mittels dieser Definition auf Δ fortgesetzt sind. Sie sind offenbar auf R_0^* nach unten halbstetig. Sei s eine nichtnegative vollsuperharmonische Funktion und K eine kompakte Menge in R_0. Wird auf Grund dieser Methode $s_{\tilde{K}}$ auf Δ fortgesetzt, so stoßen wir gerade auf die stetige Fortsetzung von $s_{\tilde{K}}$ auf Δ. Ist $\{K_n\}$ eine kompakte Ausschöpfung von R_0, so ist auf R_0^*

$$s = \lim_{n \to \infty} s_{\tilde{K}_n}\,.$$

Sei b ein Punkt aus Δ und μ das kanonische Maß von $\tilde{g}_b$. Dann ist

$$s(b) = \lim_{n \to \infty} s_{\tilde{K}_n}(b) = \lim_{n \to \infty} \int s_{\tilde{K}_n}\, d\mu = \int s\, d\mu\,.$$

Ist $\{s_n\}$ eine nichtabnehmende (bzw. gleichmäßig beschränkte) Folge von positiven superharmonischen Funktionen, die auf R_0 gegen s konvergiert (bzw. gleichmäßig konvergiert), so konvergiert (bzw. konvergiert gleichmäßig) $\{s_n\}$ auch auf Δ gegen s. In der Tat, sei K eine kompakte Menge in R_0. Dann ist auf R_0^*

$$s_{\tilde{K}} = \lim_{n\to\infty} s_{n\tilde{K}} \leqq \lim_{n\to\infty} s_n \leqq s\,,$$

$$(\text{bzw. } \lim_{n\to\infty} |s - s_n| = \lim_{n\to\infty} \lim_{K\to R_0} |s_{\tilde{K}} - s_{n\tilde{K}}| \leqq \lim_{n\to\infty} \sup_{a\in R_0} |s(a) - s_n(a)| = 0)$$

woraus die Behauptung folgt.

Sei X ein lokal kompakter Raum, μ ein Maß auf X und für jedes $x \in X$ s_x eine nichtnegative vollsuperharmonische Funktion auf R_0, so daß $(x, a) \to s_x(a)$ eine Borelsche Funktion auf $X \times R_0$ ist. Wir nehmen an, daß die Funktion $x \to s_x(a)$ für wenigstens ein $a \in R_0$ μ-summierbar ist, und es sei

$$s = \int s_x \, d\mu(x)\,.$$

s ist eine nichtnegative vollsuperharmonische Funktion. In jedem Punkt $a \in \Delta$ ist

$$s(a) = \int s_x(a)\, d\mu(x)\,,$$

wo $s(a)$ und $s_x(a)$ nach der obigen Methode definiert sind. Es genügt den Fall X kompakt zu betrachten. Sei $\alpha > 0$, K eine kompakte Menge in R_0, $a \in \Delta$ und $\{a_n\}$ eine Folge aus R_0, die gegen a konvergiert. Laut des Satzes 15.4 sind die Funktionen $x \to s_{x\tilde{K}}(a_n)$ Borelsche Funktionen und somit ist auch $x \to s_{x\tilde{K}}(a)$ eine Borelsche Funktion. Es ist (Satz 15.4)

$$\left(\int \min(s_x, \alpha)\, d\mu(x)\right)_{\tilde{K}}(a) = \lim_{n\to\infty} \left(\int \min(s_x, \alpha)\, d\mu(x)\right)_{\tilde{K}}(a_n)$$

$$= \lim_{n\to\infty} \int (\min(s_x, \alpha))_{\tilde{K}}(a_n)\, d\mu(x) = \int (\min(s_x, \alpha))_{\tilde{K}}(a)\, d\mu(x)\,.$$

Sei $\{K_n\}$ eine kompakte Ausschöpfung von R_0. Wir haben

$$s(a) = \lim_{n\to\infty} s_{\tilde{K}_n}(a) = \lim_{n\to\infty} \lim_{\alpha\to\infty} \left(\int \min(s_x, \alpha)\, d\mu(x)\right)_{\tilde{K}_n}(a)$$

$$= \lim_{n\to\infty} \lim_{\alpha\to\infty} \int (\min(s_x, \alpha))_{\tilde{K}_n}(a)\, d\mu(x)$$

$$= \lim_{n\to\infty} \int s_{x\tilde{K}_n}(a)\, d\mu(x) = \int s_x(a)\, d\mu(x)\,.$$

Insbesondere ist die Fortsetzung der Summe gleich der Summe der Fortsetzungen.

Die obige allgemeine Fortsetzung der nichtnegativen vollsuperharmonischen Funktionen hat auch die Fortsetzung der Funktionen $\tilde{g}_b$ $(b \in R_0^*)$ auf Δ verursacht. Die Funktion $(a, b) \to \tilde{g}_b(a)$ auf $R_0^* \times R_0^*$ ist der Kern der Potentialtheorie auf R_0^*.

Hilfssatz 17.1. *Ist s eine positive vollsuperharmonische Funktion, F eine abgeschlossene Menge in R und $a \in R_0^*$, so ist*

$$s_{\tilde{F}}(a) = \int s \, d\delta_{aF} .$$

Insbesondere ist (für $a \in R_0^*$, $b \in R_0^*$)

$$\tilde{g}_{a\tilde{F}}(b) = \tilde{g}_{b\tilde{F}}(a) .$$

Ist F kompakt und $a, b \in R_0$, so ist die letztere Beziehung genau die Beziehung des Hilfssatzes 15.2. Aus Stetigkeitsgründen ist sie zunächst auch für $b \in \Delta$ und danach für $a \in \Delta$ gültig. Sei jetzt F beliebig und $\{F_n\}$ eine nichtabnehmende Folge von kompakten Mengen, deren Vereinigung gleich F ist. Wir haben

$$\tilde{g}_{a\tilde{F}}(b) = \lim_{n\to\infty} \tilde{g}_{a\tilde{F}_n}(b) = \lim_{n\to\infty} \tilde{g}_{b\tilde{F}_n}(a) = \tilde{g}_{b\tilde{F}}(a) .$$

Sei $\{\tilde{p}^{\mu_n}\}$ eine nichtabnehmende Folge von Potentialen, die gegen s konvergieren, z. B. $\{s_{\tilde{K}_n}\}$, wo $\{K_n\}$ eine kompakte Ausschöpfung von R_0 ist. Wir haben (Satz 15.4)

$$\begin{aligned} s_{\tilde{F}}(a) &= \lim_{n\to\infty} \tilde{p}^{\mu_n}_{\tilde{F}}(a) = \lim_{n\to\infty} \int \tilde{g}_{b\tilde{F}}(a) \, d\mu_n(b) \\ &= \lim_{n\to\infty} \int \tilde{g}_{a\tilde{F}}(b) \, d\mu_n(b) = \lim_{n\to\infty} \int \left(\int \tilde{g}_b \, d\delta_{aF}\right) d\mu_n(b) \\ &= \lim_{n\to\infty} \int \left(\int \tilde{g}_b \, d\mu_n(b)\right) d\delta_{aF} = \lim_{n\to\infty} \int \tilde{p}^{\mu_n}(b) \, d\delta_{aF} = \int s \, d\delta_{aF} . \end{aligned}$$

Satz 17.1. *$(a, b) \to \tilde{g}_a(b)$ ist auf $R_0^* \times R_0^*$ nach unten halbstetig und es gilt*

$$\tilde{g}_a(b) = \tilde{g}_b(a) .$$

Sei $\{R_n\}$ eine normale Ausschöpfung von R_0. Die Funktion

$$(a, b) \to (\min(\tilde{g}_a, n))_{\widetilde{\tilde{R}}_n}(b)$$

ist stetig auf $R_0^* \times R_0^*$ und für $n \to \infty$ konvergiert sie gegen die Funktion $(a, b) \to \tilde{g}_a(b)$. Diese ist also nach unten halbstetig. Wir haben

$$\tilde{g}_a(b) = \tilde{g}_{a\tilde{R}}(b) = \tilde{g}_{b\tilde{R}}(a) = \tilde{g}_b(a) .$$

$\tilde{g}_a$ ist im allgemeinen in den Punkten von Δ (und sogar Δ_1) nicht stetig.

Sei μ ein Maß auf R_0^*, so daß für wenigstens ein $a \in R_0^*$ $\tilde{g}_a$ μ-summierbar ist. Wir setzen für $a \in R_0^*$

$$\tilde{p}^{\mu}(a) = \int \tilde{g}_a \, d\mu .$$

Die Einschränkung von $\tilde{p}^{\mu}$ auf R_0 ist eine nichtnegative vollsuperharmonische Funktion. Gemäß den Betrachtungen ist ihre Fortsetzung auf Δ gleich $\tilde{p}^{\mu}$.

Satz 17.2. *Ist s eine nichtnegative vollsuperharmonische Funktion und $a \in \Delta_1$, so ist*

$$s(a) = \varliminf_{R_0 \ni b \to a} s(b) .$$

Sei $\{K_n\}$ eine kompakte Ausschöpfung von R, $\alpha < \varliminf_{R_0 \ni b \to a} s(b)$ und U eine Umgebung von a, so daß $s > \alpha$ auf $U \cap R_0$ ist. Wir haben

$$s_{\tilde{K}_n}(a) = \int s \, d\delta_{a K_n} > \alpha \, \delta_{a K_n}(U) .$$

Da aber $\{\delta_{a K_n}\}$ gegen δ_a konvergiert (Hilfssatz 12.4), ist

$$s(a) = \lim_{n \to \infty} s_{\tilde{K}_n}(a) > \alpha .$$

Seien s_1, s_2 zwei nichtnegative vollsuperharmonische Funktionen auf R_0 und $s = \min(s_1, s_2)$. Die Fortsetzung der nichtnegativen vollsuperharmonischen Funktion s auf Δ ist nicht immer gleich dem Minimum der Fortsetzungen von s_1 und s_2. Der obige Satz zeigt jedoch, daß das auf Δ_1 gültig ist.

Energie. *Für zwei Masse μ, ν auf R_0^* setzen wir*

$$\widetilde{\langle \mu, \nu \rangle} = \int \tilde{p}^{\mu} \, d\nu = \int \tilde{p}^{\nu} \, d\mu , \qquad \widetilde{\| \mu \|}^2 = \widetilde{\langle \mu, \mu \rangle}$$

und nennen $\widetilde{\| \mu \|}^2$ die **Energie** *von μ oder die* **Energie** *des Potentials $\tilde{p}^{\mu}$.* Da in diesem Abschnitt die im Abschnitt 5 eingeführten Bezeichnungen $\langle \mu, \nu \rangle$, $\|\mu\|$ nicht vorkommen, werden wir einfach $\langle \mu, \nu \rangle$, $\|\mu\|$ anstelle von $\widetilde{\langle \mu, \nu \rangle}$, $\widetilde{\| \mu \|}$ schreiben.

Aus $\tilde{p}^{\mu} \leqq \tilde{p}^{\nu}$ folgt

$$\|\mu\|^2 \leqq \langle \mu, \nu \rangle \leqq \|\nu\|^2 .$$

Sind μ, ν äquivalent, so ist

$$\|\mu\|^2 = \|\nu\|^2 .$$

Satz 17.3. *Das Maß μ auf R_0^* hat dann und nur dann endliche Energie, wenn $\tilde{p}^{\mu}$ — fortgesetzt mit Null auf K_0 — eine Dirichletsche Funktion auf R ist. Sind μ, ν zwei Maße mit endlicher Energie, so ist*

$$\langle d\tilde{p}^{\mu}, d\tilde{p}^{\nu} \rangle = 2\pi \langle \mu, \nu \rangle .$$

Ist außerdem μ kanonisch und f eine stetige Funktion auf R^*, die auf K_0 verschwindet und deren Einschränkung auf R eine Dirichletsche Funktion ist, so ist

$$\langle d\tilde{p}^{\mu}, df \rangle = 2\pi \int f \, d\mu .$$

Sei $\{K_n\}$ eine kompakte Ausschöpfung von R_0. Hat μ endliche Energie, so folgt aus $\tilde{p}^{\mu_{K_n}} \leqq \tilde{p}^{\mu} = \tilde{p}$, daß auch μ_{K_n} endliche Energie hat. Da der Träger von μ_{K_n} kompakt ist, ist $\tilde{p}_{\tilde{K}_n}$ — fortgesetzt mit Null auf K_0 — eine Dirichletsche Funktion auf R und

$$2\pi \|\mu_{K_n}\|^2 = \|d\tilde{p}_{\tilde{K}_n}\|^2$$

(Satz 15.2). Wir haben für $n > m$

$$\begin{aligned}\|d\tilde{p}_{\tilde{K}_n} - d\tilde{p}_{\tilde{K}_m}\|^2 &= \|d\tilde{p}_{\tilde{K}_n}\|^2 - 2\,\langle d\tilde{p}_{\tilde{K}_n}, d\tilde{p}_{\tilde{K}_m}\rangle + \|d\tilde{p}_{\tilde{K}_m}\|^2 \\ &= \|d\tilde{p}_{\tilde{K}_n}\|^2 - 4\pi \int \tilde{p}_{\tilde{K}_n}\, d\mu_{K_m} + 2\pi \int \tilde{p}_{\tilde{K}_m}\, d\mu_{K_m} \\ &= \|d\tilde{p}_{\tilde{K}_n}\|^2 - 2\pi \int \tilde{p}_{\tilde{K}_m}\, d\mu_{K_m} = \|d\tilde{p}_{\tilde{K}_n}\|^2 - \|d\tilde{p}_{\tilde{K}_m}\|^2.\end{aligned}$$

$\{d\tilde{p}_{\tilde{K}_n}\}$ bildet also eine Cauchysche Folge aus dD^{K_0}. Da dD^{K_0} abgeschlossen ist (Hilfssatz 15.1), existiert ein $f \in D^{K_0}$, so daß

$$\lim_{n\to\infty} \|d\tilde{p}_{\tilde{K}_n} - df\| = 0$$

ist. Indem man zu einer Teilfolge übergeht, kann man annehmen, daß $\{\tilde{p}_{\tilde{K}_n}\}$ quasi überall gegen f konvergiert (Hilfssatz 7.8). Nun konvergiert aber $\{\tilde{p}_{\tilde{K}_n}\}$ überall gegen $\tilde{p}$. f und $\tilde{p}$ sind also quasi überall gleich und $\tilde{p}$ ist eine Dirichletsche Funktion.

Wir haben (Satz 15.2)

$$\langle d\tilde{p}^{\mu_{K_n}}, d\tilde{p}^{\nu}\rangle = 2\pi \int \tilde{p}^{\nu}\, d\mu_{K_n} = 2\pi \int \tilde{p}^{\mu_{K_n}}\, d\nu\,,$$

und für $n \to \infty$ ergibt sich

$$\langle d\tilde{p}^{\mu}, d\tilde{p}^{\nu}\rangle = 2\pi\,\langle \mu, \nu\rangle\,.$$

Sei jetzt umgekehrt $\tilde{p}^{\mu}$ eine Dirichletsche Funktion. Dann ist (Satz 15.3 g))

$$\tilde{p}^{\mu_{K_n}} = \tilde{p}^{\mu}_{\tilde{K}_n} = (\tilde{p}^{\mu})^{K_n \cup K_0}$$

eine Dirichletsche Funktion. $\tilde{p}^{\mu_{K_n}}$ hat also endliche Energie (Satz 15.2) und

$$\|d\tilde{p}^{\mu_{K_n}}\|^2 = 2\pi \|\mu_{K_n}\|^2\,.$$

Es ist

$$\begin{aligned}\|\mu\|^2 &= \lim_{n\to\infty} \int \tilde{p}^{\mu}_{\tilde{K}_n}\, d\mu = \lim_{n\to\infty} \int \tilde{p}^{\mu}\, d\mu_{K_n} = \lim_{n\to\infty} \frac{1}{2\pi}\,\langle d\tilde{p}^{\mu}, d\tilde{p}^{\mu_{K_n}}\rangle \\ &= \lim_{n\to\infty} \frac{1}{2\pi}\,\langle d\tilde{p}^{\mu}, d(\tilde{p}^{\mu})^{K_n \cup K_0}\rangle = \frac{1}{2\pi}\,\langle d\tilde{p}^{\mu}, d\tilde{p}^{\mu}\rangle\,.\end{aligned}$$

Ist μ kanonisch, so konvergiert $\{\mu_{K_n}\}$ gegen μ und somit (Satz 15.2)

$$\langle d\tilde{p}^{\mu}, df\rangle = \lim_{n\to\infty} \langle d\tilde{p}^{\mu_{K_n}}, df\rangle = \lim_{n\to\infty} 2\pi \int f\, d\mu_{K_n} = 2\pi \int f\, d\mu\,.$$

Folgesatz 17.1. (Energieprinzip). $\langle \mu, \nu\rangle \leqq \|\mu\|\,\|\nu\|$, $\|\mu + \nu\| \leqq \|\mu\| + \|\nu\|$.
Es ist

$$\langle \mu, \nu\rangle = \frac{1}{2\pi}\,\langle d\tilde{p}^{\mu}, d\tilde{p}^{\nu}\rangle \leqq \frac{1}{2\pi}\,\|d\tilde{p}^{\mu}\|\,\|d\tilde{p}^{\nu}\| = \|\mu\|\,\|\nu\|\,,$$

$$\|\mu + \nu\|^2 = \|\mu\|^2 + 2\,\langle \mu, \nu\rangle + \|\nu\|^2 \leqq (\|\mu\| + \|\nu\|)^2\,.$$

Folgesatz 17.2 (Dominationsprinzip). *Sei μ ein kanonisches Maß und $\tilde{p}^{\mu}$ fast überall in bezug auf μ endlich*[1]. *Ist s eine nichtnegative voll-*

[1] Das ist immer der Fall, wenn $\tilde{p}^{\mu}$ endliche Energie hat.

superharmonische Funktion, die fast überall in bezug auf μ $\tilde{p}^{\mu}$ *majoriert, so ist* $s \geqq \tilde{p}^{\mu}$.

Sei zunächst $\tilde{p}^{\mu}$ ein Potential mit endlicher Energie. Die Funktion $min(\tilde{p}^{\mu}, s)$ ist auf $R_0^* - \Delta_0$ gleich einem Potential $\tilde{p}^{\nu}$ (Hilfssatz 16.3). Da $\mu(\Delta_0) = 0$ ist, ist fast überall in bezug auf μ $\tilde{p}^{\mu} = \tilde{p}^{\nu}$. Daraus folgert man

$$\|d\tilde{p}^{\mu} - d\tilde{p}^{\nu}\|^2 = \|d\tilde{p}^{\mu}\|^2 - 2\langle d\tilde{p}^{\mu}, d\tilde{p}^{\nu}\rangle + \|d\tilde{p}^{\nu}\|^2$$

$$= 2\pi\left(\int \tilde{p}^{\mu}\, d\mu - 2\int \tilde{p}^{\nu}\, d\mu + \int \tilde{p}^{\nu}\, d\nu\right) = 2\pi\left(\int \tilde{p}^{\mu}\, d\mu - \int \tilde{p}^{\mu}\, d\mu - \right.$$

$$\left. - \int \tilde{p}^{\mu}\, d\nu + \int \tilde{p}^{\nu}\, d\nu\right) = 2\pi \int (\tilde{p}^{\nu} - \tilde{p}^{\mu})\, d\nu \leqq 0\,,$$

$$d\tilde{p}^{\mu} = d\tilde{p}^{\nu}\,, \qquad \tilde{p}^{\mu} = \tilde{p}^{\nu}\,, \qquad \tilde{p}^{\mu} \leqq s\,.$$

Sei jetzt $\tilde{p}^{\mu}$ beliebig, $\{V_n\}$ eine abnehmende Folge von Kreisscheiben, deren Durchschnitt gleich K_0 ist,

$$F_n = \{a \in R_0^* - V_n \mid \tilde{p}^{\mu}(a) \leqq n\}$$

und μ_n die Einschränkung von μ auf F_n. Dann hat μ_n endliche Energie und

$$\tilde{p}^{\mu_n} \leqq \tilde{p}^{\mu} \leqq s$$

fast überall in bezug auf μ_n. Aus den obigen Betrachtungen folgt $\tilde{p}^{\mu_n} \leqq s$. Es ist also

$$\tilde{p}^{\mu} = \lim_{n \to \infty} \tilde{p}^{\mu_n} \leqq s\,.$$

Folgesatz 17.3. *Für* $b \in \Delta_1$ *ist*

$$\tilde{g}_b(b) = sup\, \tilde{g}_b\,.$$

(Z. KURAMOCHI, 1956 [9]).

Wir können annehmen, daß $\tilde{g}_b(b)$ endlich ist. Dann ist aber $\tilde{g}_b = \tilde{p}^{\delta_b}$ fast überall in bezug auf δ_b nicht größer als $\tilde{g}_b(b)$ und die Behauptung folgt aus dem Dominationsprinzip.

Es sei $\{\mu_n\}$ eine Folge von kanonischen Maßen, die gegen das Maß μ konvergiert. Im allgemeinen ist μ nicht mehr ein kanonisches Maß. Im folgenden (Satz 17.4, Satz 17.17) geben wir hinreichende Bedingungen, unter welchen auch μ ein kanonisches Maß ist.

Hilfssatz 17.2. *Seien* A, B *zwei Borelsche Mengen in* R_0^* *und* $\tilde{p}$ *ein Potential mit endlicher Energie, so daß für jedes* $a \in A \cap \overline{B}$

$$\lim_{B \ni b \to a} \tilde{p}(b) = \infty$$

ist. Ist $\{\mu_n\}$ *eine Folge von Maßen auf* B *mit gleichmäßig beschränkter Energie, die gegen ein Maß* μ *konvergiert, so ist* $\mu(A) = 0$.

Sei $\alpha > 0$. Es gibt eine Umgebung G_α von A in R_0^*, so daß auf $B \cap G_\alpha$ $\tilde{p}$ größer als α ist. Dann ist (Satz 17.3)

$$\mu_n(G_\alpha) = \mu_n(B \cap G_\alpha) \leqq \frac{1}{\alpha} \int \tilde{p}\, d\mu_n = \frac{1}{2\pi\alpha} \langle d\tilde{p}, d\tilde{p}^{\mu_n} \rangle \leqq \frac{\|d\tilde{p}\|\, \|\mu_n\|}{\sqrt{2\pi\alpha}},$$

$$\mu(A) \leqq \mu(G_\alpha) \leqq \varliminf_{n \to \infty} \mu_n(G_\alpha) \leqq \frac{\|d\tilde{p}\|}{\sqrt{2\pi\alpha}} \sup_n \|\mu_n\|,$$

$$\mu(A) = 0.$$

Satz 17.4. *Ist $\{\mu_n\}$ eine Folge von kanonischen Maßen mit gleichmäßig beschränkter Energie, die gegen ein Maß μ konvergiert, so ist auch μ kanonisch und hat endliche Energie.*

Wir benutzen den vorangehenden Hilfssatz und nehmen $A = \Delta_0$ und $B = R_0^* - \Delta_0$. Auf Grund des Satzes 16.4 existiert ein Potential $\tilde{p}$ mit endlicher Energie, so daß

$$\lim_{R \ni a \to \Delta_0} \tilde{p}(a) = \infty$$

ist. Es ist dann wegen des Satzes 17.2

$$\lim_{R_0^* - \Delta_0 \ni a \to \Delta_0} \tilde{p}(a) = \infty.$$

Der Satz ergibt sich jetzt sofort aus dem Hilfssatz 17.2.

Satz 17.5. *Ist $\{\mu_n\}$ eine Folge von kanonischen Maßen, für die $\{d\tilde{p}^{\mu_n}\}$ eine Cauchysche Folge ist, so ist $\{\mu_n\}$ gegen ein kanonisches Maß mit endlicher Energie μ konvergent und es ist*

$$\lim_{n \to \infty} \|d\tilde{p}^{\mu_n} - d\tilde{p}^{\mu}\| = 0.$$

Sei f eine stetige Funktion auf R^*, die auf einer Umgebung von K_0 verschwindet und deren Einschränkung auf R eine Dirichletsche Funktion ist. Das Funktional (Satz 17.3)

$$f \to \lim_{n \to \infty} \int f\, d\mu_n = \lim_{n \to \infty} \frac{1}{2\pi} \langle df, d\tilde{p}^{\mu_n} \rangle$$

ist linear und positiv. Da die Klasse der Funktionen f mit den oben erwähnten Eigenschaften eine totale Klasse in $C_0(R_0^*)$ enthält, so konvergiert $\{\mu_n\}$ gegen ein Maß μ (Hilfssatz 0.4). Da $\{\|\mu_n\|\}$ beschränkt ist, ist μ kanonisch und hat endliche Energie.

Gemäß dem Satz 17.3 ist

$$\langle df, d\tilde{p}^{\mu_n} \rangle = 2\pi \int f\, d\mu_n,$$

$$\langle df, d\tilde{p}^{\mu} \rangle = 2\pi \int f\, d\mu$$

und wir erhalten

$$\lim_{n \to \infty} \langle df, d\tilde{p}^{\mu_n} \rangle = \langle df, d\tilde{p}^{\mu} \rangle.$$

Für jedes Potential $\tilde{p}^{\nu}$ mit endlicher Energie kann man eine Folge $\{f_m\}$ von Funktionen aus N finden, die auf einer Umgebung von K_0 verschwinden, so daß

$$\lim_{m\to\infty} \|df_m - d\tilde{p}^{\nu}\| = 0$$

ist. Man folgert daraus

$$\lim_{n\to\infty} \langle d\tilde{p}^{\nu}, d\tilde{p}^{\mu_n}\rangle = \langle d\tilde{p}^{\nu}, d\tilde{p}^{\mu}\rangle .$$

Insbesondere ist

$$\lim_{n\to\infty} \langle d\tilde{p}^{\mu_m}, d\tilde{p}^{\mu_n}\rangle = \langle d\tilde{p}^{\mu_m}, d\tilde{p}^{\mu}\rangle ,$$

$$\lim_{n\to\infty} \langle d\tilde{p}^{\mu}, d\tilde{p}^{\mu_n}\rangle = \langle d\tilde{p}^{\mu}, d\tilde{p}^{\mu}\rangle .$$

Weiter ergibt sich

$$\|d\tilde{p}^{\mu_m} - d\tilde{p}^{\mu}\|^2 = \lim_{n\to\infty} \langle d\tilde{p}^{\mu_m} - d\tilde{p}^{\mu}, d\tilde{p}^{\mu_m} - d\tilde{p}^{\mu_n}\rangle \leqq$$

$$\leqq \|d\tilde{p}^{\mu_m} - d\tilde{p}^{\mu}\| \varliminf_{n\to\infty} \|d\tilde{p}^{\mu_m} - d\tilde{p}^{\mu_n}\| ,$$

$$\|d\tilde{p}^{\mu_m} - d\tilde{p}^{\mu}\| \leqq \varliminf_{n\to\infty} \|d\tilde{p}^{\mu_m} - d\tilde{p}^{\mu_n}\| < \varepsilon$$

für m genügend groß.

Folgesatz 17.4. *Die Menge*

$$\{d\tilde{p} \mid \tilde{p} \text{ ist ein Potential mit endlicher Energie}\}$$

ist abgeschlossen in $\mathfrak{E}_D$.

Folgesatz 17.5. *Sei* $\{\tilde{p}^{\mu_n}\}$ *eine monotone Folge von Potentialen, wo* μ_n *kanonische Maße mit gleichmäßig beschränkten Energien sind. Dann konvergiert* $\{\mu_n\}$ *gegen ein kanonisches Maß* μ, *und*

$$\lim_{n\to\infty} \|d\tilde{p}^{\mu_n} - d\tilde{p}^{\mu}\| = 0 .$$

Ist $\{\tilde{p}^{\mu_n}\}$ *nichtabnehmend, so ist auch* $\tilde{p}^{\mu} = \lim_{n\to\infty} \tilde{p}^{\mu_n}$.

Ist $\tilde{p}^{\mu_m} \geqq \tilde{p}^{\mu_n}$, so haben wir

$$\|d\tilde{p}^{\mu_m} - d\tilde{p}^{\mu_n}\|^2 = 2\pi \left(\int \tilde{p}^{\mu_m}\, d\mu_m - 2\int \tilde{p}^{\mu_m}\, d\mu_n + \int \tilde{p}^{\mu_n}\, d\mu_n\right) \leqq$$

$$\leqq 2\pi \left(\int \tilde{p}^{\mu_m}\, d\mu_m - \int \tilde{p}^{\mu_n}\, d\mu_n\right) = \|\mu_m\|^2 - \|\mu_n\|^2 .$$

Daraus ergibt sich, daß $\{d\tilde{p}^{\mu_n}\}$ eine Cauchysche Folge ist. $\{\mu_n\}$ konvergiert also gegen ein kanonisches Maß mit endlicher Energie μ und es ist

$$\lim_{n\to\infty} \|d\tilde{p}^{\mu_n} - d\tilde{p}^{\mu}\| = 0 .$$

Sei jetzt $\{\tilde{p}^{\mu_n}\}$ nichtabnehmend und s die Grenzfunktion dieser Folge. s ist eine vollsuperharmonische Funktion und

$$\tilde{p}^{\mu} \leqq \lim_{n\to\infty} \tilde{p}^{\mu_n} = s .$$

Wir haben für jedes Maß v mit endlicher Energie

$$\int s\, dv = \lim_{n \to \infty} \int \tilde{p}^{\mu_n}\, dv = \lim_{n \to \infty} \frac{1}{2\pi} \langle d\tilde{p}^{\mu_n}, d\tilde{p}^v \rangle$$

$$= \frac{1}{2\pi} \langle d\tilde{p}^\mu, d\tilde{p}^v \rangle = \int \tilde{p}^\mu\, dv.$$

s und $\tilde{p}^\mu$ fallen somit fast überall auf R_0 zusammen. Da sie vollsuperharmonisch sind, fallen sie also überall auf R_0 und deshalb auch auf R_0^* zusammen.

Kapazität. Will man die Kapazität der Potentialtheorie auf R_0^* entwickeln, so begegnet man verschiedenen Schwierigkeiten, die alle von der Existenz von Δ_0 hervorgerufen sind. Δ_0 verhält sich aber in einem gewissen Sinn als eine Menge von der Kapazität Null, wie das z. B. aus dem Satz 16.4 zu ersehen ist. Das erlaubt uns, die ganze Kapazitätstheorie nur mit kanonischen Maßen zu konstruieren.

Sei K eine kompakte Menge in R_0^*. *Die* **Kuramochische Kapazität** *von K (bezüglich R_0^*) ist die Zahl*

$$\tilde{C}(K) = \sup \mu(K),$$

wo μ die kanonischen Maße durchläuft, für die $\tilde{p}^\mu \leq 1$ ist. Eine kompakte Menge aus Δ_0 ist also durch die Definition von der Kuramochischen Kapazität Null. Im folgenden werden wir kurz Kapazität anstelle von Kuramochischer Kapazität schreiben, im Fall, daß diese Vereinfachung zu keinen Mißverständnissen führen sollte.

Satz 17.6. (Gleichgewichtsprinzip). *Für jede kompakte Menge K in R_0^* existiert in eindeutiger Weise ein kanonisches Maß $\tilde{\varkappa}^K$ auf K, so daß $\tilde{p}^{\tilde{\varkappa}^K} \leq 1$, $\tilde{p}^{\tilde{\varkappa}^K} = 1$ auf K bis auf eine Menge vom Typus F_σ und von der Kapazität Null und*

$$\tilde{C}(K) = \tilde{\varkappa}^K(K) = \|\tilde{\varkappa}^K\|^2$$

ist.

Die Eindeutigkeit folgt sofort aus dem Dominationsprinzip. Sei F_n die Menge der Punkte von R, deren Entfernung zu K nicht größer als $\frac{1}{n}$ ist. Wir nehmen an, daß $F_1 \subset R_0$ ist und bezeichnen mit μ_n das kanonische Maß des Potentials $1_{\tilde{F}_n}$. Da $\{\tilde{p}^{\mu_n}\}$ nichtzunehmend ist, ergibt sich mittels des Folgesatzes 17.5, daß $\{\mu_n\}$ gegen ein kanonisches Maß $\tilde{\varkappa}^K$ konvergiert und

$$\lim_{n \to \infty} \|d\tilde{p}^{\mu_n} - d\tilde{p}^{\tilde{\varkappa}^K}\| = 0$$

ist. Offenbar ist der Träger von $\tilde{\varkappa}^K$ in K enthalten. Aus

$$\tilde{p}^{\tilde{\varkappa}^K} \leq \lim_{n \to \infty} \tilde{p}^{\mu_n} \leq 1$$

folgt

$$\tilde{\varkappa}^K(K) \leq \tilde{C}(K).$$

Sei μ ein kanonisches Maß, für welches $\tilde{p}^\mu \leq 1$ ist. Es sei ferner μ' die Einschränkung von μ auf K. Aus dem Dominationsprinzip folgt

$$\tilde{p}^{\mu'} \leq 1_{\tilde{F}_n},$$

denn $1_{\tilde{F}_n}$ ist gleich 1 auf $K - \Delta_0$ (Satz 17.2). Daraus ergibt sich

$$\mu(K) = \mu'(R_0^*) \leq \mu_n(R_0^*),$$

$$\mu(K) \leq \lim_{n \to \infty} \mu_n(R_0^*) = \tilde{\varkappa}^K(R_0^*) = \tilde{\varkappa}^K(K),$$

$$\tilde{C}(K) \leq \tilde{\varkappa}^K(K), \qquad \tilde{C}(K) = \tilde{\varkappa}^K(K).$$

Sei

$$K_m = \left\{ a \in K \mid \tilde{p}^{\tilde{\varkappa}K}(a) \leq \frac{m-1}{m} \right\}.$$

K_m ist eine kompakte Menge. Aus

$$\tilde{\varkappa}^{K_m}(K_m) = \int 1_{\tilde{F}_n} d\tilde{\varkappa}^{K_m} = \frac{1}{2\pi} \langle d\tilde{p}^{\mu_n}, d\tilde{p}^{\tilde{\varkappa}K_m} \rangle = \lim_{n \to \infty} \frac{1}{2\pi} \langle d\tilde{p}^{\mu_n}, d\tilde{p}^{\tilde{\varkappa}K_m} \rangle$$

$$= \frac{1}{2\pi} \langle d\tilde{p}^{\tilde{\varkappa}K}, d\tilde{p}^{\tilde{\varkappa}K_m} \rangle = \int \tilde{p}^{\tilde{\varkappa}K} d\tilde{\varkappa}^{K_m} \leq \frac{m-1}{m} \tilde{\varkappa}^{K_m}(K_m)$$

folgt

$$\tilde{C}(K_m) = \tilde{\varkappa}^{K_m}(K_m) = 0.$$

Auf $K - \overset{\infty}{\underset{m=1}{\bigcup}} K_m$ ist $\tilde{p}^{\tilde{\varkappa}K}$ gleich 1.

Offenbar ist $\tilde{\varkappa}^K(K_m) = 0$ und somit

$$\|\tilde{\varkappa}^K\|^2 = \int \tilde{p}^{\tilde{\varkappa}K} d\tilde{\varkappa}^K = \tilde{\varkappa}^K(K).$$

Satz 17.7.

a) *Aus $K \subset K'$ folgt $\tilde{C}(K) \leq \tilde{C}(K')$,*

b) *$\tilde{C}(K \cup K') + \tilde{C}(K \cap K') \leq \tilde{C}(K) + \tilde{C}(K')$,*

c) *ist $\varepsilon > 0$, so existiert eine offene Menge $G \supset K$, so daß für jede kompakte Menge $K' \subset G$, $\tilde{C}(K') \leq \tilde{C}(K) + \varepsilon$ ist.*

a) und c) wird genau wie im Satz 5.3 bewiesen. b) ergibt sich mittels des Dominationsprinzips.

Dieser Satz zeigt, daß die Kuramochische Kapazität eine Kapazität im Sinne von G. CHOQUET ist. Man könnte somit die Theorie der kapazitierbaren Mengen entwickeln und beweisen z. B., daß alle Borelschen Mengen kapazitierbar sind. Wir wollen jedoch diesen Weg nicht einschlagen.

Sei G eine offene Menge in R_0^*. Die **(Kuramochische) Kapazität** *von G (bezüglich R_0^*) ist die Zahl*

$$\tilde{C}(G) = \sup \tilde{C}(K),$$

wo K die Klasse der kompakten Mengen aus G durchläuft.

Satz 17.8. *Für jede offene Menge $G \subset R_0^*$ mit endlicher Kapazität existiert in eindeutiger Weise ein kanonisches Maß $\tilde{\varkappa}^G$ auf $\overline{G}$, so daß*

$\tilde{p}^{\tilde{\varkappa}^G} \leqq 1$, $\tilde{p}^{\tilde{\varkappa}^G} = 1$ *auf* $G - \Delta_0$ *und*

$$\tilde{C}(G) = \tilde{\varkappa}^G(\overline{G}) = \|\tilde{\varkappa}^G\|^2$$

ist. $\tilde{p}^{\tilde{\varkappa}^G}$ *ist die untere Grenze der nichtnegativen vollsuperharmonischen Funktionen, die nicht kleiner als* 1 *auf* $G \cap R_0$ *sind.*

Es sei $\{K_n\}$ eine zunehmende Folge von kompakten Mengen aus G, so daß jeder Punkt aus $G \cap R_0$ ein innerer Punkt eines K_n ist und $\{\tilde{C}(K_n)\}$ gegen $\tilde{C}(G)$ konvergiert. $\{\tilde{p}^{\tilde{\varkappa}^{K_n}}\}$ erfüllt die Bedingungen des Folgesatzes 17.5 und somit konvergiert $\{\tilde{\varkappa}^{K_n}\}$ gegen ein kanonisches Maß, das wir mit $\tilde{\varkappa}^G$ bezeichnen, und

$$\lim_{n\to\infty} \|d\tilde{p}^{\tilde{\varkappa}^{K_n}} - d\tilde{p}^{\tilde{\varkappa}^G}\| = 0\,, \qquad \tilde{p}^{\tilde{\varkappa}^G} = \lim_{n\to\infty} \tilde{p}^{\tilde{\varkappa}^{K_n}} \leqq 1$$

ist. Daraus folgert man

$$\|\tilde{\varkappa}^G\|^2 = \lim_{n\to\infty} \|\tilde{\varkappa}^{K_n}\|^2 = \lim_{n\to\infty} \tilde{C}(K_n) = \tilde{C}(G)\,,$$

$$\tilde{C}(G) = \|\tilde{\varkappa}^G\|^2 = \int \tilde{p}^{\tilde{\varkappa}^G}\, d\tilde{\varkappa}^G \leqq \int d\tilde{\varkappa}^G = \tilde{\varkappa}^G(R_0^*) \leqq$$
$$\leqq \varliminf_{n\to\infty} \tilde{\varkappa}^{K_n}(R_0^*) = \lim_{n\to\infty} \tilde{C}(K_n) = \tilde{C}(G)\,,$$

$$\tilde{C}(G) = \tilde{\varkappa}^G(R_0^*) = \tilde{\varkappa}^G(\overline{G})\,,$$

denn der Träger von $\tilde{\varkappa}^G$ ist in $\overline{G}$ enthalten. Auf $G \cap R_0$ ist $\tilde{p}^{\tilde{\varkappa}^G}$ gleich 1, woraus man schließt, daß $\tilde{p}^{\tilde{\varkappa}^G}$ gleich 1 auf $G - \Delta_0$ ist.

Sei $\varkappa$ ein Maß mit denselben Eigenschaften wie $\tilde{\varkappa}^G$. Aus dem Dominationsprinzip folgt

$$\tilde{p}^{\varkappa} \geqq \tilde{p}^{\tilde{\varkappa}^{K_n}}\,, \qquad \tilde{p}^{\varkappa} \geqq \tilde{p}^{\tilde{\varkappa}^G}\,.$$

Hieraus ergibt sich ferner

$$\|d\tilde{p}^{\varkappa} - d\tilde{p}^{\tilde{\varkappa}^G}\|^2 = 2\pi\left(\int \tilde{p}^{\varkappa}\, d\varkappa - 2\int \tilde{p}^{\varkappa}\, d\tilde{\varkappa}^G + \int \tilde{p}^{\tilde{\varkappa}^G}\, d\tilde{\varkappa}^G\right) \leqq$$
$$\leqq 2\pi\left(\int \tilde{p}^{\varkappa}\, d\varkappa - \int \tilde{p}^{\tilde{\varkappa}^G}\, d\tilde{\varkappa}^G\right) = 2\pi\left(\|\varkappa\|^2 - \|\tilde{\varkappa}^G\|^2\right) = 0\,,$$
$$\tilde{p}^{\varkappa} = \tilde{p}^{\tilde{\varkappa}^G}\,, \qquad \varkappa = \tilde{\varkappa}^G.$$

Sei s eine vollsuperharmonische Funktion, die nicht kleiner als 1 auf $G \cap R_0$ ist. Dann ist sie wegen des Satzes 17.2 nicht kleiner als 1 auf $G - \Delta_0$. Aus dem Dominationsprinzip hat man

$$s \geqq \tilde{p}^{\tilde{\varkappa}^{K_n}}\,, \qquad s \geqq \tilde{p}^{\tilde{\varkappa}^G}\,.$$

Folgesatz 17.6. *Für jede offene Menge* G *ist* $\tilde{C}(G) = \tilde{C}(G \cap R_0)$.

Der Folgesatz ergibt sich unmittelbar aus der letzten Behauptung des Satzes.

Wir nennen **(äußere Kuramochische) Kapazität** *(bezüglich* R_0^**) einer Menge* $A \subset R_0^*$ *die Zahl*

$$\tilde{C}(A) = \inf \tilde{C}(G)\,,$$

wo G die Klasse der offenen Mengen aus R_0^* durchläuft, die A enthält. Falls Mißverständnisse nicht zu befürchten sind, schreiben wir einfach „Kapazität" anstelle von „äußere Kuramochische Kapazität". Aus dem Satz **17.7** c) ist ersichtlich, daß die äußere Kapazität einer kompakten Menge mit ihrer Kapazität zusammenfällt.

Es ist

$$\tilde{C}\left(\bigcup_{n=1}^{\infty} A_n\right) \leqq \sum_{n=1}^{\infty} \tilde{C}(A_n)\,.$$

Es seien zunächst A_n offene Mengen und K eine kompakte Menge in $\bigcup_{n=1}^{\infty} A_n$. Es gibt dann ein m, so daß $K \subset \bigcup_{n=1}^{m} A_n$ ist. Man kann m kompakte Mengen $K_1, \ldots, K_m$ finden, so daß $K_n \subset A_n$ und $K \subset \bigcup_{n=1}^{m} K_n$ ist. Mittels des Satzes **17.7** b) ergibt sich

$$\tilde{C}(K) \leqq \sum_{n=1}^{m} \tilde{C}(K_n) \leqq \sum_{n=1}^{m} \tilde{C}(A_n) \leqq \sum_{n=1}^{\infty} \tilde{C}(A_n)\,,$$

$$\tilde{C}\left(\bigcup_{n=1}^{\infty} A_n\right) \leqq \sum_{n=1}^{\infty} \tilde{C}(A_n)\,.$$

Seien jetzt A_n beliebig, $\varepsilon > 0$ und G_n eine offene Menge, die A_n enthält und für die

$$\tilde{C}(G_n) < \tilde{C}(A_n) + \frac{\varepsilon}{2^n}$$

ist. Dann ist

$$\tilde{C}\left(\bigcup_{n=1}^{\infty} A_n\right) \leqq \tilde{C}\left(\bigcup_{n=1}^{\infty} G_n\right) \leqq \sum_{n=1}^{\infty} \tilde{C}(G_n) \leqq \sum_{n=1}^{\infty} \tilde{C}(A_n) + \varepsilon$$

und, da ε beliebig ist,

$$\tilde{C}\left(\bigcup_{n=1}^{\infty} A_n\right) \leqq \sum_{n=1}^{\infty} \tilde{C}(A_n)\,.$$

Ist μ ein kanonisches Maß mit endlicher Energie, so ist jede Menge von der Kapazität Null auch vom μ-Maß Null. In der Tat, sei A eine Menge von der Kapazität Null und $\{G_n\}$ eine abnehmende Folge von offenen Mengen, die A enthalten, und für die $\{\tilde{C}(G_n)\}$ gegen Null konvergiert. Wir haben

$$\mu(A) \leqq \lim_{n\to\infty} \mu(G_n) \leqq \lim_{n\to\infty} \int \tilde{p}^{\tilde{z}G_n}\, d\mu = \lim_{n\to\infty} \frac{1}{2\pi} \langle d\tilde{p}^{\tilde{z}G_n}, d\tilde{p}^{\mu}\rangle \leqq$$
$$\leqq \frac{1}{2\pi} \|d\tilde{p}^{\mu}\| \lim_{n\to\infty} \|d\tilde{p}^{\tilde{z}G_n}\| = 0\,.$$

Ist A von der Kapazität Null, so existiert ein Potential mit endlicher Energie $\tilde{p}$, so daß

$$\lim_{R_0 \ni a \to A} \tilde{p}(a) = \infty$$

ist. Sei $\{G_n\}$ eine abnehmende Folge von offenen Mengen, die A enthalten, so daß

$$\tilde{C}(G_n) < \frac{1}{n^3}$$

ist. Dann ist

$$\left\{\sum_{n=1}^{m} \tilde{p}^{\tilde{\varkappa}G_n}\right\}_m$$

eine nichtabnehmende Folge von Potentialen mit gleichmäßig beschränkten Energien. Ihre Grenzfunktion ist das gesuchte Potential.

Ist s eine nichtnegative vollsuperharmonische Funktion und A eine Menge aus R_0^*, so daß für jedes $a \in A$

$$\lim_{R_0 \ni b \to a} s(b) = \infty$$

ist, so ist A von der Kapazität Null. Es genügt, den Fall A relativ kompakt und $s = \tilde{p}^\mu$, $\mu(R_0^*) < \infty$ zu betrachten. Sei

$$G_n = \left\{a \in R_0^* \mid \varliminf_{R_0 \ni b \to a} \tilde{p}^\mu(b) > n\right\}.$$

G_n ist offen, enthält die Menge A und

$$\tilde{p}^{\tilde{\varkappa}G_n} \leqq \frac{\tilde{p}^\mu}{n}.$$

Man hat daher

$$\tilde{C}(A) \leqq \tilde{C}(G_n) = \tilde{\varkappa}^{G_n}(R_0^*) \leqq \frac{\mu(R_0^*)}{n}, \qquad \tilde{C}(A) = 0.$$

R ist also dann und nur dann parabolisch, wenn Δ von der Kapazität Null ist.

Eine Menge $A \subset R^*$ heißt **vollpolar**, *wenn für jede Kreisscheibe K_0 $A \cap R_0^*$ von der Kapazität Null bezüglich $R_0^* = R^* - K_0$ ist.* Eine Menge von der Kapazität Null auf R_0^* ist offenbar als Teilmenge von R^* vollpolar. Wir sagen, daß *eine Eigenschaft* **quasi überall** *auf R^* (bzw. R_0^*) gültig ist, wenn sie bis auf eine vollpolare Menge gültig ist.*

Eine Abbildung φ von R_0^* in einem topologischen Raum heißt $\mathbf{R_0^*}$**-quasistetig**, *wenn man für jedes $\varepsilon > 0$ eine offene Menge $G \subset R_0^*$ finden kann, so daß $\tilde{C}(G) < \varepsilon$ und die Einschränkung von φ auf $R_0^* - G$ stetig ist.* Ist f eine R_0^*-quasistetige reelle Funktion, so ist sie quasi überall gleich einer Borelschen Funktion. Ist also μ ein kanonisches Maß mit endlicher Energie, so ist f μ-meßbar.

Eine Abbildung φ von R^* in einem topologischen Raum heißt **quasistetig**, *wenn für jede Kreisscheibe K_0 die Einschränkung von φ auf $R_0^* = R^* - K_0$ R_0^*-quasistetig ist.* Falls die Einschränkung von φ auf R quasistetig ist, so ist leicht zu beweisen, daß nur eine Kreisscheibe K_0 erforderlich ist, für die Einschränkung von φ auf $R_0^* = R^* - K_0$ R_0^*-quasistetig sei.

Hilfssatz 17.3. *Sei f eine reelle quasistetige Funktion auf R^* die auf K_0 verschwindet und deren Einschränkung auf R eine Dirichletsche Funktion ist. Für jedes $\alpha > 0$ ist*

$$\tilde{C}(\{a \in R_0^* \mid |f(a)| \geqq \alpha\}) \leqq \frac{\|df\|^2}{2\pi\alpha^2}.$$

Ist μ ein kanonisches Maß mit endlicher Energie auf R_0^*, so ist f μ-summierbar und

$$2\pi \int f\,d\mu = \langle df, d\tilde{p}^{\mu}\rangle.$$

Wir beweisen zuerst die zweite Behauptung. Es sei f beschränkt und ν ein kanonisches Maß mit endlicher Energie. Gemäß dem Satz 15.2 ist

$$\int_{R_0} |f|\,d\nu < \infty.$$

Da f beschränkt ist, ist

$$\int_{\Delta} |f|\,d\nu < \infty.$$

f ist also ν-summierbar.

Sei $\varepsilon > 0$ und G eine offene Menge in R_0^*, $\tilde{C}(G) < \varepsilon$, so daß die Einschränkung von f auf $R_0^* - G$ stetig ist. Es gibt eine stetige Funktion f_0 auf R_0^*, die auf $R_0^* - G$ mit f zusammenfällt und für die

$$\sup |f_0| \leqq \sup |f|$$

ist. Wir haben

$$\int |f - f_0|\,d\nu \leqq 2 \sup |f| \int \tilde{p}^{\tilde{z}G}\,d\nu \leqq \frac{\sup|f|}{\pi} \langle d\tilde{p}^{\tilde{z}G}, d\tilde{p}^{\nu}\rangle \leqq$$
$$\leqq \frac{\sup|f|}{\pi} \|d\tilde{p}^{\tilde{z}G}\|\,\|d\tilde{p}^{\nu}\| \leqq 2 \sup |f|\,\|\nu\|\,\sqrt{\varepsilon}\,.$$

Man erkennt daraus, daß $f - f_0$ und somit auch f_0 ν-summierbar ist.

Sei $\{K_n\}$ eine kompakte Ausschöpfung von R. Dann konvergiert $\{\mu_{K_n}\}$ gegen μ und im Inneren von $K_n \cap R_0$ ist μ_{K_n} gleich μ. Es ist also

$$\lim_{n\to\infty} \int f_0\,d\mu_{K_n} = \int f_0\,d\mu.$$

Wegen Satz 15.2 ist für jedes n

$$|2\pi \int f\,d\mu - \langle df, d\tilde{p}^{\mu}\rangle| \leqq |2\pi \int f\,d\mu - 2\pi \int f_0\,d\mu| +$$
$$+ |2\pi \int f_0\,d\mu - 2\pi \int f_0\,d\mu_{K_n}| + |2\pi \int f_0\,d\mu_{K_n} - 2\pi \int f\,d\mu_{K_n}| +$$
$$+ |\langle df, d\tilde{p}^{\mu_{K_n}}\rangle - \langle df, d\tilde{p}^{\mu}\rangle| \leqq$$
$$\leqq 8\pi\,\|\mu\|\,\sqrt{\varepsilon}\,\sup |f| + 2\pi\,|\int f_0\,d\mu - \int f_0\,d\mu_{K_n}| +$$
$$+ \|df\|\,\|d\tilde{p}^{\mu_{K_n}} - d\tilde{p}^{\mu}\|.$$

Man folgert daraus

$$|2\pi \int f\,d\mu - \langle df, d\tilde{p}^{\mu}\rangle| \leqq 8\pi\,\|\mu\|\,\sqrt{\varepsilon}\,\sup |f|.$$

Da ε beliebig ist, ist

$$2\pi \int f \, d\mu = \langle df, d\tilde{p}^{\mu} \rangle .$$

Ist f positiv, so haben wir

$$2\pi \int f \, d\mu = \lim_{n\to\infty} 2\pi \int min(f, n) \, d\mu = \lim_{n\to\infty} \langle d\, min(f, n), d\tilde{p}^{\mu} \rangle = \langle df, d\tilde{p}^{\mu} \rangle .$$

Ist f beliebig, so ist

$$\begin{aligned} 2\pi \int f \, d\mu &= 2\pi \int max(f, 0) \, d\mu + 2\pi \int min(f, 0) \, d\mu \\ &= \langle d\,max(f, 0), d\tilde{p}^{\mu} \rangle + \langle d\,min(f, 0), d\tilde{p}^{\mu} \rangle = \langle df, d\tilde{p}^{\mu} \rangle . \end{aligned}$$

Sei $\varepsilon > 0$, $\alpha' < \alpha$ und G eine offene Menge in R_0^*, $\tilde{C}(G) < \varepsilon$, so daß die Einschränkung von f auf $R_0^* - G$ stetig ist. Die Menge

$$G' = \{a \in R_0^* \mid a \in G \quad \text{oder} \quad |f(a)| > \alpha'\}$$

ist offen. Sei K' eine kompakte Menge in G' und $K = K' - G$. Wir haben

$$\begin{aligned} \tilde{C}(K) = \varkappa^K(K) &\leqq \int \frac{|f|}{\alpha'} \, d\varkappa^K = \frac{1}{2\pi\alpha'} \langle d|f|, d\tilde{p}^{\varkappa^K} \rangle \leqq \\ &\leqq \frac{1}{2\pi\alpha'} \|df\| \, \|d\tilde{p}^{\varkappa^K}\| = \frac{1}{\sqrt{2\pi}\,\alpha'} \|df\| \sqrt{\tilde{C}(K)} , \end{aligned}$$

$$\tilde{C}(K) \leqq \frac{\|df\|^2}{2\pi\alpha'^2} ,$$

$$\tilde{C}(K') \leqq \tilde{C}(K) + \tilde{C}(K' \cap G) \leqq \frac{\|df\|^2}{2\pi\alpha'^2} + \varepsilon ,$$

$$\tilde{C}(\{a \in R_0^* \mid |f(a)| \geqq \alpha\}) \leqq \tilde{C}(G') \leqq \frac{\|df\|^2}{2\pi\alpha'^2} + \varepsilon .$$

Da ε und α' beliebig sind, erhalten wir

$$\tilde{C}(\{a \in R_0^* \mid |f(a)| \geqq \alpha\}) \leqq \frac{\|df\|^2}{2\pi\alpha^2} .$$

Satz 17.9. *Jede Dirichletsche Funktion auf R besitzt eine quasistetige Fortsetzung auf R^*.*

Sei f eine Dirichletsche Funktion auf R und $\{K_n\}$ ein kompakte Ausschöpfung von R, $K_0 \subset K_1$, so daß

$$\|df^{K_n} - df^{K_{n+1}}\| < \frac{1}{3^n}$$

ist. f^{K_n} ist auf Δ stetig fortsetzbar, und wir bezeichnen auch weiterhin mit f^{K_n} die so fortgesetzte Funktion. Aus dem vorangehenden Hilfssatz zeigt sich, daß

$$\tilde{C}\left(\left\{a \in R_0^* \mid |f^{K_n}(a) - f^{K_{n+1}}(a)| \geqq \frac{1}{2^n}\right\}\right) < \frac{1}{2\pi}\left(\frac{2}{3}\right)^{2n}$$

ist. Es gibt also eine offene Menge $G_n \subset R_0^* - K_{n-1}$,

$$\tilde{C}(G_n) < \frac{1}{2\pi}\left(\frac{2}{3}\right)^{2n},$$

so daß

$$|f^{K_n} - f^{K_{n+1}}| < \frac{1}{2^n}$$

auf $R_0^* - G_n$ ist. Die Reihe

$$f^{K_1} + \sum_{n=1}^{\infty} (f^{K_{n+1}} - f^{K_n})$$

ist auf $R_0^* - \bigcup_{n=m}^{\infty} G_n$ gleichmäßig konvergent und gleich f auf R. Sie ist also konvergent außerhalb der Menge

$$\bigcap_{m=1}^{\infty} \bigcup_{n=m}^{\infty} G_n \subset \Delta .$$

Wir setzen f auf Δ fort, und zwar gleich Null auf $\bigcap_{m=1}^{\infty} \bigcup_{n=m}^{\infty} G_n$ und gleich der Summe dieser Reihe auf $\Delta - \bigcap_{m=1}^{\infty} \bigcup_{n=m}^{\infty} G_n$.

Sei $\varepsilon > 0$ und m genügend groß, damit

$$\tilde{C}\left(\bigcup_{n=m}^{\infty} G_n\right) < \frac{\varepsilon}{2}$$

sei. Da die Einschränkung von f^{K_n} auf R_0 eine Dirichletsche Funktion und $g_a^{R_0} \leqq \tilde{g}_a^{R_0}$ ist, so kann man eine offene Menge $G_n' \subset R_0$ finden, $\tilde{C}(G_n') < C(G_n') < \frac{\varepsilon}{2^{n+1}}$, so daß die Einschränkung von f^{K_n} auf $R_0^* - G_n'$ stetig ist. Dann ist auch die Einschränkung von f auf

$$R_0^* - \bigcup_{n=m}^{\infty} (G_n \cup G_n')$$

stetig, und der Satz ist bewiesen, denn

$$\tilde{C}\left(\bigcup_{n=m}^{\infty} (G_n \cup G_n')\right) \leqq \tilde{C}\left(\bigcup_{n=m}^{\infty} G_n\right) + \tilde{C}\left(\bigcup_{n=m}^{\infty} G_n'\right) < \varepsilon .$$

Folgesatz 17.7. *Ist f eine stetige beschränkte Funktion auf der Roydenschen Kompaktifizierung von R, so besitzt die Einschränkung von f auf R eine quasistetige Fortsetzung auf R^*.*

Da die Klasse der stetigen beschränkten Dirichletschen Funktionen in $C(R_D^*)$ dicht ist, so gibt es eine Folge $\{f_n\}$ von solchen Funktionen, für die (für $n > 1$) $|f_n| < \frac{1}{2^n}$ und

$$\sum_{n=1}^{\infty} f_n = f$$

auf R gilt. Wir setzen f_n auf R^* quasistetig fort, so daß auch weiterhin $|f_n| < \frac{1}{2^n}$ ist. Wir definieren f auf Δ gleich

$$\sum_{n=1}^{\infty} f_n .$$

Man verifiziert leicht, daß diese Fortsetzung von f zu einer quasistetigen Funktion führt.

Folgesatz 17.8. *Ist* $\varphi: R \to R'$ *eine Dirichletsche Abbildung und* R'^* *eine metrisierbare Kompaktifizierung von* R', *die ein Quotientenraum von* R'^*_D *ist, so kann* φ *in eine quasistetige Abbildung* $R^* \to R'^*$ *fortgesetzt werden.*

Sei Q' eine abzählbare Klasse aus $C(R'^*)$, die die Punkte von R'^* trennt. Für jedes $f' \in Q'$ ist $f' \circ \varphi$ auf R^*_D stetig fortsetzbar. Laut des vorangehenden Folgesatzes besitzt sie eine quasistetige Fortsetzung auf R^*. Es sei $\{G_n\}$ eine abnehmende Folge von offenen Mengen in R_0^*, $\tilde{C}(G_n) < \frac{1}{n}$, so daß die Einschränkung aller Funktionen $f' \circ \varphi$ $(f' \in Q')$ auf $R^* - G_n$ stetig sind. Wir setzen

$$G'_n = R_0^* - \overline{R_0 - G_n}\,.$$

Es ist

$$G_n \subset G'_n\,, \qquad G_n \cap R_0 = G'_n \cap R_0\,.$$

Daraus folgert man, daß die Einschränkungen der Funktionen $f' \circ \varphi$ auf $R_0^* - G'_n$ stetig sind und $\tilde{C}(G'_n) < \frac{1}{n}$ (Folgesatz 17.6). Sei $a \in \Delta - G'_n$, $f' \in Q$ und $\varepsilon > 0$. Da

$$G'_n \cup \{b \in R^* \mid |f' \circ \varphi(b) - f' \circ \varphi(a)| < \varepsilon\}$$

eine Umgebung von a ist, ist die Menge der Grenzpunkte von φ in a längs $R - G'_n$ in $\{a' \in R'^* \mid |f'(a') - f' \circ \varphi(a)| \leqq \varepsilon\}$ enthalten. Daraus ist ersichtlich, daß

$$\lim_{R - G'_n \ni b \to a} \varphi(b)$$

existiert. Da $\{G'_n\}$ eine nichtzunehmende Folge ist, ist dieser Grenzpunkt von n unabhängig. Wir setzen $\varphi(a)$ gleich diesem Grenzpunkt; somit ist φ auf $\Delta - \bigcap_{n=1}^{\infty} G'_n$ definiert. Auf $\Delta \cap \bigcap_{n=1}^{\infty} G'_n$ setzen wir φ beliebig. Man erkennt sofort, daß die Einschränkung von φ auf $R^* - G'_n$ stetig ist.

Satz 17.10. *Es sei* R *hyperbolisch und* f *eine Dirichletsche Funktion auf* R. f *ist dann und nur dann ein Dirichletsches Potential, wenn ihre quasistetige Fortsetzung auf* R^* *quasi überall auf* Δ *verschwindet.*

Wir können annehmen, daß f nichtnegativ ist und auf einer Umgebung von K_0 verschwindet.

Sei f ein Dirichletsches Potential. Dann ist auch die Einschränkung von f auf R_0 ein Dirichletsches Potential. Ist also μ ein Maß mit endlicher Energie auf Δ, so ist $\tilde{p}^{\mu}$ harmonisch auf R_0 und somit

$$\langle d\tilde{p}^{\mu}, df\rangle = 0\,.$$

Mittels des Hilfssatzes 17.3 folgt hieraus

$$\int f\,d\mu = 0\,.$$

Sei $\{G_n\}$ eine nichtzunehmende Folge von offenen Mengen auf R_0^*, so daß $\tilde{C}(G_n) \downarrow 0$ und die Einschränkung von f auf $R_0^* - G_n$ stetig ist. Ferner sei

$$K_n = \left\{a \in \Delta - G_n \mid f(a) \geqq \frac{1}{n}\right\}.$$

K_n ist kompakt und

$$\tilde{C}(K_n) = \tilde{\varkappa}^{K_n}(K_n) \leqq n \int f \, d\tilde{\varkappa}^{K_n} = 0 .$$

Da

$$\left(\bigcup_{n=1}^{\infty} K_n\right) \cup \left(\bigcap_{n=1}^{\infty} G_n\right)$$

eine Menge von der Kapazität Null ist, und f außerhalb dieser Menge verschwindet, ist f quasi überall auf Δ Null.

Es sei jetzt f quasi überall Null auf Δ, $\{R_n\}$ eine normale Ausschöpfung von R_0, $F_n = R_0 - R_n$, $a \in R_n$ und $b \in R_0$. Wir haben (Satz **15.3** h), Hilfssatz **17.1**)

$$\int \tilde{g}_b \, d\tilde{\omega}_a^{R_n} = \tilde{g}_{b\tilde{F}_n}(a) = \int \tilde{g}_b \, d\delta_{aF_n},$$

$$\tilde{p}^{\tilde{\omega}_a^{R_n}} = \tilde{p}^{\delta_{aF_n}}, \qquad \tilde{\omega}_a^{R_n} = \delta_{aF_n}.$$

Da aber R_n relativ kompakt ist, ist $\tilde{\omega}_a^{R_n} = \omega_a^{R_n}$ und somit

$$H_f^{R_n}(a) = \int f \, d\tilde{\omega}_a^{R_n} = \int f \, d\delta_{aF_n} = \frac{1}{2\pi} \langle df, d\tilde{p}^{\delta_{aF_n}} \rangle .$$

Da aber $\{\tilde{p}^{\delta_{aF_n}}\}$ eine abnehmende Folge von Potentialen mit endlicher Energie ist, so konvergiert $\{\delta_{aF_n}\}$ gegen ein kanonisches Maß μ und

$$\lim_{n\to\infty} \|d\tilde{p}^{\delta_{aF_n}} - d\tilde{p}^{\mu}\| = 0$$

(Folgesatz **17.5**). Offenbar ist der Träger von μ in Δ enthalten und folglich ist

$$\int f \, d\mu = 0 .$$

Hieraus ergibt sich

$$0 = \int f \, d\mu = \frac{1}{2\pi} \langle df, d\tilde{p}^{\mu} \rangle = \lim_{n\to\infty} \frac{1}{2\pi} \langle df, d\tilde{p}^{\delta_{aF_n}} \rangle = \lim_{n\to\infty} H_f^{R_n}(a) ,$$

und die Einschränkung von f auf R_0 ist ein Dirichletsches Potential. Man folgert sofort aus dieser Tatsache, daß f selbst ein Dirichletsches Potential ist.

Satz 17.11 (H. Cartan). *Die vollsuperharmonischen Funktionen sind quasistetig.*

Es sei zuerst $\tilde{p}$ ein Potential mit endlicher Energie. Laut der Definition ist $\tilde{p}$ die Grenzfunktion der Folge $\{\tilde{p}_{\tilde{K}_n}\}$, wo $\{K_n\}$ eine kompakte Ausschöpfung von R_0 ist. Nun ist aber $\tilde{p}_{\tilde{K}_n} = \tilde{p}^{K_n}$, und aus dem Beweis des Satzes **17.9** erkennt man, daß $\tilde{p}$ quasistetig ist.

Sei s eine vollsuperharmonische Funktion. Da die Einschränkung von s auf R_0 quasistetig ist, so genügt es zu beweisen, daß s in einer Umgebung von Δ quasistetig ist. Man kann sich deshalb auf den Fall $s = \tilde{p}^{\mu}$ einschränken, wo μ ein Maß mit kompaktem Träger ist. Sei $\varepsilon > 0$ und

$$G_n = \{a \in R_0^* \mid \tilde{p}^{\mu}(a) > n\}.$$

Aus

$$\tilde{p}^{\varepsilon G_n} \leqq \frac{1}{n} \tilde{p}^{\mu}$$

ist zu ersehen, daß $\tilde{C}(G_n) \downarrow 0$ ist. Für n genügend groß ist also $\tilde{C}(G_n) < \frac{\varepsilon}{2}$. Die Funktion $min(\tilde{p}^{\mu}, n)$ ist ein Potential mit endlicher Energie. Aus den obigen Betrachtungen folgt, daß man eine offene Menge $G \subset R_0^*$ finden kann, $\tilde{C}(G) < \frac{\varepsilon}{2}$, so daß die Einschränkung von $min(\tilde{p}^{\mu}, n)$ auf $R_0^* - G$ stetig ist. Dann ist also die Einschränkung von $\tilde{p}^{\mu}$ auf $R_0^* - (G \cup G_n)$ stetig und der Satz ist bewiesen.

Extremalproblem und Balayage

Hilfssatz 17.4. *Sei A eine Menge in R^*, die K_0 enthält und D^A die Klasse der quasistetigen Funktionen auf R^*, die quasi überall auf A Null und deren Einschränkungen auf R Dirichletsche Funktionen sind. dD^A*[1] *ist abgeschlossen in $\mathfrak{E}_D$, und die Abbildung $d: D^A \to dD^A$ ist eineindeutig, wenn man die Funktionen, die quasi überall gleich sind, identifiziert.*

Die Eineindeutigkeit der Abbildung $d: D^A \to dD^A$ ergibt sich aus der Tatsache, daß aus $df = 0$ f quasi überall konstant folgt, und, da f quasi überall auf K_0 verschwindet, $f = 0$ quasi überall ist.

Sei $\{f_n\}$ eine Folge aus dD^A, für die $\{df_n\}$ eine Cauchysche Folge ist. Da f_n zu D^{K_0} gehört, ergibt sich aus dem Hilfssatz 15.1, daß ein $f_0 \in D^{K_0}$ existiert, so daß

$$\lim_{n \to \infty} \|df_n - df_0\| = 0$$

ist; wir setzen f_0 auf R^* quasistetig fort. Aus dem Hilfssatz 17.3 folgt

$$\begin{aligned} &\tilde{C}(\{a \in A - K_0 \mid |f_0(a)| \geqq \alpha\}) \\ &= \tilde{C}(\{a \in A - K_0) \mid |f_n(a) - f_0(a)| \geqq \alpha\} \leqq \frac{\|df_n - df_0\|^2}{2\pi\alpha^2}, \\ &\tilde{C}(\{a \in A - K_0 | f_0(a) \neq 0\}) = 0, \qquad f_0 \in D^A. \end{aligned}$$

Satz 17.12. *Sei A eine Menge in R^*, die K_0 enthält, und f eine quasistetige Funktion auf R^*, deren Einschränkung auf R eine Dirichletsche Funktion ist. Es gibt eine Funktion f^A, $f^A - f \in D^A$, für die*

$$\|df^A\| = \inf_{f' - f \in D^A} \|df'\|$$

ist. Es bestehen folgende Tatsachen:

[1] dD^A ist die Menge der Differentiale der Einschränkungen auf R der Funktionen aus D^A.

a) *df^A ist zu dD^A orthogonal,*

b) $(\alpha f + \alpha' f')^A = \alpha f^A + \alpha' f'^A$ *quasi überall,*

c) *aus $f \geqq 0$ quasi überall auf A folgt $f^A \geqq 0$ quasi überall,*

d) *ist f ein Potential (fortgesetzt mit Null auf K_0), so ist f^A quasi überall gleich einem Potential, welches die untere Grenze der Klasse der nichtnegativen vollsuperharmonischen Funktionen, die quasiüberall auf $A - K_0$ nicht kleiner als f sind.*

Da dD^A ein abgeschlossener linearer Teilraum des Hilbertraums $\mathfrak{C}_D$ ist, existiert eine Funktion $f_0 \in D^A$, so daß df_0 die Projektion von df auf dD^A ist. Wir setzen $f^A = f - f_0$. $f^A - f$ gehört zu D^A und df^A ist zu dD^A orthogonal. Daraus ergibt sich

$$\|df^A\| = \inf_{f' - f \in D^A} \|df'\| .$$

b) folgt aus der Tatsache, daß $(\alpha f^A + \alpha' f'^A) - (\alpha f + \alpha' f')$ zu D^A gehört und $d(\alpha f^A + \alpha' f'^A)$ zu dD^A orthogonal ist. Für c) bemerken wir, daß $\max(f^A, 0) - f$ zu D^A gehört und

$$\|d\max(f^A, 0)\| \leqq \|df^A\|$$

ist.

Sei $f = \tilde{p}^\mu$, wo μ ein kanonisches Maß ist, und f' eine stetige beschränkte Funktion auf R^* aus D^{K_0}. Es ist

$$\frac{1}{2\pi} \langle df^A, df' \rangle = \frac{1}{2\pi} \langle df^A, df'^A \rangle = \frac{1}{2\pi} \langle df, df'^A \rangle = \int f'^A \, d\mu .$$

Das lineare Funktional

$$f' \to \frac{1}{2\pi} \langle df^A, df' \rangle$$

ist also positiv. Da D^{K_0} eine totale Klasse in $C_0(R_0^*)$ enthält, so gibt es ein Maß μ_A auf R_0^*, so daß für jedes $f' \in D^{K_0} \cap C_0(R_0^*)$

$$\int f' \, d\mu_A = \frac{1}{2\pi} \langle df^A, df' \rangle$$

ist.

Wir wollen zeigen, daß μ_A das Maß eines Potentials mit endlicher Energie ist. Es sei $\tilde{p}$ ein stetiges Potential mit endlicher Energie und $\{K_n\}$ eine abnehmende Folge von abgeschlossenen Kreisscheiben, die K_0 im Inneren enthalten und für die

$$\bigcap_{n=1}^{\infty} K_n = K_0$$

ist. Offenbar konvergieren $\{\tilde{p}_{\tilde{K}_n}\}$, $\{\|d\tilde{p}_{\tilde{K}_n}\|\}$ gegen Null. Daraus folgert man

$$\int \tilde{p} \, d\mu_A = \lim_{n \to \infty} \int (\tilde{p} - \tilde{p}_{\tilde{K}_n}) \, d\mu_A = \lim_{n \to \infty} \frac{1}{2\pi} \langle d(\tilde{p} - \tilde{p}_{\tilde{K}_n}), df^A \rangle$$

$$= \frac{1}{2\pi} \langle d\tilde{p}, df^A \rangle .$$

Sei jetzt $\tilde{p}$ ein Potential mit endlicher Energie und $\{\tilde{p}_n\}$ eine nichtabnehmende gegen $\tilde{p}$ konvergierende Folge von stetigen Potentialen. Aus dem Folgesatz 17.5 ergibt sich

$$\lim_{n\to\infty} \|d\tilde{p} - d\tilde{p}_n\| = 0 .$$

Mittels dieser Beziehung folgert man

$$\int \tilde{p}\, d\mu_A = \lim_{n\to\infty} \int \tilde{p}_n\, d\mu_A = \lim_{n\to\infty} \frac{1}{2\pi} \langle d\tilde{p}_n, d f^A\rangle = \frac{1}{2\pi} \langle d\tilde{p}, d f^A\rangle .$$

Sei $\{V_n\}$ eine abnehmende Folge von Kreisscheiben, deren Durchschnitt gleich K_0 ist, und μ_n das Maß des Potentials $\min\Big(\int\limits_{R_0^*-V_n} \tilde{g}_a d\mu_A, n\Big)$. $\{\tilde{p}^{\mu_n}\}$ ist eine nichtabnehmende Folge von Potentialen mit endlicher Energie. Wir haben

$$\|\mu_n\|^2 \leqq \int \tilde{p}^{\mu_n}\, d\mu_A = \frac{1}{2\pi} \langle d\tilde{p}^{\mu_n}, d f^A\rangle \leqq \frac{1}{\sqrt{2\pi}} \|\mu_n\|\, \|d f^A\| ,$$

$$\|\mu_n\| \leqq \frac{\|d f^A\|}{\sqrt{2\pi}} .$$

Aus dem Folgesatz 17.5 und

$$\lim_{n\to\infty} \tilde{p}^{\mu_n}(a) = \int \tilde{g}_a\, d\mu_A$$

ergibt sich, daß $\tilde{p}^{\mu_A}$ ein Potential mit endlicher Energie ist. Für jedes kanonisches Maß ν mit endlicher Energie ist

$$\int (f^A - \tilde{p}^{\mu_A})\, d\nu = \frac{1}{2\pi} \langle d(f^A - \tilde{p}^{\mu_A}), d\tilde{p}^{\nu}\rangle = \frac{1}{2\pi} \langle d f^A, d\tilde{p}^{\nu}\rangle -$$

$$- \frac{1}{2\pi} \langle d\tilde{p}^{\mu_A}, d\tilde{p}^{\nu}\rangle = 0 .$$

Da f^A und $\tilde{p}^{\mu_A}$ quasistetig sind, ist f^A quasi überall gleich $\tilde{p}^{\mu_A}$.

Es sei s eine nichtnegative vollsuperharmonische Funktion, die quasi überall auf $A - K_0$ nicht kleiner als f ist. Sei $\tilde{p}^{\nu} = \min(s, \tilde{p}^{\mu_A})$. Da $\tilde{p}^{\nu}$ ein Potential mit endlicher Energie und quasi überall auf A gleich f ist, ist

$$\|d\tilde{p}^{\nu}\| \geqq \|d\tilde{p}^{\mu_A}\| .$$

Nun ist aber

$$\|d\tilde{p}^{\mu_A} - d\tilde{p}^{\nu}\|^2 = 2\pi \left(\int \tilde{p}^{\mu_A}\, d\mu_A - 2\int \tilde{p}^{\mu_A}\, d\nu + \int \tilde{p}^{\nu}\, d\nu\right) \leqq$$

$$\leqq 2\pi \left(\int \tilde{p}^{\mu_A}\, d\mu_A - \int \tilde{p}^{\nu}\, d\nu\right) = \|d\tilde{p}^{\mu_A}\|^2 - \|d\tilde{p}^{\nu}\|^2 \leqq 0$$

und demnach

$$\tilde{p}^{\mu_A} = \tilde{p}^{\nu} \leqq s .$$

Satz 17.13. *Sei s eine nichtnegative vollsuperharmonische Funktion und A eine beliebige Menge in R_0^*. Die untere Grenze $s_{\bar{A}}$ der nichtnegativen vollsuperharmonischen Funktionen, die quasi überall auf A nicht kleiner* *als s sind, ist vollsuperharmonisch. Die Abbildung* $(s, A) \to s_{\tilde{A}}$ *besitzt folgende Eigenschaften:*

a) *ist* $\tilde{C}(A - A') = 0$ *und* $s \leqq s'$ *quasi überall auf* A, *so ist* $s_{\tilde{A}} \leqq s'_{\tilde{A}'}$,

b) *sind* $\{s_n\}, \{A_n\}$ *nichtabnehmende Folgen*, $A \supset \bigcup_{n=1}^{\infty} A_n$, $\tilde{C}\left(A - \bigcup_{n=1}^{\infty} A_n\right) = 0$ *und* $s = \lim_{n \to \infty} s_n$ *quasi überall auf* A, *so ist* $s_{n\tilde{A}_n} \uparrow s_{\tilde{A}}$,

c) *konvergiert* $\{s_n\}$ *gleichmäßig auf* A *gegen* s, *so konvergiert auch* $\{s_{n\tilde{A}}\}$ *gleichmäßig gegen* $s_{\tilde{A}}$,

d) *ist* $A \subset A'$, *so ist*

$$s_{\tilde{A}} = (s_{\tilde{A}'})_{\tilde{A}} = (s_{\tilde{A}})_{\tilde{A}'},$$

e) $(\alpha s + \alpha' s')_{\tilde{A}} = \alpha s_{\tilde{A}} + \alpha' s'_{\tilde{A}} \quad (\alpha, \alpha' \geqq 0)$,

f) *ist* A *offen, so ist* $s_{\tilde{A}} = s_{\widetilde{A \cap R_0}}$.

Sei $\{p_n\}$ eine nichtabnehmende Folge von Potentialen mit endlicher Energie, die gegen s konvergiert. Gemäß dem Satz **17.12** d) ist $\{\tilde{p}_n^{A \cup K_0}\}$ eine nichtabnehmende Folge von Potentialen. $s_{\tilde{A}}$ sei ihre Grenzfunktion. $s_{\tilde{A}}$ ist eine nichtnegative vollsuperharmonische Funktion und quasi überall auf A gleich s. Sei s' eine nichtnegative vollsuperharmonische Funktion, die quasi überall auf A nicht kleiner als s ist. Laut Satz **17.12** d) ist $\tilde{p}_n^{A \cup K_0} \leqq s'$ und somit $s_{\tilde{A}} \leqq s'$.

Die Eigenschaften a) bis d) ergeben sich genau wie im Satz **4.8**. Um e) zu beweisen, bemerken wir zuerst, daß e) für die Potentialen mit endlicher Energie aus dem Satz **17.12** b) und d) folgt. Der allgemeinere Fall ergibt sich mittels Grenzübergang. f) Offenbar ist

$$s_{\widetilde{A \cap R_0}} \leqq s_{\tilde{A}}\,.$$

$s_{\widetilde{A \cap R_0}}$ ist auf $A \cap R_0$ gleich s. Aus dem Satz **17.2** folgt, daß $s_{\widetilde{A \cap R_0}}$ auf $A - \Delta_0$ nicht kleiner als s ist, woraus

$$s_{\widetilde{A \cap R_0}} \geqq s_{\tilde{A}}$$

folgt.

Sei $\tilde{p}^{\mu}$ ein Potential und A eine beliebige Menge in R_0^*. $\tilde{p}^{\mu}_{\tilde{A}}$ ist ein Potential; wir bezeichnen mit μ_A sein kanonisches Maß.

Satz 17.14. *Sind* $\tilde{p}^{\mu}$, $\tilde{p}^{\nu}$ *zwei Potentiale und* A *eine beliebige Menge in* R_0^*, *so ist*

$$\langle \mu_A, \nu \rangle = \langle \mu, \nu_A \rangle\,.$$

Seien zuerst μ, ν Maße mit endlichen Energien. Dann ist

$$\langle \mu_A, \nu \rangle = \frac{1}{2\pi} \langle d\tilde{p}^{\mu_A}, d\tilde{p}^{\nu} \rangle$$

$$= \frac{1}{2\pi} \langle d(\tilde{p}^{\mu})^{A \cup K_0}, d\tilde{p}^{\nu} \rangle = \frac{1}{2\pi} \langle d(\tilde{p}^{\mu})^{A \cup K_0}, d(\tilde{p}^{\nu})^{A \cup K_0} \rangle$$

und ähnlicherweise

$$\langle \mu, \nu_A \rangle = \frac{1}{2\pi} \langle d(\tilde{p}^{\mu})^{A \cup K_0}, d(\tilde{p}^{\nu})^{A \cup K_0} \rangle\,.$$

Es seien jetzt μ und ν beliebig und $\{\tilde{p}^{\mu_n}\}$, $\{\tilde{p}^{\nu_n}\}$ zwei nichtabnehmende Folgen von Potentialen mit endlichen Energien, die gegen $\tilde{p}^{\mu}$, $\tilde{p}^{\nu}$ konvergieren. Gemäß Satz 17.13 b) konvergiert $\{\tilde{p}^{\mu_{nA}}\}$ (bzw. $\{\tilde{p}^{\nu_{nA}}\}$) gegen $\tilde{p}^{\mu_A}$ (bzw. $\tilde{p}^{\nu_A}$). Wir haben

$$\begin{aligned}\langle \mu_A, \nu\rangle &= \int \tilde{p}^{\mu_A}\, d\nu = \lim_{n\to\infty} \int \tilde{p}^{\mu_{nA}}\, d\nu = \lim_{n\to\infty} \int \tilde{p}^{\nu}\, d\mu_{nA} \\ &= \lim_{n\to\infty} \lim_{m\to\infty} \int \tilde{p}^{\nu_m}\, d\mu_{nA} = \lim_{n\to\infty} \lim_{m\to\infty} \int \tilde{p}^{\nu_{mA}}\, d\mu_n \\ &= \lim_{n\to\infty} \int \tilde{p}^{\nu_A}\, d\mu_n = \lim_{n\to\infty} \int \tilde{p}^{\mu_n}\, d\nu_A = \int \tilde{p}^{\mu}\, d\nu_A = \langle \mu, \nu_A\rangle .\end{aligned}$$

Folgesatz 17.9. *Sind a, b zwei Punkte aus R_0^*, und ist A eine beliebige Menge in R_0^*, so ist*

$$\tilde{g}_{a\tilde{A}}(b) = \tilde{g}_{b\tilde{A}}(a) .$$

Das ist gerade die Behauptung des Satzes für $\mu = \delta_a$, $\nu = \delta_b$.

Folgesatz 17.10. *Sei $a \in R_0^* - \Delta_0$ ein innerer Punkt von A. Dann ist $\tilde{g}_{a\tilde{A}} = \tilde{g}_a$.*

Sei $b \in R_0^*$. Im Inneren von A und außerhalb Δ_0 ist $\tilde{g}_{b\tilde{A}} = \tilde{g}_b$ und somit ist

$$\tilde{g}_{a\tilde{A}}(b) = \tilde{g}_{b\tilde{A}}(a) = \tilde{g}_b(a) = \tilde{g}_a(b) .$$

Folgesatz 17.11. *Ist s eine nichtnegative vollsuperharmonische Funktion, A eine beliebige Menge in R_0^* und $a \in R_0^*$, so ist*

$$s_{\tilde{A}}(a) = \int s\, d\delta_{aA} .$$

Es sei $\{K_n\}$ eine kompakte Ausschöpfung von R_0 und μ_n das Maß von $s_{\tilde{K}_n}$. Wir haben

$$\tilde{p}^{\mu_n}_{\tilde{A}}(a) = \langle \mu_{nA}, \delta_a\rangle = \langle \mu_n, \delta_{aA}\rangle = \int \tilde{p}^{\mu_n}\, d\delta_{aA} ,$$

$$s_{\tilde{A}}(a) = \lim_{n\to\infty} \tilde{p}^{\mu_n}_{\tilde{A}}(a) = \lim_{n\to\infty} \int \tilde{p}^{\mu_n}\, d\delta_{aA} = \int s\, d\delta_{aA} .$$

Folgesatz 17.12. *Sei X ein lokal kompakter Raum, μ ein Maß auf X und, für jedes $x \in X$, s_x eine nichtnegative vollsuperharmonische Funktion auf R_0^*, so daß $(x, a) \to s_x(a)$ eine Borelsche Funktion auf $X \times R_0^*$ ist. Ist $x \to s_x(a)$ für ein $a \in R_0^*$ μ-summierbar, und A eine Menge in R_0^*, so ist für quasi alle $a \in R_0^*$ $x \to s_{x\tilde{A}}(a)$ μ-summierbar und*

$$\int s_{x\tilde{A}}(a)\, d\mu(x) = \left(\int s_x\, d\mu(x)\right)_{\tilde{A}}(a) .$$

Wir haben

$$\begin{aligned}\int s_{x\tilde{A}}(a)\, d\mu(x) &= \int \left(\int s_x(b)\, d\delta_{aA}(b)\right) d\mu(x) \\ &= \int \left(\int s_x(b)\, d\mu(x)\right) d\delta_{aA}(b) = \int (s_x(b)\, d\mu(x))_{\tilde{A}}(a) .\end{aligned}$$

Folgesatz 17.13. *Sei G eine offene Menge in R_0^*, μ ein kanonisches Maß auf G und s eine nichtnegative vollsuperharmonische Funktion. Ist s quasi überall auf $G \cap R_0$ nicht kleiner als $\tilde{p}^{\mu}$, so ist $s \geqq \tilde{p}^{\mu}$.*

Es ist

$$s \geqq \tilde{p}^{\mu}_{\widetilde{G \cap R_0}} = \tilde{p}^{\mu}_{\tilde{G}} = \int \tilde{g}_{a\tilde{G}}\, d\mu(a) = \int \tilde{g}_a\, d\mu(a) = \tilde{p}^{\mu}\,.$$

Satz 17.15 (M. Brelot u. H. Cartan). *Die untere Grenze einer Klasse $\mathscr{S}$ von positiven vollsuperharmonischen Funktionen ist quasi überall gleich einer vollsuperharmonischen Funktion. Ist $\mathscr{S}$ nach unten gerichtet, so gibt es eine nichtzunehmende Folge aus $\mathscr{S}$, die quasi überall gegen die untere Grenze von $\mathscr{S}$ konvergiert.*

Sei $\{\tilde{p}_n\}$ eine nichtzunehmende Folge von Potentialen mit endlichen Energien und f ihre Grenzfunktion. Gemäß dem Folgesatz **17.5** gibt es ein Potential $\tilde{p}$, für welches

$$\tilde{p} \leqq f\,, \quad \lim_{n\to\infty} \|d\tilde{p}_n - d\tilde{p}\| = 0$$

ist. Sei $\varepsilon > 0$ und

$$A = \{a \in R_0^* \mid f(a) - \tilde{p}(a) \geqq \varepsilon\}\,,$$
$$A_n = \{a \in R_0^* \mid \tilde{p}_n(a) - \tilde{p}(a) \geqq \varepsilon\}\,.$$

Aus dem Hilfssatz **17.3** ergibt sich

$$\tilde{C}(A) \leqq \lim_{n\to\infty} \tilde{C}(A_n) \leqq \lim_{n\to\infty} \frac{\|d\tilde{p}_n - d\tilde{p}\|^2}{2\pi\varepsilon^2} = 0\,.$$

f ist also quasi überall gleich $\tilde{p}$.

Es sei $\{s_n\}$ eine nichtzunehmende Folge von positiven vollsuperharmonischen Funktionen und f ihre Grenzfunktion. Ferner sei $\{V_m\}$ eine abnehmende Folge von Kreisscheiben, $\bigcap_{m=1}^{\infty} \overline{V}_m = K_0$, und

$$\tilde{p}_{mn} = (\min(s_n, m))_{\widetilde{R_0 - V_m}}[1]\,.$$

$\{\tilde{p}_{mn}\}_n$ ist eine nichtzunehmende Folge von Potentialen mit endlichen Energien. Nach den obigen Betrachtungen konvergiert sie außerhalb einer Menge A_m von der Kapazität Null gegen ein Potential $\tilde{p}_m$. $\{\tilde{p}_m\}$ ist eine nichtabnehmende Folge von Potentialen; ihre Grenzfunktion s ist eine vollsuperharmonische Funktion. Offenbar ist s nicht größer als f. Sei $A = \{a \in R_0^* \mid s_1(a) = \infty\}$. Die Menge

$$A_0 = A \cup \Delta_0 \cup \left(\bigcup_{m=1}^{\infty} A_m\right)$$

ist von der Kapazität Null. Sei a ein Punkt aus $R_0^* - A_0$. Für m genügend groß ist $s_1(a) < m$ und $a \notin \overline{V}_m$. Dann ist

$$\tilde{p}_m(a) = \lim_{n\to\infty} s_n(a) = f(a)\,, \qquad s(a) = f(a)\,.$$

$\{s_n\}$ konvergiert also quasi überall gegen s.

[1] In dieser Formel bezeichnet $\min(s_n, m)$ die vollsuperharmonische Funktion, die auf $R_0^* - \Delta_0$ gleich $\min(s_n, m)$ ist.

Es sei $\mathcal{S}$ eine nach unten gerichtete Klasse von positiven vollsuperharmonischen Funktionen, f die untere Grenze von $\mathcal{S}$ und $\{G_n\}$ eine abzählbare Basis in R_0^*. Für jedes n sei $a_n \in G_n$ derart, daß

$$f(a_n) < \inf_{a \in G_n} f(a) + \frac{1}{n}$$

ist. Wir wählen $s_n \in \mathcal{S}$ so, daß

$$s_n(a_n) < f(a_n) + \frac{1}{n}$$

gilt. Da $\mathcal{S}$ nach unten gerichtet ist, kann man annehmen, daß $\{s_n\}$ eine nichtzunehmende Folge ist. Es gibt dann eine vollsuperharmonische Funktion s, so daß quasi überall $\{s_n\}$ gegen s konvergiert. Sei a ein beliebiger Punkt aus R_0^* und $\alpha < s(a)$. Es gibt eine Umgebung U von a, so daß auf U s größer als α ist. Ist $a \in G_n \subset U$, so ist

$$f(a) \geqq \inf_{b \in G_n} f(b) > f(a_n) - \frac{1}{n} > s_n(a_n) - \frac{2}{n} \geqq s(a_n) - \frac{2}{n} > \alpha - \frac{2}{n}\,.$$

Da man aber beliebig große n finden kann, so daß $a \in G_n \subset U$ ist, so haben wir

$$f(a) \geqq \alpha\,.$$

α ist aber beliebig, und wir erhalten

$$s(a) \leqq f(a) \leqq \lim_{n \to \infty} s_n(a)\,.$$

Quasi überall auf R_0^* sind also s, f und $\lim\limits_{n \to \infty} s_n$ gleich.

Ist $\mathcal{S}$ nicht nach unten gerichtet, so sei $\underline{\mathcal{S}}$ die Klasse der Funktionen von der Form $\min(s_1, \ldots, s_n)$ $(s_1, \ldots, s_n \in \mathcal{S})$. $\underline{\mathcal{S}}$ ist nach unten gerichtet und hat dieselbe untere Grenze wie $\mathcal{S}$.

Bemerkung. Mittels des Satzes 17.15 kann man einen neuen Beweis für die Existenz der Funktion $s_{\bar{A}}$ — sowie auch für den Satz 17.13 — geben, ohne den Satz 17.12 zu benutzen. In der klassischen Potentialtheorie läßt sich aus ihm auch der Satz 17.14 leicht folgern. Hier ist aber diese letztere Folgerung etwas komplizierter, und das gerade ist der Grund, weshalb wir uns des Satzes 17.12 bedienten.

Hilfssatz 17.5. *Sei $\{A_n\}$ eine nichtzunehmende Folge von Mengen, für die eine nichtnegative vollsuperharmonische Funktion s_1 existiert, so daß*

$$\lim_{n \to \infty} \left(\inf_{a \in A_n} s_1(a)\right) = \infty, \quad \bigcap_{n=1}^{\infty} A_n \subset \Delta$$

ist, und s, s' zwei nichtnegative vollsuperharmonische Funktionen, $s' \leqq s$. Ist s_0 die vollsuperharmonische Funktion, die quasi überall gleich $\lim\limits_{n \to \infty} s'_{\bar{A}_n}$ ist, so ist die Einschränkung von $s - s_0$ auf R_0 vollsuperharmonisch.

Sei G ein Gebiet in R mit kompaktem relativem Rand, $\overline{G} \cap K_0 = \phi$, $F = R_0 - G$ und

$$F_m = \{a \in F \mid s(a) \leqq m\}.$$

Quasi überall auf $F_m \cup A_n$ ist

$$s_{\tilde{F}_m} + s'_{\tilde{A}_n} \leqq s + (s_{\tilde{F}_m})_{\tilde{A}_n} + (s'_{\tilde{A}_n})_{\tilde{F}},$$

und somit haben wir

$$s_{\tilde{F}_m} + s'_{\tilde{A}_n} = (s_{\tilde{F}_m})_{\widetilde{F_m \cup A_n}} + (s'_{\tilde{A}_n})_{\widetilde{F_m \cup A_n}} = (s_{\tilde{F}_m} + s'_{\tilde{A}_n})_{\widetilde{F_m \cup A_n}} \leqq$$
$$\leqq s + (s_{\tilde{F}_m})_{\tilde{A}_n} + (s'_{\tilde{A}_n})_{\tilde{F}}$$

auf R_0^*. Es ist

$$(s_{\tilde{F}_m})_{\tilde{A}_n} \leqq \frac{m}{\inf\limits_{a \in A_n} s_1(a)} s_1,$$

$$\lim_{n \to \infty} (s_{\tilde{F}_m})_{\tilde{A}_n} = 0$$

quasi überall auf R_0^*. Sei $a \in G$. Da jede polare Menge von δ_{aF}-Maß Null ist, ist

$$s_{0\tilde{F}}(a) = \int s_0 \, d\delta_{aF} = \lim_{n \to \infty} \int s'_{\tilde{A}_n} \, d\delta_{aF} = \lim_{n \to \infty} (s'_{\tilde{A}_n})_{\tilde{F}}(a).$$

Quasi überall auf G und folglich auch überall auf G ist also

$$s_{\tilde{F}_m} + s_0 \leqq s + s_{0\tilde{F}}.$$

Lassen wir m gegen unendlich streben, so ergibt sich

$$\int (s - s_0) \, d\tilde{\omega}_a^G = s_{\tilde{F}}(a) - s_{0\tilde{F}}(a) \leqq s(a) - s_0(a).$$

Die Einschränkung von $s - s_0$ auf R_0 ist also vollsuperharmonisch.

Satz 17.16. *Sei $A \subset \Delta$ eine Borelsche vollpolare Menge und μ ein kanonisches Maß auf A. Ist s eine nichtnegative vollsuperharmonische Funktion, die $\tilde{p}^\mu$ majoriert, so ist die Einschränkung von $s - \tilde{p}^\mu$ auf R_0 vollsuperharmonisch.*

Sei

$$A_n = \{a \in R_0^* \mid \tilde{p}^\mu(a) > n\}.$$

Da die Einschränkung von μ auf jeder kompakten Menge aus $R_0^* - A_n$ endliche Energie hat, ist

$$\mu((R_0^* - A_n) \cap A) = 0.$$

Da aber

$$\mu(R_0^* - A) = 0$$

ist, ist μ ein Maß auf A_n. A_n ist offen, und auf $A_n \cap R_0$ ist $\tilde{p}^\mu_{\tilde{A}_n} = \tilde{p}^\mu$. Daraus folgert man (Folgesatz 17.13) $\tilde{p}^\mu_{\tilde{A}_n} \geqq \tilde{p}^\mu$, $\tilde{p}^\mu_{\tilde{A}_n} = \tilde{p}^\mu$. Nimmt man im vorangehenden Hilfssatz $s' = \tilde{p}^\mu$, $s_1 = \tilde{p}^\mu$, so ergibt sich sofort die Behauptung des Satzes.

Folgesatz 17.14. *Gehört a zu* $R_0^* - \Delta_0$ *und ist A eine beliebige Menge in* R_0^*, *so ist entweder* $\delta_{aA} = \delta_a$ *oder* $\delta_{aA}(\{a\}) = 0$ *und* $\delta_{aA}(B) = 0$ *für jede vollpolare Menge B.*

Sei $\delta_{aA} \neq \delta_a$, $\alpha = \delta_{aA}(\{a\})$ und ν die Einschränkung von δ_{aA} auf $R_0^* - \{a\}$. Aus $\tilde{p}^\nu \geqq \tilde{p}^\nu_{\tilde{A}}$, $\tilde{g}_a \geqq \tilde{g}_{a\tilde{A}}$ und

$$\tilde{p}^\nu + \alpha \tilde{g}_a = \tilde{p}^{\delta_{aA}} = \tilde{p}^{\delta_a}_{\tilde{A}} = (\tilde{p}^{\delta_a}_{\tilde{A}})_{\tilde{A}} = (\tilde{p}^{\delta_{aA}})_{\tilde{A}} = \tilde{p}^\nu_{\tilde{A}} + \alpha \tilde{g}_{a\tilde{A}}$$

folgert man $\alpha \tilde{g}_a = \alpha \tilde{g}_{a\tilde{A}}$, $\alpha \delta_a = \alpha \delta_{aA}$; $\alpha = 0$.

Sei B eine Borelsche vollpolare Menge und μ die Einschränkung von δ_{aA} auf $B \cap \Delta$. Da die Einschränkung von $\tilde{g}_a - \tilde{p}^\mu$ auf R_0 vollsuperharmonisch ist, muß $\tilde{p}^\mu$ zu $\tilde{g}_a$ und μ zu δ_a proportional sein. Da aber $\mu(\{a\}) = 0$ ist, ist $\mu = 0$. Auf jeder kompakten Menge $K \subset B \cap R_0 - \{a\}$ ist $\tilde{p}^{\delta_{aA}}$ beschränkt. Es folgt $\delta_{aA}(K) = 0$,

$$\begin{aligned}\delta_{aA}(B) &= \delta_{aA}(B \cap \Delta) + \delta_{aA}(B \cap R_0 - \{a\}) + \delta_{aA}(\{a\}) \\ &= \mu(R_0^*) + \sup_{K \subset B \cap R_0 - \{a\}} \delta_{aA}(K) = 0\,.\end{aligned}$$

Hilfssatz 17.6. *Ist s eine nichtnegative vollsuperharmonische Funktion, K eine kompakte Menge in* Δ_0 *und* F_n *die Menge der Punkte von* R_0, *deren Entfernung zu K nicht größer als* $\frac{1}{n}$ *ist, so ist für jedes* $a \in R_0^*$ *entweder*

$$\lim_{n\to\infty} s_{\tilde{F}_n}(a) = 0$$

oder

$$\lim_{n\to\infty} s_{\tilde{F}_n}(a) = \infty\,.$$

Sei s_0 die vollsuperharmonische Funktion, die quasi überall gleich der Grenzfunktion der Folge $\{s_{\tilde{F}_n}\}$ ist; $s_{\tilde{F}_n}$ ist ein Potential $\tilde{p}^{\mu_n}$, wo der Träger von μ_n in $\overline{F}_n$ liegt (Folgesatz 16.4 und die nach ihm folgende Bemerkung). Daraus schließt man, daß s_0 gleich einem Potential $\tilde{p}^\mu$ ist, wo der Träger von μ in K enthalten ist. Laut Satz 16.4 und des vorangehenden Hilfssatzes ist $s - s_0$ eine vollsuperharmonische Funktion.

Sei $b \in R_0^* - \Delta_0$ und sei $s = \tilde{g}_b$. Dann ist s_0 zu $\tilde{g}_b$ proportional und somit $s_0 = 0$, denn aus

$$\tilde{g}_b = \alpha \tilde{p}^\mu \neq 0$$

würde $b \in K \subset \Delta_0$ folgen (Hilfssatz 12.3).

Sei jetzt s beliebig und $a \in R_0$. Für m genügend groß ist $s_{\tilde{F}_m}$ ein Potential; ν sei sein kanonisches Maß. Wir haben

$$\begin{aligned}s_0(a) &= \lim_{n\to\infty} s_{\tilde{F}_n}(a) = \lim_{n\to\infty} (s_{\tilde{F}_m})_{\tilde{F}_n}(a) = \lim_{n\to\infty} \tilde{p}^\nu_{\tilde{F}_n}(a) \\ &= \lim_{n\to\infty} \int \tilde{g}_{b\tilde{F}_n}(a)\, d\nu(b) = 0\,,\end{aligned}$$

denn für jedes $b \in R_0^* - \Delta_0$ konvergiert $\{\tilde{g}_{b\tilde{F}_n}(a)\}$ gegen Null. s_0 ist also Null und $\{s_{\tilde{F}_n}\}$ konvergiert quasi überall gegen Null.

Sei $a \in R_0^* - \Delta_0$ und

$$\lim_{n\to\infty} s_{\tilde{F}_n}(a) < \infty .$$

Es gibt dann ein n, so daß $a \notin \overline{F}_n$ und $s_{\tilde{F}_n}(a) < \infty$ ist. Wir haben

$$\lim_{m\to\infty} \int s_{\tilde{F}_m}\, d\delta_{aF_n} = \int \lim_{m\to\infty} s_{\tilde{F}_m}\, d\delta_{aF_n} ,$$

denn die Folge $\{s_{\tilde{F}_m}\}_{m>n}$ besitzt eine gemeinsame Majorante $s_{\tilde{F}_n}$, die δ_{aF_n}-summierbar ist. Da aber $\delta_{aF_n} \neq \delta_a$ ist, so folgert man hieraus mittels des Folgesatzes 17.14

$$\lim_{m\to\infty} s_{\tilde{F}_m}(a) = \lim_{m\to\infty} (s_{\tilde{F}_m})_{\tilde{F}_n}(a) = \lim_{m\to\infty} \int s_{\tilde{F}_m} d\delta_{aF_n} = \int \lim_{m\to\infty} s_{\tilde{F}_m}\, d\delta_{aF_n} = 0 .$$

Sei jetzt $a \in \Delta_0$, ν das kanonische Maß von $\tilde{g}_a$ und

$$\lim_{n\to\infty} s_{\tilde{F}_n}(a) < \infty .$$

Wir nehmen ein genügend großes n, damit $s_{\tilde{F}_n}(a) < \infty$ ist. Dann ist

$$\int s_{\tilde{F}_n}\, d\nu = s_{\tilde{F}_n}(a) < \infty$$

und folglich ist $s_{\tilde{F}_n}$ fast überall in bezug auf ν endlich. Aus den obigen Betrachtungen ergibt sich, daß

$$\lim_{m\to\infty} s_{\tilde{F}_m} = 0$$

fast überall in bezug auf ν ist. Da $s_{\tilde{F}_n}$ eine ν-summierbare Majorante für die Folge $\{s_{\tilde{F}_m}\}_{m>n}$ ist, ist

$$\lim_{m\to\infty} s_{\tilde{F}_m}(a) = \lim_{m\to\infty} \int s_{\tilde{F}_m}\, d\nu = 0 .$$

Die Menge der Punkte a, wo

$$\lim_{n\to\infty} s_{\tilde{F}_n}(a) = \infty$$

ist, ist offensichtlich vollpolar. Sie ist nicht immer leer. Man kann sogar Beispiele konstruieren, wo diese Menge Punkte aus Δ_1 enthält.

Satz 17.17. *Sei $\{\mu_n\}$ eine gegen das Maß μ konvergierende Folge von kanonischen Maßen. Haben $\{\tilde{p}^{\mu_n}\}$ eine gemeinsame vollsuperharmonische Majorante, so ist auch μ kanonisch.*

Es sei K eine kompakte Menge in Δ_0, G eine offene Menge, die K enthält, μ_n' die Einschränkung von μ_n auf G und s eine gemeinsame vollsuperharmonische Majorante von $\{\tilde{p}^{\mu_n}\}$. Gemäß dem Folgesatz 17.13 ist

$$s_{\tilde{G}} \geqq \tilde{p}^{\mu_n'} ,$$

$$\mu(K) \leqq \mu(G) \leqq \varliminf_{n\to\infty} \mu_n(G) = \varliminf_{n\to\infty} \mu_n'(R_0^*) = \varliminf_{n\to\infty} \frac{1}{2\pi} \int\limits_{Rd K_0} * \, d\tilde{p}^{\mu_n'} \leqq$$

$$\leqq \frac{1}{2\pi} \int\limits_{Rd K_0} * \, d s_{\tilde{G}} ,$$

$$\mu(K) \leqq \inf_{G\supset K} \frac{1}{2\pi} \int\limits_{Rd K_0} * \, d s_{\tilde{G}} = 0 , \qquad \mu(\Delta_0) = 0 .$$

Folgesatz 17.15. *Sei $\{\mu_n\}$ eine Folge von kanonischen Maßen, für die $\{\tilde{p}^{\mu_n}\}$ fast überall auf R_0 konvergiert. Besitzt die Folge $\{\tilde{p}^{\mu_n}\}$ eine vollsuperharmonische Majorante oder ist die Folge $\{\|\mu_n\|\}$ beschränkt, so konvergiert μ_n gegen ein kanonisches Maß.*

Sei K eine kompakte Menge. Wir nehmen zunächst an, daß $\{\tilde{p}^{\mu_n}\}$ eine vollsuperharmonische Majorante besitzt, und bezeichnen sie mit s. a_0 sei ein Punkt in R_0, wo s endlich ist und

$$\alpha = \inf_{a \in K} g_{a_0}(a) .$$

Dann ist

$$\mu_n(K) \leqq \frac{1}{\alpha} \tilde{p}^{\mu_n}(a_0) \leqq \frac{s(a_0)}{\alpha} < \infty .$$

Es sei jetzt $\{\|\mu_n\|\}$ eine beschränkte Folge und $\tilde{p}^{\mu}$ ein Potential mit endlicher Energie, das auf K nicht kleiner als 1 ist. Wir haben

$$\mu_n(K) \leqq \int \tilde{p}^{\mu}\, d\mu_n = \langle \mu, \mu_n \rangle \leqq \|\mu\| \sup_n \|\mu_n\| < \infty .$$

Wäre also $\{\mu_n\}$ nicht konvergent, so gäbe es zwei Teilfolgen $\{\mu_{n_i'}\}$, $\{\mu_{n_i''}\}$, die gegen zwei verschiedene Maße μ', μ'' konvergieren. Diese Maße sind gemäß den Sätzen 17.17, 17.4 kanonisch. Sei f eine beliebig oft differenzierbare Funktion aus N, deren Träger zu K_0 punktfremd ist. Dann ist

$$f(a) = -\frac{1}{2\pi} \int \tilde{g}_a\, d * df ,$$

$$\int f\, d\mu' = \lim_{i \to \infty} \int f\, d\mu_{n_i'} = \lim_{i \to \infty} -\frac{1}{2\pi} \int \tilde{p}^{\mu_{n_i'}}\, d * df$$

$$= \lim_{i \to \infty} -\frac{1}{2\pi} \int \tilde{p}^{\mu_{n_i''}} d * df = \lim_{i \to \infty} \int f\, d\mu_{n_i''} = \int f\, d\mu'' .$$

μ', μ'' sind also äquivalent und somit — als kanonische Maße — gleich.

Basis einer Menge und feine Stetigkeit.

Hilfssatz 17.7. *Ist A eine vollpolare Menge und a ein Punkt aus $R_0^* - \Delta_0$, so existiert ein Potential $\tilde{p}$, das in a endlich und auf $A - (\Delta_0 \cup \{a\})$ unendlich ist.*

Sei zunächst A relativ kompakt, $a \notin \overline{A}$, und F eine kompakte Menge, die $\overline{A}$ im Inneren enthält, aber a nicht enthält. Da A vollpolar ist, so gibt es eine abnehmende Folge $\{G_n\}$ von offenen Mengen, $G_n \subset F$, die A enthalten und für die $\{1_{\tilde{G}_n}\}$ quasi überall gegen Null konvergiert. Da $\delta_{aF} \neq \delta_a$ ist, so ist (Folgesatz 17.14)

$$\lim_{n \to \infty} \int 1_{\tilde{G}_n}\, d\delta_{aF} = 0 .$$

Nun ist aber

$$1_{\tilde{G}_n}(a) = (1_{\tilde{G}_n})_{\tilde{F}}(a) = \int 1_{\tilde{G}_n}\, d\delta_{aF}$$

und daher

$$\lim_{n\to\infty} 1_{\tilde{G}_n}(a) = 0\,.$$

Indem man zu einer Teilfolge übergeht, kann man annehmen, daß die Reihe

$$\sum_{n=1}^{\infty} 1_{\tilde{G}_n}(a)$$

konvergent ist.

$$\tilde{p} = \sum_{n=1}^{\infty} 1_{\tilde{G}_n}$$

ist das gesuchte Potential.

Sei jetzt A beliebig. Es gibt dann eine nichtabnehmende Folge $\{A_n\}$ von relativ kompakten Teilmengen von A, für die

$$a \notin \overline{A}_n\,, \qquad \bigcup_{n=1}^{\infty} A_n = A - \{a\}$$

ist. Für jedes n sei $\tilde{p}_n$ ein Potential, das auf $A_n - \Delta_0$ unendlich und in a kleiner als $\frac{1}{2^n}$ ist.

$$\sum_{n=1}^{\infty} \tilde{p}_n$$

besitzt die geforderten Eigenschaften.

Eine Menge $A \subset R_0^*$ heißt **dünn im Punkt** $a \in R_0^*$, *wenn eine vollpolare Menge A' und eine nichtnegative vollsuperharmonische Funktion s existiert, so daß entweder $a \notin \overline{A - A'}$ oder $a \in \overline{A - A'}$ und*

$$\varliminf_{\substack{b\to a\\ b\in A-A'}} s(b) > s(a)$$

ist. Wir nennen **Basis** *einer Menge A aus R_0^* die Menge der Punkte von R_0^*, wo A nicht dünn ist, und bezeichnen sie mit $\underline{A}$.* Offenbar ist $\underline{A} \subset \overline{A}$ und eine vollpolare Menge ist in allen Punkten von R_0^* dünn. Sind A_1 und A_2 in a dünn, so ist auch $A_1 \cup A_2$ in a dünn. *R_0 ist in keinem Punkt von Δ_1 dünn.* In der Tat: sei A' eine vollpolare Menge und s eine nichtnegative vollsuperharmonische Funktion. Laut Hilfssatz 17.7 existiert ein Potential $\tilde{p}$, das in $a \in \Delta_1$ endlich und auf $A' - (\Delta_0 \cup \{a\})$ unendlich ist. Auf Grund des Satzes 17.2 existiert eine Folge $\{a_n\}$ aus R_0, die gegen a konvergiert, so daß

$$\lim_{n\to\infty} (\tilde{p}(a_n) + s(a_n)) = \tilde{p}(a) + s(a)$$

ist. Ist $s(a) = \infty$, so ist

$$\varliminf_{\substack{b\to a\\ b\in R_0-A'}} s(b) = s(a)\,.$$

Ist $s(a) < \infty$, so können nur endlich viele a_n zu A' gehören und, da

$$\tilde{p}(a) \leqq \underline{\lim}_{n \to \infty} \tilde{p}(a_n)$$

ist, ist

$$s(a) = \lim_{n \to \infty} s(a_n) \geqq \underline{\lim}_{\substack{b \to a \\ b \in R_0 - A'}} s(b) \geqq s(a).$$

R_0^* ist in jedem Punkt von Δ_0 dünn. In der Tat, sei $a \in \Delta_0$ und F_n die Menge der Punkte von R_0, deren Entfernung zu a nicht größer als $\frac{1}{n}$ ist. Aus dem Hilfssatz 17.6 folgt

$$\lim_{n \to \infty} 1_{\tilde{F}_n}(a) = 0.$$

Es gibt also eine Folge $\{n_k\}$ von natürlichen Zahlen, so daß

$$\sum_{k=1}^{\infty} 1_{\tilde{F}_{n_k}}(a)$$

konvergent ist. Die Funktion

$$s = \sum_{k=1}^{\infty} 1_{\tilde{F}_{n_k}}$$

ist eine vollsuperharmonische Funktion, die in a endlich ist, und für die

$$\lim_{\substack{b \to a \\ b \in R_0^* - \Delta_0}} s(b) = \infty$$

ist.

Satz 17.18. *In allen Punkten von $\underline{A}$ ist $s_{\tilde{A}}$ gleich s.*

Es sei A' die Menge der Punkte von A, wo $s \neq s_{\tilde{A}}$ ist und $a \in \underline{A}$. Da A' eine vollpolare Menge ist, ist

$$s_{\tilde{A}}(a) = \underline{\lim}_{\substack{b \to a \\ b \in A - A'}} s_{\tilde{A}}(b) = \underline{\lim}_{\substack{b \to a \\ b \in A - A'}} s(b) = s(a).$$

Hilfssatz 17.8. *Es sei b ein Punkt aus $R_0^* - \Delta_0$ und U eine Umgebung von b. Es gibt eine stetige positive vollsuperharmonische Funktion $s_0 \leqq 1$, die in b gleich 1 und für die*

$$\sup_{a \in R_0^* - U} s_0(a) < 1$$

ist.

Sei $a \in R_0^* - U$. Wäre $\tilde{g}_a \geqq \tilde{g}_b$, so würde sogar $\tilde{g}_a > \tilde{g}_b$ sein, was unmöglich ist, denn

$$\int_{R d K_0} * d\tilde{g}_b = \int_{R d K_0} * d\tilde{g}_a = 2\pi.$$

Es existiert also ein Punkt $c_a \in R_0$, wo $\tilde{g}_b(c_a) > \tilde{g}_a(c_a)$ ist. Sei $U_a = \{a' \in R_0^* - U \mid \tilde{g}_{c_a}(b) > \tilde{g}_{c_a}(a')\}$. U_a ist eine Umgebung von a, und es gibt eine Kreisscheibe V, die K_0 enthält, so daß $U_a \supset V - K_0$.

$\{U_a\}_{a\in R_0^*-U}$ bildet eine offene Überdeckung von R_0^*-U und man erkennt sofort, daß sie eine endliche Überdeckung enthält. Sei $\{U_{a_i}\}$ diese Überdeckung. Die vollsuperharmonische Funktion s_0, die auf R_0 gleich

$$min\left(1, \min_i\left(\frac{\tilde{g}_{c_{a_i}}}{\tilde{g}_{c_{a_i}}(b)}\right)\right)$$

ist, besitzt die geforderten Eigenschaften.

Satz 17.19. *Sei A eine Menge in R_0^* und $a\in R_0^*-\Delta_0$. Folgende Behauptungen sind äquivalent:*

a) *A ist in a dünn,*

b) *es gibt eine Umgebung U von a und eine nichtnegative vollsuperharmonische Funktion s_0, so daß*

$$s_0(a)=1, \quad \sup_{b\in R_0^*-U} s_0(b)<1, \quad s_{0\tilde{A}}(a)<1$$

ist,

c) $\tilde{g}_{a\tilde{A}}\neq\tilde{g}_a$,

d) *gehört a zu A, so ist $\tilde{C}(\{a\})=0$, und gehört a zu $\overline{A-(\Delta_0\cup\{a\})}$, so existiert ein Potential $\tilde{p}$, so daß*

$$\tilde{p}(a)<\infty, \qquad \lim_{\substack{b\to a\\ b\in A-(\Delta_0\cup\{a\})}} \tilde{p}(b)=\infty$$

ist.

a ⇒ b. Sei s eine vollsuperharmonische Funktion und A' eine vollpolare Menge, so daß entweder a nicht zu $\overline{A-A'}$ gehört oder $a\in\overline{A-A'}$ und

$$s(a)<\varliminf_{\substack{b\to a\\ b\in A-A'}} s(b)$$

ist. Gehört a nicht zu $\overline{A-A'}$, so nehmen wir $U=R_0^*-\overline{A-A'}$ und s_0 die vollsuperharmonische Funktion des Hilfssatzes 17.8 bezüglich U und a. Dann ist

$$s_{0\tilde{A}}(a)=s_{0\widetilde{A-A'}}(a)\leqq s_{0\widetilde{R_0^*-U}}(a)\leqq \sup_{b\in R_0^*-U} s_0(b)<1\,.$$

Es sei jetzt a in $\overline{A-A'}$, α eine positive Zahl,

$$s(a)<\alpha<\varliminf_{\substack{b\to a\\ b\in A-A'}} s(b)\,,$$

U eine Umgebung von a, so daß auf $U\cap(A-A')$ s größer als α ist und s_0 die Funktion des vorangehenden Hilfssatzes bezüglich U und a. ε sei eine positive Zahl, genügend klein, damit

$$1-\varepsilon\alpha>\sup_{b\in R_0^*-U} s_0(b)$$

ist. Die Funktion $1+\varepsilon(s-\alpha)$ ist positiv, vollsuperharmonisch und auf

$A - A'$ nicht kleiner als s_0. Sie ist also nicht kleiner als $s_{0\tilde{A}}$ und wir erhalten

$$s_{0\tilde{A}}(a) = s_{0\widetilde{A-A'}}(a) \leqq 1 + \varepsilon(s(a) - \alpha) < 1 .$$

b $\Rightarrow$ c. Wäre $\tilde{g}_{a\tilde{A}} = \tilde{g}_a$, so würde auch $\delta_{aA} = \delta_a$ sein. Das führt aber zu

$$s_{0\tilde{A}}(a) = \int s_0\, d\delta_{aA} = \int s_0\, d\delta_a = s_0(a) ,$$

was widersprechend ist.

c $\Rightarrow$ d. Gehört a zu A, so ist $\tilde{C}(\{a\}) = 0$, denn wäre $\tilde{C}(\{a\}) > 0$, so würde aus dem Dominationsprinzip

$$\tilde{g}_a \geqq \tilde{g}_{a\tilde{A}} \geqq \tilde{g}_{a\widetilde{\{a\}}} = \tilde{g}_a$$

folgen, was wider die Voraussetzung ist.

Wir nehmen jetzt an, daß a zu $\overline{A - (\varDelta_0 \cup \{a\})}$ gehört. Sei A_n die Menge der Punkte von $A - \varDelta_0$, deren Entfernung zu a kleiner als $\frac{1}{n}$ ist und u die vollsuperharmonische Funktion, die quasi überall gleich der Grenzfunktion der Folge $\{\tilde{g}_{a\tilde{A}_n}\}$ ist. Offenbar ist $u = \alpha \tilde{g}_a$ für ein $\alpha \geqq 0$. Es gibt ein $b \in R_0$, so daß

$$\tilde{g}_{a\tilde{A}}(b) < \tilde{g}_a(b)$$

ist. Sei n genügend groß, damit b nicht zu $\overline{A}_n$ gehöre. Dann ist $\delta_{bA_n} \neq \delta_b$ und mittels des Folgesatzes 17.14 ergibt sich

$$\begin{aligned}\alpha \tilde{g}_{a\tilde{A}_n}(b) &= u_{\tilde{A}_n}(b) = \int u\, d\delta_{bA_n} = \lim_{m\to\infty} \int \tilde{g}_{a\tilde{A}_m}\, d\delta_{bA_n} \\ &= \lim_{m\to\infty} (\tilde{g}_{a\tilde{A}_m})_{\tilde{A}_n}(b) = \lim_{m\to\infty} \tilde{g}_{a\tilde{A}_m}(b) = u(b) = \alpha \tilde{g}_a(b) , \\ \alpha &= 0 .\end{aligned}$$

Sei $b \in R_0 - \{a\}$. Da

$$\lim_{n\to\infty} \tilde{g}_{b\tilde{A}_n}(a) = \lim_{n\to\infty} \tilde{g}_{a\tilde{A}_n}(b) = 0$$

ist, kann man eine Folge $\{n_k\}$ von natürlichen Zahlen finden, so daß

$$\sum_{k=1}^{\infty} \tilde{g}_{b\tilde{A}_{n_k}}(a)$$

konvergent ist. Sei

$$\tilde{p}'' = \sum_{k=1}^{\infty} \tilde{g}_{b\tilde{A}_{n_k}}$$

und

$$A' = \bigcup_{k=1}^{\infty} \{a' \in A_{n_k} \mid \tilde{g}_{b\tilde{A}_{n_k}}(a') < \tilde{g}_b(a')\} .$$

Da A' eine vollpolare Menge ist, gibt es ein Potential $\tilde{p}'$, das in a endlich und auf $A' - (\varDelta_0 \cup \{a\})$ unendlich ist. $\tilde{p} = \tilde{p}' + \tilde{p}''$ ist das gesuchte Potential.

d $\Rightarrow$ a. Ist die Kapazität von $\{a\}$ Null, so ist $A' = \varDelta_0 \cup \{a\}$ eine vollpolare Menge und A ist in a dünn. Ist die Kapazität von $\{a\}$ positiv, so gehört a nicht zu A, und A ist in a dünn, denn $A' - \varDelta_0$ ist vollpolar.

Folgesatz 17.16. *Es sei K eine kompakte Menge in Δ und $b \in R_0^*$. Ist der Träger des kanonischen Maßes von $\tilde{g}_b$ nicht in K enthalten, so ist*

$$\tilde{p}^{\tilde{z}K}(b) < 1 .$$

Sei zunächst $b \in R_0^* - \Delta_0$. Dann gehört b nicht zu K, und K ist in b dünn. Es ist also

$$\tilde{g}_{b\tilde{K}} < \tilde{g}_b$$

auf R_0 und somit

$$\delta_{bK}(R_0^*) = \frac{1}{2\pi} \int\limits_{RdK_0} * \, d\tilde{g}_{b\tilde{K}} < \frac{1}{2\pi} \int\limits_{RdK_0} * \, d\tilde{g}_b = 1 .$$

Daraus ergibt sich mittels des Folgesatzes 17.11

$$\tilde{p}^{\tilde{z}K}(b) = 1_{\tilde{K}}(b) = \int 1 \, d\delta_{bK} < 1 .$$

Es sei jetzt $b \in \Delta_0$ und μ das kanonische Maß von $\tilde{g}_b$. Dann ist

$$\tilde{p}^{\tilde{z}K}(b) = \int \tilde{p}^{\tilde{z}K} \, d\mu < 1 .$$

Folgesatz 17.17. *Ist a ein Punkt auf Δ mit $\tilde{C}(\{a\}) > 0$, so ist*

$$\tilde{g}_a(b) < \tilde{g}_a(a)$$

für jedes $b \neq a$.

Es ist nämlich

$$\tilde{g}_a = \tilde{g}_a(a) \, \tilde{p}^{\tilde{z}\{a\}} .$$

Es gibt Beispiele, wo für zwei verschiedene Punkte a, b aus Δ_1 $\tilde{g}_a(b) = \infty$ ist.

Satz 17.20. *Ist F eine abgeschlossene Menge in R_0 und $a \in R_0^* - \Delta_0$, so gibt es höchstens eine zusammenhängende Komponente von $R_0 - F$, auf der $\tilde{g}_a \neq \tilde{g}_{a\tilde{F}}$ ist.*

Seien G, G' zwei verschiedene zusammenhängende Komponenten von $R_0 - F$ und $b \in G$. Aus Satz 15.3 g) und Satz 15.1 g) ergibt sich

$$\tilde{g}_{b\tilde{F}} = \tilde{g}_b^{F \cup K_0} = \tilde{g}_b^{R-G'} = \tilde{g}_b$$

auf G'. Setzt man $F' = R_0 - G$, so ist also $\tilde{g}_{b\tilde{F}} = \tilde{g}_{b\tilde{F}'}$.

Wir nehmen jetzt an, daß $\tilde{g}_{a\tilde{F}} \neq \tilde{g}_a$ auf G ist. Dann ist

$$\tilde{g}_{a\tilde{F}'}(b) = \tilde{g}_{b\tilde{F}'}(a) = \tilde{g}_{b\tilde{F}}(a) = \tilde{g}_{a\tilde{F}}(b) \neq \tilde{g}_a(b) .$$

Laut Satz 17.19 ist F' dünn in a.

Es seien G_1, G_2 zwei verschiedene zusammenhängende Komponenten von $R_0 - F$, auf denen $\tilde{g}_{a\tilde{F}} \neq \tilde{g}_a$ ist. Dann sind $R_0 - G_1$, $R_0 - G_2$ und somit auch $R_0 = (R_0 - G_1) \cup (R_0 - G_2)$ in a dünn, was widersprechend ist.

Folgesatz 17.18. *Die Punkte von Δ_1 sind erreichbar.*

Für den Beweis siehe Satz 13.3.

Folgesatz 17.19. *Sei U eine Umgebung von $a \in R_0^* - \Delta_0$, G die zusammenhängende Komponente von $R_0 \cap U$, auf der*

$$\tilde{g}_{a(\widetilde{R_0 - U})} \neq \tilde{g}_a$$

ist, und $F = R_0 \cap Rd\,G$. *Dann ist*

$$\tilde{g}_{a\tilde{F}} = \tilde{g}_{a(\widetilde{R_0 - U})} = \tilde{g}_{a(\widetilde{R_0 - G})} \,.$$

Auf G ist

$$\tilde{g}_{a\tilde{F}} \leqq \tilde{g}_{a(\widetilde{R_0 - U})} < \tilde{g}_a \,.$$

$\tilde{g}_{a\tilde{F}}$ muß also auf allen zusammenhängenden Komponenten von $R_0 - \overline{G}$ gleich $\tilde{g}_a$ sein. Daraus folgert man sofort

$$\tilde{g}_{a\tilde{F}} \geqq \tilde{g}_{a(\widetilde{R_0 - G})} \geqq \tilde{g}_{a(\widetilde{R_0 - U})} \geqq \tilde{g}_{a\tilde{F}} \,.$$

Folgesatz 17.20. *Gehört* a *zu* $R_0^* - \Delta_0$, *so ist für jedes* $\alpha < \tilde{g}_a(a)$ $\{b \in R_0 \mid \tilde{g}_a(b) > \alpha\}$ *zusammenhängend.*

Folgesatz 17.21. *Jeder Punkt auf* Δ *mit positiver Kapazität besitzt ein fundamentales Umgebungssystem* $\{G\}$, *so daß* $G \cap R_0$ *zusammenhängend sind.*

Sei $a \in \Delta$ mit $\tilde{C}(\{a\}) > 0$. Aus dem vorangehenden Folgesatz ergibt sich, daß $\{b \in R_0 \mid \tilde{g}_a(b) > \alpha\}$ $(\alpha < \tilde{g}_a(a))$ zusammenhängend ist und aus dem Folgesatz 17.17 ist zu ersehen, daß

$$\left\{\{b \in R_0^* \mid \tilde{g}_a(b) > \alpha\}\right\}_{\alpha < \tilde{g}_a(a)}$$

ein fundamentales Umgebungssystem von a bildet.

Folgesatz 17.22. *Sei* $a \in R_0^* - \Delta_0$, $\alpha < \tilde{g}_a(a)$ *und* $F_\alpha = \{b \in R_0 \mid \tilde{g}_a(b) = \alpha\}$. *Dann ist auf* $R_0^* - \Delta_0$

$$\tilde{g}_{a\tilde{F}_\alpha} = \min(\tilde{g}_a, \alpha)$$

und

$$\|d \min(\tilde{g}_a, \alpha)\|^2 = 2\pi\alpha \,.$$

Sei μ das kanonische Maß des Potentials, das auf $R_0^* - \Delta_0$ gleich $\min(\tilde{g}_a, \alpha)$ ist. Es ist

$$\int \tilde{p}^\mu \, d\mu \leqq \alpha \,.$$

Da auf $\{b \in R_0 \mid \tilde{g}_a(b) < \alpha\}$ $\tilde{g}_{a\tilde{F}_\alpha}$ gleich $\tilde{g}_a$ ist, ist

$$\delta_{aF_\alpha}(R_0^*) = \frac{1}{2\pi} \int\limits_{Rd\,K_0} * \, d\tilde{g}_{a\tilde{F}_\alpha} = \frac{1}{2\pi} \int\limits_{Rd\,K_0} * \, d\tilde{g}_a = 1 \,.$$

Aus dem Folgesatz 16.4 und Satz 17.19 folgt, daß δ_{aF_α} ein Maß auf $\underline{F}_\alpha$ ist. Der Satz 17.18 zeigt, daß $\tilde{g}_{a\tilde{F}_\alpha}$ auf $\underline{F}_\alpha$ gleich α ist, woher man

$$\int \tilde{g}_{a\tilde{F}_\alpha} \, d\delta_{aF_\alpha} = \alpha$$

folgert. Es ist

$$\tilde{g}_{a\tilde{F}_\alpha} \leqq \tilde{p}^\mu$$

und somit

$$\alpha = \int \tilde{g}_{a\tilde{F}_\alpha} \, d\delta_{aF_\alpha} \leqq \int \tilde{p}^\mu \, d\mu \leqq \alpha \,,$$

woraus sich beide Behauptungen ergeben.

Hilfssatz 17.9. *Es gibt ein stetiges Potential* $\tilde{p}^\nu$, *so daß jede Menge von* R_0, *deren* ν*-Maß Null ist, einen verschwindenden Flächeninhalt hat.*

Es sei $\{V_n\}$ eine Folge von Kreisscheiben in R_0, deren Vereinigung gleich R_0 ist, und für jedes n f_n eine beliebig oft differenzierbare Funktion auf $\overline{V}_n$, die auf dem Rand von V_n verschwindet und in allen Punkten von V_n positiv ist. Wir bezeichnen mit ν_n das Maß mit dem Träger in $\overline{V}_n$, das durch die Gleichung

$$\frac{d\nu_n}{dx\,dy} = f_n$$

definiert ist. Man verifiziert leicht, daß $\tilde{p}^{\nu_n}$ stetig und beschränkt ist. Man kann annehmen, daß $\tilde{p}^{\nu_n} \leqq 1$ und $\nu_n(\overline{V}_n) \leqq 1$ ist.

$$\nu = \sum_{n=1}^{\infty} \frac{1}{2^n} \nu_n$$

erfüllt die Bedingungen des Hilfssatzes.

Satz 17.21. *$\underline{A}$ ist eine Menge vom Typus G_δ, $A - \underline{A}$ ist vollpolar und $\underline{\underline{A}} = \underline{A}$. Ist s eine nichtnegative vollsuperharmonische Funktion, so ist $s_{\tilde{A}} = s_{\tilde{\underline{A}}}$. Ist $\tilde{p}^\mu$ ein Potential, so ist $\mu_A(R_0^* - \underline{A}) = 0$.*

Sei $\tilde{p}^\nu$ ein Potential wie im vorangehenden Hilfssatz und $a \in R_0^* - (\underline{A} \cup \varDelta_0)$. Dann ist $\tilde{g}_{a\tilde{A}} \neq \tilde{g}_a$. Es gibt also eine Menge von positivem Flächeninhalt und folglich auch vom positiven ν-Maß, wo $\tilde{g}_{a\tilde{A}} < \tilde{g}_a$ ist. Daraus folgt

$$\tilde{p}^\nu_{\tilde{A}}(a) = \int \tilde{g}_{a\tilde{A}}\, d\nu < \int \tilde{g}_a\, d\nu = \tilde{p}^\nu(a)\,.$$

$\underline{A}$ ist also gerade die Menge der Punkte von $R_0^* - \varDelta_0$, wo $\tilde{p}^\nu_{\tilde{A}} = \tilde{p}^\nu$ ist, woraus die ersten zwei Behauptungen folgen. Da $A - \underline{A}$ vollpolar ist, ist $s_{\tilde{A}} \leqq s_{\tilde{\underline{A}}}$. Nun ist aber $s_{\tilde{A}}$ gleich s auf $\underline{A}$ und folglich $s_{\tilde{A}} \geqq s_{\tilde{\underline{A}}}$, $s_{\tilde{A}} = s_{\tilde{\underline{A}}}$. Insbesondere ist $\tilde{p}^\nu_{\tilde{A}} = \tilde{p}^\nu_{\tilde{\underline{A}}}$ und daher $\underline{\underline{A}} = \underline{A}$. Gemäß dem Satz 17.14 ist

$$\langle \mu_A, \nu_A \rangle = \langle \mu_{AA}, \nu \rangle = \langle \mu_A, \nu \rangle\,,$$

$$\int (\tilde{p}^{\nu_A} - \tilde{p}^\nu)\, d\mu_A = 0\,, \qquad \mu_A(R_0^* - \underline{A}) = 0\,.$$

Folgesatz 17.23. *Sei A eine Menge in R_0^*, μ ein Maß auf $\underline{A}$ und s eine nichtnegative vollsuperharmonische Funktion. Ist s quasi überall auf A nicht kleiner als $\tilde{p}^\mu$, so ist $s \geqq \tilde{p}^\mu$.*

Wir haben

$$s \geqq \tilde{p}^\mu_{\tilde{A}} = \int \tilde{g}_{a\tilde{A}}\, d\mu(a) = \int \tilde{g}_a\, d\mu(a) = \tilde{p}^\mu\,.$$

Für jeden Punkt $a \in R_0^*$ bildet die Klasse der Mengen von R_0^*, die a enthalten und deren Komplementarmengen in a dünn sind, einen Filter. Dieser Filter hängt von K_0 nicht ab, und somit kann er in jedem Punkt aus R^* konstruiert werden. Man kann auf R^* eine feinere Topologie einführen, indem man diesen Filter als Umgebungssystem erklärt. *Wir sagen, daß eine Abbildung von R^* in einem topologischen Raum in einem Punkt a* **feinstetig** *ist, falls sie bezüglich dieser Topologie stetig ist.*

Satz 17.22. *Ist φ eine quasistetige Abbildung von R^* in einem topologischen Raum, so ist φ quasi überall feinstetig.*

Sei $\{G_n\}$ eine nichtzunehmende Folge von offenen Mengen in R_0^*, für die $\{\tilde{C}(G_n)\}$ gegen Null konvergiert und so, daß die Einschränkung von φ auf $R_0^* - G_n$ stetig ist, und a ein Punkt aus R_0^*, für den

$$\lim_{n \to \infty} 1_{\tilde{G}_n}(a) = 0$$

ist. Dann ist wenigstens ein G_n in a dünn und φ ist in a feinstetig. Da aber $\{1_{\tilde{G}_n}\}$ quasi überall auf R_0^* gegen Null konvergiert, ist φ quasi überall auf R_0^* feinstetig. K_0 ist aber beliebig und somit ist φ quasi überall auf R_0^* feinstetig.

Singuläre Punkte. Das Dirichletsche Problem. Wir wollen jetzt einige Beziehungen zwischen der Kuramochischen Kapazität auf Δ und dem harmonischen Maß auf Δ feststellen.

Hilfssatz 17.10. *Eine vollpolare Menge ist polar.*

Sei A eine vollpolare Menge in Δ und $\tilde{p}$ ein Potential mit endlicher Energie, für welches

$$\lim_{R_0 \ni a \to A} \tilde{p}(a) = \infty$$

ist. Setzt man $\tilde{p}$ gleich Null auf K, so erhält man eine Dirichletsche Funktion auf R. Sei s eine superharmonische Majorante von $\tilde{p}$ auf R. Aus

$$\lim_{a \to A} s(a) \geqq \lim_{R_0 \ni a \to A} \tilde{p}(a) = \infty$$

erkennt man, daß A eine polare Menge ist.

Ein Punkt $a \in \Delta$ heißt **singulär**, *wenn* $\tilde{C}(\{a\}) > 0$ *ist* (Kuramochi, 1958 [12], 1962 [14], [15]). Das ist gleichbedeutend mit

$$\tilde{g}_a(a) < \infty .$$

Hat $\{a\}$ ein positives harmonisches Maß (bezüglich R), so ist a singulär, denn im entgegengesetzten Fall wäre $\{a\}$ vollpolar und somit polar. Kuramochi hat ein Beispiel einer Riemannschen Fläche mit überabzählbar vielen singulären Punkten gegeben, 1962 [15]. Da nur abzählbar viele Punkte aus Δ positives harmonisches Maß haben können, zeigt dieses Beispiel auch, daß es singuläre Punkte mit verschwindendem harmonischem Maß gibt. Aus

$$\tilde{p}^{\tilde{\varkappa}\{a\}} = \frac{\tilde{g}_a}{\tilde{g}_a(a)}$$

folgt

$$\tilde{\varkappa}^{\{a\}} = \frac{\delta_a}{\tilde{g}_a(a)}, \qquad \tilde{C}(\{a\}) = \frac{1}{\tilde{g}_a(a)},$$

Die Funktion $a \to \tilde{C}(\{a\})$ ist also nach oben halbstetig, und die Menge der singulären Punkte ist vom Typus F_σ.

Satz 17.23. *Ist K eine kompakte Menge in Δ mit positiver Kapazität, so hat jede Umgebung von K bezüglich Δ ein positives harmonisches Maß.*

Sei U eine Umgebung von K bezüglich Δ, G eine offene Menge in R_0^*, die K enthält, und für die $\overline{G} \cap \Delta \subset U$ ist, und $F = R_0^* - G$. Für jedes $a \in K \cap \Delta_1$ ist F in a dünn und folglich $\tilde{g}_{a\tilde{F}} \neq \tilde{g}_a$. Es seien G_n die zusammenhängenden Komponenten von $G \cap R$, $a_n \in G_n$ und

$$A_n = \{a \in K \cap \Delta_1 \mid \tilde{g}_{a\tilde{F}}(a_n) < \tilde{g}_a(a_n)\}.$$

Dann ist

$$K \cap \Delta_1 = \bigcup_{n=1}^{\infty} A_n .$$

Es gibt also ein n derart, daß $\tilde{\varkappa}^K(A_n) > 0$ ist. Wir haben

$$\tilde{p}_{\tilde{F}}^{\tilde{\varkappa}^K}(a_n) = \int \tilde{g}_{a\tilde{F}}(a_n)\, d\tilde{\varkappa}^K < \int \tilde{g}_a(a_n)\, d\tilde{\varkappa}^K = \tilde{p}^{\tilde{\varkappa}^K}(a_n) .$$

Die Funktion

$$s = \begin{cases} \tilde{p}^{\tilde{\varkappa}^K} - \tilde{p}_{\tilde{F}}^{\tilde{\varkappa}^K} & \text{auf } R_0 \\ 0 & \text{auf } K_0 \end{cases}$$

gehört zu $\underline{\mathscr{S}}_f^R$, wo f die charakteristische Funktion von U ist, wie man leicht verifizieren kann. Da sie in a_n nicht verschwindet, ist das harmonische Maß von U nicht Null.

Folgesatz 17.24. *Δ*[1] *ist vollpolar.*

Δ ist nämlich eine offene Menge vom harmonischen Maß Null.

Folgesatz 17.25. *Die singulären Punkte sind im Träger von ω enthalten.*

Mittels der Potentialtheorie kann man das Problem der regulären Punkte untersuchen.

Hilfssatz 17.11. *Die Einschränkung des Maßes $\omega_a^{R_0}$*[2] *auf Δ ist gleich $\delta_{a\Delta}$.*

Δ_0 ist bezüglich R_0 polar und somit ist

$$\omega_a^{R_0}(\Delta_0) = 0 .$$

Die Einschränkung von $\omega_a^{R_0}$ auf Δ ist also ein kanonisches Maß.

Es sei f eine nichtnegative Funktion aus N, die auf K_0 verschwindet und deren Einschränkung auf R_0^* — die wir mit s bezeichnen — vollsuperharmonisch ist. Da $s_{\tilde{\Delta}}$ quasi überall auf Δ gleich f ist, existiert ein Potential $\tilde{p}$, so daß für jedes $\varepsilon > 0$ und $b \in \Delta$

$$\underline{\lim}_{R_0 \ni a \to b} (s_{\tilde{\Delta}}(a) + \varepsilon \tilde{p}(a)) \geqq f(b)$$

ist. Somit gehört die Einschränkung von $s_{\tilde{\Delta}} + \varepsilon \tilde{p}$ auf R_0 zu $\overline{\mathscr{S}}_f^{R_0}$ und wir haben auf R_0

$$H_f^{R_0} \leqq s_{\tilde{\Delta}} .$$

Sei $\{R_n\}$ eine normale Ausschöpfung von R_0. Für jedes n und $a \in R_n$ ist $\tilde{\omega}_a^{R_n} = \omega_a^{R_n}$ und folglich

$$s_{\tilde{\Delta}}(a) \leqq s_{\widetilde{R_0 - R_n}}(a) = \int s\, d\tilde{\omega}_a^{R_n} = \int s\, d\omega_a^{R_n} = H_f^{R_n}(a) ,$$

$$H_f^{R_0}(a) = \lim_{n \to \infty} H_f^{R_n}(a) \geqq s_{\tilde{\Delta}}(a) .$$

[1] Für die Definition von Δ siehe Abschnitt 8, Seite 90.

[2] $\omega_a^{R_0} = \omega_a^{R_0, \overline{R}_0}$ (Seite 87), wo $\overline{R}_0$ die Abschließung von R_0 in R^* bedeutet.

Es ist also

$$\int f\, d\delta_{a\Delta} = s_{\tilde{\Delta}}(a) = H_f^{R_0}(a) = \int f\, d\omega_a^{R_0}.$$

Sei jetzt f eine beliebige Funktion aus N. Es gibt zwei Funktionen f', f'' aus N, die auf K_0 verschwinden und auf R_0 vollsuperharmonisch sind, so daß auf Δ $f = f' - f''$ ist. Daraus folgert man

$$\int f\, d\delta_{a\Delta} = \int_\Delta f\, d\omega_a^{R_0},$$

und die Einschränkung von $\omega_a^{R_0}$ auf Δ ist zu $\delta_{a\Delta}$ äquivalent. Da aber beide kanonische Maße sind, sind sie gleich.

Satz 17.24. *Es sei $a \in \Delta_1$. Folgende Behauptungen sind äquivalent:*

a) *a ist regulär bezüglich R_0,*

b) *ist $\{a_n\}$ eine Punktfolge auf R_0, die gegen a konvergiert, so konvergiert $\{\delta_{a_n\Delta}\}$ gegen δ_a,*

c) *Δ ist in a nicht dünn,*

d) *$\tilde{g}_a$ ist quasibeschränkt,*

e) *für jedes $b \in R_0$ ist $\lim\limits_{a' \to a} g_b^{R_0}(a') = 0$.*

a $\Rightarrow$ b. Sei f eine stetige beschränkte Funktion auf Δ und f' die Funktion, die auf Δ gleich f und RdK_0 gleich 0 ist. Dann ist wegen des Hilfssatzes 17.11

$$\int f\, d\delta_a = f(a) = \lim_{n\to\infty} H_{f'}^{R_0}(a_n) = \lim_{n\to\infty} \int f\, d\delta_{a_n}.$$

b $\Rightarrow$ a. Sei f eine stetige beschränkte Funktion auf $\Delta \cup RdK_0$ und f' (bzw. f_0) die Funktion, die auf Δ gleich f (bzw. gleich 1) und auf RdK_0 gleich 0 ist. Es sei ferner $\{a_n\}$ eine Punktfolge in R_0, die gegen a konvergiert. Es ist (Hilfssatz 17.11)

$$\lim_{n\to\infty} H_{f'}^{R_0}(a_n) = \lim_{n\to\infty} \int f\, d\delta_{a_n} = f(a),$$

$$\lim_{n\to\infty} H_{f_0}^{R_0}(a_n) = \lim_{n\to\infty} \int f_0\, d\delta_{a_n} = 1.$$

Hieraus und aus

$$|H_{f-f'}^{R_0}| \leqq (1 - H_{f_0}^{R_0})\, sup\,|f|$$

folgt

$$\lim_{n\to\infty} H_f^{R_0}(a_n) = \lim_{n\to\infty} H_{f'}^{R_0}(a_n) + \lim_{n\to\infty} H_{f-f'}^{R_0}(a_n) = f(a).$$

b $\Rightarrow$ c. Sei $b \in R_0$ und $\{a_n\}$ eine Punktfolge aus R_0, die gegen a konvergiert und für die

$$\lim_{n\to\infty} \tilde{g}_{b\,\tilde{\Delta}}(a_n) = \tilde{g}_{b\,\tilde{\Delta}}(a)$$

ist. Wir haben

$$\tilde{g}_{a\,\tilde{\Delta}}(b) = \tilde{g}_{b\,\tilde{\Delta}}(a) = \lim_{n\to\infty} \tilde{g}_{b\,\tilde{\Delta}}(a_n) = \lim_{n\to\infty} \int \tilde{g}_b\, d\delta_{a_n\Delta} = \tilde{g}_b(a) = \tilde{g}_a(b),$$

und Δ ist in a nicht dünn (Satz 17.19).

c $\Rightarrow$ d. Es ist

$$\tilde{g}_a = \tilde{g}_{a\tilde{\Delta}} = \lim_{n\to\infty} (\min(\tilde{g}_a, n))_{\tilde{\Delta}}\,.$$

d $\Rightarrow$ e. ergibt sich aus dem Satz 16.5.

e $\Rightarrow$ b. Sei $b \in R_0$ und f gleich $\tilde{g}_b$ auf Δ und gleich 0 auf $Rd\,K_0$. $\tilde{g}_b - H_f^{R_0}$ ist eine nichtnegative superharmonische Funktion auf R_0, die in b eine positive logarithmische Singularität besitzt. Laut der Definition der Greenschen Funktion ist

$$\tilde{g}_b - H_f^{R_0} \geqq g_b^{R_0}\,.$$

Nun gehört aber $\tilde{g}_b - g_b^{R_0}$ zu $\underline{\mathscr{S}}_f^{R_0}$ und somit ist

$$\tilde{g}_b - g_b^{R_0} \leqq H_f^{R_0}\,, \qquad \tilde{g}_b - g_b^{R_0} = H_f^{R_0}\,.$$

Sei $a' \in R_0$. Aus dem vorangehenden Hilfssatz ergibt sich

$$\int f\,d\delta_{a'\Delta} = H_f^{R_0}(a') = \tilde{g}_b(a') - g_b^{R_0}(a')\,.$$

Es sei $\{\delta_{a_{n_k}\Delta}\}$ eine konvergente Teilfolge aus $\{\delta_{a_n\Delta}\}$ und

$$\mu = \lim_{k\to\infty} \delta_{a_{n_k}\Delta}\,.$$

Es ist

$$\tilde{p}^{\mu}(b) = \lim_{k\to\infty} \int \tilde{g}_b\,d\delta_{a_{n_k}\Delta} = \lim_{k\to\infty} (\tilde{g}_b(a_{n_k}) - g_b^{R_0}(a_{n_k})) = \tilde{g}_b(a) = \tilde{g}_a(b)$$

und, da b beliebig ist, $\mu = \delta_a$ (Hilfssatz 12.3). $\{\delta_{a_n\Delta}\}$ konvergiert also gegen δ_a.

Satz 17.25. *Sei R hyperbolisch und $a \in \Delta_1$. Folgende Bedingungen sind äquivalent:*

a) *a ist regulär bezüglich R,*

b) *für jedes $b \in R$ ist*

$$\lim_{a'\to a} g_b^R(a') = 0\,,$$

c) *a ist regulär bezüglich R_0,*

d) *es gibt eine positive superharmonische Funktion s auf R, so daß*

$$\lim_{b\to a} s(b) = 0$$

und für jede Umgebung U von a bezüglich R^*

$$\inf_{b\in R-U} s(b) > 0$$

ist.

a $\Rightarrow$ b. Ist a singulär, so ist $\tilde{g}_a$ beschränkt und aus dem vorangehenden Satz (d $\Rightarrow$ e) folgt

$$\lim_{a'\to a} g_b^{R_0}(a') = 0\,.$$

Nun ist aber in einer Umgebung des idealen Randes

$$g_b^R \leqq \alpha g_b^{R_0}$$

für ein genügend großes α, woraus

$$\lim_{a' \to a} g_b^R(a') = 0$$

folgt. Sei jetzt a nicht singulär. Dann ist $\omega(\{a\}) = 0$ und folglich

$$\omega(\Delta - \{a\}) \neq 0 .$$

Sei f eine stetige beschränkte Funktion auf Δ, die in a verschwindet und außerhalb a positiv ist. Dann ist

$$H_f^R = \int f \, d\omega > 0 .$$

Außerhalb einer kompakten Menge ist

$$g_b^R \leqq \alpha H_f^R ,$$

woraus

$$\lim_{a' \to a} g_b^R(a') = 0$$

folgt.

b $\Rightarrow$ c ergibt sich aus

$$g_b^{R_0} \leqq g_b^R$$

und dem vorangehenden Satz (e $\Rightarrow$ a).

c $\Rightarrow$ d. Sei U_n die Menge der Punkte von R_0^*, deren Entfernung zu a kleiner als $\frac{1}{n}$ ist, und s_n eine vollsuperharmonische Funktion, $0 \leqq s_n \leqq 1$, für die $s_n(a) = 1$ und

$$\sup_{a' \in R_0^* - U_n} s_n(a') < 1$$

ist (Hilfssatz 17.8). Die Funktion $s_{n\tilde{\Delta}} = H_{s_n}^{R_0}$ ist harmonisch auf R_0 und gleich 1 in a. Die Funktion s, die auf K_0 gleich 1 und auf R_0 gleich

$$s = \sum_{n=1}^{\infty} \frac{1}{2^n} (1 - s_{n\tilde{\Delta}})$$

ist, besitzt die geforderten Eigenschaften.

d $\Rightarrow$ a wird genau wie im Hilfssatz 3.5 bewiesen.

Folgesatz 17.26. *Die Menge der nichtregulären Randpunkte ist vom Typus F_σ und von der Kapazität Null.*

Daß diese Menge vom Typus F_σ ist, folgt aus dem Satz 8.8. Daß sie von der Kapazität Null ist, ergibt sich aus der Tatsache, daß sie eine Teilmenge der Menge $\Delta - \overline{\Delta}$ ist.

Wir wissen nicht, ob alle Punkte von Δ_0 nichtregulär sind.

Normalableitungen.

Hilfssatz 17.12. *Es seien K eine kompakte Menge in R mit analytischem Rand, $K_0 \subset K$, f eine stetige Dirichletsche Funktion, für die $f = f^K$ gilt und μ ein Maß auf R_0^*, dessen Träger kompakt (in R_0^*) und einen leeren Durchschnitt mit K hat. Dann ist*

$$\langle d\tilde{p}_K^\mu, df \rangle_{R_0 - K} = 2\pi \int f \, d\mu - \int_{Rd\,K} f * d\tilde{p}^\mu .$$

Ist $K = K_0$, so ist

$$\int_{Rd K_0} f * d\tilde{p}^{\mu} = 2\pi \int f\, d\mu .$$

Wir nehmen zunächst an, daß μ endliche Energie hat. G sei ein relativ kompaktes Gebiet mit analytischem Rand, das K enthält und so, daß der Durchschnitt von $\bar{G}$ mit dem Träger von μ leer ist. Sei ferner f_0 die stetige Funktion, die auf K gleich f, auf $R_0^* - G$ gleich 0 und auf $G - K$ harmonisch ist. Dann ist (Hilfssatz 17.3)

$$\langle d\tilde{p}^{\mu}, d(f - f_0)\rangle_{R_0 - K} = 2\pi \int f d\mu ,$$

$$\langle d\tilde{p}^{\mu}, d f_0\rangle_{R_0 - K} = -\int_{Rd K} f * d\tilde{p}^{\mu}, \quad \langle d(\tilde{p}^{\mu} - (\tilde{p}^{\mu})^K), df\rangle_{R_0 - K} = 0 ,$$

$$\langle d\tilde{p}^{\mu}_{K}, df\rangle_{R_0 - K} = \langle d(\tilde{p}^{\mu})^K, df\rangle_{R_0 - K} = \langle d\tilde{p}^{\mu}, df\rangle_{R_0 - K}$$

$$= \langle d\tilde{p}^{\mu}, d(f - f_0)\rangle_{R_0 - K} + \langle d\tilde{p}^{\mu}, df_0\rangle_{R_0 - K} = 2\pi \int f d\mu - \int_{Rd K} f * d\tilde{p}^{\mu}.$$

Hat μ nicht endliche Energie, so gibt es eine nichtabnehmende gegen $\tilde{p}^{\mu}$ konvergierende Folge $\{\tilde{p}^{\mu_n}\}$ von Potentialen mit endlichen Energien, so daß $\{\mu_n\}$ gegen μ konvergiert und die Träger von μ_n kompakt sind und einen leeren Durchschnitt mit $\bar{G}$ haben. Die Formel ergibt sich mittels eines Grenzübergangs, denn $\tilde{p}^{\mu}_{K}$ hat endliche Energie und

$$\lim_{n \to \infty} \| d\tilde{p}^{\mu_n}_{K} - d\tilde{p}^{\mu}_{K} \| = 0 .$$

Sei $u \in HD(R)$. *Wir sagen, daß u eine im verallgemeinerten Sinn Normalableitung auf Δ besitzt, wenn ein verallgemeinertes Maß μ auf Δ existiert, das folgende Eigenschaft besitzt: ist f eine Dirichletsche Funktion auf R, so ist für jede quasistetige Fortsetzung von f auf R^**

$$\langle du, df\rangle = \int f\, d\mu ;$$

μ wird die **Normalableitung** *von u genannt.* Da die charakteristische Funktion einer vollpolaren Menge eine quasistetige Fortsetzung der Funktion $f \equiv 0$ ist, ist das μ-Maß einer vollpolaren Menge Null. Es ist

$$\mu(\Delta) = \int 1\, d\mu = \langle du, d1\rangle = 0 .$$

Eine konstante Funktion hat als Normalableitung das Maß $\mu \equiv 0$.

Satz 17.26. *Es sei $u \in HD(R)$. Besitzt u eine im verallgemeinerten Sinn Normalableitung μ, und ist K_0 eine abgeschlossene Kreisscheibe, so ist $\tilde{p}^{\mu}$*[1] *eine Dirichletsche Funktion und*

$$2\pi(u - u^{K_0}) = \tilde{p}^{\mu} .$$

Umgekehrt, ist K_0 eine abgeschlossene Kreisscheibe und ist

$$2\pi(u - u^{K_0}) = \tilde{p}^{\mu'} - \tilde{p}^{\mu''},$$

[1] Sei $\mu = \mu' - \mu''$, wo μ', μ'' zwei (positive) Maße sind. Wir bezeichnen mit $\tilde{p}^{\mu} = \tilde{p}^{\mu'} - \tilde{p}^{\mu''}$.

wo μ', μ'' zwei Maße mit endlicher Energie auf Δ sind, so ist $\mu' - \mu''$ die Normalableitung von u.

Wir nehmen zunächst an, daß μ die Normalableitung von u ist, und es sei ν ein Maß mit endlicher Energie auf $R_0 = R - K_0$. Wir haben

$$\int \tilde{p}^\mu d\nu = \int \tilde{p}^\nu d\mu = \langle du, d\tilde{p}^\nu\rangle = \langle d(u - u^{K_0}), d\tilde{p}^\nu\rangle = 2\pi \int (u - u^{K_0})\, d\nu .$$

Daraus folgert man

$$\tilde{p}^\mu = 2\pi(u - u^{K_0}) .$$

Sei jetzt

$$2\pi(u - u^{K_0}) = \tilde{p}^{\mu'} - \tilde{p}^{\mu''}, \qquad \mu = \mu' - \mu'',$$

f eine Dirichletsche Funktion und $f = f_0 + v$ die Roydensche Zerlegung von f. Es ist

$$\langle du, df_0\rangle = 0 , \qquad \int f_0\, d\mu = 0 ,$$

$$\langle du, dv\rangle = \langle d(u - u^{K_0},)\, d(v - v^{K_0})\rangle + \langle du^{K_0}, dv^{K_0}\rangle$$

$$= \frac{1}{2\pi} \langle d\tilde{p}^\mu, d(v - v^{K_0})\rangle + \langle du^{K_0}, dv^{K_0}\rangle_{K_0} + \langle du^{K_0}, dv^{K_0}\rangle_{R_0} .$$

Aus dem Hilfssatz 17.3 ergibt sich

$$\frac{1}{2\pi} \langle d\tilde{p}^\mu, d(v - v^{K_0})\rangle = \int (v - v^{K_0})\, d\mu .$$

Sei $\{R_n\}$ eine normale Ausschöpfung von R und u_n die harmonische Funktion auf $R_n - K_0$, die auf RdK_0 gleich u ist und auf RdR_n eine verschwindende Normalableitung hat. Dann ist

$$\lim_{n\to\infty} \|du_n - du^{K_0}\|_{R_n} = 0 ,$$

$$\langle du^{K_0}, dv^{K_0}\rangle_{R_0} = \lim_{n\to\infty} \langle du_n, dv^{K_0}\rangle_{R_n} = \lim_{n\to\infty} - \int_{RdK_0} v^{K_0} * du_n = - \int_{RdK_0} v^{K_0} * du^{K_0} .$$

Mittels dieser Gleichheiten folgert man aus den obigen Beziehungen

$$\langle du, df\rangle = \int f\, d\mu - \int v^{K_0}\, d\mu + \int_{RdK_0} v^{K_0} * du - \int_{RdK_0} v^{K_0} * du^{K_0} .$$

Auf Grund des Hilfssatzes 17.12 ist aber

$$\int_{RdK_0} v^{K_0} * d(u - u^{K_0}) = \frac{1}{2\pi} \int_{RdK_0} v^{K_0} * d\tilde{p}^\mu = \int v^{K_0}\, d\mu$$

und somit

$$\langle du, df\rangle = \int f\, d\mu .$$

Satz 17.27. *Es sei μ ein verallgemeinertes Maß auf Δ, so daß $\mu(\Delta) = 0$ ist, und der positive und negative Teil von μ bezüglich R_0^* endliche Energie hat. Es gibt ein $u \in HD(R)$, das μ als Normalableitung hat.*

Sei a ein Punkt auf R und HD_a die Klasse der HD-Funktionen, die in a verschwinden.

$$(u_1, u_2) \to \langle du_1, du_2\rangle$$

ist ein Skalarprodukt auf HD_a, das HD_a zu einem Hilbertraum macht. Sei $v \in HD_a$. Wir haben

$$\int v\, d\mu = \int (v - v^{K_0})\, d\mu + \int v^{K_0}\, d\mu\,.$$

Aus Hilfssatz 17.3 und Hilfssatz 17.12 folgt

$$\int (v - v^{K_0})\, d\mu = \frac{1}{2\pi} \langle d(v - v^{K_0}), d\tilde{p}^{\mu} \rangle,$$

$$\int v^{K_0}\, d\mu = \frac{1}{2\pi} \int_{Rd K_0} v * d\tilde{p}^{\mu}\,.$$

Hieraus ergibt sich, daß das lineare Funktional

$$v \to \int v\, d\mu$$

auf dem Hilbertraum HD_a stetig ist. Es gibt also ein $u \in HD_a$, so daß

$$\langle du, dv \rangle = \int v\, d\mu$$

für jedes $v \in HD_a$ ist. Da aber $\mu(\Delta) = 0$ ist, ist

$$\langle du, dv \rangle = \int v\, d\mu$$

für jedes $v \in HD(R)$, und der Satz folgt jetzt aus dem Satz **17.10**.

Folgesatz 17.27. *Die Klasse*

$\mathfrak{A} = \{du \mid u \in HD,$ *u besitzt eine im verallgemeinerten Sinn Normalableitung* μ[1] *auf* $\Delta\}$
ist dicht in dHD.

Sei $v \in HD$ und dv orthogonal auf $\mathfrak{A}$. Wir nehmen an, daß v nicht quasi überall auf Δ konstant ist. Es gibt dann zwei abgeschlossene punktfremde Mengen mit positiver Kapazität in Δ, F_1, F_2, so daß die Einschränkung von v auf $F_1 \cup F_2$ stetig und

$$\sup_{a \in F_1} v(a) < \inf_{a \in F_2} v(a)$$

ist. Sei μ_i $(i = 1, 2)$ ein Maß auf F_i mit endlicher Energie und $\mu_i(F_i) = 1$. Es gibt ein $u \in HD$, das $\mu_2 - \mu_1$ als Normalableitung hat. Wir erhalten die widersprechende Beziehung:

$$0 = \langle du, dv \rangle = \int v\, d\mu_2 - \int v\, d\mu_1 \geqq \inf_{a \in F_2} v(a) - \sup_{a \in F_1} v(a) > 0\,.$$

v ist also quasi überall konstant auf Δ. Aus dem Satz **17.10** folgt, daß sie konstant ist, und somit ist $dv = 0$.

18. Das Verhalten der Dirichletschen Abbildungen auf dem Kuramochischen idealen Rand

Eine auf dem Einheitskreis meromorphe Funktion, deren Überlagerung einen endlichen sphärischen Flächeninhalt hat, besitzt gemäß dem Satz von BEURLING quasi überall auf $\{|z| = 1\}$ Winkelgrenzwerte.

[1] Man könnte außerdem verlangen, daß μ in bezug auf das harmonische Maß absolutstetig sei.

Die Ausdehnung dieses Satzes auf den Fall der analytischen Abbildungen Riemannscher Flächen fordert die Einführung einiger adäquater Begriffe, welche die in diesem Satz vorkommenden, ersetzen sollen. Gleichzeitig muß die Bildfläche kompaktifiziert werden. Die in diesem Abschnitt gegebene Ausdehnung besteht in folgendem: anstelle des Randes des Kreises wird der Kuramochische ideale Rand benutzt; die Kapazität soll durch die Kuramochische Kapazität ersetzt werden; anstelle der Winkelgrenzwerte treten Grenzwerte bezüglich des Filters der Mengen, deren Komplementarmengen bezgülich R_0 in $b \in \Delta_1$ dünn sind; die Dirichletschen Abbildungen ersetzen die meromorphen Funktionen, deren Überlagerungen einen endlichen sphärischen Flächeninhalt haben. Als Kompaktifizierung der Bildfläche kann jegliche metrisierbare Kompaktifizierung, die ein Quotientenraum der Roydenschen Kompaktifizierung ist, benutzt werden.

Es sei $b \in \Delta_1$. Wir bezeichnen mit $\widetilde{\mathscr{G}}_b$ die Klasse der offenen Mengen $G \subset R$, für die $R_0 - G$ in b dünn sind; das ist gleichbedeutend mit

$$\tilde{g}_{b(\overline{R_0 - G})} \neq \tilde{g}_b \,.$$

Die leere Menge gehört nicht zu $\widetilde{\mathscr{G}}_b$. Gehören G_1, G_2 zu $\widetilde{\mathscr{G}}_b$, so gehört auch ihr Durchschnitt zu $\widetilde{\mathscr{G}}_b$, denn $(R_0 - G_1) \cup (R_0 - G_2)$ ist in b dünn; $\widetilde{\mathscr{G}}_b$ ist also eine Filterbasis. Ist U eine Umgebung von b, so gibt es genau eine zusammenhängende Komponente von $U \cap R_0$, die zu $\widetilde{\mathscr{G}}_b$ gehört (Satz 17.20). Ist $\alpha < \tilde{g}_b(b)$, so gehört $\{a \in R_0 \mid \tilde{g}_b(a) > \alpha\}$ zu $\widetilde{\mathscr{G}}_b$. Für eine offene Menge $G \subset R$ bezeichnen wir

$$\Delta_1(G) = \{b \in \Delta_1 \mid G \in \widetilde{\mathscr{G}}_b\} \,.$$

Sei φ eine stetige Abbildung von R in einem kompakten Raum X. Wir definieren für $b \in \Delta_1$

$$\varphi^{\vee}(b) = \bigcap_{G \in \widetilde{\mathscr{G}}_b} \overline{\varphi(G)} \,.$$

Aus den Eigenschaften von $\widetilde{\mathscr{G}}_b$ ergibt sich sofort, daß $\varphi^{\vee}(b)$ nichtleer und abgeschlossen ist.

Hilfssatz 18.1.

a) *Für jede offene Menge $G' \subset X$, die $\varphi^{\vee}(b)$ enthält, gehört $\varphi^{-1}(G')$ zu $\widetilde{\mathscr{G}}_b$.*

b) *Die Menge $\varphi^{\vee}(b)$ ist zusammenhängend.*

c) *Ist X metrisierbar, so gibt es einen Weg γ auf R mit dem Endpunkt in b, so daß die Menge der Limespunkte von φ auf γ (cluster set) mit $\varphi^{\vee}(b)$ zusammenfällt.*

Dieser Hilfssatz wird genau wie Hilfssatz 14.1 bewiesen.

Es seien $\widetilde{\mathscr{F}}(\varphi)$ die Menge der Punkte $b \in \Delta_1$, für die $\varphi^{\vee}(b)$ aus einem Punkt besteht. Für $b \in \widetilde{\mathscr{F}}(\varphi)$ bezeichnen wir diesen Punkt mit $\check{\varphi}(b)$, $\check{\varphi}$ ist eine Abbildung von $\widetilde{\mathscr{F}}(\varphi)$ in X.

Hilfssatz 18.2. *Sei X metrisierbar.*

a) *für jedes $a' \in X$ gilt*

$$\check{\varphi}^{-1}(a') = \bigcap_{U'} \Delta_1(\varphi^{-1}(U')),$$

wo U' die Klasse der Umgebungen von a' durchläuft.

b) *$\check{\varphi}$ ist meßbar, d. h. $\check{\varphi}^{-1}(A')$ ist eine Borelsche Menge, für jede Borelsche Menge $A' \subset X$. Insbesondere ist $\widetilde{\mathscr{F}}(\varphi)$ eine Borelsche Menge.*

c) *Für jedes $b \in \widetilde{\mathscr{F}}(\varphi)$ ist $\check{\varphi}(b)$ ein asymptotischer Punkt von φ in b.*

d) *Es sei $b \in \widetilde{\mathscr{F}}(\varphi)$ und F eine abgeschlossene Menge auf R, für die $R - F \notin \widetilde{\mathscr{G}}_b$. Es gibt dann eine Folge $\{a_n\}$ auf F, die gegen b strebt, so daß die Folge $\{\varphi(a_n)\}$ gegen $\check{\varphi}(b)$ konvergiert.*

Der Beweis wird wie im Hilfssatz 14.2 durchgeführt.

Hilfssatz 18.3. *Ist φ eine stetige Abbildung von R in einem kompakten Raum, so reduziert sich $\varphi^{\vee}(b)$ auf einen Punkt genau dann, wenn φ in b feinstetig fortsetzbar ist. In diesem Fall ist $\check{\varphi}(b)$ gleich dem feinen Grenzwert.*

Da für jedes $G \in \widetilde{\mathscr{G}}_b$ $G \cup \Delta$ eine feine Umgebung von b ist, folgt sofort aus der Tatsache, daß $\varphi^{\vee}(b)$ aus einem Punkt besteht, daß φ in b mit $\check{\varphi}(b)$ feinstetig fortgesetzt werden kann. Sei umgekehrt φ in b feinstetig fortsetzbar, x der feine Grenzwert von φ in b und U eine Umgebung von x. Dann ist $R_0 - \varphi^{-1}(U)$ in b dünn, und, da $\varphi^{-1}(U)$ offen ist, gehört es zu $\widetilde{\mathscr{G}}_b$. Es ist also

$$\varphi^{\vee}(b) \subset \overline{U}, \qquad \varphi^{\vee}(b) = \{x\}.$$

Satz 18.1. *Ist $\varphi: R \to R'$ eine Dirichletsche Abbildung und R'^* eine metrisierbare Kompaktifizierung von R', die ein Quotientenraum von R'^*_D ist, so ist $\check{\varphi}$ quasi überall auf Δ definiert* (C. Constantinescu u. A. Cornea, 1962 [6]).

Gemäß dem Folgesatz 17.8 ist φ in eine quasistetige Abbildung $R^* \to R'^*$ fortsetzbar. Aus dem Satz 17.22 ergibt sich, daß φ quasi überall auf Δ feinstetig fortsetzbar ist. Der Satz folgt nun aus dem vorangehenden Hilfssatz.

Unter denselben Bedingungen über R'^* folgt nicht, daß φ eine Dirichletsche Abbildung ist, wenn $\check{\varphi}$ quasi überall auf Δ definiert ist.

19. Das Randverhalten der analytischen Abbildungen des Einheitskreises

Die allgemeinen Sätze des 14. und 18. Abschnittes in bezug auf das Verhalten der analytischen Abbildungen auf den Martinschen und Kuramochischen idealen Rändern erhalten im Fall, daß R der Einheitskreis ist, eine besonders elegante Form. Wir wollen in diesem Abschnitt zeigen, daß zwischen den Winkelgrenzwerten und den Grenzwerten bezüglich den Filtern $\mathcal{G}_b$, $\widetilde{\mathcal{G}}_b$ gewisse Beziehungen bestehen. Auf diese Weise verallgemeinern sich die Sätze von RIESZ-LUSIN-PRIWALOFF-FROSTMAN-NEVANLINNA, PLESSNER, FATOU-NEVANLINNA und BEURLING, und zwar treten anstelle der in diesen Sätzen vorkommenden meromorphen Funktionen die analytischen Abbildungen des Kreises in einer Riemannschen Fläche. Das erfordert aber die Kompaktifizierung der Riemannschen Bildfläche; es wird sich zeigen, daß jegliche metrisierbare Kompaktifizierung, die noch eine sehr allgemeine Bedingung erfüllt, zu diesem Zweck benutzt werden kann. Wichtige Beiträge zu dem Problem des Randverhaltens der analytischen Abbildungen des Einheitskreises in Riemannschen Flächen wurden in folgenden Arbeiten geleistet: M. OHTSUKA, 1951 [1], 1952 [2], 1953 [3], 1956 [5]; Z. KURAMOCHI, 1953 [1], 1954 [3]; M. HEINS, 1955 [4], 1960 [6], [7]; K. NOSHIRO [1]; C. CONSTANTINESCU u. A. CORNEA, 1960 [4]; J. L. DOOB, 1961 [3].

In diesem Abschnitt soll $R = \{|z| < 1\}$ und $a_0 = 0$ sein. Wie im Abschnitt 13 gezeigt wurde, ist R_M^* zu $\{|z| \leqq 1\}$ und $\Delta_{M1} = \Delta_M$ zu $\{|z| = 1\}$ homöomorph. Wir werden somit als Punkte von Δ die Punkte $e^{i\theta}$ nehmen. Es ist

$$k_{e^{i\theta}} = Re\left(\frac{e^{i\theta}+z}{e^{i\theta}-z}\right).$$

χ ist in diesem Fall gleich dem Lebesgueschen Maß, geteilt durch 2π. Eine Menge auf Δ_1 ist also vom harmonischen Maß Null dann und nur dann, wenn sie vom Lebesgueschen Maß Null ist.

Wir setzen für $-\frac{\pi}{2} < \theta_1 < \theta_2 < \frac{\pi}{2}$, $r > 0$,

$$\Omega(e^{i\theta}; \theta_1, \theta_2) = \{z \in R \mid \theta_1 < arg(1 - z\,e^{-i\theta}) < \theta_2\},$$

$$\Omega_r(e^{i\theta}; \theta_1, \theta_2) = \Omega(e^{i\theta}; \theta_1, \theta_2) \cap \{|z - e^{i\theta}| < r\}.$$

Ist $\varphi: R \to X$ eine stetige Abbildung von R in einem topologischen Hausdorffschen Raum X, so bezeichnen wir

$$\varphi(e^{i\theta}; \theta_1, \theta_2) = \bigcap_{r>0} \overline{\varphi(\Omega_r(e^{i\theta}; \theta_1, \theta_2))},$$

$$\varphi^{\cup}(e^{i\theta}) = \bigcup_{-\frac{\pi}{2}<\theta_1<\theta_2<\frac{\pi}{2}} \varphi(e^{i\theta}; \theta_1, \theta_2),$$

$$\varphi^{\cap}(e^{i\theta}) = \bigcap_{-\frac{\pi}{2}<\theta_1<\theta_2<\frac{\pi}{2}} \varphi(e^{i\theta}; \theta_1, \theta_2).$$

Besteht $\varphi^{\cup}(e^{i\theta})$ nur aus einem Punkt, so sagt man, daß dieser Punkt der *Winkelgrenzwert* von φ in $e^{i\theta}$ ist. Offensichtlich ist $\varphi(e^{i\theta}; \theta_1, \theta_2)$ eine abgeschlossene zusammenhängende Menge. Ist X kompakt, so ist $\varphi(e^{i\theta}; \theta_1, \theta_2)$ nichtleer. Sei G eine offene Menge in X; da

$$\{e^{i\theta} \mid \overline{\varphi(\Omega_r(e^{i\theta}; \theta_1, \theta_2))} \cap G \neq \phi\}$$

offen ist, ist $\{e^{i\theta} \mid \varphi(e^{i\theta}; \theta_1, \theta_2) \cap G \neq \phi\}$ vom Typus G_δ.

Satz 19.1. *Ist $\varphi : R \to X$ eine stetige Abbildung von R in einem metrisierbaren kompakten Raum X, so ist fast überall auf $\{|z| = 1\}$*

$$\varphi^{\wedge}(e^{i\theta}) \subset \varphi^{\cap}(e^{i\theta})$$

(C. Constantinescu u. A. Cornea, 1959 [3], 1960 [4]; J. L. Doob, 1961 [3]).

Um unnötige Rechnungskomplikationen zu vermeiden, führen wir den Beweis für die Halbebene $R = \{y > 0\}$. Die oben eingeführten Bezeichnungen sind auf diesen Fall leicht überführbar. Es sei $\mathscr{B}$ eine abzählbare Basis in X und Z eine dichte abzählbare Folge auf dem Segment $\left[-\frac{\pi}{2}, \frac{\pi}{2}\right]$. Wir bezeichnen für $G \in \mathscr{B}$, $\theta_1, \theta_2 \in Z$, $\theta_1 < \theta_2$ und n eine natürliche Zahl, mit $A(G, \theta_1, \theta_2, n)$ die Menge der reellen Zahlen x, für welche $\varphi(x; \theta_1, \theta_2) \cap G = \phi$ ist, und $\varphi^{\wedge}(x)$ einen Punkt besitzt, dessen Entfernung zu $X - G$ größer als $\frac{1}{n}$ ist. Offensichtlich ist $A(G, \theta_1, \theta_2, n)$ eine Borelsche Menge (Bemerkung, Seite 148). Ist für ein x $\varphi^{\wedge}(x)$ nicht in $\varphi^{\cap}(x)$ enthalten, so gehört x zu

$$\bigcup_{G \in \mathscr{B}} \bigcup_{\theta_1 \in Z} \bigcup_{\theta_1 < \theta_2 \in Z} \bigcup_{n=1}^{\infty} A(G, \theta_1, \theta_2, n) .$$

Es genügt also zu beweisen, daß die Mengen $A(G, \theta_1, \theta_2, n)$ vom Maß Null sind.

Nehmen wir an, $A(G, \theta_1, \theta_2, n)$ wäre nicht vom Maß Null. Sei d die Funktion auf X, die in jedem Punkt von X gleich der Entfernung dieses Punktes zu $X - G$ ist, und $f = d \circ \varphi$. Wir bezeichnen für jedes $\varepsilon > 0$ mit A_ε die Menge der Punkte $x \in A(G, \theta_1, \theta_2, n)$, für die $f < \frac{1}{n}$ auf $\Omega_\varepsilon(x; \theta_1, \theta_2)$ ist. Offenbar ist

$$A(G, \theta_1, \theta_2, n) = \bigcup_{\varepsilon > 0} A_\varepsilon ,$$

denn X ist kompakt, und somit existiert ein $\varepsilon > 0$, für welches A_ε ein positives Maß hat. Dann enthält A_ε eine kompakte Menge F vom positiven Maß.

Sei

$$\Omega = \bigcup_{x \in F} \Omega(x; \theta_1, \theta_2) .$$

Ω ist eine offene Menge. Sei $x + iy \notin \Omega$ $(y > 0)$. Die Halbgeraden

$$z = x + iy - t\,e^{i\theta_1}, \qquad z = x + iy - t\,e^{i\theta_2} \qquad (t \geqq 0)$$

durchschneiden die x-Achse in den Punkten x_1, x_2. Bezeichnet man mit γ das offene Segment (x_1, x_2), so ist offenbar $\gamma \cap F$ leer. Es ist

$$\omega_{x+iy}(\gamma) = \frac{\theta_2 - \theta_1}{\pi}, \qquad \omega_{x+iy}(F) \leqq 1 - \omega_{x+iy}(\gamma) = \frac{\pi - (\theta_2 - \theta_1)}{\pi} .$$

Wir haben also

$$\sup_{z \notin \Omega} \omega_z(F) \leqq \frac{\pi - (\theta_2 - \theta_1)}{\pi} < 1 ,$$

woraus

$$\int_F (k_x)_{R-\Omega}\, d\chi(x) = \left(\int_F k_x\, d\chi(x)\right)_{R-\Omega} = (\omega(F))_{R-\Omega} \neq \omega(F) = \int_F k_x\, d\chi(x)$$

folgt. Es gibt also wenigstens ein $x_0 \in F$, für welches $(k_{x_0})_{R-\Omega} \neq k_{x_0}$ ist.

Sei F' die Menge der Punkte von X, deren Entfernung zu $X-G$ nicht kleiner als $\frac{1}{n}$ ist. Wäre für jedes m

$$\varphi\left(\Omega \cap \left\{|z-x_0| < \frac{1}{m}\right\}\right) \cap F' \neq \phi ,$$

so könnte man eine Punktfolge $\{z_m\}$ aus Ω konstruieren, die gegen x_0 konvergiert, und so, daß $\varphi(z_m)$ zu F' gehört. Es gibt für jedes m ein $x_m \in F$, so daß z_m zu $\Omega(x_m; \theta_1, \theta_2)$ gehört. Für m genügend groß ist $y_m < \varepsilon$ $(z_m = x_m + i y_m)$, und wir sind auf folgende widersprechende Beziehung

$$\frac{1}{n} > f(z_m) = d(\varphi(z_m)) \geqq \frac{1}{n}$$

gestoßen. Es gibt also ein m, so daß

$$\varphi\left(\Omega \cap \left\{|z-x_0| < \frac{1}{m}\right\}\right) \subset X - F'$$

ist. Dann ist

$$\varphi^{-1}(X-F') \supset \Omega \cap \left\{|z-x_0| < \frac{1}{m}\right\},$$

und $\varphi^{-1}(X-F')$ gehört zu $\mathscr{G}_x$. Man folgert daraus

$$\varphi^{\wedge}(x_0) \subset \overline{X-F'} ,$$

was der Beziehung $x_0 \in A(G, \theta_1, \theta_2, n)$ widerspricht, und der Satz ist bewiesen.

Folgesatz 19.1. *Fast überall auf* $\{|z| = 1\}$ *ist* $\varphi^{\cap}(e^{i\theta})$ *nichtleer.*

Folgesatz 19.2. *Sei* $\varphi: R \to R'$ *eine nichtkonstante analytische Abbildung in einer beliebigen Riemannschen Fläche* R', R'^* *eine metrisierbare Kompaktifizierung von* R' *und* A' *eine polare Menge auf* R'^*. *Ist* A *die Menge der Punkte* $e^{i\theta}$, *für die* $\varphi^{\cap}(e^{i\theta}) \subset A'$ *ist, so ist* A *eine Menge vom Lebesgueschen Maß Null* (M. Ohtsuka, 1951 [1], 1956 [5]; Z. Kuramochi, 1953 [1], 1954 [3]; M. Heins, 1955 [4]; C. Constantinescu u. A. Cornea, 1959 [3], 1960 [4]; J. L. Doob, 1961 [3]).

Dieser Folgesatz geht aus den Sätzen 14.1 und 19.1 hervor. Er enthält den Satz von Riesz-Lusin-Priwaloff-Frostman-Nevanlinna.

Hilfssatz 19.1. *Enthält ein Kontinuum* γ *in* R *die Punkte* 0 *und* a, *so ist die Kapazität von* γ *nicht kleiner als die Kapazität des Segmentes* $\gamma' = [0, |a|]$.

Man kann annehmen, daß $\gamma \subset \{z \in R \mid |z| \leqq |a|\}$ ist. Sei μ' das Maß auf γ', für welches für jede reelle stetige Funktion f auf γ'

$$\int f\, d\mu' = \int f(|z|)\, d\varkappa^{\gamma}(z)$$

ist. Wir haben für $z \in \gamma$

$$p^{\mu'}(|z|) = \int g_{|z|}\, d\mu' = \int g_{|z|}(|\zeta|)\, d\varkappa^{\gamma}(\zeta) \geqq \int g_z(\zeta)\, d\varkappa^{\gamma}(\zeta) = 1$$

und somit $p^{\varkappa^{\gamma'}} \leqq p^{\mu'}$,

$$C(\gamma') = \varkappa^{\gamma'}(R) \leqq \mu'(R) = \int d\mu' = \int d\varkappa^{\gamma} = \varkappa^{\gamma}(R) = C(\gamma)\,.$$

Hilfssatz 19.2. *Es sei $\{z_n\}$ eine Punktfolge aus R, die gegen $z = 1$ konvergiert, und K_n $(n = 1, 2, \ldots)$ ein Kontinuum, das den Punkt z_n enthält und dessen hyperbolischer*[1] *Durchmesser gleich δ (eine fixe von n unabhängige Zahl) ist. Ist*

$$\lim_{n \to \infty} \frac{\arg z_n}{1 - |z_n|} = \alpha \qquad (-\infty \leqq \alpha \leqq +\infty),$$

so ist

$$\overline{\lim_{n \to \infty}}\, k_{K_n}(0) \leqq \frac{\bar{\alpha}_\delta}{1 + \alpha^2}\,,$$

$$\underline{\lim_{n \to \infty}}\, k_{K_n}(0) \geqq \frac{\underline{\alpha}_\delta}{1 + \alpha^2}\,.$$

Dabei ist

$$k = k_1 = Re\left(\frac{1 + z}{1 - z}\right)$$

und $\bar{\alpha}_\delta$, $\underline{\alpha}_\delta$ sind endliche positive Zahlen, die nur von δ abhängen.

Wir bezeichnen mit K den nichteuklidischen Kreis mit dem Zentrum in $z = 0$ und den (hyperbolischen) Radius δ und

$$\bar{\alpha} = \sup_{z \in K} k(z)\,, \qquad \omega = 1_K\,.$$

Es sei γ ein Kontinuum, das den Punkt $z = 0$ enthält, und dessen hyperbolischer Durchmesser gleich δ ist und

$$\alpha_\gamma = \inf_{z \in K} 1_\gamma(z) \leqq 1\,.$$

Es ist

$$\alpha_\gamma \geqq C(\gamma) \log \frac{1}{2 r_\delta}\,,$$

wo r_δ der Euklidische Radius von K ist. Aus dem obigen Hilfssatz erkennt man, daß

$$\alpha_0 = \inf\{\alpha_\gamma \mid \gamma \quad \text{wie oben}\} > 0$$

ist. Wir setzen

$$\underline{\alpha} = \alpha_0 \inf_{z \in K} k(z)\,.$$

[1] Die hyperbolische Metrik des Einheitskreises ist $ds = \dfrac{|dz|}{1 - |z|^2}$.

Mit T_n bezeichnen wir die eineindeutige und konforme Selbstabbildung des Einheitskreises, die den Punkt $z = 1$ fest läßt und den Punkt z_n in 0 überführt:

$$T_n(z) = \frac{z - z_n}{1 - z\bar{z}_n} \frac{1 - \bar{z}_n}{1 - z_n} .$$

$k \circ T_n^{-1}$ ist minimal und deshalb ist $k \circ T_n^{-1} = k(z_n)\, k$. Es ist

$$k_{K_n} \circ T_n^{-1} = (k \circ T_n^{-1})_{K'_n} = k(z_n)\, k_{K'_n},$$

wo $K'_n = T_n(K_n)$ ist. Wir haben $\alpha_0 \omega \leqq 1_{K'_n}$ und somit

$$\underline{\alpha}\, \omega \leqq \inf_{z \in K} k(z) \cdot 1_{K'_n} \leqq k_{K'_n} \leqq \bar{\alpha}\, \omega .$$

Daraus folgt

$$\underline{\alpha} k(z_n)\, \omega \leqq k_{K_n} \circ T_n^{-1} \leqq \bar{\alpha} k(z_n)\, \omega .$$

Schreiben wir diese Ungleichungen im Punkt $T_n(0)$, so erhalten wir

$$\underline{\alpha} k(z_n)\, \omega\, (T_n(0)) \leqq k_{K_n}(0) \leqq \bar{\alpha} k(z_n)\, \omega\, (T_n(0)) .$$

Es ist aber

$$\omega(T_n(0)) = \omega\left(-z_n \frac{1 - \bar{z}_n}{1 - z_n}\right) = \omega\left(\left|-z_n \frac{1 - \bar{z}_n}{1 - z_n}\right|\right) = \omega(r_n) ,$$

$$k(z_n) = \frac{1 - r_n^2}{(1 - r_n)^2 + 4 r_n \sin^2 \frac{\theta_n}{2}},$$

wo wir $z_n = r_n e^{i\theta_n}$ gesetzt haben. Daraus folgt

$$\underline{\alpha} \frac{2}{1 + \alpha^2} \left|\frac{\partial \omega}{\partial r}\right|_{r=1} \leqq \underline{\lim}_{n \to \infty} k_{K_n}(0) \leqq \overline{\lim}_{n \to \infty} k_{K_n}(0) \leqq \bar{\alpha} \frac{2}{1 + \alpha^2} \left|\frac{\partial \omega}{\partial r}\right|_{r=1}$$

und folglich auch die gesuchten Ungleichungen.

Sei $\{z_n\}$ eine Punktfolge in R, die gegen $e^{i\theta}$ konvergiert. Existieren die Zahlen $\theta_1, \theta_2, -\frac{\pi}{2} < \theta_1 < \theta_2 < \frac{\pi}{2}$, so daß für n genügend groß z_n zu $\Omega(e^{i\theta}; \theta_1, \theta_2)$ gehört, so bezeichnen wir das mit $z_n \to \sphericalangle z_0$. $z_n \to \sphericalangle z_0$ dann und nur dann, wenn

$$\overline{\lim_{n \to \infty}} \frac{|\theta - \arg z_n|}{1 - |z_n|} < \infty$$

ist. Wir sagen, daß *eine Menge $A \subset R$ in $e^{i\theta}$ einen* **Winkeleingang** *hat, wenn man eine Folge $\{z_n\}$ in A finden kann, für die $z_n \to \sphericalangle z_0$.*

Es sei $z_n \to \sphericalangle z_0 = 1$ und ζ_n ein Punkt, dessen hyperbolische Entfernung von z_n kleiner als δ ist. Dann ist auch $\zeta_n \to \sphericalangle z_0 = 1$. In der Tat, sei

$$\alpha' = \overline{\lim_{n \to \infty}} \frac{|\arg \zeta_n|}{1 - |\zeta_n|}$$

und K_n ein nichteuklidischer Kreis mit dem Durchmesser δ, der die Punkte z_n und ζ_n enthält. Indem wir zu einer Teilfolge übergehen, können wir annehmen, daß

$$\alpha' = \lim_{n \to \infty} \frac{|\arg \zeta_n|}{1 - |\zeta_n|},$$

$$\alpha = \lim_{n \to \infty} \frac{|\arg z_n|}{1 - |z_n|} < \infty$$

ist. Nach dem Hilfssatz 19.2 ist

$$0 < \frac{\alpha\delta}{1 + \alpha^2} \leqq \underline{\lim}_{n \to \infty} k_{K_n}(0) \leqq \overline{\lim}_{n \to \infty} k_{K_n}(0) \leqq \frac{\bar{\alpha}\delta}{1 + \alpha'^2},$$

woraus $\alpha' < \infty$ folgt.

Hilfssatz 19.3. *Es sei $\{z_n\}$ eine Folge, für die $z_n \to \sphericalangle\, z_0 = 1$, und k und K_n wie im Hilfssatz 19.2. Dann ist $k_F = k$ für $F = \bigcup_{n=1}^{\infty} K_n$.*

Es ist $k_F \geqq k_{K_n}$. Wir wählen eine konvergente Teilfolge der Folge $\{k_{K_n}\}$. Nach Hilfssatz 19.2 ist die Grenzfunktion, die wir mit u bezeichnen, nicht Null. Aus $u \leqq k_F$ folgt, daß k_F kein Potential ist, und der Hilfssatz geht aus dem Hilfssatz 11.2 hervor.

Hilfssatz 19.4. *Ist $\varphi: R \to R'$ eine analytische Abbildung und γ' eine abgeschlossene nicht nullhomotope Kurve auf R', so ist keine zusammenhängende Komponente von $\varphi^{-1}(\gamma')$ kompakt.*

Man kann annehmen, daß γ' durch keinen Bildpunkt eines Verzweigungspunktes von φ geht. Wäre dann eine zusammenhängende Komponente γ von $\varphi^{-1}(\gamma')$ kompakt, so müßte sie nullhomotop und daher auch γ' nullhomotop sein.

Hilfssatz 19.5. *Sei $\varphi: R \to R'$ eine analytische Abbildung, R'^* eine Kompaktifizierung von R', $-\frac{\pi}{2} < \theta_1 < \theta_2 < \frac{\pi}{2}$, $r > 0$ und $b' \in R'^* - \varphi^\wedge(e^{i\theta})$. Besitzt b' eine Umgebung U', $\overline{U'} \cap \varphi^\wedge(e^{i\theta}) = \phi$, so daß jede zusammenhängende Komponente von $\overline{U'} \cap R'$ entweder nicht kompakt ist oder eine nicht nullhomotope Kurve in R' enthält, oder aber nicht in $\varphi(\Omega_r(e^{i\theta}; \theta_1, \theta_2))$ enthalten ist, so gehört b' für $\varepsilon > 0$ nicht zu $\varphi(e^{i\theta}; \theta_1 + \varepsilon, \theta_2 - \varepsilon)$.*

Wir nehmen an, daß b' zu $\varphi(e^{i\theta}; \theta_1 + \varepsilon, \theta_2 - \varepsilon)$ gehört, für ein $\varepsilon > 0$. Es gibt dann eine Folge $\{z_n\}$ in $\Omega(e^{i\theta}; \theta_1 + \varepsilon, \theta_2 - \varepsilon)$, $z_n \to \sphericalangle\, e^{i\theta}$, $\varphi(z_n) \in U'$. Sei F'_n die zusammenhängende Komponente von $\overline{U'} \cap R'$, die $\varphi(z_n)$ enthält. Ist F'_n nicht kompakt oder enthält es eine nicht nullhomotope Kurve in R', so ist wegen des Hilfssatzes 19.4 die zusammenhängende Komponente von $\varphi^{-1}(F'_n)$, die z_n enthält, nicht kompakt. Ist das nicht der Fall, so ist F'_n nicht in $\varphi(\Omega_r(e^{i\theta}; \theta_1, \theta_2))$ enthalten. Daraus folgt, daß die zusammenhängende Komponente von $\varphi^{-1}(F'_n)$, die z_n enthält, Punkte außerhalb $\Omega_r(e^{i\theta}; \theta_1, \theta_2)$ besitzt. Ihr hyperbolischer Durchmesser ist somit — für n genügend groß — größer als eine nur von θ_1, θ_2, ε abhängige positive Zahl δ. Es gibt also für jedes genügend große n eine zusammenhängende abgeschlossene Menge K_n, deren hyperbolischer Durchmesser gleich δ ist, die z_n enthält, und deren φ-Bild in $\overline{U}'$ liegt. Aus dem Hilfssatz 9.3 ergibt sich

$$k_b = (k_b)_{\bigcup\limits_{n=1}^{\infty} K_n} \leqq (k_b)_{\varphi^{-1}(\overline{U}')}, \qquad k_b = (k_b)_{\varphi^{-1}(\overline{U}')},$$

$$\varphi^{-1}(R'^* - \overline{U}') \notin \mathcal{G}_{e^{i\theta}},$$

was widersprechend ist.

Wir sagen, daß die Kompaktifizierung R^* einer beliebigen Riemannschen Fläche R die **Eigenschaft (E)** *besitzt, wenn für je zwei Punkte $b_1, b_2 \in \Delta$ eine offene Menge G in R^* existiert, für die $b_1 \in G$, $b_2 \notin \overline{G}$ und alle zusammenhängenden Komponenten von $R \cap G$ nicht kompakt sind. Die Martinsche und die Kuramochische Kompaktifizierung besitzt die Eigenschaft (E).* Es seien nämlich $b_1, b_2 \in \Delta_M$ und $f \in M$ mit $f(b_1) < f(b_2)$. Es gibt eine kompakte Menge K und eine reelle Funktion ψ auf $Rd K$, so daß auf $R - K$

$$f = \frac{H_\psi^{R-K}}{H_1^{R-K}}$$

ist. Sei U ein relativ kompaktes Gebiet, das K enthält und dessen Rand aus endlich vielen analytischen Jordankurven besteht. Ist α eine reelle Zahl, so hat die Menge $\{a \in R - U \mid f(a) \leqq \alpha\}$ nur endlich viele kompakte zusammenhängende Komponenten, und wir können als Menge G die Menge

$$\{a \in R^* - \overline{U} \mid f(a) < \alpha\}$$

nehmen, von der man alle relativ kompakten zusammenhängenden Komponenten entfernt hat. Der Beweis, daß die Kuramochische Kompaktifizierung die Eigenschaft (E) besitzt, verläuft ganz ähnlich.

Satz 19.2. *Sei $\varphi: R \to R'$ eine analytische Abbildung, R'^* eine Kompaktifizierung von R', die die Eigenschaft (E) besitzt, und $e^{i\theta} \in \mathcal{F}(\varphi)$. Ist R'^* nicht der Kugel homöomorph oder existiert ein Punkt $a' \in R'^*$, $a' \neq \hat{\varphi}(e^{i\theta})$ für welchen $\varphi^{-1}(a')$ keinen Winkeleingang in $e^{i\theta}$ hat*[1], *so ist $\hat{\varphi}(e^{i\theta})$ der Winkelgrenzwert von φ in $e^{i\theta}$:*

$$\varphi^{\cup}(e^{i\theta}) = \{\hat{\varphi}(e^{i\theta})\}$$

(C. Constantinescu u. A. Cornea, 1959 [3], 1960 [4]).

Sei $b' \neq \hat{\varphi}(e^{i\theta})$. Wir wollen zeigen, daß man für jedes $-\frac{\pi}{2} < \theta_1 < \theta_2 < \frac{\pi}{2}$ eine Umgebung U' von b' finden kann, die die Bedingungen des vorangehenden Hilfssatzes erfüllt. Gehören b' und $\hat{\varphi}(e^{i\theta})$ zu Δ', so folgt das aus der Eigenschaft (E) der Kompaktifizierung R'^*. Gehört

[1] Die ausgelassenen Fälle können nur unter folgenden drei Umständen vorkommen: a) R' die Riemannsche Kugel; b) $R' = \{|z| < \infty\}$ und R'^* die Alexandroffsche Kompaktifizierung; c) $R' = \{|z| < 1\}$ und R'^* die Alexandroffsche Kompaktifizierung. Enthält nämlich Δ mehr als einen Punkt, so kann man a' in $\Delta - \{\hat{\varphi}(e^{i\theta})\}$ nehmen und $\varphi^{-1}(a')$ ist leer. Besteht Δ nur aus einem Punkt oder ist Δ leer und R' nicht einfach zusammenhängend, so ist R'^* der Kugel nicht homöomorph.

$\hat{\varphi}(e^{i\theta})$ zu R', so nehmen wir $U' = R'^* - \overline{V}'$, wo V' eine Kreisscheibe bezeichnet, die $\hat{\varphi}(e^{i\theta})$ enthält, $b' \notin \overline{V}'$, und im Fall, daß R' die Riemannsche Kugel ist, $a' \notin \overline{V}'$. Es bleibt also nur den Fall $\hat{\varphi}(e^{i\theta}) \in \Delta'$, $b' \in R'$ zu betrachten. Ist R' nicht einfach zusammenhängend, so kann man als U' ein relativ kompaktes Gebiet nehmen, das eine nicht nullhomotope Kurve in R' enthält. Reduziert sich Δ' nicht zu $\hat{\varphi}(e^{i\theta})$, so nehmen wir einen Punkt $b'_0 \in \Delta' - \{\hat{\varphi}(e^{i\theta})\}$. Wegen der Eigenschaft (E) besitzt b'_0 eine Umgebung U'_0, $\hat{\varphi}(e^{i\theta}) \notin \overline{U}'_0$, so daß alle zusammenhängenden Komponenten von $\overline{U}'_0 \cap R'$ nicht kompakt sind. Wir nehmen $U' = U'_0 \cup V'$, wo V' eine Kreisscheibe ist, die b' enthält und einen gemeinsamen Punkt mit U'_0 besitzt. Ist R' einfach zusammenhängend und reduziert sich Δ auf $\hat{\varphi}(e^{i\theta})$, so ist R'^* der Kugel homöomorph. Wir nehmen als Umgebung U' eine Kreisscheibe, die b' und a' enthält.

Aus dem vorangehenden Hilfssatz folgt, daß b' zu $\varphi(e^{i\theta}; \theta_1 + \varepsilon, \theta_2 - \varepsilon)$ nicht gehört. Da θ_1, θ_2, ε beliebig sind, gehört b' nicht zu $\varphi^{\cup}(e^{i\theta})$ und

$$\varphi^{\cup}(e^{i\theta}) = \{\hat{\varphi}(e^{i\theta})\}.$$

Der Satz ist nicht immer gültig, wenn die Kompaktifizierung R'^* die Eigenschaft (E) nicht besitzt. Es sei nämlich $R' = \{|z| < 1\}$ und $\{V'_n\}$ eine Folge von paarweise punktfremden Kreisscheiben in R', deren Mittelpunkte z_n auf der reellen Achse liegen und gegen 1 konvergieren und für die

$$(k_1)_{\bigcup\limits_{n=1}^{\infty} \overline{V}'_n} \neq k_1$$

ist. Sei f' eine stetige Funktion auf R', deren Träger in $\bigcup\limits_{n=1}^{\infty} V'_n$ liegt und in z_n gleich 1 ist, und es sei noch $Q' = \{f'\}$. Die Kompaktifizierung $R'^*_{Q'}$ ist eine metrisierbare Kompaktifizierung, die die Eigenschaft (E) nicht besitzt. Ist $\varphi : R \to R'$ die identische Abbildung, so ist

$$\varphi^{\cup}(1) = \Delta' \neq \{b' \in \Delta' \mid f'(b') = 0\} = \hat{\varphi}(1).$$

Der im Satz ausgeschlossene Fall ist wirklich ein Ausnahmefall. Es gibt nämlich eine analytische Funktion φ auf R, für die $z = 1 \in \mathscr{F}(\varphi)$ und $\hat{\varphi}(1) = \infty$ ist, wogegen $\varphi^{\cup}(1)$ gleich der ganzen Riemannschen Kugel ist. Es gibt auch eine meromorphe Funktion φ auf R, für die für keine $e^{i\theta}$ $\varphi^{\cup}(e^{i\theta})$ aus einem Punkt besteht, wogegen $\mathscr{F}(\varphi)$ vom Lebesgueschen Maß 2π ist (C. Constantinescu u. A. Cornea, 1960 [4]). Ist aber R' eine hyperbolische einfach zusammenhängende Riemannsche Fläche, R'^* die Alexandroffsche Kompaktifizierung von R' (dann ist R'^* der Kugel homöomorph) und $\hat{\varphi}(e^{i\theta})$ der Alexandroffsche Punkt, so ist $\varphi^{\cup}(e^{i\theta}) = \{\hat{\varphi}(e^{i\theta})\}$, obwohl man diese Tatsache nicht aus dem Satz 19.2 schließen kann. Dieser Fall ist in dem folgenden Satz eingeschlossen.

Folgesatz 19.3. *Es sei R' die Riemannsche Kugel. Existiert ein $w_0 \in R'$ derart, daß die Reihe*

$$\sum_{f(z_n)=w_0} (1-|z_n|)$$

konvergiert, so ist fast überall auf $\mathscr{F}(\varphi)$

$$\varphi^{\cup}(e^{i\theta}) = \{\hat{\varphi}(e^{i\theta})\}.$$

Es sei A_1 die Menge der Punkte $e^{i\theta}$, wo $\{z_n\}$ einen Winkeleingang hat. Enthält $\Omega_{\cos\alpha}(e^{i\theta}; -\alpha, \alpha)$ den Punkt $z_n = r_n e^{i\theta_n}$ so ist

$$|\theta_n - \theta| < (1 - r_n)\,\beta(\alpha),$$

wo $\beta(\alpha)$ eine nur von α abhängige positive Zahl ist. Es sei B_α die Menge der Punkte $e^{i\theta}$, für die $\Omega_{\cos\alpha}(e^{i\theta}; -\alpha, \alpha)$ unendlich viele z_n enthält; dann ist

$$\chi(B_\alpha) \leqq \beta(\alpha) \sum_{n=m}^{\infty} (1 - r_n) < \infty$$

für ein beliebiges m, und somit ist B_α vom Lebesgueschen Maß Null. Da aber $A_1 \subset \bigcup_{\alpha < \frac{\pi}{2}} B_\alpha$ ist, so ist A_1 vom Lebesgueschen Maß Null.

Es sei

$$A_2 = \{e^{i\theta} \in \mathscr{F}(\varphi) \mid \hat{\varphi}(e^{i\theta}) = w_0\}.$$

Aus dem Satz 14.1 ist zu ersehen, daß auch A_2 vom Lebesgueschen Maß Null ist. Ist $e^{i\theta} \in \mathscr{F}(\varphi) - A_1 - A_2$, so folgt aus dem Satz, daß φ in $e^{i\theta}$ den Winkelgrenzwert $\hat{\varphi}(e^{i\theta})$ hat.

Folgesatz 19.4 (Fatou-Nevanlinna). *Eine beschränktartige meromorphe Funktion besitzt fast überall auf $\{|z| = 1\}$ Winkelgrenzwerte.*

Nach Satz 14.4 ist $\hat{f}$ fast überall definiert, und, da die Bedingung

$$\sum_{f(z_n)=w_0} (1-|z_n|) < \infty$$

für alle Punkte $w_0 \in R'$ erfüllt ist, erhalten wir sofort diesen Folgesatz aus dem vorangehenden Folgesatz.

Der Folgesatz wurde bewiesen, ohne im voraus zu zeigen, daß jede beschränktartige Funktion als Verhältnis zweier beschränkter analytischer Funktionen darstellbar ist. Die Eigenschaft d) von $\hat{\varphi}$ (Hilfssatz 14.2) erlaubt uns die Behauptung, daß φ fast überall einen Winkelgrenzwert hat, etwas zu verschärfen. Man kann nämlich sagen, daß fast alle $e^{i\theta}$ folgende Eigenschaft besitzen: Es sei F eine abgeschlossene Menge in R, für die $R - F \notin \mathscr{G}_{e^{i\theta}}$ ist (F kann diese Bedingung erfüllen, ohne im Punkt $e^{i\theta}$ einen Winkeleingang zu haben); man kann dann eine Folge $\{z_n\}$ auf F finden, die gegen $e^{i\theta}$ konvergiert, und für die $\{\varphi(z_n)\}$ gegen $\hat{\varphi}(e^{i\theta})$ konvergiert.

Eine reelle Funktion f auf einem metrischen Raum T heißt gleichmäßig stetig bezüglich dieser Metrik, wenn für jedes $\varepsilon > 0$ ein $\delta > 0$ existiert, so daß

$$|f(a) - f(b)| < \varepsilon$$

für je zwei Punkte $a, b \in T$ ist, deren Entfernung nicht größer als δ ist. *Eine Abbildung φ von R in einem kompakten Raum X heißt* **normal,** *wenn für jedes $f \in C(X)$ $f \circ \varphi$ gleichmäßig stetig bezüglich der hyperbolischen Metrik von R ist*[1]. Ist X die Riemannsche Kugel und φ meromorph, so fällt dieser Begriff mit dem von O. LEHTO u. K. I. VIRTANEN, 1957 [1] eingeführten Begriff zusammen. Ist R' eine Riemannsche Fläche mit hyperbolischer universeller Überlagerungsfläche und Q' eine Klasse von bezüglich der hyperbolischen Metrik von R' gleichmäßig stetigen reellen Funktionen, so ist jede analytische Abbildung von R in R' eine normale Abbildung von R in $R'^*_{Q'}$. Man kann zeigen, daß die Funktionen aus den Klassen M, N, die in der Martinschen und Kuramochischen Kompaktifizierungen benutzt wurden, bezüglich der hyperbolischen Metrik von R' gleichmäßig stetig sind. Ist also die universelle Überlagerungsfläche von R' hyperbolisch, so sind für jede analytische Abbildung $\varphi: R \to R'$ die Abbildungen $R \to R'^*_M$, $R \to R'^*_N$ normal (C. CONSTANTINESCU u. A. CORNEA 1963 [8]).

Satz 19.3. *Ist X kompakt und $\varphi: R \to X$ eine normale Abbildung, so ist*

$$\varphi^{\cup}(e^{i\theta}) \subset \varphi^{\wedge}(e^{i\theta})$$

(J. L. DOOB, 1961 [3]).

Sei $a' \in \varphi^{\cup}(e^{i\theta}) - \varphi^{\wedge}(e^{i\theta})$ und f eine stetige beschränkte Funktion auf X, die auf $\varphi^{\wedge}(e^{i\theta})$ gleich 0 und in a' gleich 1 ist. Es gibt dann eine Folge $\{z_n\}$ in R, $z_n \to \measuredangle\, e^{i\theta}$, so daß $f(\varphi(z_n)) > \frac{2}{3}$ ist. Sei T_n eine eineindeutige und konforme Selbstabbildung von R, die 0 in z_n überführt. Da φ normal ist, existiert eine Umgebung U von 0, so daß für $z \in U$

$$|f(\varphi(T_n(0))) - f(\varphi(T_n(z)))| < \frac{1}{3}$$

ist. Für $z \in T_n(U)$ ist also

$$f(\varphi(z)) > \frac{1}{3}.$$

Da die Mengen $T_n(\overline{U})$ denselben hyperbolischen Durchmesser haben, gehört $R - \bigcup_{n=1}^{\infty} T_n(\overline{U})$ nicht zu $\mathscr{G}_{e^{i\theta}}$ (Hilfssatz 19.3). Wegen des Hilfssatzes 14.1 a) gehört $\varphi^{-1}\left(\left\{b' \in X \mid f(b') < \frac{1}{3}\right\}\right)$ zu $\mathscr{G}_{e^{i\theta}}$ und wir sind auf

[1] d. h. φ ist gleichmäßig stetig als Abbildung von R in X, wo R und X als uniforme Räume betrachtet sind. Dieser Begriff ist auch in dem Fall einführbar, wenn R eine beliebige Riemannsche Fläche mit einer hyperbolischen universellen Überlagerungsfläche und X ein uniformer Raum ist.

einen Widerspruch gestoßen, weil diese Menge in $R - \bigcup_{n=1}^{\infty} T_n(\overline{U})$ enthalten ist.

Satz 19.4. *Sei $\varphi: R \to R'$ eine Fatousche Abbildung und R'^* eine metrisierbare resolutive Kompaktifizierung von R'. Ist R' nicht die Riemannsche Kugel und besitzt R'^* die Eigenschaft (E) oder ist φ als Abbildung von R in R'^* normal, so besitzt φ fast überall auf $\{|z| = 1\}$ Winkelgrenzwerte* (C. Constantinescu u. A. Cornea, 1960 [4]).

Gemäß dem Satz 14.4 ist $\hat{\varphi}$ fast überall auf $\{|z| = 1\}$ definiert. Die zweite Behauptung folgt sofort aus dem vorangehenden Satz. Wir nehmen jetzt an, daß R' nicht die Riemannsche Kugel ist, und die Kompaktifizierung R'^* die Eigenschaft (E) besitzt. Ist R'^* nicht der Kugel homöomorph, so erkennt man mittels des Satzes 19.2, daß φ fast überall auf $\{|z| = 1\}$ Winkelgrenzwerte besitzt. Sei R'^* der Kugel homöomorph und besitze Δ' mehr als einen Punkt. Gehört $e^{i\theta}$ zu $\mathcal{F}(\varphi)$, so nehmen wir einen Punkt $a' \in \Delta' - \{\hat{\varphi}(e^{i\theta})\}$; da $\varphi^{-1}(a')$ leer ist, ist nach dem Satz 19.2 $\varphi^{\cup}(e^{i\theta}) = \{\hat{\varphi}(e^{i\theta})\}$. φ besitzt also auch in diesem Fall fast überall Winkelgrenzwerte. Es bleiben also nur zwei Fälle zu untersuchen, und zwar $R' = \{|z| < \infty\}$ und $R' = \{|z| < 1\}$, wo R'^* die Alexandroffsche Kompaktifizierung ist. Für den ersten Fall bemerken wir, daß wegen des Satzes 14.1 $\hat{\varphi}(e^{i\theta})$ nur für eine Menge vom Maß Null gleich ∞ sein kann. Es ist also für fast alle $e^{i\theta}$ $\hat{\varphi}$ definiert und von ∞ verschieden. Nehmen wir $a' = \infty$, so ergibt sich gleichfalls aus dem Satz 19.2, daß φ fast überall auf $\{|z| = 1\}$ Winkelgrenzwerte besitzt. Ist $R' = \{|z| < 1\}$ und R'^* die Alexandroffsche Kompaktifizierung, so ist $\varphi: R \to R'^*$ eine normale Abbildung und die Behauptung des Satzes ergibt sich jetzt aus dem Satz 19.3.

Sei $\varphi: R \to R'$ eine analytische Abbildung und R'^* eine metrisierbare Kompaktifizierung von R'. Besitzt R'^* die Eigenschaft (E) oder ist $\varphi: R \to R'^*$ normal, so kann man den Plessnerschen Satz beweisen: *fast überall auf $\{|z| = 1\}$ ist entweder $\varphi^{\cup}(e^{i\theta})$ ein Punkt oder $\varphi^{\cap}(e^{i\theta}) = R'^*$.* Ist nämlich R' nicht die Riemannsche Kugel, so ergibt sich diese Behauptung aus den Sätzen 14.3, 14.1, 19.1, 19.2, 19.3. Ist R' die Riemannsche Kugel, so muß man den direkten Beweis von Plessner benutzen, weil die obigen Betrachtungen diesen Fall ausschließen.

Wir wollen jetzt zeigen, daß der Satz 18.1 für $R = \{|z| < 1\}$ den Satz von Beurling enthält. Zu diesem Zweck identifizieren wir den Kuramochischen idealen Rand mit $\{|z| = 1\}$. Als Kreisscheibe K_0 nehmen wir $\left\{|z| < \frac{1}{2}\right\}$. Aus Symmetriegründen sind Δ_0, Δ_1 entweder leer oder gleich Δ. Da Δ_1 nichtleer ist, ist $\Delta_0 = \phi$, $\Delta_1 = \Delta$. Bezeichnet man mit $\underline{R}$ den Kreisring $\left\{\frac{1}{2} < |z| < 2\right\}$, so ist für $a \in R_0 = R - K_0$

$$\tilde{g}_a^{R, K_0} = g_a^{\underline{R}} + g_{\underline{a}}^{\underline{R}} \qquad \left(\underline{a} = \frac{1}{\bar{a}}\right).$$

Die vollsuperharmonischen Funktionen auf R_0 sind genau die Einschränkungen auf R_0 der superharmonischen Funktionen auf $\underline{R}$, die symmetrisch in bezug auf $\{|z| = 1\}$ sind. Die Kuramochische Kapazität in bezug auf K_0 einer Menge $A \subset \Delta$ ist gleich der Hälfte der Kapazität von A auf $\underline{R}$. Insbesondere ist eine Menge $A \subset \Delta$ dann und nur dann von der Kuramochischen Kapazität Null, wenn ihre Kapazität bezüglich $\underline{R}$ verschwindet; das ist gleichbedeutend mit „die logarithmische Kapazität von A verschwindet".

Hilfssatz 19.6. *Sei K ein Kontinuum in R, das die Punkte* 0 *und a enthält. Dann ist für $|z| \leqq |a| < \frac{1}{3}$*

$$1_K(z) \geqq 1 - \frac{3}{\log \frac{2}{|a|}}.$$

Sei γ die zusammenhängende Komponente von $K \cap \{z \in R \mid |z| \leqq |a|\}$, die den Nullpunkt enthält. Es ist

$$1_K(z) \geqq 1_\gamma(z) = p^{\varkappa^\gamma}(z) = \int g_z(\zeta)\, d\varkappa^\gamma(\zeta) \geqq \varkappa^\gamma(\gamma) \log \frac{1}{2|a|} = C(\gamma) \log \frac{1}{2|a|}.$$

Gemäß dem Hilfssatz 19.1 ist $C(\gamma)$ nicht kleiner als die Kapazität des Segments $\gamma' = [0, r]$ $(r = |a|)$, denn γ hat einen Punkt auf dem Kreis $\{|z| = r\}$.

Um die Kapazität von γ' zu schätzen, nehmen wir die Funktion $\sqrt{z(z-r)}$. Sie ist auf $R - \gamma'$ eindeutig. Wir bezeichnen mit w denjenigen Zweig, welcher in $z = 1$ positiv ist. Dann ist die Funktion

$$z \to \frac{\log \left| \dfrac{1-r}{z + w(z) - \dfrac{r}{2}} \right|}{\log \dfrac{2(1-r)}{r}}$$

auf $R - \gamma'$ harmonisch, auf γ' gleich 1 und auf $\{|z| = 1\}$ nichtpositiv. Es ist also

$$1_{\gamma'}(z) \geqq \frac{\log \left| \dfrac{1-r}{z + w(z) - \dfrac{r}{2}} \right|}{\log \dfrac{2(1-r)}{r}},$$

$$C(\gamma') \log \frac{1}{2r} \geqq \int g_{-2r}(\zeta)\, d\varkappa^{\gamma'}(\zeta) = p^{\varkappa^{\gamma'}}(-2r) \geqq \frac{\log \left| \dfrac{1-r}{-\dfrac{5r}{2} - r\sqrt{6}} \right|}{\log \dfrac{2(1-r)}{r}} \geqq$$

$$\geqq \frac{\log \dfrac{(1-r)}{5r}}{\log \dfrac{2(1-r)}{r}} \geqq \frac{\log \dfrac{2}{15r}}{\log \dfrac{2}{r}} \geqq 1 - \frac{\log e^3}{\log \dfrac{2}{r}}.$$

Hilfssatz 19.7. *Sei $\{z_n\}$ eine Punktfolge, die gegen $z_0 = 0$ konvergiert, α eine positive Zahl und für jedes n K_n ein Kontinuum, das den Punkt z_n enthält und dessen Euklidischer Durchmesser nicht kleiner als $\alpha|z_n|$ ist. Dann ist*

$$\varliminf_{n\to\infty} (g_{z_0}^R)_{K_n} > 0 .$$

Man kann annehmen, daß der Durchmesser von K_n gleich $\alpha|z_n|$ ist. Sei T_n eine eineindeutige und konforme Selbstabbildung von R, die den Punkt z_n im Nullpunkt überführt und $K'_n = T_n(K_n)$. K'_n enthält einen Punkt auf dem Kreis $\left\{|z| = \frac{\alpha|z_n|}{2}\right\}$. Nach dem Hilfssatz 19.6 ist für n genügend groß und $|z| \leqq \frac{\alpha|z_n|}{2}$

$$1_{K'_n}(z) \geqq \frac{1}{2} .$$

Daraus folgt für $z \in R$

$$1_{K'_n}(z) \geqq \frac{1}{2}\, min\left(\frac{log\frac{1}{|z|}}{log\frac{2}{\alpha|z_n|}}, 1\right),$$

$$1_{K_n} = 1_{K'_n} \circ T_n \geqq \frac{1}{2}\, min\left(\frac{log\frac{1}{|T_n|}}{log\frac{2}{\alpha|z_n|}}, 1\right),$$

$$(g_{z_0}^R)_{K_n} \geqq 1_{K_n}\, \min_{z\in K_n} g_{z_0}^R(z) \geqq \frac{1}{2}\, log\frac{1}{|z_n|\,(1+\alpha)}\, min\left(\frac{log\frac{1}{|T_n|}}{log\frac{2}{\alpha|z_n|}}, 1\right),$$

$$\varliminf_{n\to\infty} (g_{z_0}^R)_{K_n}\left(\frac{1}{2}\right) \geqq \frac{1}{2}\, \varliminf \frac{log\frac{1}{|z_n|\,(1+\alpha)}\, log\frac{1}{\left|T_n\left(\frac{1}{2}\right)\right|}}{log\frac{2}{\alpha|z_n|}} = \frac{log 2}{2} > 0 .$$

Hilfssatz 19.8. *Sei $\{z_n\}$ eine Punktfolge in R, $z_n \to \sphericalangle\, e^{i\theta}$ und K_n ein Kontinuum in R, das den Punkt z_n enthält und dessen hyperbolischer Durchmesser nicht kleiner als δ (eine von n unabhängige Zahl) ist. Dann ist $\tilde{g}_{e^{i\theta}\tilde{F}} = \tilde{g}_{e^{i\theta}}$, wo $F = \bigcup_{n=1}^{\infty} K_n$ gesetzt wurde.*

Für den Beweis benutzen wir die lineare Abbildung

$$z \to -3i\,\frac{z - e^{i\theta}}{z + e^{i\theta}} .$$

Dabei behalten wir die Bezeichnungen $R, R_0, K_0, \underline{R}, z_n, K_n$. R ist also die Halbebene $\{y > 0\}$, K_0 der Kreis $\{|z - 5i| < 4\}$,

$$\underline{R} = \{|z - 5i| > 4,\ |z + 5i| > 4\},$$

$$\varliminf_{n\to\infty} \frac{y_n}{|x_n|} > 0 ,$$

und der Euklidische Durchmesser von K_n ist nicht kleiner als $\alpha|z_n|$, für ein $\alpha > 0$. Auf R_0 haben wir $\tilde{g}^R_{z_0} = 2g^{\underline{R}}_{z_0}$ $(z_0 = 0)$. Setzt man $\Omega = \{|z| < 1\}$, so haben wir auf Ω

$$(g^{\underline{R}}_{z_0})_{K_n} \geqq (g^{\Omega}_{z_0})_{K_n},$$

wo $(g^{\underline{R}}_{z_0})_{K_n}$ auf $\underline{R}$ und $(g^{\Omega}_{z_0})_{K_n}$ auf Ω gebildet wurde. Aus dem vorangehenden Hilfssatz ergibt sich

$$\varliminf_{n \to \infty} (g^{\underline{R}}_{z_0})_{K_n} > 0 .$$

Indem man zu einer Teilfolge übergeht, kann man annehmen, daß $\{(g^{\underline{R}}_{z_0})_{K_n}\}$ konvergent ist; sei u ihre Grenzfunktion. Offenbar muß u zu $g^{\underline{R}}_{z_0}$ proportional sein: $u = \alpha_0 g^{\underline{R}}_{z_0}$. Hieraus erhält man

$$(g^{\underline{R}}_{z_0})_F \geqq \varliminf_{n \to \infty} (g^{\underline{R}}_{z_0})_{K_n} \geqq \alpha_0 g^{\underline{R}}_{z_0} .$$

Die Funktion $g^{\underline{R}}_{z_0}$ ist minimal auf $\underline{R} - \{z_0\}$ und aus dem Hilfssatz **11.2** ergibt sich

$$(g^{\underline{R}}_{z_0})_F = g^{\underline{R}}_{z_0} .$$

Nun ist aber

$$(\tilde{g}^R_{z_0})_{\tilde{F}} \geqq (2 g^{\underline{R}}_{z_0})_F = 2\,(g^{\underline{R}}_{z_0})_F$$

und somit

$$(\tilde{g}^R_{z_0})_{\tilde{F}} = \tilde{g}^R_{z_0} .$$

Mittels dieses Hilfssatzes kann man den Hilfssatz 19.5 für $\varphi^\vee$ *anstelle von* $\varphi^\wedge$ *beweisen. Daraus folgt, daß die Sätze 19.2 und 19.3 auch für* $\varphi^\vee$ *anstelle von* $\varphi^\wedge$ *gültig sind.*

Satz 19.5. *Sei* $\varphi: R \to R'$ *eine Dirichletsche Abbildung und* R'^* *eine metrisierbare Kompaktifizierung von* R', *die ein Quotientenraum von* R'^*_D *ist. Besitzt die Kompaktifizierung* R'^* *die Eigenschaft (E) oder ist die Abbildung* $\varphi: R \to R'^*$ *normal, so besitzt* φ *quasi überall auf* $\{|z| = 1\}$ *Winkelgrenzwerte* (C. Constantinescu u. A. Cornea, 1962 [6]).

Aus dem Satz **18.1** geht hervor, daß $\check{\varphi}$ quasi überall auf $\{|z| = 1\}$ definiert ist. Die zweite Behauptung des Satzes ergibt sich daraus und aus dem Satz **19.3** mittels der obigen Betrachtungen. Für die erste Behauptung, sei $e^{i\theta}$ ein Punkt, wo $\check{\varphi}$ definiert ist, und $\{z_n\}$ eine Punktfolge aus R, $z_n \to \measuredangle\, e^{i\theta}$, für die $\{\varphi(z_n)\}$ konvergent und

$$a' = \lim_{n \to \infty} \varphi(z_n) \neq \check{\varphi}(e^{i\theta})$$

ist. Seien U', V' zwei punktfremde Umgebungen von $\check{\varphi}(e^{i\theta})$ und a'. Gehört a' zu R', so nehmen wir als V' eine Kreisscheibe. Nur endlich viele zusammenhängende Komponenten von $\varphi^{-1}(\overline{V'})$ können kompakt sein (Satz 10.8). Gehört a' zu Δ' und $\check{\varphi}(e^{i\theta})$ zu R', so nehmen wir als U' eine Kreisscheibe und $V' = R'^* - \overline{U'}$. Gehören beide zu Δ, so kann man wegen der Eigenschaft (E) V' so nehmen, daß alle zusammenhängenden

Komponenten von $\overline{V}' \cap R'$ nicht kompakt sind. In diesen beiden letzteren Fällen sind alle zusammenhängenden Komponenten von $\varphi^{-1}(\overline{V}')$ nicht kompakt. Man beweist jetzt genau wie im Hilfssatz 19.5., daß $\varphi^{-1}(U')$ nicht zu $\widetilde{\mathcal{G}}_{e^{i\theta}}$ gehört, was widersprechend ist. Man folgert daraus, daß φ in $e^{i\theta}$ den Winkelgrenzwert $\check{\varphi}(e^{i\theta})$ hat, und der Satz ist bewiesen.

Satz 19.6. *Sei s eine superharmonische Funktion auf R und α eine reelle Zahl. Gehört $\{a \in R \mid s(a) > \alpha\}$ zu $\mathcal{G}_{e^{i\theta}}$ oder zu $\widetilde{\mathcal{G}}_{e^{i\theta}}$, so existiert für jedes $-\frac{\pi}{2} < \theta_1 < \theta_2 < \frac{\pi}{2}$ ein $r > 0$, so daß $\Omega_r(e^{i\theta}; \theta_1, \theta_2) \subset \{a \in R \mid s(a) > \alpha\}$ ist. Insbesondere sind alle Winkelgrenzwerte von s in $e^{i\theta}$ nicht kleiner als α.*

Wir setzen

$$F = \{a \in R \mid s(a) \leqq \alpha\}.$$

Wegen des Minimumprinzips kann keine zusammenhängende Komponente von F kompakt sein. Sei $\{z_n\}$ eine Folge aus F, die gegen $e^{i\theta}$ konvergiert. Man kann für jedes n ein Kontinuum K_n finden, derart, daß $z_n \in K_n \subset F$ und der hyperbolische Durchmesser von K_n gleich 1 ist. Aus den Hilfssätzen 19.3 und 19.8 erkennt man, daß $z_n \to \sphericalangle\, e^{i\theta}$ zu einem Widerspruch führt, woraus die Behauptung des Satzes folgt.

Die Bezeichnungen $\varphi^{\cup}$, $\varphi^{\wedge}$, $\varphi^{\vee}$ wurden nur für stetige Abbildungen φ eingeführt. Wir werden sie im folgenden auch für nichtstetige Abbildungen φ benutzen.

Folgesatz 19.5. *Sei s (bzw. s') eine superharmonische (bzw. positive subharmonische) Funktion auf R, $\varphi = \frac{s}{s'}$ und α die untere Grenze der Menge $\varphi^{\wedge}(e^{i\theta}) \cap \varphi^{\vee}(e^{i\theta})$.*

a) *Ist α positiv oder s' harmonisch, so ist $\varphi^{\cup}(e^{i\theta}) \subset [\alpha, +\infty]$.*

b) *Sind s, s' harmonisch, so ist $\varphi^{\cup}(e^{i\theta}) \subset \varphi^{\wedge}(e^{i\theta}) \cap \varphi^{\vee}(e^{i\theta})$*[1].

a) Es genügt den Fall $\alpha \neq -\infty$ zu betrachten. Sei β eine reelle Zahl, $\beta < \alpha$, $\beta > 0$ falls α positiv ist. Dann ist $s - \beta s'$ eine superharmonische Funktion und $\{a \in R \mid s(a) - \beta s'(a) > 0\}$ gehört zu $\mathcal{G}_{e^{i\theta}}$ oder zu $\widetilde{\mathcal{G}}_{e^{i\theta}}$, und die Behauptung ergibt sich jetzt aus dem Satz.

b) Die Menge $\varphi^{\wedge}(e^{i\theta}) \cap \varphi^{\vee}(e^{i\theta})$ ist offenbar zusammenhängend. Sei α (bzw. β) die untere (bzw. obere) Grenze der Menge $\varphi^{\wedge}(e^{i\theta}) \cap \varphi^{\vee}(e^{i\theta})$. Aus a) folgt

$$\varphi^{\cup}(e^{i\theta}) \subset [\alpha, +\infty], \quad (-\varphi)^{\cup}(e^{i\theta}) \subset [-\beta, +\infty],$$
$$\varphi^{\cup}(e^{i\theta}) \subset [-\infty, \beta], \quad \varphi^{\cup}(e^{i\theta}) \subset [\alpha, \beta].$$

Literaturverzeichnis

Ahlfors, L. V., and A. Beurling: [1] Conformal invariants and function theoretic null-sets. Acta Math. **83**, 101—129 (1950).

Bauer, H.: [1] Axiomatische Behandlung des Dirichletschen Problems für elliptische und parabolische Differentialgleichungen. Math. Ann. **146**, 1—59 (1962).

[1] Die Beziehung $\varphi^{\cup}(e^{i\theta}) \subset \varphi^{\wedge}(e^{i\theta})$ wurde uns von M. Brelot mitgeteilt.

BADER, R., et. M. PARREAU: [1] Domaines non compacts et classification des surfaces de Riemann. C. R. Acad. Sci. (Paris) **232**, 138—139 (1951).

BRELOT, M.: [1] Sur le principe des singularités positives et la topologie de R. S. Martin. Ann. Univ. Grenoble **23**, 113—138 (1948). — [2] Principe et problème de Dirichlet dans les espaces de Green. C. R. Acad. Sci. (Paris) **235**, 598—600 (1952). — [3] Le problème de Dirichlet avec la frontière de Martin. C. R. Acad. Sci. (Paris) **240**, 142—144 (1955). — [4] Le problème de Dirichlet. Axiomatique et frontière de Martin. J. math. pures. appl. **35**, 297—335 (1956).

BRELOT, M., et G. CHOQUET: [1] Espaces et lignes de Green. Ann. Inst. Fourier **3**, 199—264 (1952).

CONSTANTINESCU, C.: [1] Dirichletsche Abbildungen. Nagoya Math. J. **20**, 75—89 (1962).

CONSTANTINESCU, C., u. A. CORNEA: [1] Über den idealen Rand und einige seiner Anwendungen bei der Klassifikation der Riemannschen Flächen. Nagoya Math. J. **13**, 169—233 (1958). — [2] Über einige Probleme von M. Heins. Rev. math. pures. appl. **4**, 277—281 (1959). — [3] Comportement des transformations analytiques des surfaces de Riemann sur la frontière de Martin. C. R. Acad. Sci. (Paris) **249**, 355—357 (1959). — [4] Über das Verhalten der analytischen Abbildungen Riemannscher Flächen auf dem idealen Rand von Martin. Nagoya Math. J. **17**, 1—87 (1960). — [5] Über den Martinschen idealen Rand einer Riemannschen Fläche Rev. math. pures. appl. **5**, 21—25 (1960). — [6] Le théorème de Beurling et la frontière idéale de Kuramochi. C. R. Acad. Sci. (Paris) **254**, 1732—1734 (1962). — [7] Analytische Abbildungen Riemannscher Flächen. Rev. Math. pures et app. **8**, 67—72 (1963). — [8] Normale Kompaktifizierungen Riemannscher Flächen. Rev. Math. pures app. **8**, 73—75 (1963).

CORNEA, A.: [1] On the behaviour of analytic functions in the neighbourhood of the boundary of a Riemann surface. Nagoya Math. J. **12**, 55—58 (1957).

DOOB, J. L.: [1] Conditional Brownian motion and the boundary limits of harmonic functions. Bull. soc. math. France **85**, 431—458 (1957). — [2] A non-probabilistic proof of the relative Fatou theorem. Ann. Inst. Fourier **9**, 293—300 (1959). — [3] Conformally invariant cluster value theory. Illinois J. Math. **5**, 521—547 (1961).

EDWARDS, R. E.: [1] Cartan's balayage theory for hyperbolic Riemann surfaces. Ann. Inst. Fourier **8**, 263—272 (1958).

GRÖTZSCH, H.: [1] Eine Bemerkung zum Koebeschen Kreisnormierungsprinzip. Leipziger Ber. **87**, 319—324 (1935).

HAYASHI, K.: [1] Sur une frontière des surfaces de Riemann. Proc. Japan. Acad. **37**, 469—472 (1961). — [2] Une frontière des surfaces de Riemann ouvertes et applications conformes. Kodai Math. Sem. Rep., **14**, 169—188 (1962).

HEINS, M.: [1] A lemma on positive harmonic functions. Ann. Math. **52**, 568—573 (1950). — [2] Riemann surfaces of infinite genus. Ann. Math. **55**, 296—317 (1952). — [3] On the Lindelöf principle. Ann. Math. **61**, 440—473 (1955). — [4] Lindelöfian maps. Ann. Math. **62**, 418—446 (1955). — [5] On the principle of harmonic measure. Comment. Math. Helv. **33**, 47—58 (1959). — [6] On the boundary behavior of a conformal map of the open disc into a Riemann surface. J. Math. Mech. USA **9**, 573—581 (1960). — [7] A property of the asymptotic spots of a meromorphic function or an interior transformation whose domain is the open unit disc. J. Ind. Math. Soc. **24**, 265—268 (1960).

KISHI, M.: [1] Inferior limit of a sequence of potentials. Proc. Japan. Acad. **33**, 314—319 (1957).

KURAMOCHI, Z.: [1] On covering surfaces. Osaka Math. J. **5**, 155—201 (1953). — [2] Relations between harmonic dimensions. Proc. Japan. Acad. **30**, 576—580

(1954). — [3] Dirichlet problem on Riemann surfaces. I. Proc. Japan. Acad. 30, 731—735 (1954). — [4] An example of a null boundary Riemann surface. Osaka Math. J. **6**, 83—91 (1954). — [5] On the existence of harmonic functions on Riemann surfaces. Osaka Math. J. **7**, 23—27 (1955). — [6] Evans-Selberg's theorem on abstract Riemann surfaces with positive boundaries. I. Proc. Japan. Acad. **32**, 228—233 (1956). — [7] Evans-Selberg's theorem on abstract Riemann surfaces with positive boundaries. II. Proc. Japan. Acad. **32**, 234—236 (1956). — [8] Mass distributions on the ideal boundaries of abstract Riemann surfaces. I. Osaka Math. J. **8**, 119—138 (1956). — [9] Mass distributions on the ideal boundaries of abstract Riemann surfaces. II. Osaka Math. J. **8**, 145—186 (1956). — [10] On the ideal boundaries of abstract Riemann surfaces. Osaka Math. J. **10**, 83—102 (1958). — [11] On harmonic functions representable by Poisson's integral. Osaka Math. J. **10**, 103—117 (1958). — [12] Mass distributions on the ideal boundaries of abstract Reimann surfaces. III. Osaka Math. J. **10**, 119—136 (1958). — [13] Potentials on Riemann surfaces. J. Fac. Sci. Hokkaido Univ. **16**, 5—79 (1962). — [14] Singular points of Riemann surfaces. J. Fac. Sci. Hokkaido Univ. **16**, 80—148 (1962). — [15] Examples of singular points. J. Fac. Sci. Hokkaido Univ. **16**, 149—187 (1962). — [16] Relations among topologies on Riemann surfaces. I—IV. Proc. Japan. Acad. **38**, 310—315, 457—472 (1962).

Kuroda, T.: [1] A property of some open Riemann surfaces and its application. Nagoya Math. J. **6**, 77—84 (1953).

Kusunoki, Y.: [1] Some classes of Riemann surfaces characterized by the extremal length. Proc. Japan. Acad. **32**, 406—408 (1956). — [2] On Riemann's periods relations on open Riemann surfaces. Mem. Coll. Sci. Univ. Kyoto **30**, 1—22 (1956). — [3] On a compactification of Green spaces. Dirichlet problem and theorems of Riesz type. J. Math. Kyoto Univ. **1**, 385—402 (1962).

Kusunoki, Y., and S. Mori: [1] On the harmonic boundary of an open Riemann surface. I. Japan. J. Math. **29**, 52—56 (1959). — [2] On the harmonic boundary of an open Riemann surface. II. Mem. Coll. Sci. Univ. Kyoto **33**, 209—223 (1960).

Lehto, O., and K. I. Virtanen: [1] Boundary behaviour and normal meromorphic functions. Acta Math. **97**, 47—65 (1957).

Martin, R. S.: [1] Minimal positive harmonic functions. Trans. Am. Math. Soc. **49**, 137—172 (1941).

Matsumoto, K.: [1] Remarks on some Riemann surfaces. Proc. Japan. Acad. **34**, 672—675 (1958). — [2] On subsurfaces of some Riemann surfaces. Nagoya Math. J. **15**, 261—274 (1959). — [3] An extension of a theorem of Mori. Japan. J. Math. **29**, 57—59 (1959).

Mori, A.: [1] On Riemann surfaces, on which no bounded harmonic function exists. J. Math. Soc. Japan **3**, 285—289 (1951). — [2] A remark on the class O_{HD} of Riemann surfaces. Kōdai Math. Sem. Rep. **1952**, 57—58 (1952). — [3] An imbedding theorem on finite covering surfaces of the Riemann sphere. J. Math. Soc. Japan **5**, 263—268 (1953).

Mori, S.: [1] A remark on a subdomain of a Riemann surface d'ordre O_{HD}. Proc. Japan. Acad. **34**, 251—254 (1958). — [2] On a compactification of an open Riemann surface and its application. J. Math. Kyoto. Univ. **1**, 21—42 (1961).

Mori, S., and M. Ota: [1] A remark on the ideal boundary of a Riemann surface. Proc. Japan. Acad. **32**, 409—411 (1956).

Myrberg, L.: [1] Über die Existenz von positiven harmonischen Funktionen auf Riemannschen Flächen. Ann. Acad. Sci. Fenn. **146** (1953).

Naïm, L.: [1] Sur le rôle de la frontière de R. S. Martin dans la théorie du potentiel. Ann. Inst. Fourier. **7**, 183—281 (1957).

NAKAI, M.: [1] Algebraic criterion on quasiconformal equivalence of Riemann surfaces. Nagoya Math. J. **16**, 157—184 (1960). — [2] A measure on the harmonic boundary of a Riemann surface. Nagoya Math. J. **17**, 181—218 (1960). — [3] Some topological properties of Royden's compactifications of a Riemann surface. Proc. Japan Acad. **36**, 555—559 (1960).

NEVANLINNA, R.: [1] Über die Anwendung einer Klasse von Integralgleichungen für Existenzbeweise in der Potentialtheorie. Acta Sci. Math. Szeged. **12**, 146—160 (1950). — [2] Über die Existenz von beschränkten Potentialfunktionen auf Flächen von unendlichem Geschlecht. Math. Z. **52**, 599—604 (1950).

NOSHIRO, K.: [1] Cluster sets. Berlin-Göttingen-Heidelberg: Springer-Verlag 1960.

OHTSUKA, M.: [1] Dirichlet problems of Riemann surfaces and conformal mappings. Nagoya. Math. J. **3**, 91—137 (1951). — [2] On a covering surface over an abstract Riemann surface. Nagoya Math. J. **4**, 109—118 (1952). — [3] Note on the harmonic measure of the accessible boundary of a covering Riemann surface. Nagoya Math. J. **5**, 35—38 (1953). — [4] Boundary components of Riemann surfaces. Nagoya Math. J. **7**, 65—83 (1954). — [5] On boundary values of an analytic transformation of a circle into a Riemann surface. Nagoya Math. J. **10**, 171—175 (1956).

OZAWA, M.: [1] On harmonic dimension. I. Kōdai Math. Sem. Rep. **2**, 33—37 (1954). — [2] On harmonic dimension. II. Kōdai Math. Sem. Rep. **2**, 55—58 (1954). — [3] On a maximality of a class of positive harmonic functions. Kōdai Math. Sem. Rep. **3**, 65—70 (1954).

PARREAU, M.: [1] Sur les moyennes des fonctions harmoniques et analytiques et la classification des surfaces de Riemann. Ann. Inst. Fourier. **3**, 103—197 (1952). — [2] Fonction caractéristique d'une application conforme. Relation avec la notion d'application de type *Bl*. C. R. Acad. Sci. (Paris) **241**, 1545—1546 (1955). — [3] Fonction caractéristique d'une application conforme. Ann. Fac. Sci. Univ. Toulouse. **19**, 175—190 (1955).

ROYDEN, H. L.: [1] Some remarks on open Riemann surfaces. Ann. Acad. Sci. Fenn. **85** (1951). — [2] Harmonic functions on open Riemann surfaces. Trans. Am. Math. Soc. **73**, 40—94 (1952). — [3] On the ideal boundary of a Riemann surface. Contributions to the theory of Riemann surfaces. 107—109. Princeton (1953). — [4] A property of quasiconformal mapping. Proc. Am. Math. Soc. **5**, 266—269 (1954). — [5] Open Riemann surfaces. Ann. Acad. Sci. Fenn. **249/5** (1958).

SARIO, L.: [1] Quelques propriétés à la frontière se rattachant à la classification des surfaces de Riemann. C. R. Acad. Sci. (Paris) **230**, 42—44 (1950). — [2] Capacity of the boundary and of a boundary component. Ann. Math. **59**, 135—144 (1954).

STOILOW, S.: [1] Sur les fonctions analytiques dont les surface de Riemann ont des frontières totalement discontinues. Mathematica (Cluj) **12**, 123—138 (1936). — [2] Leçons sur les principes topologiques de la théorie des fonctions analytiques. Deuxième édition. Gauthier-Villars (1956).

Sachverzeichnis

Bezeichnungen